数字通信同步技术的 MATLAB与FPGA实现

Altera/Verilog版（第2版）

· 杜勇 编著 ·

U0218241

電子工業出版社
Publishing House of Electronics Industry
北京•BEIJING

内 容 简 介

本书以 Altera 公司的 FPGA 为开发平台，以 MATLAB 及 Verilog HDL 为开发工具，详细阐述数字通信同步技术的 FPGA 实现原理、结构、方法和仿真测试过程，并通过大量的工程实例分析 FPGA 实现过程中的具体技术细节。本书主要内容包括 FPGA 实现数字信号处理基础、锁相环、载波同步、自动频率控制、位同步、帧同步等。本书思路清晰、语言流畅、分析透彻，在简明阐述设计原理的基础上，注重对工程实践的指导性，力求使读者在较短的时间内掌握数字通信同步技术的 FPGA 设计知识和技能。

作者精心设计了与本书配套的 FPGA 开发板，详细介绍了工程实例的实验步骤及方法，形成了从理论到实践的完整学习过程，可以有效地加深读者对数字通信同步技术的理解。本书的配套资料收录了完整的 MATLAB 及 Verilog HDL 代码，有利于工程技术人员参考，读者可登录华信教育资源网（www.hxedu.com.cn）免费注册后下载。

本书适合数字通信和数字信号处理领域的工程师、科研人员，以及相关专业的研究生、高年级本科生使用。

图书在版编目（CIP）数据

数字通信同步技术的 MATLAB 与 FPGA 实现：Altera/Verilog 版 / 杜勇编著. —2 版. —北京：电子工业出版社，2020.3

ISBN 978-7-121-38642-8

Ⅰ. ①数… Ⅱ. ①杜… Ⅲ. ①数字通信－Matlab 软件②现场可编程门阵列－应用－数字通信 Ⅳ. ①TN914.3

中国版本图书馆 CIP 数据核字（2020）第 036003 号

责任编辑：田宏峰
印　　刷：北京捷迅佳彩印刷有限公司
装　　订：北京捷迅佳彩印刷有限公司
出版发行：电子工业出版社
　　　　　北京市海淀区万寿路 173 信箱　邮编 100036
开　　本：787×1 092　1/16　印张：21.25　字数：544 千字
版　　次：2015 年 3 月第 1 版
　　　　　2020 年 3 月第 2 版
印　　次：2025 年 4 月第 9 次印刷
定　　价：99.00 元

凡所购买电子工业出版社图书有缺损问题，请向购买书店调换。若书店售缺，请与本社发行部联系，联系及邮购电话：（010）88254888，88258888。

质量投诉请发邮件至 zlts@phei.com.cn，盗版侵权举报请发邮件至 dbqq@phei.com.cn。

本书咨询联系方式：tianhf@phei.com.cn。

第 2 版前言

自 2012 年出版《数字滤波器的 MATLAB 与 FPGA 实现》后，根据广大读者的反馈和需求，作者从滤波器、同步技术和调制解调三个方面，出版了数字通信技术的 MATLAB 与 FPGA 实现系列图书。根据采用的 FPGA 和硬件描述语言的不同，这套图书分为了 Xilinx/VHDL 版（采用 Xilinx 公司的 FPGA 和 VHDL）和 Altera/Verilog 版（采用 Altera 公司的 FPGA 与 VerilogHDL）。这套图书能够给广大工程师及在校学生的工作和学习有所帮助，是作者莫大的欣慰。

作者在 2015 年出版了 Altera/Verilog 版，在 2017 年出版 Xilinx/VHDL 版。针对 Xilinx/VHDL 版，作者精心设计了 FPGA 开发板 CXD301，并在 Xilinx/VHDL 版中增加了板载测试内容，取得了良好效果，对读者的帮助很大。

根据广大读者的建议，以及 Xilinx/VHDL 版的启发，作者从 2018 年开始着手 Altera/Verilog 版的改版工作。但限于时间及精力，以及对应的开发板 CRD500 的研制进度，迟迟没有完稿，一晃竟推迟了近两年的时间。

与本书第 1 版相比，这次改版主要涉及以下几个方面：

（1）对涉及 FPGA 工程实例的章节，增加了主要工程实例的板载测试内容（基于开发板 CRD500 进行板载测试），给出了测试程序代码，并对测试结果进行了分析。

（2）增加了第 8 章“插值算法位同步技术的 FPGA 实现”，并将原来的第 8 章“帧同步技术的 FPGA 实现”移至第 9 章。

（3）Quartus 软件更新很快，几乎每年都会推出新的版本。2014 及以前的版本均为 Quartus II，2015 年后推出的版本更名为 Quartus Prime，目前最新的版本是 Quartus Prime 18.1。Quartus II 和 Quartus Prime 的设计界面相差不大，设计流程也几乎完全相同。其中 Quartus 13 是最后同时支持 32 bit 及 64 bit 系统的软件版本，后续版本仅支持 64 bit 系统。为了兼顾更广泛的设计平台，同时考虑到软件版本的稳定性，本书及开发板配套例程均采用 Quartus 13.1。本书第 1 版采用的是 MATLAB 7.0，这次改版采用的是 MATLAB R2014a。

（4）为了便于在开发板 CRD500 上进行板载测试验证，对部分工程实例参数进行了适当的调整。

（5）在编写板载测试的内容时，发现本书第 1 版中的部分程序还有需要完善的地方，这次改版对这些程序进行了补充及优化。

（6）根据读者的反馈信息，修改了本书第 1 版中的一些叙述不当或不准确的地方。

限于作者水平，本书的不足之处在所难免，敬请读者批评指正。欢迎大家就相关技术问题进行交流，或对本书提出改进建议。

技术博客：https://blog.csdn.net/qq_37145225。

产品网店：https://shop574143230.taobao.com/。

交流邮箱：duyongcn@sina.cn。

杜勇

2020 年 1 月

第 1 版前言

为什么要写这本书

为什么要写这本书呢？或者说为什么要写数字通信技术的 MATLAB 与 FPGA 实现相关内容的书呢？记得在电子工业出版社出版《数字滤波器的 MATLAB 与 FPGA 实现》时，我在前言中提到写作的原因主要有三条：其一是 FPGA 在电子通信领域得到了越来越广泛的应用，并已逐渐成为电子产品实现的首选方案；其二是国内市场上专门讨论如何采用 FPGA 实现数字通信技术的书籍相对欠缺；其三是数字通信技术本身十分复杂，关键技术较多，在一本书中全面介绍数字通信技术的 FPGA 实现时难免有所遗漏，且内容难以翔实。因此，根据自己从业经验，将数字通信的关键技术大致分为滤波器技术、同步技术和调制解调技术三种，并尝试着先写滤波器技术，再逐步完成其他两种技术的写作。在广大读者的支持和鼓励下，先后又出版了《数字通信同步技术的 MATLAB 与 FPGA 实现》和《数字调制解调技术的 MATLAB 与 FPGA 实现》。这样，关于数字通信技术的 MATLAB 与 FPGA 实现的系列著作总算得以完成，多年前的构想总算成为现实！

自数字通信技术的 MATLAB 与 FPGA 实现的系列著作出版后，陆续通过邮件或博客的方式收到广大读者的反馈意见。一些读者直接通过邮件告知书中的内容对工作的帮助；一些读者提出了很多中肯的、有建设性的意见和建议；更多的读者通过邮件交流书中的相关设计问题。《数字滤波器的 MATLAB 与 FPGA 实现》采用 Xilinx 公司的 FPGA 和 VHDL 作为开发平台（Xilinx/VHDL 版），该书出版后，不少读者建议出版采用 Verilog HDL 作为开发平台的版本。这是个很好的建议。在 Xilinx/VHDL 版顺利出版之后，终于可以开始 Altera/Verilog 版的写作了，以满足不同读者的需求。

本书的内容安排

第 1 章对数字通信同步技术的概念及 FPGA 基础知识进行简要介绍。通信技术的实现方法和平台很多。其中，FPGA 因其强大的运算能力，以及灵活方便的应用特性，在现代通信、数字信号处理等领域得到越来越广泛的应用，并大有替代 DSP 等传统数字信号处理平台的趋势。为了更好地理解本书后续章节的内容，本章简要介绍了 Altera 公司的 FPGA，以及 Quartus II 开发环境、MATLAB 软件等内容。如果读者已经具备一定的 FPGA 设计经验，也可以跳过本章，直接阅读后续章节的内容。

第 2 章介绍 FPGA 中数的表示方法、数的运算、有限字长效应及常用的数字信号处理模块。在 FPGA 等硬件系统中实现数字信号时，因受寄存器长度的限制，不可避免地会产生有效字长效应。工程师必须了解字长效应对数字系统可能带来的影响，并在实际设计中通过仿真来确定最终的量化位宽、寄存器长度等内容。本章还对几种常用的运算模块 IP 核进行介绍，详细阐述各 IP 核控制参数的设置方法。IP 核在 FPGA 设计中应用得十分普遍，尤其在数字信号处理领域，采用设计工具提供的 IP 核进行设计，不仅可以提高设计效率，还可以保证设计的性能。因此，在进行 FPGA 设计时，工程师可以先浏览一下选定的目标器件所能提供的 IP

核，以便通过使用 IP 核来减少设计的工作量并提高系统的性能。当然，工程师也可以从设计需要出发，根据是否具有相应的 IP 核来选择目标器件。本章介绍的都是一些非常基础的知识，但正因为基础，所以显得尤其重要。其中有效数据位运算，以及有效字长效应等内容在后续的工程实例讲解中都会多次涉及，建议读者不要急于阅读后续章节的工程实例讲解，先切实练好基本功，才可以达到事半功倍的效果。

第 3 章主要讨论锁相环技术的基本理论，这也是本书阅读起来最为乏味的章节。本章有一大堆理论和公式，很容易让人感到厌烦。对于数字通信技术来说，锁相环技术的工作原理大概是最难以弄清的知识点之一。但是，要想设计出完美的同步环路，对理论的透彻理解是必须具备的能力，而且一旦理解透了，在工程设计时就会有得心应手的感觉。本章从工程应用的角度，全面介绍锁相环的原理、组成及工程应用中需要经常使用的公式和参数设计方法。建议读者先耐心地对本章所介绍的内容进行深入的推敲理解，因为在后续章节讲解同步技术的 FPGA 实现时，可能会需要反复翻阅本章的内容。通过在工程设计实践中反复体会锁相环技术的原理及工作过程，当读者真正理解锁相环技术的基本理论及分析方法后，就会发现设计出性能优良的锁相环也不是一件多么困难的事。

第 4 章讨论载波同步技术的 FPGA 实现。这一章仍然有一些概念及工作原理的介绍，主要目的是讲清楚数字化载波锁相环的参数设计及计算方法。实现数字锁相环的关键步骤在于构造合适的数字化实现结构及模型。本章以一个完整的载波同步环工程设计实例，详细讲解数字载波锁相环系统的设计步骤、方法，并进行全面的性能仿真测试。载波同步环的数字化设计与实现比较复杂，初学者往往难以理解数字化模型与模拟电路之间的对应关系。数字化实现方法中各组成部件、参数的设计比较灵活。本章最后对载波同步环的一般设计步骤、环路参数对系统性能的影响进行归纳整理。读者可以完全按照本章所讨论的流程进行系统的设计及仿真，并反复理解载波同步技术的数字化实现方法，以及 Verilog HDL 编程的思路，必要时可以重复阅读第 3 章的内容，切实掌握锁相环技术的工作原理及实现过程。同时，本章用较大的篇幅详细讲解工程设计时的仿真测试步骤，读者尤其要切实掌握 Quartus II 与 MATLAB 联合应用的方法，以便提高设计效率。

第 5 章首先简要介绍三种抑制载波同步环的工作原理，随后对三种同步环的 FPGA 设计方法、结构、仿真测试过程进行详细讨论。从抑制载波同步环的 FPGA 实现过程中可以看出，设计三种同步环时所采用的环路模型、参数设计方式均十分相似，其中的环路滤波器只需简单修改即可通用。平方环与同相正交环的性能是等价的，但同相正交环（Costas 环）在解调 BPSK 等抑制载波调制信号时更具优势。判决反馈环比其他两种环路的噪声性能更好，环路锁定后的稳态相差更小，但载波同步环需要以位同步作为前提条件，位同步会影响环路的稳定性。因此，对于抑制载波调制信号来讲，工程上通常采用同相正交环来实现信号的载波同步及数字解调。

第 6 章首先介绍自动频率控制的基本概念，然后分别对最大似然频差估计及基于 FFT 载波频率估计两种算法的原理、MATLAB 仿真进行讨论，并详细阐述基于 FFT 载波频率估计算法的 FPGA 实现方法。FSK 是数字通信中常用的一种调制方式，本章对频率调制的原理及信号特征进行介绍，并采用 MATLAB 对 FSK 信号进行仿真。FSK 信号的解调方法很多，非相干解调法因为实现简单，性能优良而得到更为广泛的应用。为了便于读者更好地理解锁相环与 AFC 环的差别，本章将对常规二阶锁相环无法实现 FSK 信号解调的原因进行分析，并采用与锁相环类似的分析方法，对 AFC 环的模型进行讨论。这也进一步说明，读者在进行 FPGA 工程设计之前，必须充分理解系统的工作原理等理论知识，才能更好地把握 FPGA 实现过程中的参数设计、数据截位、时序控制等工程设计细节。本章最后详细阐述采用相乘微分型 AFC 环实现 FSK 解调的原理、方法、步骤及仿真测试过程。

第 7 章主要讨论采用数字锁相环实现位同步的原理、方法、步骤及仿真测试过程。数字锁相法实现位同步是数字通信中使用最为广泛的方法，其基本工作原理与载波同步环类似，均是通过鉴相器提取输入信号与本地位同步信号的相差，并据此对本地同步信号的相位进行调整。微分型位同步环是最简单的数字锁相环，其他位同步环均是在其基础上进行改进和完善的，以增加抗干扰性能及稳定性能。本章以工程实例讲解的方法，对微分型、积分型和改进型位同步环的各个功能部件进行详细的讨论，尤其对环路各节点的信号波形进行了说明。读者在阅读本章时，需要切实弄清各环路、各节点波形的时序关系。当完全理解环路的工作过程及实现方法后，采用 Verilog HDL 进行实现就比较容易了。读者可以将本章所讨论的实例作为独立的模块嵌入前面章节的实例中，以完成基带信号解调后的位同步功能。

第 8 章首先介绍同步传输及异步传输的概念，并对两种传输方式的同步原理、方法、步骤及仿真测试过程进行详细讨论。异步传输的速率及效率都比较低，典型的应用是串口通信。本章对 RS-232-C 串口传输进行 FPGA 实现，RS-232-C 串口传输协议定义了较多的握手信号，有兴趣的读者可以在例 8-1 的基础上对串口通信进行完善。本章的重点是帧同步系统的 FPGA 实现，完整的帧同步包括搜索、校核和同步等状态。一个看似复杂的系统，只要合理划分功能模块，在编写程序之前厘清编程思路，最终的代码实现反而会变得比较简单。读者在阅读帧同步系统的程序代码时，重点在于理解各模块之间的接口关系，以及接口信号之间的时序关系，进而深刻理解程序的编写思路和方法，以提高复杂系统的 Verilog HDL 的编程水平。

本书的目标

作为一名电子通信领域的技术人员，在从业之初都会遇到类似的困惑：如何将教材中所学的理论与实际中的工程设计结合起来？如何能够将这些教材中的理论转换成实际的应用？绝大多数数字通信类教材对通信的原理讲解得十分透彻，但理论与实践之间显然需要有一座可以顺利通过的桥梁。一个常用的方法是通过 MATLAB 等进行仿真来加深对理论的理解，但更好的方法是直接参与工程的设计与实现。FPGA 因其快速的并行运算能力，以及独特的组成结构，在电子通信领域已成为必不可少的实现平台之一。本书的目的正是架起这样一座桥梁，通过具体的设计实例，详细讲解从理论到工程实现的方法、步骤和过程，以便于工程技术人员尽快掌握和利用 FPGA 平台实现数字通信同步技术的方法。

目前，市场上已有很多介绍 ISE、Quartus II 等 FPGA 开发环境，以及 VHDL、Verilog HDL 等硬件描述语言的书籍。如果仅仅使用 FPGA 来实现一些数字逻辑电路，或者理论性不强的控制电路设计，那么掌握 FPGA 开发工具及 Verilog HDL 的语法就可以工作了。数字通信同步技术的理论性要强得多，采用 FPGA 平台实现数字通信同步技术的前提条件是对理论知识要有深刻的理解。在理解理论知识的基础上，关键的问题是根据这些理论知识，利用 FPGA 的特点，找到合适的算法，厘清工程实现的思路，并采用 Verilog HDL 等硬件描述语言进行正确的实现。显然，要想读懂本书，掌握 FPGA 实现数字通信同步技术的知识和技能，读者还需要对 FPGA 的开发环境和设计语言有一定的了解。

在写作过程中，本书兼顾数字通信同步技术的理论，以及工程设计过程的完整性，重点突出 FPGA 设计方法、结构、实现细节，以及仿真测试方法。在讲解理论知识时，重点从工程应用的角度介绍工程设计时必须掌握和理解的知识点，并且结合 FPGA 的特点进行讨论，以便读者尽快地找到理论与工程实现之间的结合点。在讲解实例的 FPGA 实现时，绝大多数实例都给出了完整的 Verilog HDL 实现代码，从思路和结构上对每段代码进行了详细的分析和说明。作者针对一些似是而非的概念，结合工程实例的仿真测试加以阐述，希望能够对读者提供更多有用的参考。相信读者在按照书中讲解的步骤完成一个个工程实例时，会逐步感觉到理论与工程实现之间完美结合的畅快。随着读者掌握的工程实现技能的提高，对理论知识的理解也必将越来越深刻。如果重新阅读以前学过的理论知识，就会比较容易构建起理论与工程实现之间的桥梁。

关于 FPGA 开发环境的说明

众所周知，目前两大厂商 Xilinx 和 Altera 的产品占据了全球约 90%的 FPGA 市场。可以说，在一定程度上正是由于两家 FPGA 公司相互竞争的态势，才有力地推动了 FPGA 的不断发展。虽然 HDL 的编译及综合环境可以采用第三方公司所开发的产品，如 ModelSim、Synplify 等，但 FPGA 的物理实现必须采用各自公司开发的软件平台，无法通用。Xilinx 公司目前的主流开发平台是 ISE，Altera 公司目前的主流开发平台是 QuartusⅡ。与 FPGA 开发平台类似，HDL 也存在两种难以取舍的选择，即 VHDL 和 Verilog HDL。

如何选择开发平台以及 HDL 呢？其实，对于有志于从事 FPGA 技术开发的技术人员，选择哪种平台及 HDL 语言并不重要，因为两种平台具有很多相似的地方，精通一种 HDL 后，再学习另一种 HDL 也不是一件困难的事。通常来讲，可以根据周围同事、朋友、同学或公司的主要使用情况进行选择，这样在学习的过程中就可以很方便地找到能够给你指点迷津的专业人士，从而加快学习的进度。

本书采用 Altera 公司的 FPGA 作为开发平台，采用 Quartus II 12.1 作为开发环境，采用 Verilog HDL 作为实现手段。由于 Verilog HDL 并不依赖于某家公司的 FPGA，因此本书的 Verilog HDL 程序可以很方便地移植到 Xilinx 公司的 FPGA 上。如果程序中应用了 IP 核，两家公司的 IP 核通常是不能通用的，这就需要根据 IP 核的功能参数，在另外一个平台上重新生成 IP 核，或编写 Verilog HDL 代码来实现。

如何使用本书

本书讨论的是数字通信同步技术的 MATLAB 与 FPGA 实现。相信大部分工科院校的学生和电子通信领域的从业人员对 MATLAB 都有一个基本的了解。由于 MATLAB 的易用性及强大的功能，已经成为数学分析、信号仿真、数字处理必不可少的工具。MATLAB 具有大量专门针对数字信号处理的函数，如滤波器函数、傅里叶分析函数等，这些函数十分有利于对一些通信的概念及信号进行功能性仿真，因此，在具体讲解某个实例时，通常会采用 MATLAB 作为仿真验证工具。虽然书中的 MATLAB 程序相对比较简单，主要应用一些数字信号处理函数进行仿真验证，但如果读者没有 MATLAB 的基础知识，还是要先简单学习一下 MATLAB 的编程概念及基本语法。

在讲解具体的 FPGA 工程应用实例时，通常会先采用 MATLAB 对所设计的工程进行仿真，一方面仿真算法过程及结果，另一方面生成 FPGA 仿真所需要的测试数据。然后在 Quartus II 上编写 Verilog HDL 代码对实例进行设计和实现。为了便于讲述，通常会先讨论程序的设计思路，或者先给出程序清单，再对程序代码进行分析说明。完成程序编写后，还需要编写 TestBench 文件，根据所需产生输入信号的种类，可以直接在 TestBench 文件中编写代码来产生输入信号，也可以通过读取外部文本文件的方式来产生输入信号。最后采用 ModelSim 工具对 Verilog VHDL 程序进行时序或行为仿真，查看 ModelSim 仿真波形结果，并根据需要将仿真数据写入外部文本文件中，通常还会对仿真波形进行分析，分析仿真结果是否满足要求；如果 ModelSim 波形不便于精确分析测试结果，则需要再次编写 MATLAB 程序，对 ModelSim 仿真结果数据进行分析处理，最终验证 FPGA 设计的正确性。

本书主要以工程实例的方式讲解数字通信同步技术的原理及 FPGA 实现方法和步骤。本书的大部分工程实例均给出了完整的程序清单，但限于篇幅，不同工程实例中的一些重复或相似的代码没有完全列出，本书配套资料中收录了本书所有工程实例的源程序及工程设计资源，并按章节序号存放。本书在编写工程实例时，程序文件均放置在“D:\SyncPrograms”文件夹下，读者可以先在本地硬盘下建立“D:\SyncPrograms”文件夹，而后将本书配套资料中的程序压缩包解压至该文件夹下，大部分程序均可直接运行。需要说明的是，在大部分工程实例中，需要由 MATLAB 产生 FPGA 测试所需的数据文件，或者由 MATLAB 读取外部文件进行数据分析，同时 FPGA 仿真所需的 TestBench 文件通常也需要从指定的路径下读取，或将仿真结果输出到指定的路径下。文本文件的路径均指定为绝对路径，如“fid=fopen('D:\SyncPrograms\Chapter_4\E4_1_DirectCarrier\Sn0dB_in.txt','w')”，因此读者运行实例程序时，需要将程序文件中指定文件绝对路径的代码进行修改，以确保仿真测试程序在正确的路径下对文件进行读/写操作。

致谢

有人说，每个人都有他存在的使命，如果他迷失自己的使命，就失去了存在的价值。不只是每个人，每件物品也都有其存在的使命。对于一本书来讲，其存在的使命就是被阅读，并给阅读者带来收获。数字通信的 MATLAB 与 FPGA 设计系列图书，能够对读者在工作及学习中有所帮助，是作者莫大的欣慰。

作者在写作本书的过程中查阅了大量的资料，在此对资料的作者及提供者表示衷心的感谢。由于写作本书的缘故，作者在重新阅读一些经典的数字通信理论著作时，再次深刻感受到了前辈们严谨的治学态度和细致的写作作风。

在此，感谢父母，几年来一直陪伴在我的身边，由于他们的默默支持，才让我能够在家里专心致志地写作。感谢我的妻子刘帝英女士，她不仅是一位尽心尽职的母亲，也是一位严谨细致的科技工作者，同时也是本书的第一位读者，在工作之余对本书进行了详尽而细致的校对。时间过得很快，我的女儿已经上小学四年级了，她最爱看书和画画，最近迷上了《西游记》，以前的儿童简化版已满足不了她的要求了，周末陪她去书店买了一本原著，她常常被书中的情节逗得哈哈大笑，还常常要推荐给我看一些精彩的章节。

FPGA 技术博大精深，数字通信技术种类繁多且实现难度大，虽然本书尽量详细讨论了数字通信同步技术的 FPGA 实现相关内容，仍感觉到难以详尽叙述工程实现的所有细节。相信读者在实际工程应用中经过不断实践、思考及总结，一定可以快速掌握数字通信同步技术的工程设计方法，提高 FPGA 的工程设计能力。

由于作者水平有限，不足之处在所难免，敬请读者批评指正。欢迎大家就相关技术问题进行交流，或对本书提出改进意见及建议。请读者访问网址 http://duyongcn.blog.163.com 以获得与本书相关的资料及信息，也可以发邮件至 duyongcn@sina.cn 与作者进行交流。

杜 勇

2015 年 3 月

目　录

第1章

同步技术的概念及 FPGA 基础

现代通信技术克服了时间和空间的局限性，特别是无线通信技术，使人们随时随地获取和交流信息成为可能。通信系统之间或通信系统内的同步是信息正确传输的关键，其性能直接决定了通信的质量，几乎在所有的通信系统中都要解决同步问题，稳定、可靠、准确的同步对通信至关重要[1]。

通信技术的实现方法和平台很多，其中，现场可编程门阵列（Field Programmable Gate Array，FPGA）技术因其强大的运算能力以及灵活方便的应用特性，在现代通信、数字信号处理等领域得到了越来越广泛的应用，并大有替代 DSP 等传统数字信号处理平台的趋势[20]。为了更好地理解本书的内容，本章首先对通信同步技术的概念和种类、FPGA 的基础知识，以及本书所采用的 Verilog HDL 设计语言和 Quartus II 开发环境进行简要介绍。如果读者已经具备一定的 FPGA 设计经验，也可以跳过本章，直接阅读后续章节的内容。

1.1 数字通信中的同步技术

给同步技术下一个准确的定义是相当困难的，当两个设备一起工作并对时间有精确要求时，就需要在它们之间进行同步。同步是在两个设备或系统之间规定一个共同的时间参考，同步技术是通信系统中一个非常重要的技术。一般情况下，通信的收、发两端不在同一个地方，要使它们步调一致地协调工作，必须要由同步系统来保证。同步系统性能的好坏直接影响整个通信系统性能的好坏，如果同步系统工作得不好，甚至会造成整个通信系统的瘫痪。

一般来讲，数字通信系统中的同步技术，按功能划分主要有载波同步、位同步、帧同步和网同步[5]。对于扩频通信来讲，除了需要载波同步、网同步，在解扩和解调之前还需要伪码同步[7]。

1. 载波同步

在通信中，除了短距离通信采用基带传输，长距离通信通常都要采用频带传输，即不论模拟通信还是数字通信都要在发送端进行调制，在接收端采取相应的解调措施。除了幅度调制及频率调制可以采用非相干解调法，大部分调制方式都采用相干解调法以获取更好的性能，而进行相干解调就需要提取相干载波，即需要在接收端产生与接收信号中的调制载波完全同频同相的本地载波信号。这个本地载波的获取过程称为载波同步。载波同步是实现相干解调的基础。相干载波必须与接收信号的载波严格地同频同相，否则就会降低解调性能。

载波同步涉及两种情况：接收信号中具有载波频率分量，以及接收信号中没有载波频率分量。两种情况下载波同步技术的原理和实现方法虽然有一定区别，但基本分析方法都基于锁相环技术。对于相干解调技术来讲，接收端必须提取出同频同相的相干载波。在某些情况下却只需获取相同频率的载波信号即可，对载波的相位没有要求，这种情况下的载波提取技术相对简单一些。

2．位同步

位同步又称为码元同步，它是数字通信系统特有的一种同步，并且不论基带传输还是频带传输都需要位同步。在数字通信系统中，任何消息都是通过一连串码元序列传输的，接收端必须知道每个码元的起止时刻，这就要求接收端必须提供一个作为采样判决用的位同步信号，该序列的重复频率与码元速率相同，相位与最佳判决时刻一致。我们把提取这种定时脉冲序列的过程称为位同步。只有位定时脉冲正确，才谈得上采样判决正确，因此位同步是正确采样判决的基础。

位同步其实涉及两种情况：第一种情况需要同时满足最佳判决时刻和获取位同步信号的要求；第二种情况仅需实现位同步信号的要求。在无线通信系统的接收端中，经过下变频及滤波后输出的基带信号仍然是多比特的数据信号，相当于对基带信号采样后的数据，在设计位同步电路时，需要同时满足最佳采样时刻和位同步信号的功能。另一种情况是输入信号本身已经是单比特的数据流，接收端只需要根据输入的数据流确定位同步信号即可。后一种情况不涉及最佳采样时刻的问题，因为输入信号本身就是单比特数据流，在每个数据周期内数据是不变的。对于需要获取最佳采样时刻的情况来讲，根据基带信号传输原理，最佳采样时刻是眼图张开最大的时刻，通常是每个码元的中间时刻。对于载波解调后的多比特基带信号来讲，需要通过对其进行微分、积分等处理，先将多比特数据流变换成单比特数据流，然后实现位同步信号的提取。本书第 7 章将详细讨论位同步技术的原理及 FPGA 实现方法。

3．帧同步

在数字通信中，数据流用若干个码元组成一个“字”，又用若干个“字”组成“句”。对于数字时分多路通信系统，各路信号都安排在指定的时隙内传输，形成了一定的帧结构。为了使接收端正确分离各路信号，在发送端必须提供每帧的起止标志，在接收端检测并获取这一标志。在接收端产生与“字”“句”起止时刻相一致的位定时脉冲的过程统称为帧同步，也称为群同步。

帧同步的前提条件是已获取了位同步信号。帧同步的原理比较简单，只需要在接收到的数据流中对帧同步码进行搜索定位即可。但考虑到帧同步的性能，需要进行搜索、校核、同步检查等一系列状态转换，从而增加了系统工程的实现难度。

4．网同步

现代通信实际上是一个网络通信，在一个通信网里，相互传送信息的设备很多，各种设备产生及需要传输的数据流各不相同，为了保证将低速数据流合并成高速数据流时没有信息丢失，以及将低速数据流从高速数据流中正确分离出来，必须建立一个网同步系统来统一协调，使整个通信网能按一定的节奏有条不紊地工作[9]。

通过上面的阐述可知，四种同步关系是互为前提、一脉相承的。接收端在接收到已调信号后，利用载波同步产生的相干载波完成相干解调；在还原出基带信号后，在完成位同步的情况下进行采样判决，恢复出码元；接下来采用帧同步技术完成帧同步信号的提取，根据帧同步信号对码元序列进行正确的分组，去除附加码元，得到发送端的原始信号。这三种同步信号指挥收、发两端设备同步有序地工作，以实现信号的正确接收。载波同步、位同步和帧同步对于所有无线通信系统的要求都相同，而网同步则只在通信网中才需要。对于单链路通信系统，如广播电视、微波电路或光纤链路，同步功能完全由接收端来完成，无须网同步；而电话网、数据网和移动通信网就需要全网统一指挥各终端设备同步工作。

5. 扩频通信中的伪码同步

广义上讲，伪码同步可以看成一种位同步，但其原理及实现技术又与普通的位同步有本质的区别。对于扩频通信来讲，在发送端采用远高于数据传输速率的伪码码率对数据流进行编码，从而使发送信号具有极低的功率谱密度，接收端通过产生与发送端同步的伪码信号并进行解扩。扩频通信一方面对噪声或干扰信号具有频谱扩展作用，另一方面可以使有用信号的频谱收缩，从而具有很强的抗干扰及抗截获能力[10]。

由于网同步技术主要是针对不同设备之间的同步技术，对于单台通信设备来讲不存在网同步的问题。扩频信号的伪码同步与扩频解调技术密切相关，需要专门论述。本书只关注接收端内部的同步技术及其实现，后续章节将分别对载波同步、位同步、帧同步技术的 FPGA 实现进行详细讨论。

1.2 同步技术的实现方法

1.2.1 两种不同的实现原理

从同步技术的实现方法来讲，一方面是指理论上的设计原理及方法，另一方面是指具体的实现平台或实现手段。当然，实现的原理是基础，因此首先对从原理上划分的实现方法进行简单介绍。

按同步技术的实现方法来划分，通信系统中的同步技术主要有外同步法和自同步法两种。

1. 外同步法

外同步法是指由发送端发送专门的同步信号（常称为导频信号），接收端把这个导频提取信号出来作为同步信号的方法。由于导频信号本身并不包含所要传输的信息，因此对导频信号的频率和功率有限制，要求导频信号尽可能小地影响信息的传输，且便于提取同步信号。外同步法主要在载波同步及位同步系统中应用。

在采用外同步法的载波同步系统中，对导频信号有如下要求：①为避免载波信号与导频信号的相互干扰，要在载波信号频谱为零的位置插入导频信号；②采用正交插入，避免对载波信号解调产生影响；③尽可能插入便于提取的导频信号，具体分为正交插入法、双导频插入法和时域插入法。前两种方法是根据载波信号频谱是否为零进行选择，如果为零，则在载波频率处插入单导频信号；如果不为零，则在载波信号频谱外插入与载波有简单数值关系的双导频信号。时域插入法是指在某些固定时隙传输导频信号，其他时隙传输信息。正交插入法和双导频插入法插入的导频信号在时间上是连续的，时域插入法插入的导频信号在时间上是断续的；正交插入法需要进行正交调制，其他方法不需要进行正交调制。由于时域插入法在一帧内仅用很小的时隙传送导频信号，通常需要采用锁相环来提取载波信号[3]。

位同步的外同步法有位定时导频法和包络调制法。采用位定时导频方法时，插入的导频信号必须在基带信号频谱的零点插入，且用反相米消除对采样判决的影响；包络调制主要用于 2PSK 或 2FSK 等恒包络调制方式，在发送端对恒包络调制附加调制频率为数据传输速率的幅度调制，接收端通过包络解调还原出位同步信号。

根据帧同步及伪码同步的实现原理，这两种同步技术可以看成外同步法。与载波同步、位同步不同的是，实现帧同步时，收、发两端事先对帧同步码组及伪码码组进行了约定，接收端通常采用相关算法进行同步码组检测，或者直接通过比较判决的方法实现同步。

2. 自同步法

自同步法是指发送端不发送专门的同步信号，接收端设法从接收到的信号中提取同步信号的方法。这种方法效率高，但接收端设备相对外同步法而言较为复杂。

自同步法的典型应用是从抑制载波的调制信号中恢复出载波信号，常用的方法有平方变换法、平方环法、同相正交环法等。自同步法的基本思想是通过对接收信号进行非线性处理，得到与所需载波信号具有固定频率、相位关系的信号，然后通过锁相环提取出该信号，进而经过分频、移相等处理得到与载波同频同相的信号。

位同步的自同步法主要有滤波法、包络陷落法和锁相环法等。滤波法针对不含位同步信号的基带波形，进行微分和全波整流后变成归零单极性脉冲后，即可提取出位同步信号。包络陷落法是一种对带限信号进行包络检波的波形变换方法，带限信号相邻码元的相位变换点附近有幅度的平滑陷落，通过包络检波和滤波就可提取位同步信号。在锁相环法中，为了解决位同步信号的抖动问题，需要在鉴相器后加数字滤波器，随着可编程集成电路的发展，锁相环法也成为提取位同步信号的常用方法。

1.2.2 常用的工程实现途径

前面从原理上介绍了同步技术的两种实现方法，即外同步法和自同步法。在设计一个产品，或做一个工程设计时，首先需要确定更为具体的实现方案和手段。对于同步技术或通信接收端来讲，实现的手段通常可以分为硬件和软件两种方案。当然，软件的实现也需要以对模拟信号进行采样和数字化为前提。

所谓软件实现数字信号的同步、解调等技术，即完全采用软件编程的方法对采样后的信号进行处理。软件处理的速度比较慢，在数据传输速率较高的情况下难以满足实时性的要求。因此，在通信设备中，软件方案通常用于完成数据传输速率较低，组帧、分发数据量较小，运算简单，实时性要求不高的任务。对于载波同步、位同步等技术，通常采用硬件方案实现。

硬件设备的种类比较多，大致可以分为模拟器件、ASIC（Application Specific Integrated Circuits，专用集成电路）、VLSI（Very Large Scale Integrated Circuits，超大规模集成电路）等。模拟器件适用于对性能要求不高、主要考虑成本因素的应用产品；ASIC 在性能和成本上都有出色的表现，目前在电子通信领域仍然占据十分重要的地位，一些性能出色的集成芯片的应用实例电路也可供参考[14]。随着数字信号处理技术的发展，以及 VLSI 规模及性能的不断发展，采用全数字化的实现方式正逐渐成为一种趋势。全数字化的实现方式不仅可以满足很高的实时性要求，更重要的是具有极大的灵活性和可扩展性。尤其是在约瑟夫·米托拉（Joseph Mitola）于 1992 年 5 月在美国电信系统会议上首次提出了软件无线电的概念以后，基于软件无线电架构或思想的无线通信技术很快成为各国研究的热点，同时也大大加快了通信数字化的进程[14]，采用 VLSI 研发通信电子产品已经成为现代电子工程师采用的一种基本手段。

目前，数字信号处理的平台主要有 DSP、FPGA、ASIC 等，其中，FPGA 以无与伦比的并行运算能力和极度灵活的使用特性，在电子通信领域得到了越来越广泛的应用。本书所要讨论的内容，也正是基于 FPGA 的数字通信同步技术的设计与实现。

1.3 FPGA 概念及其在信号处理中的应用

1.3.1 基本概念及发展历程

1. 基本概念

随着数字集成电路的发展，越来越多的模拟电路逐渐被数字电路取代，同时数字集成电路本身也在不断地进行更新换代，由早期的电子管、晶体管、中小规模集成电路发展到超大规模集成电路，以及许多具有特定功能的专用集成电路。但是，随着微电子技术的发展，设计与制造集成电路的任务已不完全由半导体厂商来独立承担。电子工程师们更愿意自己设计专用集成电路，而且希望 ASIC 的设计周期尽可能短，最好是在实验室里就能设计出合适的 ASIC，并且立即投入实际的工程应用之中，因而出现了可编程逻辑器件（Programmable Logic Device，PLD），其中应用最广泛的为现场可编程门阵列（Field Programmable Gate Array，FPGA）和复杂可编程逻辑器件（Complex Programmable Logic Device，CPLD）。PLD 的主要特点是其功能完全由用户通过特定软件编程控制，并完成相应功能，且可反复擦写。这样，用户在用 PLD 设计好 PCB（Printed Circuit Board，印制电路板）后，只要预先安排好 PLD 引脚的硬件连接，就可通过软件编程的方式灵活改变 PLD 的功能，从而达到改变 PCB 功能的目的。这种方法不需对 PCB 进行任何更改，从而大大缩短了产品的开发周期和成本。也就是说，由于使用了 PLD 进行设计，硬件设计已部分实现了软件化。随着生产工艺的不断革新，高密度、超大规模 FPGA/CPLD 越来越多地在电子信息类产品设计中得到应用，同时由于 DSP、ARM（Advanced RISC Machines）与 FPGA 相互融合，在数字信号处理等领域，已出现了具有较强通用性的硬件平台，核心硬件设计工作正逐渐演变为软件设计。

2. 发展历程

早期的可编程逻辑器件在 20 世纪 70 年代初出现，这一时期只有可编程只读存储器（Programmable Read-only Memory，PROM）、可擦除可编程只读存储器（Erasable PROM，EPROM）和电可擦除只读存储器（Electrically EPROM，EEPROM）三种。这类器件结构相对简单，只能完成简单的数字逻辑功能，但也足以给数字电路设计带来巨大变化。

20 世纪 70 年代中期出现了结构稍复杂的可编程芯片，即可编程逻辑器件，它能够完成各种数字逻辑功能。典型的 PLD 由与门和或门阵列组成。由于任意一个组合逻辑都可以用与或表达式来描述，所以 PLD 能以乘积项的形式完成大量的组合逻辑功能。这一阶段的产品主要有可编程阵列逻辑（Programmable Array Logic，PAL）和通用阵列逻辑（Generic Array Logic，GAL）。PAL 由一个可编程的与平面和一个固定的或平面构成，PAL 是现场可编程的。还有一类结构更为灵活的逻辑器件是可编程逻辑阵列（Programmable Logic Array，PLA），它也由一个与平面和一个或平面构成，但这两个平面的连接关系是可编程的。PLA 既有现场可编程的，也有掩膜可编程的。在 PAL 的基础上又发展了一种通用阵列逻辑，如 GAL16V8、GAL22V10 等，实现了电可擦除、电可改写，其输出结构是可编程的逻辑宏单元，因而它的设计具有很强的灵活性，至今仍有许多人使用。这些早期 PLD 的一个共同特点是，可以实现速度特性较好的逻辑功能，但过于简单的结构也使它们只能实现规模较小的电路。

为了弥补这一缺陷，20 世纪 80 年代中期，Altera 和 Xilinx 两家公司分别推出了类似 PAL 结构的扩展型 CPLD，以及和标准门阵列类似的 FPGA。这两种器件都具有体系结构和逻辑单元灵活、集成度高和适用范围宽等特点，兼容了 PLD 和 GAL 的优点，可实现较大规模的电路，编程也很灵活。与门阵列等其他 ASIC 相比，这两种器件具有设计开发周期短、设计制造成本低、开发工具先进、标准产品无须测试、质量稳定和可实时在线检验等优点，因此被广泛应用于产品的原型设计和产品生产中。几乎所有应用门阵列、PLD 和中小规模通用数字集成电路的场合均可使用 FPGA 和 CPLD。

20 世纪 90 年代末以来，随着可编程逻辑器件工艺和开发工具日新月异的发展，尤其是 Xilinx 公司和 Altera 公司不断推出新一代超大规模可编程逻辑器件，FPGA 与 ASIC、DSP 及 CPU 不断融合，已成功地以硬核的形式嵌入 ASIC、PowerPC、ARM，以 HDL 的形式嵌入越来越多的标准数字处理单元，如 PCI 控制器、以太网控制器、MicroBlaze 处理器、NIOS 和 NIOS-II 处理器等。新技术的发展不仅实现了软硬件设计的完美结合，也实现了灵活性与速度设计的完美结合，使得可编程逻辑器件超越了传统意义上的 FPGA，并以此形成了现在流行的片上系统（System on Chip，SoC）及片上可编程系统（System on a Programmable Chip，SoPC）设计技术，其应用领域扩展到了系统级，涵盖了实时数字信号处理、高速数据收发器、复杂计算和嵌入式系统等设计的全部内容。

Xilinx 公司于 2003 年率先推出了 90 nm 制造工艺的 Spartan-3 系列 FPGA，于 2011 年推出 28 nm 制造工艺的 7 系列 FPGA，并于 2013 年推出了 20 nm 制造工艺的 UltraScale 系列 FPGA，且宣称基于最新 UltraScale 系列 FPGA 的开发不但可实现从 20 nm 向 16 nm 乃至更高级 FinFET 技术的扩展，而且还可实现从单片向 3D IC 的扩展。作为可实现 ASIC 级性能的 All Programmable 架构，UltraScale 系列 FPGA 不仅可解决总体系统吞吐量及延时限制问题，而且还可直接解决高级节点芯片之间的互连问题。

Altera 公司于 2004 年首次推出 90 nm 制造工艺的 Stratix-II 系列 FPGA 后，紧接着于 2006 年推出了 65 nm 制造工艺的 Stratix-III 系列 FPGA，于 2008 年推出了 40 nm 制造工艺的 Stratix-IV 系列 FPGA，并于 2010 年先于 Xilinx 推出了 28 nm 制造工艺的 Stratix-V 系列 FPGA。2013 年，Altera 推出了最新的基于 14 nm 三栅极制造工艺的 Stratix-10 系列 FPGA。

随着制造工艺技术的不断进步，FPGA 正向着低成本、高集成度、低功耗、可扩展性、高性能的目标不断前进。相信 FPGA 的应用会得到更大的发展！FPGA 的演进历程如图 1-1 所示。

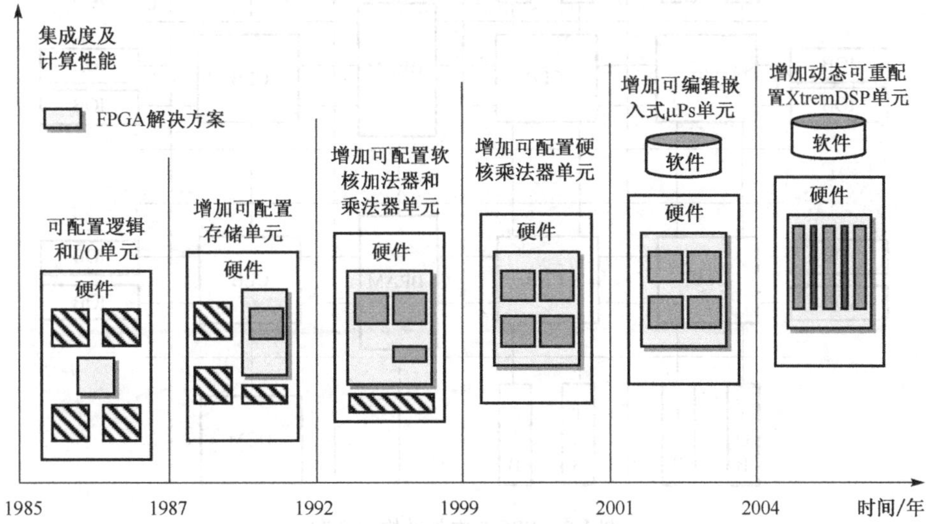

图 1-1　FPGA 的演进历程

1.3.2　FPGA 的结构和工作原理

1. FPGA 的结构

目前所说的 PLD，通常情况下指的是 FPGA 与 CPLD。由于 FPGA 与 CPLD 的内部结构不同，导致它们在集成度、运算速度、功耗及应用方面均有一定差别。通常将以乘积项结构方式构成的逻辑器件称为 CPLD，如 Xilinx 公司的 XC9500 系列、Altera 公司的 MAX7000S 系列和 Lattice 公司的 Mach 系列等，这类器件的逻辑门密度在几千到几万个逻辑单元之间。CPLD 更适合触发器有限而乘积项丰富的结构，适合完成复杂的组合逻辑。通常将基于查找表（Look-Up-Table，LUT）结构的 PLD 称为 FPGA，如 Xilinx 公司的 Spartan、Virtex 和 7 等系列，Altera 公司的 Cyclone、Arria 和 Stratix 等系列。FPGA 是在 CPLD 等逻辑器件的基础上发展起来的。作为 ASIC 领域的一种半定制电路器件，FPGA 克服了 ASIC 灵活性不足的缺点，同时解决了 CPLD 等器件逻辑门电路资源有限的缺点，这种器件的密度通常在几万门到几百万门之间。FPGA 更适合触发器丰富的结构，适合完成时序逻辑，因此在数字信号处理领域多使用 FPGA。

目前主流的 FPGA 仍是基于查找表技术的，但已经远远超出了先前版本的基本性能，并且整合了常用功能（如 RAM、时钟管理和 DSP）的硬核模块。如图 1-2 所示（图 1-2 只是一个示意图，实际上每个系列的 FPGA 都有其相应的内部结构），FPGA 主要由 6 部分组成，分别是输入/输出块（Input/Output Block，IOB）、可配置逻辑块（Configurable Logic Block，CLB）、数字时钟管理（Digital Clock Manage，DCM）模块、内嵌的块 RAM（Block RAM，BRAM）、丰富的布线资源和底层内嵌专用硬核。

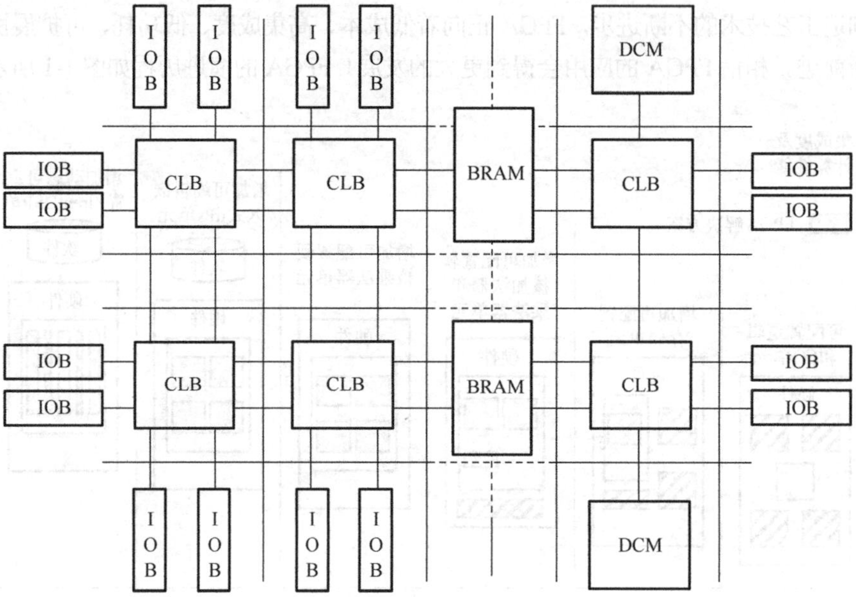

图 1-2　FPGA 内部结构示意图

1）输入/输出块（IOB）

输入/输出块是可编程的，是 FPGA 与外界电路的接口部分，用于完成不同电气特性对输入/输出信号的驱动与匹配要求，其示意结构如图 1-3 所示。

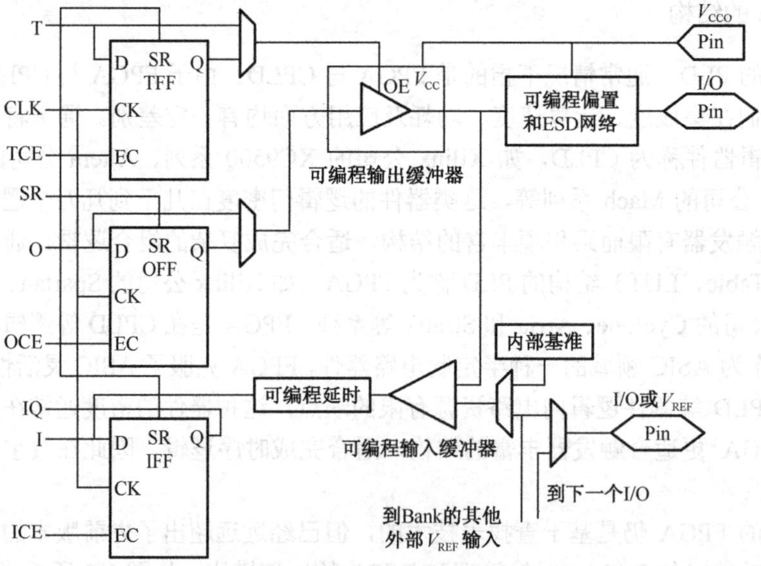

图 1-3　FPGA 内部的 IOB 结构图

FPGA 内的 I/O 按组分类，每组都能够独立地支持不同的 I/O 标准。通过软件的灵活配置，可适应不同的电气标准与 I/O 物理特性，可以调整驱动电流的大小，可以改变上、下拉电阻阻值。目前，I/O 的频率也越来越高，一些高端的 FPGA 通过 DDR 寄存器技术可以支持高达 2 Gbps 的数据传输速率。外部输入信号可以通过 IOB 的存储单元输入到 FPGA 内部，也可以直接输入到 FPGA 内部。为了便于管理和适应多种电器标准，FPGA 的 IOB 被划分为若干个组（Bank），每个 Bank 的接口标准由其接口电压 V_{CCO} 决定。一个 Bank 只能有一种 V_{CCO}，但不同 Bank 的 V_{CCO} 可以不同。只有相同电气标准的接口才能连接在一起，V_{CCO} 电压相同是接口标准化的基本条件。

2）可配置逻辑块（CLB）

CLB 是 FPGA 内的基本逻辑单元，其实际数量和特性因器件的不同而不同。用户可以根据设计需要灵活地改变其内部连接与配置，从而完成不同的逻辑功能。FPGA 一般是基于 SRAM 工艺制造的，其可配置逻辑块几乎都由查找表（Look Up Table，LUT）和寄存器（Register）组成。FPGA 内部的查找表一般为 4 输入 LUT。Altera 公司的一些高端 FPGA 芯片采用了自适应逻辑模块（Adaptive Logic Modules，ALM）结构，可根据设计需求由设计工具自动配置成所需的 LUT，如 5 输入和 3 输入的 LUT，或 6 输入和 2 输入的 LUT，或 2 个 4 输入的 LUT 等。LUT 一般用于完成组合逻辑功能。

FPGA 内部的寄存器结构相当灵活，既可以配置为带同步/异步复位、时钟使能的触发器（Flip Flop，FF），也可以配置成锁存器（Latch）。FPGA 一般是通过寄存器来完成同步时序逻辑设计的。一般来说，CLB 由 1 个寄存器加 1 个查找表组成，但是不同厂商的寄存器和查找表的内部结构有一定的差异，而且寄存器和查找表的组合模式也不同。例如，Altera 公司的 CLB 称为 LE（Logic Element），由 1 个寄存器外加 1 个查找表构成。Altera 公司大多数 FPGA 将 10 个 LE 有机地组合起来，构成更大的功能单元——逻辑阵列模块(Logic Array Block，LAB)。在 LAB 中，除了 LE，还包含 LE 间的进位链、控制信号、局部互连线、LUT 链、寄存器链等连线与控制资源，如图 1-4 所示。Xilinx 公司的 CLB 称为 Slice，由上下两个部分构成，每个部分都由 1 个寄存器加 1 个 LUT 组成，称为 LC（Logic Cell），两个 LC 之间有一些共同使用的逻辑，可以完成 LC 之间的配合与级联。Lattice 公司 FPGA 的底层 CLB 称为可编程功能单元（Programmable Function Unit，PFU），它由 8 个 LUT 和 8～9 个寄存器构成。当然，CLB 的配置结构随着 FPGA 的发展也在不断更新，一些 FPGA 常常会根据设计的需求推出一些新的 LUT 和寄存器的配置比例，并优化其内部的连接构造。

了解 CLB 中 LUT 和寄存器的配置比例可为器件选型和规模估算[3]提供参考，很多器件都是用 ASIC 门数或等效的系统门数来表示器件规模的。但是由于目前 FPGA 内部除了 CLB，还包含丰富的嵌入式 RAM、PLL 或 DLL，以及专用的 Hard IP Core（硬知识产权功能核）等，这些功能模块也可以等效为一定规模的系统门，所以用 CLB 的数量来衡量系统是不准确的，常常会混淆设计者。比较简单科学的方法是用器件的寄存器或 LUT 数量来衡量系统（一般来说，两者的比例为 1∶1）。例如，Xilinx 公司的 Spartan-3 系列的 XC3S1000 有 15360 个 LUT，而 Lattice 公司的 EC 系列的 LFEC15E 也有 15360 个 LUT，所以这两款 FPGA 的 CLB 数量基本相当，属于同一规模的产品。同样道理，Altera 公司的 Cyclone 系列的 EP1C12 的 LUT 数量是 12060 个，就比前面两款 FPGA 规模略小。需要说明的是，器件选型是一个综合性问题，需要综合考虑设计需求、成本、规模、速度等级、时钟资源、I/O 特性、封装、专用功能模块等诸多因素。

LE 是 Altera 公司 FPGA 的基本逻辑单位，通常包含 1 个 4 输入查找表和 1 个可编程触发器，以及一些辅助电路。LE 有两种工作模式，即正常模式和动态算术模式。其中正常模式用于实现普通的组合逻辑功能，动态算术模式用于实现加法器、计数器和比较器等功能。

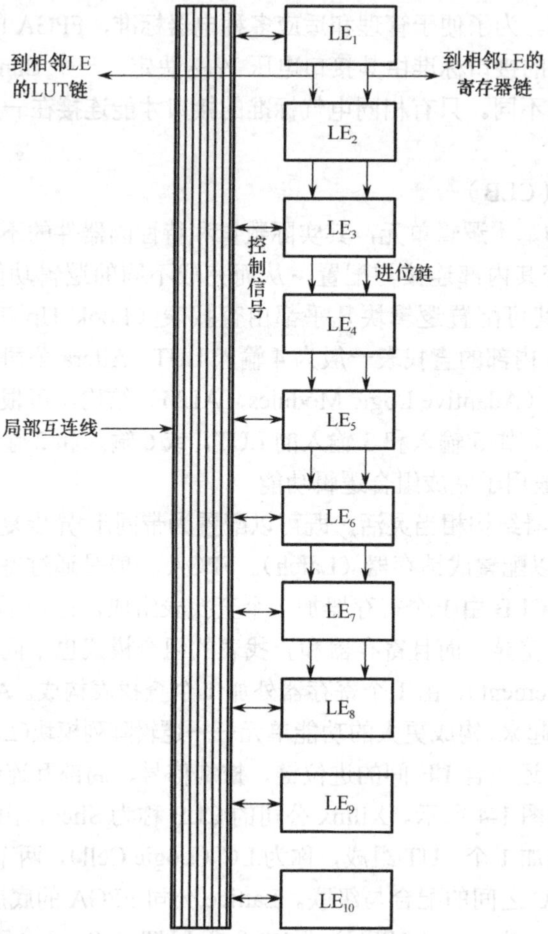

图 1-4　典型的 LAB 结构示意图

LE 正常模式的结构如图 1-5 所示。在正常模式下，4 输入的 LUT 实现组合逻辑功能。LUT 的组合输出可以直接输出到行、列互连线，或者通过 LUT 链输出到下一级 LE 的 LUT 输入端，也可以经过寄存器输出到行、列互连线。寄存器同样可以通过触发器链串起来作为移位寄存器。在不相关的逻辑功能中使用的 LUT 和寄存器可以集成到同一个 LE 中，而且同一个 LE 中的寄存器的输出可以反馈到 LUT 中实现逻辑功能，这样可以增加资源的利用率。

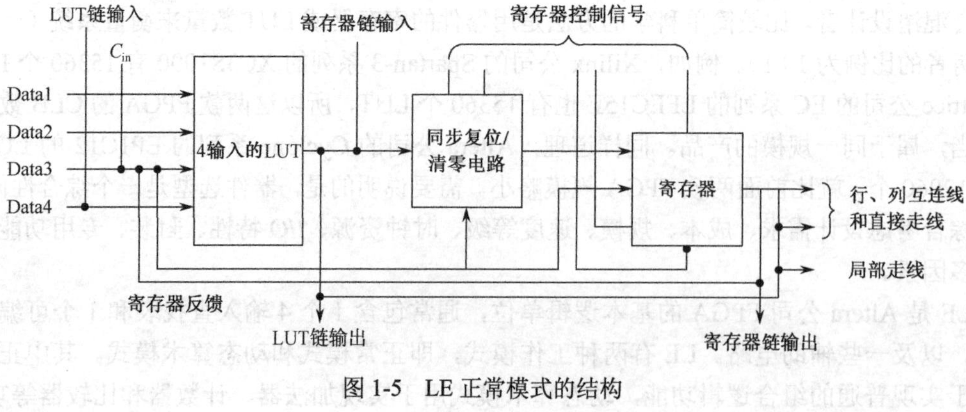

图 1-5　LE 正常模式的结构

在 LE 动态算术模式下，4 输入的 LUT 被配置成 2 个 2 输入的 LUT，用于计算两个数相加之和与进位，如图 1-6 所示。

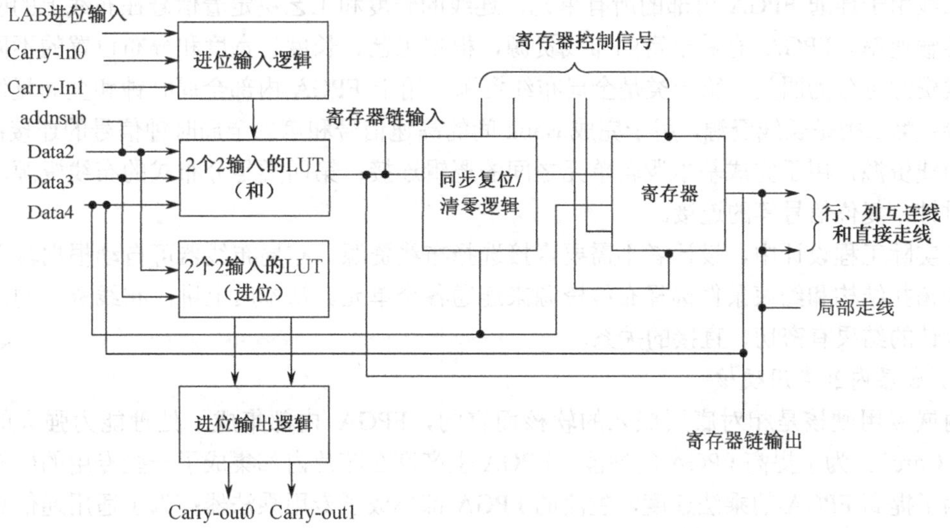

图 1-6　LE 动态算术模式的结构

3）数字时钟管理（DCM）模块

业内大多数 FPGA 均提供数字时钟管理模块，用于产生用户所需的稳定时钟信号。DCM 模块主要由锁相环组成，锁相环能够提供精确的时钟综合、降低抖动，并实现过滤功能。内嵌数字时钟管理模块主要指延迟锁相环（Delay Locked Loop，DLL）、锁相环（Phase Locked Loop，PLL）、DSP 等处理核。现在，越来越丰富的内嵌功能单元使单片 FPGA 成为系统级的设计工具，使其具备了软硬件联合设计的能力，并逐步向 SoC 平台过渡。DLL 和 PLL 具有类似的功能，可以完成高精度、低抖动的时钟倍频和分频，以及占空比调整和移相等功能。Xilinx 公司的 FPGA 集成了 DCM 和 DLL，Altera 公司的 FPGA 集成了 PLL，Attice 公司的新型 FPGA 同时集成了 PLL 和 DLL。PLL 和 DLL 可以方便地通过 IP 核生成工具来进行管理和配置。DLL 的典型结构如图 1-7 所示。

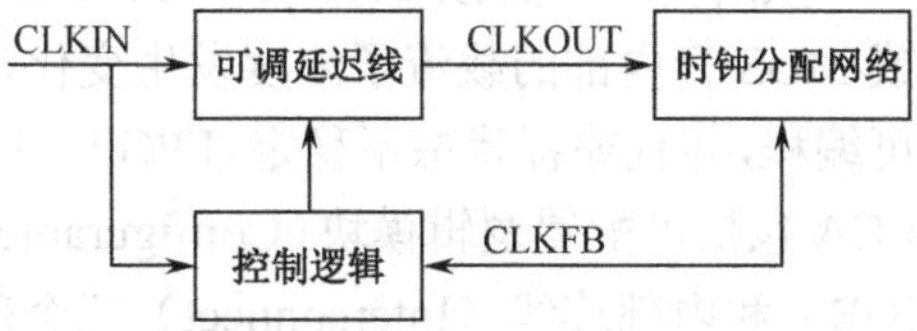

图 1-7　DLL 的典型结构

4）内嵌的块 RAM（BRAM）

大多数 FPGA 都具有内嵌的 BRAM，这大大拓展了 FPGA 的应用范围和灵活性。BRAM 可被配置为单端口 RAM、双端口 RAM、地址存储器（CAM），以及 FIFO 等常用存储结构。CAM 内部的每个存储单元中都有一个比较逻辑，写入 CAM 中的数据会和内部的每一个数据进行比较，并返回与端口数据相同的所有数据的地址。除了 BRAM，还可以将 FPGA 中的 LUT 灵活地配置成 RAM、ROM 和 FIFO 等结构。在实际应用中，芯片内嵌的 BRAM 数量也是选择芯片的一个重要因素。

对于一般的 FPGA 来讲，单片 BRAM 的容量为 18 Kbit，即位宽为 18、深度为 1024。用户可以根据需要改变其位宽和深度，还可以将多片 BRAM 级联起来形成更大的 RAM，此时所配置的最大容量只受限于芯片内 BRAM 的数量。

5）丰富的布线资源

布线用于连通 FPGA 内部的所有单元，连线的长度和工艺决定着信号在布线上的驱动能力和传输速率。FPGA 有着丰富的布线资源，根据工艺、长度、宽度和分布位置的不同，这些布线资源可分为四类：第一类是全局布线资源，用于 FPGA 内部全局时钟和全局复位信号的连接；第二类是长线资源，用于完成 Bank 间的高速信号和第二全局时钟信号的连接；第三类是短线资源，用于完成基本逻辑单元之间的逻辑连接；第四类是分布式的布线资源，用于专有时钟、复位信号等的连接。

在实际工程设计中，设计者不需要直接选择布线资源，布局布线器可自动根据输入逻辑网表的拓扑结构和约束条件选择布线资源来连通各个单元。从本质上讲，布线资源的使用方法和设计的结果有密切、直接的关系。

6）底层内嵌专用硬核

内嵌专用硬核是相对底层嵌入的软核而言的，FPGA 内部集成了处理能力强大的硬核（Hard Core）。为了提高 FPGA 的性能，FPGA 生产商在芯片内部集成了一些专用的硬核，例如，为了提高 FPGA 的乘法速度，主流的 FPGA 都集成了专用乘法器；为了适用通信总线与接口标准，很多高端的 FPGA 都集成了串/并收发器（SERDES），可以达到 10 Gbps 以上的收发速率。Xilinx 公司的高端 FPGA 不仅集成了 PowerPC 系列 CPU，还内嵌了 DSP Core 模块，其相应的系统级设计工具是 EDK 和 Platform Studio，并以此提出了片上系统（System on Chip）的概念，能够开发标准的 DSP 及其相关应用。Altera 公司的高端 FPGA 不仅集成了大量的 DSP 核、多个高速收发器模块、PCIe 硬核模块，还集成了 ARM Cortex-A9 等具有强大实时处理功能的嵌入式硬核，从而实现了 SoC 的开发。

2. FPGA 的工作原理

众所周知，类似 PROM、EPROM、EEPROM 等器件是通过施加高压或紫外线使三极管或 MOS 管内部的载流子浓度发生变化，从而实现可编程的，但是这些器件大多只能实现单次可编程，并且编程状态不稳定。FPGA 则不同，它采用了逻辑单元阵列（Logic Cell Array，LCA），LCA 包括可配置逻辑模块（Configurable Logic Block，CLB）、输入/输出块（Input Output Block，IOB）和内部连线（Interconnect）三个部分。FPGA 的可编程实际上改变了 CLB 和 IOB 的触发器状态，这样就可以实现多次重复的编程。由于 FPGA 需要被反复烧写，因此它实现组合逻辑的基本结构不可能像 ASIC 那样通过固定的与非门来完成，而只能采用一种易于反复配置的结构。查找表可以很好地满足这一要求，目前主流 FPGA 都采用了基于 SRAM 工艺的查找表结构，也有一些军品和宇航级 FPGA 采用 Flash 或者熔丝与反熔丝工艺的查找表结构。

根据数字电路的基本知识可以知道，对于一个 n 输入的逻辑运算，不论与、或运算，还是其他逻辑运算，最多只可能有 2^n 种结果，如果事先将相应的结果存储在一个存储单元，就相当于实现了与非门电路的功能。FPGA 的原理也是如此，它通过烧写程序文件来配置查找表的内容，从而在相同电路结构的情况下实现了不同的逻辑功能。查找表（LUT）本质上就是一个 RAM。目前 FPGA 中多使用 4 输入的 LUT，所以每一个 LUT 都可以看成一个有 4 位地址线的 RAM。当用户通过原理图或 HDL 描述一个逻辑电路以后，FPGA 的开发软件会自动计算逻辑电路的所有可能结果，并把真值表（即结果）写入 RAM。这样，在对输入信号进行逻辑运算时就相当于输入地址进行查表，找出地址对应的内容后并将其输出即可。

从表 1-1 中可以看到，LUT 具有和逻辑电路相同的功能。实际上，LUT 具有更快的执行速度和更大的规模。由于基于 LUT 的 FPGA 具有很高的集成度，可以完成极其复杂的时序逻辑电路与组合逻辑电路功能，所以适用于高速、高密度的高端数字逻辑电路设计领域。

表 1-1　LUT 输入与门的真值表

实际逻辑电路		LUT 的实现方式	
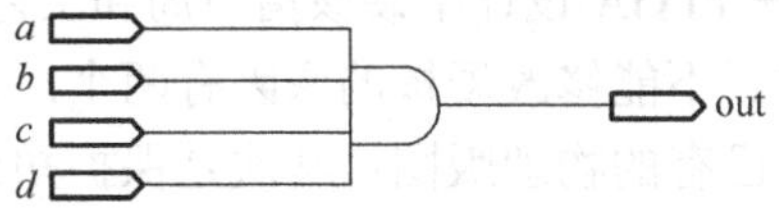		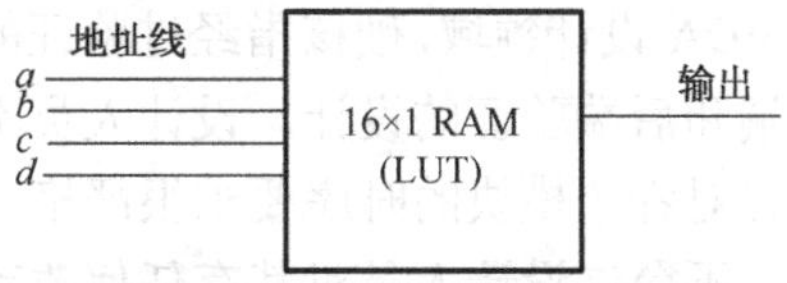	
输入	逻辑输出	地址	RAM 中存储的内容
0000	0	0000	0
0001	0	0001	0
…	0	…	0
1111	1	1111	1

FPGA 是通过存放在片内 RAM 中的程序来设置工作状态的，因此，工作时需要对片内 RAM 进行编程。用户可以根据不同的配置模式，采用不同的编程方式。当加电时，FPGA 将 EPROM 中的数据读入片内 RAM，配置完成后 FPGA 进入工作状态。当掉电时，FPGA 恢复成白片，内部逻辑关系消失，因此 FPGA 能够反复使用。FPGA 的编程无须专用的 FPGA 编程器，只需要通用的 EPROM、PROM 编程器即可。Actel、QuickLogic 等公司还提供反熔丝技术的 FPGA，具有抗辐射、耐高/低温、低功耗和速度快等优点，在军品和航空航天领域中应用得较多，但这种 FPGA 不能重复擦写，开发初期比较麻烦，也比较昂贵。

3. IP 核的概念

IP（Intelligent Property）核是指具有知识产权的集成电路模块或软件功能模块的总称，是经过反复验证过、具有特定功能的宏模块，与芯片制造工艺无关，可以移植到不同的芯片中。在 SoC 中，IP 核设计已成为 ASIC 电路设计公司和 FPGA 厂商的重要任务，也是其实力的体现。对于 FPGA 开发软件，其提供的 IP 核越丰富，用户的设计就越方便，其市场占有率就越高。目前，IP 核已经变成系统设计的基本单元，并作为独立设计成果被交换、转让和销售。

从 IP 核的提供方式来看，通常可将 IP 核分为软核、固核和硬核；从完成 IP 核所花费的成本来看，硬核成本最高；从 IP 核的使用灵活性来看，软核的可复用性最高。

1）软核（Soft IP Core）

在 EDA 设计领域，软核指的是综合之前的寄存器传输级（Register Transfer Level，RTL）模型。在 FPGA 设计中，软核指的是对电路的硬件语言描述，包括逻辑描述、网表和帮助文档等。软核是已通过功能仿真的功能模块，需要经过综合和布局布线才能使用。软核的优点是灵活性高、可移植性强，允许用户自配置；缺点是对模块的预测性较低，在后续设计中存在发生错误的可能性，有一定的设计风险。软核是 IP 核应用最广泛的形式。

2）固核（Firm IP Core）

在EDA设计领域，固核指的是带有平面规划信息的网表，在FPGA设计中可以把固核看成带有布局规划的软核，通常以RTL代码和对应具体工艺网表的混合形式提供。在进行FPGA开发时，将RTL描述的标准单元库进行综合优化设计，形成门级网表，再通过布局布线工具布线后即可使用。和软核相比，固核的设计灵活性稍差，但在可靠性上有较大提高。目前，固核也是IP核的主流形式之一。

3）硬核（Hard IP Core）

在EDA设计领域，硬核指经过验证的设计版图，在FPGA设计中硬核指布局和工艺固定、经过前端和后端验证的设计，设计人员不能对其修改。不能修改硬核的原因有两个：首先是系统设计对各个模块的时序要求很严格，不允许打乱已有的物理版图；其次是保护知识产权的要求，不允许设计人员对其有任何改动。硬核的不许修改特点使其复用有一定的困难，因此只能用于某些特定应用，使用范围较小，但其性能优良，可靠性及稳定性较高。

1.3.3 FPGA在数字信号处理中的应用

数字信号处理技术的实现平台主要有ASIC、DSP、CPU及FPGA。随着芯片生产工艺的不断发展，这几种突现平台的应用领域已越来越呈现相互融合的趋势，但因各自的侧重点不同，依然有各自的优势及鲜明的特点。关于上述四种平台的性能、特点、应用领域等方面的比较和分析，一直都是广大技术人员讨论的热点之一。相对而言，ASIC只提供可以接受的可编程性和集成水平，通常可为指定的功能提供最佳解决方案；DSP可为复杂分析或决策分析等提供最佳的可编程解决方案；CPU则在嵌入操作系统、可视化显示等领域得到了广泛应用；FPGA可为涉及高度并行或涉及线性高速信号处理提供最佳的可编程解决方案。

在评估信号处理器件的性能时，必须衡量该器件是否能在指定的时间内完成所需的功能，一种最基本的方法就是测量1024点快速傅里叶变换（FFT）的处理时间。考虑一个具有16个抽头的FIR滤波器，该滤波器要求在每次采样中完成16次乘积和累加（MAC）操作。TI公司的TMS320C6203具有300 MHz的时钟频率，在合理的优化设计中，每秒可完成4亿～5亿次MAC操作。这意味着由TMS320C6203构成的FIR滤波具有最大为每秒3100万次的输入采样速率。但在FPGA中，所有16次MAC操作均可并行执行。对于Xilinx公司的Virtex系列FPGA，16位MAC操作大约需要配置160个CLB，因此16个并发MAC操作的设计实现将需要大约2560个CLB。XCV300E系列FPGA可轻松实现上述配置，并允许FIR滤波器的输入采样速率为每秒1亿次。

目前，无线通信技术的发展十分迅速，无线通信技术发展的理论基础之一是软件无线电技术，而数字信号处理技术是实现软件无线电技术的基础。无线通信一方面正向语音和数据综合的方向发展；另一方面，在手持PDA产品中越来越多地需要移动通信技术。这一要求对应用于无线通信领域中的FPGA提出了严峻的挑战，其中最重要的三个方面是功耗、性能和成本。为了适应无线通信技术的发展需要，FPGA系统芯片（System on a Chip，SoC）的概念、技术、芯片应运而生。利用系统芯片技术将尽可能多的功能集成在一片FPGA上，使其在性能上具有速率高、功耗低等特点，不仅价格低廉，还可以降低复杂性，便于使用。

实际上，FPGA的功能早已超越了传统意义上的胶合逻辑（Glue Logic）功能。随着各种技术的相互融合，为了同时满足运算速度、复杂度，以及降低开发难度的需求，目前在数字信号处理领域及嵌入式技术领域，FPGA 加 CPU 的配置模式已浮出水面，并逐渐成为标准的配置模式。全球最大的两家 FPGA 厂商——Altera 和 Xilinx 均推出了各自的嵌入了 CPU 的 FPGA 及对应的开发软件。

1.4 Altera 器件简介

Altera 公司由 Robert Hartmann、Michael Magranet、Paul Newhagen 和 Jim Sansbury 于 1983 年创立，他们认为半导体客户将从用户可编程标准产品中受益，逐步取代逻辑门阵列。为满足这些市场需求，Altera 公司的创始人发明了首款可编程逻辑器件（PLD）——EP300，开创了半导体业界全新的市场领域。这一灵活的新解决方案在市场上打败了传统的标准产品，为 Altera 公司带来了半导体创新领先企业的盛誉。

根据面向电子设计的未来发展需求，Altera 公司的可编程解决方案促进了产品的及时面市，相对于高成本、高风险的 ASIC 开发，以及不灵活的 ASSP（专用标准产品）和数字信号处理器具有明显的优势。

通过与台积电（TSMC）等业界一流的企业保持长期稳固的合作关系，Altera 公司确保了为客户及时交付高质量产品。采用来自业界最好的 EDA 工具，Altera 公司进一步增强了自己的布局布线设计软件。在世界级分销网络的帮助下，Altera 公司可为全球客户提供服务。采用这一非常成功的商业模式，Altera 公司能够将精力集中在核心能力上，即开发并实现前沿的可编程技术，为客户提供最大价值。

Altera 公司产品种类众多，基本可以满足各种电子通信类产品的设计需求。随着新技术的不断发展，Altera 公司的器件性能仍在不断提高。Altera 公司的器件可分为高端 FPGA（Stratix 系列）、中端 FPGA（Arria 系列）、低成本 FPGA（Cyclone 系列）、低成本 CPLD（MAX 系列），以及 DC 电源芯片（Enpirion 系列）和 FPGA 程序配置器件（EPCS、EPCQ 系列）等。

表 1-2 Altera 公司各种 FPGA 的主要功能特点

器件级别	器 件 系 列	主要功能特点
高端 FPGA	Stratix-10 系列	● 采用 Intel 革命性的 14 nm 三栅极工艺； ● FPGA 体系结构内核性能提高了 2 倍； ● 功耗比上一代高端 FPGA 降低了 70%； ● 采用第三代硬核处理器系统； ● 采用异构 3D 多管芯解决方案，包括 SRAM、DRAM 和 ASIC
	Stratix-V 系列	● 带宽最宽、集成度最高的 28 nm FPGA，非常灵活； ● 不仅集成了 28 Gbps 的收发器和支持背板的 12.5 Gbps 的收发器，还集成了硬核模块，包括嵌入式 HardCopy 模块，以及用户友好的部分重新配置功能； ● 功耗比 Stratix-IV 系列 FPGA 低 30%； ● 可低风险、低成本地移植到 ASIC，实现量产
	Stratix-IV 系列	● 第四代 Stratix FPGA 系列； ● 性能好、密度高、功耗低； ● 具有同类最佳的 11.3 Gbps 的收发器，并具有优异的信号完整性

续表

器件级别	器 件 系 列	主要功能特点
高端 FPGA	Stratix-III 系列	● 第三代 Stratix 系列 FPGA，业界功耗最低的高性能 65 nm FPGA； ● 具有三种型号，即逻辑丰富型（L）、存储器和 DSP 增强型（E）、收发器型（GX）； ● 面向高端系统处理设计，由业界一流的 FPGA 设计工具提供支持，支持 ASIC 无风险移植
	Stratix-II 系列	● 第二代高性能 90 nm FPGA 系列； ● 具有同类最佳的 6.375 Gbps 收发器； ● 采用高级 FPGA 体系结构，具有分段式 8 输入的 LUT 的高性能 ALM、丰富的片内存储器、嵌入式 DSP 模块和高速外部接口，支持 ASIC 无风险移植
	Stratix 系列	● 第一代 Stratix 系列 FPGA； ● 中等性能，具有嵌入式 DSP 模块、片内存储器、灵活的 I/O； ● 具有丰富的 IP 核，包括世界上最通用的处理器 NIOS-II
中端 FPGA	Arria-10 系列	● 性能和功效最优的中端 FPGA； ● 性能比前一代中端 FPGA 高 60%； ● 带宽比前一代中端 FPGA 高 4 倍，支持 28 Gbps 收发器； ● 系统性能提高了 3 倍（2666 Mbps 的 DDR4、混合立方存储器支持、1.5 GHz 的 ARM HPS）； ● 功耗比前一代中端 FPGA 降低了 40%
	Arria-V 系列	● 28 nm 的 FPGA，在成本、功耗和性能上达到了均衡； ● 包括低功耗的 6 Gbps 和 10 Gbps 串行收发器； ● 总功耗比 6 GHz 的 Arria-II 系列 FPGA 低 40%； ● 具有丰富的硬核模块，提高了集成度
	Arria-II 系列	● 带有收发器、高性价比的 40 nm FPGA； ● 实现了总功耗最低的收发器； ● 具有 16 个 3.75 Gbps 的收发器，提供了丰富的 DSP 和 RAM，性能优于同类其他器件
	Arria-GX 系列	● 带收发器的 90 nm FPGA； ● 为 3 Gbps 串行 I/O 应用提供优化； ● 用于桥接和端点应用的简捷的解决方案
低成本 FPGA	Cyclone-V 系列	● 28 nm 的 FPGA，实现了业界最低系统成本和功耗； ● 与前几代产品相比，总功耗降低了 40%，静态功耗降低了 30%； ● 具有丰富的硬核模块，提高了集成度
	Cyclone-IV 系列	● 低成本、低功耗的 Cyclone 系列第四代产品； ● 包括两种型号，即集成了 3.125 Gbps 收发器的 Cyclone-IV GX 系列 FPGA 和 Cyclone-IV E 系列 FPGA； ● 支持 NIOS-II 嵌入式处理器，具有多种 IP 核

续表

器件级别	器件系列	主要功能特点
低成本 FPGA	Cyclone-III 系列	● 低成本的 Cyclone 系列第三代产品； ● 低功耗、低成本的结合体； ● 支持 NIOS-II 嵌入式处理器，具有丰富的 IP 核
	Cyclone-II 系列	● 低成本的 Cyclone 系列第二代产品； ● 嵌入了 DSP 乘法器、片内存储器和中速率 I/O； ● 支持 NIOS-II 嵌入式处理器，具有丰富的 IP 核
	Cyclone 系列	● 低成本的 Cyclone 系列第一代产品，成本表现最为突出； ● 具有片内存储器、低速率到中速率 I/O； ● 支持 NIOS-II 嵌入式处理器，具有丰富的 IP 核

1.5　Verilog HDL 语言简介

1.5.1　HDL 语言简介

PLD（可编程逻辑器件）需要一种设计切入点（Design Entry）来将设计者的意图表现出来，并最终在具体的器件上实现。早期主要有两种设计方式：一种是采取原理图的方式，就像 PLD 出现之前将分散的 TTL（Transistor-Transistor Logic）芯片组合成印制电路板一样进行设计，这种方式只是将印制电路板变成了一颗芯片而已；还有一种设计方式是采用逻辑方程的形式来表现设计者的意图，将多条逻辑方程语句组成的文件经过编译器编译后产生相应文件，再由专用工具写到 PLD 中，从而实现各种逻辑功能。

随着 PLD 技术的发展，开发工具的功能也越来越强大。目前，设计方式在形式上虽然仍有原理图方式、状态机输入方式和 HDL 输入方式，但由于 HDL 输入方式具有其他方式无法比拟的优点，其他方式已很少使用。HDL 输入方式，即采用编程语言进行设计的方式，主要有以下几方面的优点。

（1）HDL 没有固定的目标器件，在进行设计时不需要考虑器件的具体结构。由于不同厂商生产的 PLD 虽然功能相似，但在内部结构上毕竟有不同之处，如果采用原理图方式，则需要对器件的具体结构、功能部件有一定的了解，会增加设计的难度。

（2）HDL 设计通用性、兼容性好，便于移植。用 HDL 输入方式，在大多数情况下不需要做任何修改就可以在各种设计环境、PLD 之间进行编译实现，这给项目的升级开发、程序复用、程序交流、程序维护带来了很大的便利。

（3）由于 HDL 不需考虑硬件结构，不需考虑布局布线等问题，只需结合仿真软件对设计结果进行仿真即可得到满意的结果，因此大大降低了设计的复杂度和难度。

目前的 HDL 较多，主要有 VHDL（VHSIC Hardware Description Language，超高速集成电路硬件描述语言，其中 VHSIC 是 Very High Speed Integrated Circuit 的缩写）、Verilog HDL、AHDL、SystemC、HandelC、System Verilog、System VHDL 等。其中主流工具语言是 VHDL 和 Verilog HDL，其他 HDL 仍在发展阶段，本身不够成熟，或者是公司专为自己产品开发的

工具，应用面不够广泛。

VHDL 和 Verilog HDL 各具优势，VHDL 语法严谨，而正因为其严谨使得描述具体设计时感觉较为烦琐；Verilog HDL 语法宽松，但在描述具体设计时更容易产生问题，且对于同一个设计，在应用 EDA 工具实现时，可能会出现不同的实现结果，会给程序的交流、复用带来麻烦。虽然两种语言的结构及形式不同，但编程设计的思路是一样的，读者在掌握了其中一种语言后，很容易掌握另外一种语言。本书所有 FPGA 实例均采用 Verilog HDL 进行设计。

1.5.2 Verilog HDL 的特点

Verilog HDL 是在 1983 年由 GDA（GateWay Design Automation）公司的 Phil Moorby 首创的。Phil Moorby 后来成为 Verilog-XL 的主要设计者和 Cadence 公司（Cadence Design System）的第一个合伙人。在 1984 至 1985 年，Phil Moorby 设计出了第一个关于 Verilog-XL 的仿真器；1986 年，他对 Verilog HDL 的发展又做出了另一个巨大贡献——提出了用于快速门级仿真的 XL 算法。

随着 Verilog-XL 算法的成功，Verilog HDL 得到了迅速发展。1989 年，Cadence 公司收购了 GDA 公司，Verilog HDL 成为 Cadence 公司的产品。1990 年，Cadence 公司决定公开 Verilog HDL，于是成立了 OVI（Open Verilog International）组织来负责 Verilog HDL 的发展。基于 Verilog HDL 的优越性，IEEE 于 1995 年制定了关于 Verilog HDL 的 IEEE 标准，即 Verilog HDL 1364—1995。随后 Verilog HDL 不断完善和发展，并先后制定了 IEEE 1364—2001、IEEE 1364—2005 两个标准。

Verilog HDL 是一种用于数字逻辑电路设计的语言，采用 Verilog HDL 描述的电路设计就是该电路的 Verilog HDL 模型。Verilog HDL 既是一种行为描述语言，也是一种结构描述语言。这也就是说，既可以用电路的功能来进行描述，也可以用元器件及其连接来建立电路的 Verilog HDL 模型。Verilog HDL 模型可以是实际电路的不同级别的抽象，这些抽象的级别和它们对应的模型类型共有以下几种。

- 系统级（System）：用高级语言结构实现设计模块的外部性能的模型。
- 算法级（Algorithm）：用高级语言结构实现设计算法的模型。
- RTL 级（Register Transfer Level）：描述数据在寄存器之间传输，以及如何处理这些数据的模型。
- 门级（Switch-Level）：描述器件中三极管和存储节点，以及它们之间连接的模型。

一个复杂电路系统的完整 Verilog HDL 模型是由若干 Verilog HDL 模块构成的，每一个模块又可以由若干子模块构成。有些模块需要综合成具体电路，而有些模块只是与用户设计的模块交互的电路或激励信号源。利用 Verilog HDL 可以构造清晰的模块间层次结构，从而描述复杂的大型设计，并对设计的逻辑进行严格的验证。

作为一种结构化和过程性的语言，Verilog HDL 的语法结构非常适合算法级和 RTL 级的模型设计，具有以下功能。

- 可描述顺序执行或并行执行的程序结构；
- 可通过延迟表达式或事件表达式来明确地控制过程的启动时间；
- 可通过命名的事件来触发其他过程里的激活行为或停止行为；
- 可提供条件、if-else、case、循环程序结构；

- 可提供带参数且非零延续时间的任务（Task）程序结构；
- 可提供定义新的操作符的函数结构（Function）；
- 可提供用于建立表达式的算术运算符、逻辑运算符、位运算符。

作为一种结构化的语言，Verilog HDL 也非常适合于门级和开关级的模型设计，具有以下功能。

- 可提供完整的一套组合型原语（Primitive）；
- 可提供双向通路和电阻器件的原语；
- 可建立 MOS 器件的电荷分享和电荷衰减动态模型。

Verilog HDL 的构造性语句可以精确地建立信号的模型，这是因为在 Verilog HDL 中可通过延迟和输出强度的原语建立精确程度很高的信号模型。信号值有不同的强度，可以通过设计宽范围的模糊值来降低不确定条件的影响。

作为一种高级的硬件描述编程语言，Verilog HDL 有着类似 C 语言的风格，其中许多语句和 C 语言中的对应语句十分相似。如果读者有一定的 C 语言编程基础，那么学习 Verilog HDL 并不困难，只要理解 Verilog HDL 的某些语句并加强练习就能很好地掌握该语言，进而设计复杂的数字逻辑电路。

1.5.3　Verilog HDL 的程序结构

Verilog HDL 的基本设计单元是模块，一个模块由两部分组成，一部分用于描述端口，另一部分用于描述逻辑功能，即定义输入是如何影响输出的。下面是一段完整的 Verilog HDL 程序代码。

```
module block (a,b,c,d)
    input a,b;
    output c,d;
    assign c= a | b;
    assign d= a & b;
endmodule
```

在上面的例子中，模块 block 的第 2 行和第 3 行说明了端口的信号流向，第 4 行和第 5 行说明了模块的逻辑功能。以上就是设计一个简单的 Verilog HDL 程序所需的全部内容。从这个例子可以看出，Verilog HDL 的程序结构完全嵌在 module 和 endmodule 之间，每个 Verilog HDL 程序包括四个主要部分：端口定义、I/O 说明、内部信号声明和逻辑功能定义。

（1）端口定义。模块的端口声明了模块的输入/输出端口，其格式如下：

```
module 模块名（端口 1，端口 2…）
```

（2）模块内容。模块的内容包括 I/O 说明、内部信号声明和逻辑功能定义。I/O 说明的格式为：

```
输入端口：input   端口名 1，端口名 2，…，端口名 i;        //共有 i 个端口
输出端口：output  端口名 1，端口名 2，…，端口名 j;        //共有 j 个端口
```

I/O 说明也可以写在端口声明语句里，其格式如下：

```
module 模块名（input 端口 1，input 端口 2，…，output 端口 1，input 端口 2…）;
```

内部信号说明是指在模块内用到的与端口有关的wire和reg变量的声明，例如：

```
reg   [width-1: 0] R 变量 1，R 变量 2…;
wire [width-1: 0] W 变量 1，W 变量 2…;
```

模块中最重要的部分是逻辑功能定义部分。有三种方法可以在模块中实现逻辑功能定义：采用assign声明语句、采用实例元件和采用always块。下面分别是采用三种方法实现逻辑功能定义的例子。

```
//采用 assign 声明语句
assign a = b & c;

//采用实例元件
and and_inst(q, a, b);

//采用 always 块
always @(posedge clk or posedge clr)
   begin
      if (clr)   q <= 0;
      elseif (en) q <= d;
   end
```

需要注意的是，如果用Verilog HDL模块实现一定的功能，首先应该清楚哪些是同时发生的，哪些是顺序发生的。上面三个例子分别采用了assign声明语句、实例元件和always块，这三个例子描述的逻辑功能是同时执行的。也就是说，如果把这三个例子写到一个Verilog HDL模块文件中，它们的次序不会影响逻辑实现的功能。这三个例子是同时执行的，也就是并发的。

然而，在always块中，逻辑是按照指定的顺序执行的。always块中的语句称为顺序语句，因为它们是顺序执行的。请注意，两个或多个always块也是同时执行的，但是always块内部的语句是顺序执行的。看一下always块内的语句，就会明白它是如何实现功能的。if…else…if必须顺序执行，否则其功能就没有任何意义。如果else语句在if语句之前执行，功能就不符合要求。为了能实现上述描述的功能，always块中的语句将按照书写的顺序执行。

1.6 FPGA开发工具及设计流程

1.6.1 Quartus II开发套件

1. Quartus II开发套件简介

Quartus II是Altera公司的综合性PLD/FPGA开发套件，支持原理图、VHDL、Verilog HDL和AHDL（Altera Hardware Description Language）等多种设计输入形式。Quartus II内嵌了综合器和仿真器，可以完成从设计输入到硬件配置的完整PLD设计流程。

Quartus II可以在Windows、Linux和UNIX上使用，除了可以使用Tcl脚本完成设计流程，还可提供完善的用户图形界面设计方式，具有运行速度快、界面统一、功能集中、易学易用等特点。Quartus II 支持 Altera 公司的 IP 核，包含了 LPM、MegaFunction（宏功能）模块库，用户可以充分利用成熟的模块，降低设计的复杂性、加快设计速度。Quartus II 对第三方 EDA 工具的良好支持，也使得用户可以在设计流程的各个阶段使用熟悉的第三方 EDA 工具。

此外，通过和 DSP Builder 工具与 MATLAB/Simulink 相结合，Quartus II 可以方便地实现各种 DSP 应用系统；支持 Altera 公司的片上可编程系统（SoPC）开发，集系统级设计、嵌入式软件开发、可编程逻辑设计于一体，是一种综合性的开发平台。

Maxplus II 作为 Altera 公司的上一代 PLD 设计软件，由于其出色的易用性而得到了广泛的应用。目前 Altera 公司已经停止了对 Maxplus II 的更新支持，Quartus II 与之相比不仅仅是支持器件类型的丰富和图形界面的改变。Altera 公司在 Quartus II 中不仅集成了许多诸如 SignalTap II、Chip Editor 和 RTL Viewer 等工具，还集成了 SoPC 和 HardCopy 设计流程，并且继承了 Maxplus II 友好的图形界面及简便的使用方法。

Quartus II 提供了完全集成且与电路结构无关的开发包环境，具有数字逻辑设计的全部特性，包括：

- 可利用原理图、结构框图、Verilog HDL、AHDL 和 VHDL 完成电路描述，并将其保存为设计实体文件；
- 可对芯片（电路）平面布局连线进行编辑；
- 采用 LogicLock 增量设计方法，用户可建立并优化系统，然后添加对原始系统的性能影响较小或无影响的后续模块；
- 集成了功能强大的逻辑综合工具；
- 集成了完备的电路功能仿真与时序逻辑仿真工具；
- 支持对定时/时序分析与关键路径延时的分析；
- 可使用 SignalTap II 逻辑分析工具进行嵌入式的逻辑分析；
- 支持源文件的添加和创建，并将它们链接起来生成编程文件；
- 通过组合编译方式可一次完成整体设计流程；
- 支持自动定位编译错误；
- 集成了高效的编程与验证工具；
- 可读入标准的 EDIF 网表文件、VHDL 网表文件和 Verilog 网表文件；
- 能生成第三方 EDA 软件使用的 VHDL 网表文件和 Verilog 网表文件。

2. Quartus II 的工作界面

Quartus II 的工作界面如图 1-8 所示，主要由标题栏、菜单栏、工具栏、资源管理区、编译状态显示区、信息显示区和工程工作区等部分组成。

（1）标题栏。标题栏可显示当前工程的路径和程序名称。

（2）菜单栏。菜单栏主要由文件（File）、编辑（Edit）、视图（View）、工程（Project）、资源分配（Assignments）、操作（Processing）、工具（Tools）、窗口（Window）和帮助（Help）9 个下拉菜单组成，其中工程（Project）、资源分配（Assignments）、操作（Processing）、工具（Tools）集中了 Quartus II 较为核心的全部操作命令，下面分别介绍。

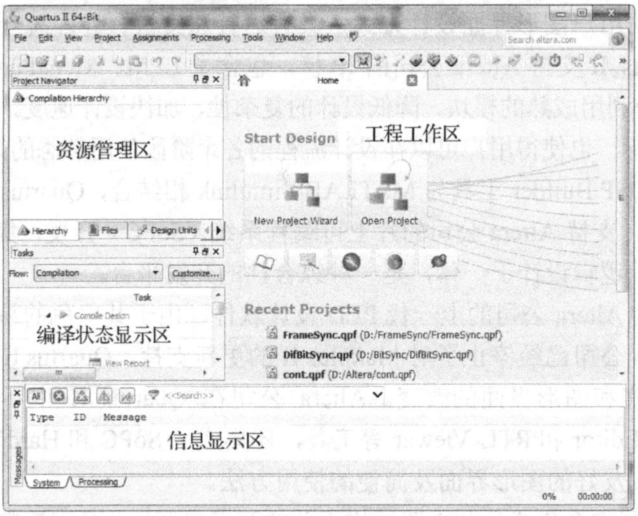

图 1-8　Quartus II 软件工作界面

① 工程（Project）菜单主要是对工程的一些操作。

- Add/Remove Files in Project：用于在工程中添加或新建某种资源文件。
- Revisions：用于创建或删除工程，在其弹出的窗口中单击“Create”按钮可创建一个新的工程；或者在创建好的几个工程中选中一个，单击“Set Current”按钮就可把选中的工程设置为当前工程。
- Archive Project：用于将工程归档或备份。
- Generate Tcl File for Project：用于产生工程的 Tcl 脚本文件，选择好要生成的文件名和路径后单击“OK”按钮即可；如果选中了“Open generated file”，则会在工程工作区打开该 Tcl 文件。
- Generate Power Estimation File：用于产生功率估计文件。
- HardCopy Utilities：与 HardCopy 器件相关的功能。
- Locate：Assignment Editor 中的节点或源代码中的信号可在 Timing Clousure Floorplan、编译后布局布线图、Chip Editor 或源文件中定位。
- Set as Top-level Entity：用于把工程工作区打开的文件设定为顶层文件。
- Hierarchy：用于打开工程工作区显示的源文件的上一层或下一层的源文件，以及顶层文件。
- Device：用于设置目标器件型号。

② 资源分配（Assignments）菜单的主要操作如下。

- Assign Pins：用于打开分配引脚对话框，给设计的信号分配引脚。
- Timing Settings：用于设置 EDA 工具的时序，如 Synplify 等。
- Settings：用于打开参数设置界面，可以切换到使用 Quartus II 开发流程的每个步骤所需的参数设置界面。
- Wizard：用于启动时序约束设置、编译参数设置、仿真参数设置、Software Build 参数设置。

- Assignment Editor：分配编辑器，用于分配引脚、设置引脚电平标准、设定时序约束等。
- Remove Assignments：用于删除设定类型的分配，如引脚分配、时序分配等。
- Demote Assignment：允许用户使用当前较不严格的约束，使编译器更高效地编译分配和约束等。
- Back-Annotate Assigments：允许用户在工程中反标引脚、逻辑单元、节点、布线分配等。
- Import Assigments：为当前工程导入分配文件。
- Timing Closure Foorplan：用于启动时序收敛平面布局规划器。
- LogicLock Region：允许用户查看、创建和编辑 LogicLock 区域约束文件，以及导入/导出 LogicLock 区域约束文件。

③ 操作（Processing）菜单包含了对当前工程执行的各种设计流程，如开始综合、开始布局布线、开始时序分析等。

④ 工具（Tools）菜单用于调用 Quartus II 中集成的一些工具，如 MegaWizard Plug-In Manager（用于生成 IP 核和宏功能模块）、Chip Editor、RTL Viewer、Programmer 等。

（3）工具栏。工具栏中包含了常用命令的快捷图标，将鼠标移动到相应图标时，在鼠标指针下方会出现该图标对应的含义，而且每种图标在菜单栏均能找到相应的菜单。用户可以根据需要将自己常用的功能定制为工具栏上的图标，方便在 Quartus II 中灵活、快速地进行各种操作。

（4）资源管理区。资源管理区用于显示当前工程中所有相关的资源文件，其左下角有三个标签，分别是结构层次（Hierarchy）、文件（Files）和设计单元（Design Units）。结构层次标签在工程编译之前只显示了顶层模块名，工程编译后，此标签将按层次列出工程中所有的模块，并列出每个源文件所用资源的具体情况，顶层可以是用户产生的文本文件，也可以是图形编辑文件。文件标签列出了工程编译后的所有文件，文件类型有设计器件文件（Design Device Files）、软件文件（Software Files）和其他文件（Others Files）等。设计单元标签列出了工程编译后的所有单元，如 Verilog HDL 单元、VHDL 单元等，一个设计器件文件对应生成一个设计单元，参数定义文件没有对应设计单元。

（5）工程工作区。器件设计、定时约束设计、底层编辑器和编译报告等均显示在工程工作区中，当 Quartus II 实现不同功能时，此区域将打开相应的操作窗口，显示不同的内容，进行不同的操作。

（6）编译状态显示区。编译状态显示区主要用于显示模块综合、布局布线过程及时间。模块（Module）列出了工程模块，过程（Process）显示综合、布局布线进度条，时间（Time）是指综合、布局布线所耗费的时间。

（7）信息显示区。信息显示区用于显示 Quartus II 在综合、布局布线过程中的信息，如开始综合时调用的源文件、库文件，以及在布局布线过程中的定时、告警、错误等，如果是告警和错误，则会给出引起告警和错误的具体原因，方便设计者查找及修改错误。

本章后续还会结合一个简单的示例，讨论包括创建工程、设计输入、综合、仿真、布局布线、生成编程文件及配置 FPGA 等步骤在内的一个完整的设计流程。

1.6.2 ModelSim 仿真软件

Mentor 公司的 ModelSim 是业界最优秀的 HDL 仿真软件，它能提供友好的仿真环境，支持 VHDL 和 Verilog HDL 混合仿真。ModelSim 采用直接优化的编译技术、单一内核仿真技术，编译仿真速度快，编译的代码与平台无关，便于保护 IP 核。ModelSim 具有图形界面和用户接口，为用户加快调试进程提供了强有力的手段，是进行 FPGA 开发时首选的仿真软件，其主要特点有：

- 采用 RTL 级和门级优化技术，编译仿真速度快，具有跨平台、跨版本的仿真功能；
- 可进行 VHDL 和 Verilog HDL 混合仿真；
- 集成了性能分析、波形比较、代码覆盖、数据流 ChaseX、信号检测（Signal Spy）、虚拟对象（Virtual Object）、Memory 窗口、Assertion 窗口、源码窗口显示信号值、信号条件断点等众多调试功能；
- 具有 C 语言和 Tcl/Tk 接口，支持 C 语言调试；
- 全面支持系统级描述语言，支持 SystemVerilog、SystemC、PSL 等语言。

ModelSim 具有 SE、PE、LE 和 OEM 等不同版本，其中 SE 是最高级的版本，集成在 Actel、Atmel、Altera、Xilinx 以及 Lattice 等 FPGA 厂商设计工具中的均是 OEM 版本。SE 版和 OEM 版在功能和性能方面有较大差别，比如对于大家都关心的仿真速度，以 Xilinx 公司提供的 OEM 版本为例，对于代码少于 40000 行的设计，SE 版本比 OEM 版本要快 10 倍；对于代码超过 40000 行的设计，SE 版本要比 OEM 版本快近 40 倍。ModelSim 的 SE 版本支持 Windows、UNIX 和 Linux 混合平台，可提供全面完善以及高性能的验证功能，全面支持业界的标准。虽然集成在 Altera 等 FPGA 厂商设计工具中的是 ModelSim 的 OEM 版本，但用户可独立安装 ModelSim 的 SE 版本。只需通过简单设置，即可将 SE 版本的 ModelSim 集成到 Quartus II 等开发环境中，方法如下。

运行 Quartus II，依次单击“Tools→Options”菜单，在弹出的对话框中依次单击“General→EDA Tool Options”条目即可弹出“EDA Tool Options”对话框，如图 1-9 所示。从图 1-9 所示的对话框选项中可以看出，Quartus II 可以集成 ModelSim、Synplify、Synplify Pro 等工具。在相应工具对应的路径编辑框中输入工具的执行路径即可轻松地将该工具集成在 Quartus II 中。在图 1-9 中“ModelSim-Altera”对应的路径设置为“C:\altera\13.1\modelsim_ase\win32aloem\”（读者需要根据 ModelSim 的安装路径进行设置），即可将 ModelSim 集成在 Quartus II 中。需要注意的是，“ModelSim-Altera”的路径名最后必须加上“\”，否则无法正确启动。

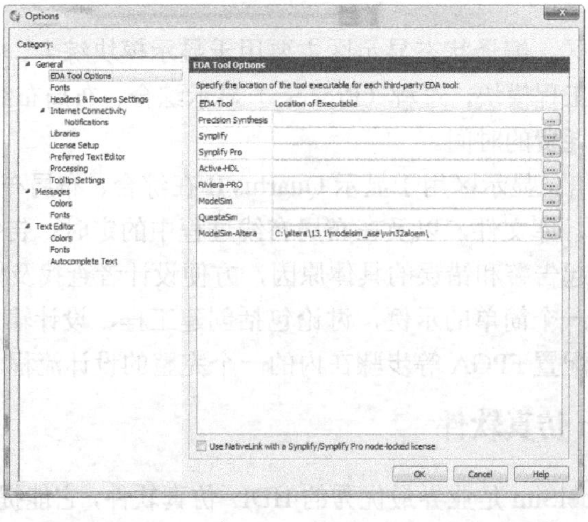

图 1-9　“EDA Tool Options”对话框

ModelSim 是独立的仿真软件，本身可独立完成程序代码编辑及仿真功能。ModelSim 运行界面如图 1-10 所示，主要由标题栏、菜单栏、工具栏、库信息窗口、对象窗口、波形显示窗口和脚本信息窗口组成。

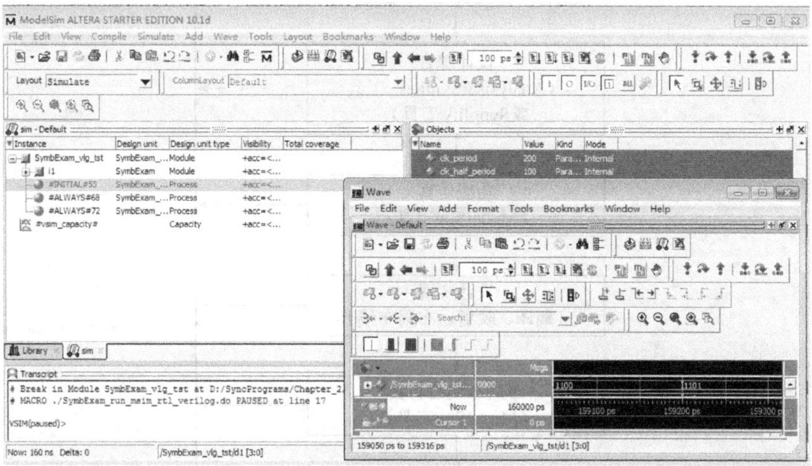

图 1-10　ModelSim 运行界面

ModelSim 的窗口很多，共 10 余个。在仿真过程中，除了主窗口，其他窗口均可以打开多个副本，且各窗口中的对象均可相互以拖动的方式添加，使用起来十分方便。当关闭主窗口时，所有已打开的窗口均会被自动关闭。ModelSim 丰富的显示及调试窗口一方面可以极大地方便设计者对程序的仿真调试，另一方面也使初学者掌握起来比较困难。本书不对 ModelSim 进行详细介绍，读者可参考软件使用手册以及其他参考资料学习如何使用 ModelSim。仿真技术在 FPGA 设计中具有十分重要的地位，熟练掌握仿真工具及仿真技巧是一名优秀工程师的必备技能。当然，要熟练掌握仿真软件，除了查阅参考资料，还需进行大量的实践，在实践中逐渐理解、掌握并熟练应用各种仿真软件，以提高仿真调试技巧。

1.6.3　FPGA 的设计流程

整个 FPGA 的设计流程可以与 PCB 绘制软件设计 PCB 的流程类比。图 1-11 是 FPGA 的设计流程图。本节只是简单地介绍各个设计流程，有关 FPGA 的详细设计方法可以参考专门介绍 FPGA 设计的资料。

1．设计准备

设计一个 FPGA 项目就好比设计一块 PCB 一样，只是设计的对象是一颗 IC 芯片的内部功能结构。一个 FPGA 设计就是一颗 IC 芯片设计，在动手进行代码输入前必须明确这颗 IC 芯片的功能及对外接口。PCB 的接口是一些接口插座及信号线，IC 芯片的对外接口反映在芯片的引脚上。FPGA 灵活性的最直接体现，就在于每个引脚均可自由定义。也就是说，在没有下载程序文件前，FPGA 的所有引脚均没有任何功能，各引脚是输入还是输出，引脚信号是复位信号还是 LED 灯输出信号，完全由程序文件确定。这对于常规的专用芯片来说是无法想象的。

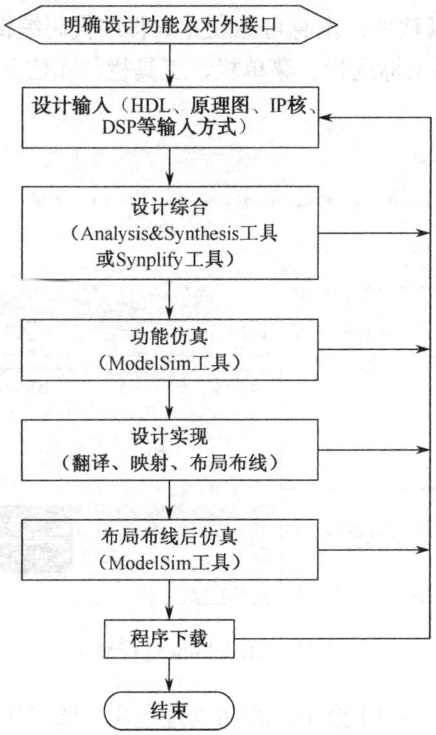

图 1-11　FPGA 设计流程图

2. 设计输入

明确了设计功能及对外接口后就可以开始设计输入了。所谓设计输入，就是指编写代码、绘制原理图、设计状态机等工作。当然，对于复杂的设计，在动手编写代码前还要进行顶层设计、模块功能设计等一系列工作；对于简单的设计来讲就不用那么麻烦了，一个文件即可解决所有问题。设计输入的方式有多种，如原理图输入方式、状态机输入方式、HDL 输入方式、IP 核输入方式（高效率的输入方式，用别人的经过测试的劳动成果，可确保设计的性能并提高设计效率），以及 DSP 输入方式等。

3. 设计综合

大多数介绍 FPGA 设计的图书在讲解设计流程时，均把设计综合放在功能仿真之后，原因是功能仿真只是对设计输入的语法进行检查及仿真，不涉及具体的电路综合与实现。换句话说，即使你写出的代码最终无法综合成具体电路，功能仿真也可能正确无误。作者认为，如果辛辛苦苦写出的代码最终无法综合成电路，即根本是一个不可能实现的设计，在这种情况下不尽早检查并修改设计，而是费尽心思追求功能仿真的正确性，岂不是在进一步浪费你的宝贵时间？所以，在设计输入完成后，先进行设计综合，看看设计能否综合成电路，再去进行仿真可能会更好些。所谓设计综合，也就是将 HDL、原理图等设计输入翻译成由与门、或门、非门、触发器等基本逻辑单元组成的逻辑连接，并形成网表格式文件，供布局布线器进行实现。FPGA 内部本身是由一些基本的组合逻辑门、触发器、存储器等组成的，综合的过程也就是将使用语言或绘图描述的功能电路自动编译成基本逻辑单元组合的过程。这好比使用 Protel 设计 PCB，设计好电路原理图后，要将原理图转换成网表文件，如果没有为每个原理图中的元件指定元件封装，或元件库中没有指定的元件封装，则在转换成网表文件并进行后期布局布线时就无法进行下去。同样，如果 HDL 输入语句本身没有与之对应的硬件实现，自然也就无法将设计综合成正确的电路，这样的设计即使在功能、语法上是正确的，在硬件上却无法找到与之相对应的逻辑单元来实现。

4．功能仿真

功能仿真又称为行为仿真（在 Quartus II 中称为 RTL Simulation），顾名思义，即功能性仿真，用于检查设计输入的语法是否正确，功能是否满足要求。由于功能仿真仅仅关注语法的正确性，因而即使功能仿真正确后，也无法保证最后设计实现的正确性。在功能仿真正确后，要做的工作可能仍然十分繁杂，原因在于功能仿真过程没有用到实现设计的时序信息，仿真延时基本忽略不计，处于理想状态。对于高速或复杂设计，基本器件的延时正是制约设计的瓶颈。虽然如此，功能仿真在设计初期仍然十分有用，一般来讲，一个连功能仿真都不能通过的设计是不可能通过布局布线后仿真的，也不可能实现设计者的设计意图。功能仿真的另一好处是可以对设计中的每一个模块进行单独仿真，这也是程序调试的基本方法，即先分别对底层模块进行仿真调试，再进行顶层模块的综合调试。

5．设计实现

设计实现是指根据选定的芯片型号、综合后生成的网表文件，将设计配置到具体 FPGA 的过程。由于涉及具体的器件型号，所以实现工具只能选用器件厂商提供的软件。Xilinx 公司的 ISE 软件中实现过程又可分为翻译（Translate）、映射（Map）和布局布线（Place & Route）三个步骤。Quartus II 中的实现工具主要有 Fitter、Assigment Editor、Floorplan Editor、Chip Editor 等。虽然看起来步骤较多，但在具体设计时，直接单击 Quartus II 中的设计实现（Fitter）条目，即可自动完成所有实现步骤。设计实现的过程就好比 Protel 软件根据原理图生成的网表文件后进行绘制 PCB 的过程。绘制 PCB 可以采用自动布局布线及手动布局布线两种方式。对于 FPGA 设计来讲，同样也有自动布局布线和手动布局布线两种方式，只是手动布局布线相对困难得多。对于常规或相对简单的设计，仅依靠 Quartus II 的自动布局布线功能即可得到满意的效果。

6．时序仿真

一般来说，无论软件工程师还是硬件工程师，都更愿意在设计过程中充分展示自己的创意，而不太愿意花过多时间去做测试或仿真工作。对于一个具体的设计来讲，工程师们更愿意关注设计功能的实现，只要功能正确，工作也就差不多完成了。由于目前设计工具的快速发展，尤其是仿真工具功能的日益强大，这种观念恐怕需要进行修正了。对于 FPGA 设计来说，布局布线后仿真（在 Quartus II 中称为 Gate Level Simulation）也称为后仿真或时序仿真，具有十分精确的器件延时模型，只要约束条件设计正确合理，仿真通过了，程序下载到芯片后基本上不会出现什么问题。在介绍功能仿真时说过，功能仿真通过了，设计还离成功较远，但只要时序仿真通过了，则设计离成功就很近了。

7. 程序下载

时序仿真正确后就可以将设计生成的芯片配置文件写入芯片中进行最后的硬件调试，如果硬件电路板没有问题的话，那么在将芯片配置文件下载到芯片后即可看到自己的设计已经在正确地工作了。

1.7 MATLAB软件

1.7.1 MATLAB简介

20世纪70年代，美国新墨西哥大学计算机科学系主任Cleve Moler为了减轻学生编程的负担，用FORTRAN语言编写了MATLAB。Little、Moler、Steve Bangert在1984年合作成立的MathWorks公司，正式把MATLAB推向市场。20世纪90年代，MATLAB已成为控制界的标准计算软件。MATLAB不断推出新的版本，本书中的所有MATLAB程序均采用MATLAB R2014a版本进行编辑调试。

MATLAB是由美国Mathworks公司发布的主要面对科学计算、可视化和交互式程序设计的高科技计算环境，它将数值分析、矩阵计算、科学数据可视化，以及非线性动态系统的建模和仿真等诸多强大功能集成在一个易于使用的视窗环境中，为科学研究、工程设计，以及必须进行有效数值计算的众多领域提供了一种全面的解决方案，并在很大程度上摆脱了传统非交互式程序设计语言（如C、FORTRAN）的编辑模式，代表了当今国际科学计算软件的先进水平。MATLAB在数学类科技应用软件中的数值计算方面首屈一指，可以进行矩阵运算、绘制函数和数据、实现算法、创建用户界面、链接其他编程语言的程序等，主要应用于工程计算、控制设计、信号处理与通信、图像处理、信号检测、金融建模设计与分析等领域。

MATLAB的基本数据单位是矩阵，它的指令表达式与数学公式、工程应用中常用的形式十分相似，因此用MATLAB来解算问题要比用C、FORTRAN等语言简便得多，并且MATLAB也吸收了像Maple等软件的优点，使MATLAB成为一个强大的数学软件。MATLAB在新的版本中还加入了对C、FORTRAN、C++、Java等语言的支持，用户可以直接调用已编写好的程序，也可以将自己编写的实用程序导入MATLAB函数库中方便以后调用。此外，许多的MATLAB爱好者都编写了一些经典的程序，用户下载后就可以直接使用。

1.7.2 MATLAB工作界面

MATLAB的工作界面简单、明了，易于操作。正确安装好MATLAB后，依次单击“开始→所有程序→MATLAB→R2014a→MATLAB R2014a”即可运行MATLAB。MATLAB R2014a的工作界面如图1-12所示。

命令行窗口是MATLAB的主窗口。在命令行窗口中可以直接输入命令，系统将自动显示命令执行后的信息。如果一条命令过长，需要两行或多行才能输入完毕，则要使用“...”作连接符号，按“Enter”键转入下一行继续输入。另外，在命令行窗口中输入命令时，可利用快捷键十分方便地调用或修改以前输入的命令。如通过向上键“↑”可重复调用上一个命令行，对它加以修改后直接按“Enter”键即可执行，在执行命令时不需要将光标移至行尾。命令行窗口只能执行单条命令，用户可通过创建 M 文件（后缀名为.m 的文件）来编辑多条命令语句。在命令行窗口中输入 M 文件的名称，即可依次执行 M 文件中的所有命令语句。

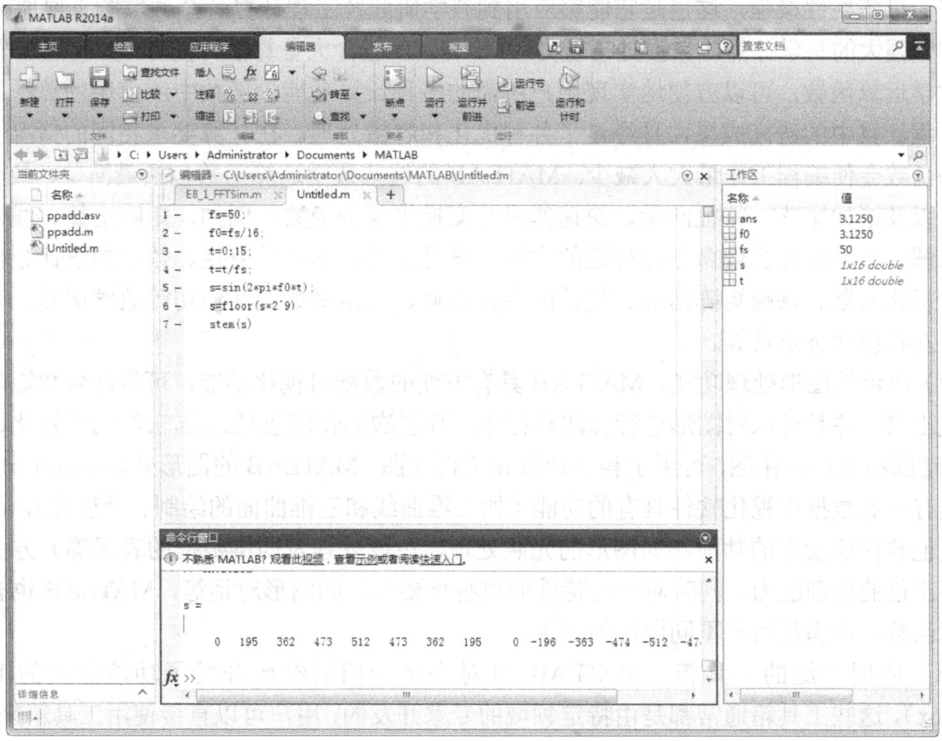

图 1-12　MATLAB R2014a 的主工作界面

命令历史窗口用于显示用户在命令行窗口中执行过的命令，用户也可直接双击命令历史窗口中的命令来执行该命令，也可以在选中某条或多条命令后，执行复制、剪切等操作。工作空间窗口用于显示当前工作环境中所有创建的变量信息，单击工作空间窗口下的“Current Directory”标签可打开当前工作路径窗口，该窗口用于显示当前工作在什么路径下，包括 M 文件的打开路径等。

1.7.3　MATLAB 的特点及优势

MATLAB 的主要特点及优势体现在以下几个方面。

（1）友好的工作平台和编程环境。MATLAB 由一系列工具组成，这些工具方便用户使用 MATLAB 的函数和文件，其中许多工具都采用用户图形界面，包括 MATLAB 桌面和命令行窗口、命令历史窗口、编辑器和调试器、路径搜索，以及用于用户浏览帮助、工作空间、文件的浏览器。随着 MATLAB 的商业化和软件本身的不断升级，MATLAB 的用户图形界面也越来越精致，更加接近 Windows 的标准界面，人机交互性更强，操作更简单，而且新版本的 MATLAB 提供了完整的联机查询、帮助系统，极大地方便了用户的使用。简单的编程环境提供了比较完备的调试系统，程序不必经过编译就可以直接运行，而且能够及时报告程序出现的错误并进行出错原因分析。

（2）简单易用的程序语言。MATLAB 使用高级矩阵/阵列语言，用户可以在命令行窗口中输入语句与执行命令，也可以导入编写的应用程序（M 文件）。MATLAB 的语法特征与 C++ 语言极为相似，而且更加简单，更加符合科技人员对数学表达式的书写格式。MATLAB 可移植性好、可拓展性极强，这也是它能够应用到科学研究及工程计算各个领域的重要原因。

（3）强大的科学计算、数据处理能力。MATLAB 包含大量算法，拥有 600 多个工程中常用的数学运算函数，可以方便地实现用户所需的多种计算功能。函数中所使用的算法都是科研和工程计算中的研究成果，且经过了各种优化和容错处理。在计算要求相同的情况下，使用这些函数会使编程工作量大大减少。MATLAB 的这些数学运算函数包括最简单、最基本的函数，以及诸如矩阵、特征向量、快速傅里叶变换等复杂函数，例如，矩阵运算、线性方程组的求解、微分方程及偏微分方程组的求解、符号运算、傅里叶变换、数据的统计分析、工程中的优化问题、稀疏矩阵运算、复数的各种运算、三角函数和其他初等数学运算、多维数组操作及建模动态仿真等。

（4）出色的图形处理功能。MATLAB 具有方便的数据可视化功能，可将向量和矩阵用图形表现出来，并且可以对图形进行标注和打印。高层次的作图包括二维/三维的可视化、图像处理、动画和表达式作图，可用于科学计算和工程绘图。MATLAB 的图形处理功能十分强大，不仅具有一般数据可视化软件具有的功能（如二维曲线和三维曲面的绘制、处理等），而且在一些其他软件所没有的功能（如图形的光照处理、色度处理及四维数据的表现等）方面同样表现了出色的处理能力，同时对一些特殊的可视化要求，如图形对话等，MATLAB 也有相应的功能函数，可满足用户不同层次的需求。

（5）应用广泛的工具箱。MATLAB 针对许多专门的领域开发了功能强大的工具箱（Toolbox），这些工具箱通常都是由特定领域的专家开发的，用户可以直接使用工具箱来学习、应用和评估不同的方法而不需要自己编写代码。目前，MATLAB 已经把工具箱延伸到了科学研究和工程应用的许多领域，诸如数据采集、数据库接口、概率统计优化算法、偏微分方程求解、神经网络、小波分析、信号处理、图像处理、系统识别、控制系统设计、鲁棒控制、模型预测、模糊逻辑、金融分析、地图工具、非线性控制设计、实时快速原型及半物理仿真、嵌入式系统开发、定点仿真、电力系统仿真等。

（6）实用的程序接口和发布平台。利用 MATLAB 编译器、C/C++数学库和图形库，用户可以将自己的 MATLAB 程序转换为独立于 MATLAB 运行的 C 和 C++程序。用户还可以编写和 MATLAB 进行交互的 C 和 C++程序。另外，MATLAB 网页服务程序还允许用户在 Web 应用中使用自己的数学和图形程序。

（7）用户界面的应用软件开发。在 MATLAB 中，用户可方便地控制多个文件和图形窗口。在编程方面，支持函数嵌套、有条件中断等；在图形化方面，具备强大的图形标注和处理功能；在输入/输出方面，可以直接与 Excel 等文件格式进行链接。

1.7.4 MATLAB 与 Quartus II 的数据交互

在 FPGA 设计过程中，目前的仿真调试工具，如 ModelSim，只能提供仿真测试数据的时域波形，无法显示数据的频谱等特性，在对数据进行分析、处理时不够方便。例如，在设计数字滤波器时，在 FPGA 开发环境中很难直观、准确地判断滤波器的频率响应特性，在编写仿真测试激励文件时，依靠 Verilog HDL 也很难产生用户所需的具有任意信噪比的输入信号。

这些问题给数字信号处理技术的 FPGA 设计与实现带来了不小的困难。但是，FPGA 开发环境中无法解决的复杂信号产生、处理、分析的问题，在 MATLAB 中却很容易实现。因此，只要在 FPGA 开发环境与 MATLAB 之间搭建起可以相互交换数据的通道，就可有效解决 FPGA 设计中所遇到的难题。

使用 MATLAB 辅助 FPGA 设计有三种方式[14-16]。第一种方法是由 MATLAB 仿真、设计出来的系统参数直接在 FPGA 设计中实现，如在 FIR 滤波器设计过程中，由 MATLAB 设计出用户所需性能的滤波器系统参数，在 FPGA 设计中直接使用，作为滤波器参数即可。第二种方法用于仿真测试过程，即由 MATLAB 仿真产生出用户所需特性的测试数据并存放在数据文件中，由 Quartus II 读取测试数据并作为输入数据源，再将由 Quartus II 仿真出的结果数据存放在另一数据文件中，MATLAB 再读取由 Quartus II 仿真后的数据，并对数据进行分析，以此判断 FPGA 的设计是否满足需求。第三种方法是由 MATLAB 设计出相应的数字信号处理系统，并在 MATLAB 中直接将 MATLAB 代码转换成 VHDL 或 Verilog HDL 代码，在 Quartus II 中直接嵌入这些代码即可。前两种方法最为常用，也是本书采用的设计方式；第三种方法近年来应用也较为广泛，这种方法可以在用户完全不熟悉 FPGA 硬件编程的情况下完成 FPGA 设计，但这种方式在一些系统时钟较为复杂或对时序要求较为严格的场合中不易满足设计者的要求。

众所周知，MATLAB 对文件数据的处理能力是很强的，与 MATLAB 进行数据交互的关键在于 FPGA 开发环境中对外部文件读取及存储功能是否能满足要求。在 FPGA 设计中，当需要对程序进行仿真测试时，Quartus II 提供了波形测试文件类型（Waveform）和 HDL 代码文件类型（TestBench），其中，Waveform 文件在波形界面上通过直观修改波形数据产生所需的测试数据，简单直观但不够灵活，无法生成复杂的测试数据，也不能将仿真后的结果数据单独存储；TestBench 文件根据所测试的程序文件自动生成测试文件框架，用户可在测试文件中修改或添加代码，灵活地产生所需的测试数据，并将测试数据存入指定的文本文件中，或从指定的外部文件中读取数据作为仿真测试的输入数据。也就是说，MATLAB 与 Quartus II 等 FPGA 开发环境之间可以通过文本文件进行数据交互。

1.8 FPGA 开发板 CRD500

1.8.1 CRD500 简介

为便于学习实践，作者精心设计了与本书配套的 FPGA 开发板 CRD500（见图 1-13），并在书中详细讲解了工程实例的实验步骤及方法，形成了从理论到实践的完整学习过程，可以有效地加深读者对数字通信技术的理解，从而更好地构建数字通信技术理论知识与工程实践之间的桥梁。

CRD500 采用 130 mm×90 mm 的 4 层板结构，其中完整的地层保证了整个开发板具有很强的抗干扰能力和良好的工作稳定性。综合考虑信号处理算法对逻辑资源的需求，以及产品价格等因素，CRD500 开发板采用 Altera 公司 Cyclone-IV 系列的 EP4CE15F17C8 为主芯片。Cyclone-IV 系列是目前 Altera 公司市场占有率极高的 FPGA。

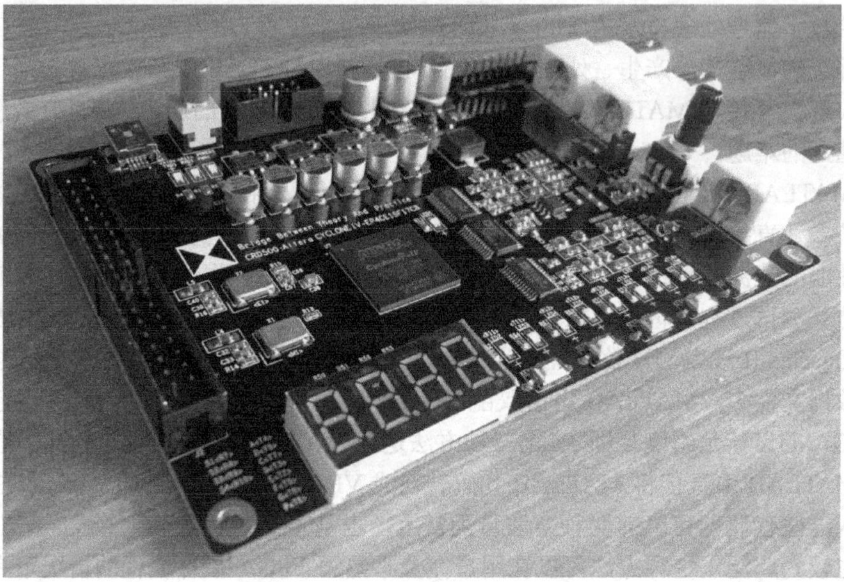

图 1-13　CRD500 开发板实物图

CRD500 开发板的顶层结构示意图如图 1-14 所示，主要有以下特点及功能接口。

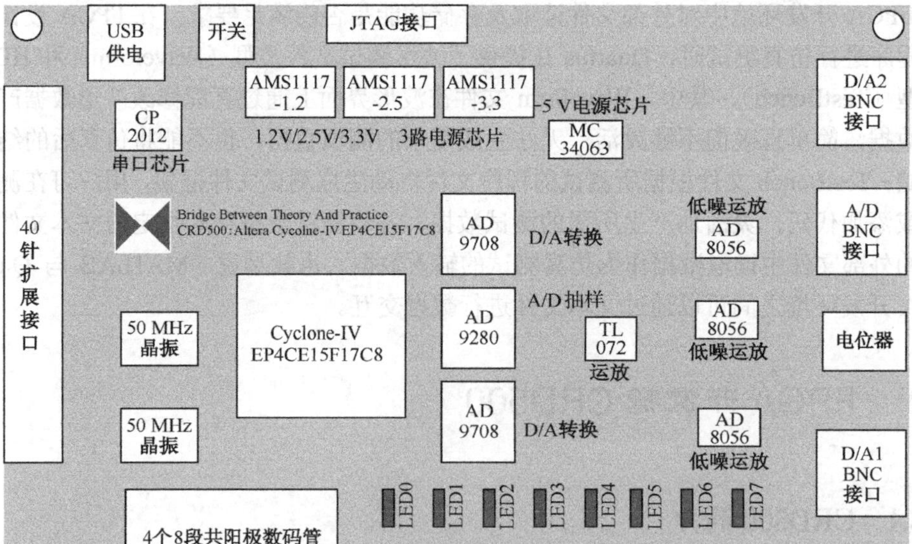

图 1-14　CRD500 开发板的顶层结构示意图

- 采用 4 层板结构，完整的地层可增加开发板的稳定性和可靠性；
- 采用 Altera 公司的 EP4CE15F17C8 为主芯片，丰富的资源可胜任大多数数字信号处理算法，BGA256 的封装使该芯片更加稳定，提供标准 10 针 JTAG 程序下载及调试接口；
- 具有 16 MB 的 Flash（M25P16），有足够的空间存储 FPGA 配置程序，还可以作为外部数据存储器使用；

- 具有 2 个独立的晶振（晶体振荡器），可真实模拟信号发送端和接收端不同的时钟源；
- 2 路独立的 8 比特 DA 通道（AD9708），1 路独立的 8 比特 AD 通道（AD9280），可以完成模拟信号产生、A/D 转换、A/D 采样、信号解调，以及解调后 D/A 转换输出的整个信号处理算法验证；
- 3 个低噪运算放大器（运放）芯片（AD8056）可有效调节 A/D 和 D/A 转换信号的幅度；
- 采用 USB 供电接口，配置的 CP2102 芯片可同时作为串口通信的接口；
- 具有 4 个 8 段共阳极数码管；
- 具有 8 个 LED 灯显示；
- 具有 5 个独立按键；
- 具有 40 针扩展接口，可扩展输出独立的 FPGA 用户引脚。

1.8.2　CRD500 典型应用

开发板 CRD500 采用单片 FPGA 主芯片、双晶振、双 DA 通道，以及单 AD 通道的基本框架结构，十分便于数字通信技术的开发验证。图 1-15 是典型的 CRD500 验证数字滤波器工程实例结构示意图，图中除示波器外的其他部件的功能均在 CRD500 上实现。

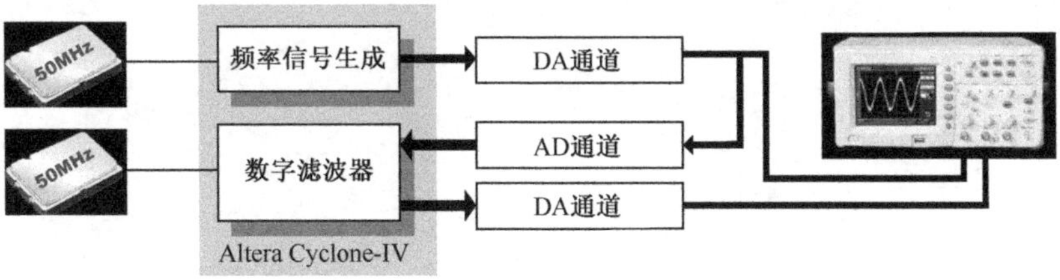

图 1-15　典型的 CRD500 验证数字滤波器工程实例结构示意图

在信号输入端，FPGA 芯片在 50 MHz 晶振的驱动下，通过频率信号生成模块生成所需的频率信号，如两个频率分别为 1 kHz 和 5 kHz 信号的合成信号，合成信号经 DA 通道转换成模拟信号，可以通过示波器进行测试；通过 DA 通道后的模拟信号在开发板 CRD500 上通过跳线直接送至 AD 通道，并将转换成的数字信号送回 FPGA 处理，FPGA 的接收模块在另一个独立的 50 MHz 晶振的驱动下进行滤波处理。例如，进行低通滤波处理可得到 1 kHz 的输出信号，滤波后的信号再通过另一条独立的 DA 通道转换成模拟信号，可以通过示波器进行测试。通过示波器的两个通道波形的对比，就可以完整地对滤波器技术进行测试验证，且整个测试验证过程与实际工程中的应用场景及关键信息流程几乎完全一致。

1.9　小结

在数字通信系统中，同步技术是十分关键的技术，系统中的各种同步系统的正确建立是系统能正常工作的基础和前提。随着技术的发展，FPGA 逐渐成为现在电子通信设备的首选设计平台。本书主要讨论数字通信系统中同步技术的 FPGA 实现方法。

目前，主要的 FPGA 厂家有 Xilinx 和 Altera，两家的产品大致相似。使用最为广泛的 FPGA

的设计语言主要有 VHDL 和 Verilog HDL，设计语言是独立于 FPGA 的。对不同厂家的 FPGA 进行开发，需要分别采用相对应的开发环境。无论开发环境，还是设计语言，均有很大的相似性，对于工程师来讲，掌握一套完整的开发手段是十分必要的。同时，精通其中一种设计语言、开发环境后，再学习其他的开发手段也不再是什么困难的事。

本章最后对开发板 CRD500 进行了简要介绍，后续章节中的绝大多数设计实例均可以在开发板 CRD500 上进行验证。

第 2 章

FPGA 实现数字信号处理基础

数字信号是指时间和幅度均是离散的信号。时间离散是指信号在时间上的不连续性，且通常是等间隔的信号；幅度离散是指信号的幅度只能取某个区间上的有限值，而不能取区间上的任意值。当使用计算机或专用硬件处理时间上离散信号时，因受寄存器或字长限制，这时的信号实际上就是数字信号。物理世界中的信号大多是模拟信号，在进行数字信号处理之前需要将模拟信号数字化，在数字化的过程中会带来误差。本章将对数的表示及运算、有限字长效应等内容展开讨论。与 DSP、CPU 不同，FPGA 没有专用的 CPU 或运算处理单元，程序运行的过程其实是庞大电路的工作过程，几乎每个加、减、乘、除等操作都需要相应的硬件资源来完成。Altera 公司的 FPGA 开发套件 Quartus II 提供了丰富且性能优良的常用运算处理模块，熟练掌握并应用这些模块不仅可以提高设计效率，还可以有效提高系统的性能。本章将详细介绍几种最常用的运算处理模块，并在后续章节中使用这些模块进行设计。

2.1 FPGA 中数的表示

2.1.1 莱布尼兹与二进制

在德国图灵根著名的郭塔王宫图书馆（Schlossbiliothke zu Gotha）保存着一份弥足珍贵的手稿，其标题为："1 与 0，一切数字的神奇渊源，这是造物主的秘密美妙的典范。因为一切无非都来自上帝。"这是莱布尼兹（见图 2-1）（Gottfried Wilhelm Leibniz，1646—1716 年）的手迹。但是，关于这个神奇美妙的数字系统，莱布尼兹只有几页异常精练的描述。用现代人熟悉的表达方式，我们可以对二进制做如下的解释：

2 的 0 次方 ＝1

2 的 1 次方 ＝2

2 的 2 次方 ＝4

2 的 3 次方 ＝8

2 的 4 次方 ＝16

2 的 5 次方 ＝32

2 的 6 次方 ＝64

图 2-1 莱布尼兹（1646—1716）

2 的 7 次方 ＝128

……

以此类推，把等号右边的数字相加，就可以得到任意一个自然数，或者说任意一个自然数均可以采用这种方式来表示。我们只需要说明采用了 2 的几次方，而舍掉了 2 的几次方即可。二进制的表述序列都从右边开始，第一位是 2 的 0 次方，第二位是 2 的 1 次方，第三位是 2 的 2 次方，以此类推。一切采用 2 的乘方的位置，用 1 来标志；一切舍掉 2 的乘方的位置，用 0 来标志。例如，对于序列 11100101，根据上述表示方法，可以很容易推算出序列所表示的数值。

1	1	1	0	0	1	0	1	
2 的 7 次方	2 的 6 次方	2 的 5 次方	0	0	2 的 2 次方	0	2 的 0 次方	
128+	64+	32+	0+	0+	4+	0+	1	＝229

在这个例子中，十进制的数字 229 就可以表示为 11100101。任何一个二进制数最左边的一位都是 1。通过这个方法，整个自然数都可用 0 和 1 这两个数字来代替。0 与 1 这两个数字很容易被电子化：有电流就是 1，没有电流就是 0。这就是整个现代计算机技术的根本秘密所在。

1679 年，莱布尼兹发表了论文《二进制算术》，对二进制进行了充分的讨论，并建立了二进制的表示方法及运算。随着计算机的广泛应用，二进制进一步大显身手。因为计算机是用电子元件的不同状态来表示不同的数码的，如果要用十进制就要求电子元件能准确地变化出 10 种状态，这在技术上是非常难实现的。二进制数只有 2 个数码，只需 2 种状态就能实现，这正如一个开关只有开和关两种状态。如果用开表示 0，关表示 1，那么一个开关的两种状态就可以表示一个二进制数。由此我们不难想象，5 个开关就可以表示 5 个二进制数，这样运算起来就非常方便。

2.1.2 定点数表示

1．定点数的定义

几乎所有的计算机，以及包括 FPGA 在内的数字信号处理器件，数字和信号变量都是用二进制数来表示的。数字使用符号 0 和 1 来表示，称为比特（Binary Digit，bit）。其中，二进制数的小数点将数字的整数部分和小数部分分开。为了与十进制数的小数点符号相区别，使用三角符号Δ来表示二进制数的小数点。例如，十进制数 11.625 的二进制表示为 1011Δ101。二进制数小数点左边的四位 1011 代表整数部分，小数点右边的三位 101 代表数字的小数部分。对于任意一个二进制数来讲，均可由 B 个整数位和 b 个小数位组成，如式（2-1）所示。

$$a_{B-1}a_{B-2}\cdots a_1a_0\Delta a_{-1}a_{-2}\cdots a_{-b} \tag{2-1}$$

其对应的十进制数大小（假设该二进制数为正数）D 由

$$D=\sum_{i=-b}^{B-1}a_i 2^i \tag{2-2}$$

给出。每一个 a_i 的值取 1 或 0。最左端的位 a_{B-1} 称为最高位（Most Significant Bit，MSB），最右端的位 a_{-b} 称为最低位（Least Significant Bit，LSB）。式（2-2）是当二进制数为正数时与十进制数之间的对应关系，当二进制数为负数时，与十进制数的对应关系和二进制数的表示形式有关。

表示一个数的一组数字称为字，而一个字包含的位数称为字长。字长的典型值是 2 的幂次方，如 8、16、32 等。字的大小通常用字节（Byte）来表示，1 个字节有 8 个比特。

2．定点数的三种表示方法

定点数有原码、反码及补码三种表示方法，这三种表示方法在 FPGA 设计中使用得十分普遍，下面分别进行讨论。

（1）原码表示法。原码表示法是指符号位加绝对值的表示法，通常用 0 表示正数，用 1 表示负数。例如，二进制数$(x)_2$=0Δ110 表示+0.75，$(x)_2$=1Δ110 表示−0.75。如果已知原码各位的值，则它对应的十进制可表示为：

$$D=(-1)^{a_{B-1}}\sum_{i=-b}^{B-2}a_i 2^i \tag{2-3}$$

（2）反码表示法。正数的反码表示法与原码表示法相同。负数的反码表示方法也十分简单，将原码表示法中除符号位外的所有位取反，即可得到负数的反码。例如，十进制数−0.75 的二进制原码为 1Δ110，其反码为 1Δ001。

（3）补码表示法。正数的补码表示法、反码表示法及原码表示法完全相同。负数的补码与反码之间有一个简单的换算关系：补码等于反码在最低位加 1。例如，十进制数−0.75 的二进制原码为 1Δ110，反码为 1Δ001，其补码为 1Δ010。值得一提的是，如果将二进制数的符号位定在最右边，即二进制数表示整数，则负数的补码与负数绝对值之间也有一个简单的运算关系：将补码当成正整数，补码的整数值加上原码绝对值的整数值为 2^B。还是上面相同的例子，十进制数−0.75 的二进制原码为 1Δ110，反码为 1Δ001，其补码为 1Δ010。补码 1Δ010 的符号位定在最右边，且当成正整数 1010Δ，十进制数为 10，原码 1Δ110 的符号位定在最右边，且取绝对值的整数 0110Δ，十进数为 6，则 10+6=16=2^4。在二进制数的运算过程中，补码最重要的特性是减法可以用加法来实现。

原码的优点是乘、除运算方便，不论正、负数，乘、除运算都一样，并以符号位决定结果的正、负号。若做加法则需要判断两个数的正、负号是否相同；若做减法，还需要判断两个数绝对值的大小，而后用大数减小数。补码的优点是加、减法运算方便，不论正、负数均可直接相加，符号位同样参与运算。

2.1.3　浮点数表示

1．浮点数的定义及标准

浮点数在计算机中用来近似表示任意某个实数。具体地说，这个实数由一个整数或定点数（即尾数）乘以某个基数的整数次幂得到，这种表示方法类似于基数为 10 的科学记数法。

一个浮点数 A 可以用两个数 m 和 e 来表示，即 $A=m\times b^e$。在任意一个这样的数字表示系统中，需要确定两个参数：基数 b（记数系统的基）和精度 B（使用多少位来存储）。m（即尾数）是 B 位二进制数，如果 m 的第一位是非 0 整数，m 称为规格化后的数据。一些数据格式使用一个单独的符号位 S（代表+或者−）来表示正或负，这样 m 必须是正的。e 在浮点数中表示基的指数，采用这种表示方法，可以在某个固定长度的存储空间内表示定点数无法表示的更大范围的数。此外，浮点数表示法通常还包括一些特别的数值，如+∞和−∞（正和负无穷大）以及 NaN（Not a Number）等。无穷大用于数太大而无法表示的时候，NaN 则表示非法操作或者出现一些无法定义的结果。

大部分计算机采用二进制（b=2）的表示方法。位（bit）是衡量浮点数所需存储空间的单位，通常为 32 位或 64 位，分别称为单精度和双精度。一些计算机提供更大的浮点数，例如，Intel 公司的浮点数运算单元 Intel 8087 协处理器（或集成了该协处理器的其他产品）可提供 80 bit 的浮点数，这种长度的浮点数通常用于存储浮点数运算的中间结果；还有一些系统提供 128 bit 的浮点数（通常用软件实现）。

在 IEEE 754 标准之前，业界并没有一个统一的浮点数标准，很多计算机制造商都设计了自己的浮点数规则和运算细节。那时，实现的速度和简易性比数字的精确性更受重视，这给代码的可移植性造成了不小的困难。直到 1985 年，Intel 公司打算为它的 8086 微处理器引进一种浮点数协处理器时，聘请了加利福尼亚大学伯克利分校最优秀的数值分析家之一，William Kahan 教授，来为 8087 FPU 设计浮点数格式。William Kahan 又找来两个专家来协助他，于是就有了 KCS 组合（Kahn Coonan and Stone）并共同完成了 Intel 浮点数格式的设计。

Intel 的浮点数格式完成得如此出色，以至于 IEEE 决定采用一个非常接近 KCS 的方案作为 IEEE 的标准浮点数格式。IEEE 于 1985 年制定了二进制浮点数运算标准（Binary Floating-Point Arithmetic）IEEE 754，该标准限定指数的底为 2，同年被美国引用为 ANSI 标准。目前，几乎所有计算机都支持该标准，大大改善了科学应用程序的可移植性。考虑到 IBM 370 系统的影响，IEEE 于 1987 年推出了与底数无关的二进制浮点数运算标准 IEEE 854，同年该标准也被美国引用为 ANSI 标准。1989 年，IEC 批准了 IEEE 754/854 为国际标准 IEC 559:1989，后来经修订，标准号改为 IEC 60559。

2. 单精度浮点数格式

IEEE 754 标准定义了浮点数的格式，包括部分特殊值的表示（无穷大和 NaN），同时给出了对这些数值进行浮点数操作的规定；制定了 4 种取整模式和 5 种例外（Exception），包括何时会产生例外，以及具体的处理方法。

IEEE 754 规定了 4 种浮点数的表示格式：单精度（32 bit 浮点数）、双精度（64 bit 浮点数）、单精度扩展（≥43 bit，不常用）、双精度扩展（≥79 bit，通常采用 80 bit 实现）。

单精度浮点数格式如图 2-2 所示。

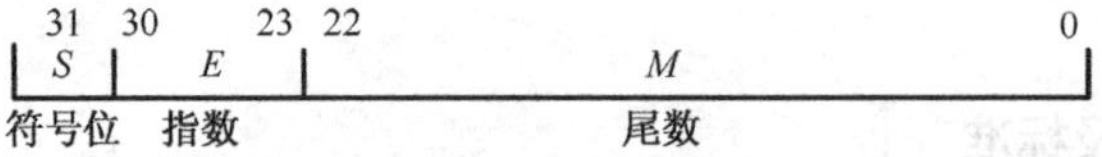

图 2-2 单精度浮点数格式

符号位 S（Sign）占 1 bit，0 代表正号，1 代表负号；指数 E（Exponent）占 8 bit，E 的取值范围为 0～255（无符号整数），实际数值 e=E−127，有时 E 也称为移码，或不恰当地称为阶码（阶码实际应为 e）；尾数 M（Mantissa）占 23 bit，M 也称为有效数字位（Significant）或系数位（Coefficient），甚至被称为小数。在一般情况下，$m=(1.M)_2$，使得实际的作用范围为 1≤尾数<2。为了对溢出进行处理，以及扩展对接近 0 的极小数值的处理能力，IEEE 754 对 M 做了一些额外规定。

（1）0 值：以指数 E、尾数 M 全零来表示 0 值。当符号位 S 变化时，实际存在正 0 和负 0

两个内部表示，其值都等于 0。

（2）E=255、M=0 时，表示无穷大（或 Infinity、∞），根据符号位 S 的不同，又有+∞、−∞。

（3）NaN：E = 255、M 不为 0 时，表示 NaN（Not a Number，不是数之意）。

浮点数所表示的具体值可用下面的公式表示：

$$V = (-1)^S \times 2^{E-127} \times (1.M) \tag{2-4}$$

式中，尾数 1.M 中的 1 为隐藏位。

还需要特别注意的是，虽然浮点数的表示范围及精度与定点数相比有了很大的改善，但因为浮点数毕竟也是以有限的位（如 32 bit）来反映无限的实数集合，因此大多数情况下都是一个近似值。表 2-1 是单精度浮点数与实数之间的对应关系表。

表 2-1　单精度浮点数与实数之间的对应关系

符号位 S	指数 E	尾数 M	实数值 V
1	127（01111111）	1.5（10000000000000000000000）	−1.5
1	129（10000001）	1.75（11000000000000000000000）	−7
0	125（01111101）	1.75（11000000000000000000000）	0.4375
0	123（01111011）	1.875（11100000000000000000000）	0.1171875
0	127（01111111）	2.0（11111111111111111111111）	2
0	127（01111111）	1.0（00000000000000000000000）	1
0	0（00000000）	1.0（00000000000000000000000）	0

3. 一种适合 FPGA 处理的浮点数格式

与定点数相比，浮点数虽然可以表示更大范围、更高精度的实数，然而在 FPGA 中进行浮点数运算时却需要占用成倍的硬件资源。例如，加法运算，两个定点数直接相加即可，而浮点数的加法却需要以下更为繁杂的运算步骤[19]：

（1）对阶操作：比较指数大小，对指数小的操作数的尾数进行移位，完成尾数的对阶操作。

（2）尾数相加：对对阶后的尾数进行加操作。

（3）规格化：规格化有效位并且根据移位的方向和位数修改最终的阶码。

上述不仅运算会成倍地消耗 FPGA 内部的硬件资源，也会大幅降低系统的运算速度。对于浮点数的乘法操作来说，一般需要以下的运算步骤：

（1）指数相加：完成两个操作数的指数相加运算。

（2）尾数调整：将尾数 f 调整为 1.f 的补码格式。

（3）尾数相乘：完成两个操作数的尾数相乘运算。

（4）规格化：根据尾数运算结果调整指数位，并对尾数进行舍入截位操作，规格化输出结果。

浮点数乘法器的运算速度主要由 FPGA 内部集成的硬件乘法器决定。如果将 24 bit 的尾数修改为 18 bit 的尾数，则可在尽量保证运算精度的前提下最大限度地提高浮点乘法数运算的速度，同时也可大量减少所需的乘法器资源（大部分 FPGA 芯片内部的乘法器 IP 核均为 18 bit× 18 bit 的。2 个 24 bit 数的乘法操作需要占用 4 个 18 bit×18 bit 的乘法器核，2 个 18 bit 数的乘法操作只需占用1个18 bit×18 bit的乘法器IP核）。IEEE标准中尾数设置的隐藏位主要是考虑节约寄存器资源，而FPGA内部具有丰富的寄存器资源，如直接将尾数表示成18 bit的补码格式，则可去除尾数调整的运算，也可以减少一级流水线操作。

文献[19]根据FPGA内部的结构特点定义了一种新的浮点数格式，如图2-3所示。

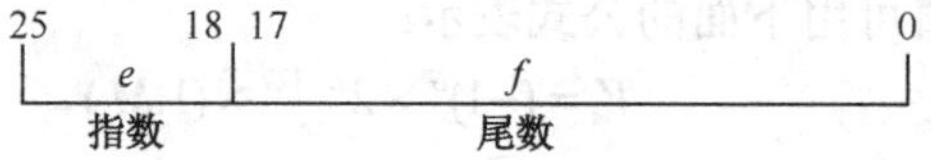

图2-3　一种适合FPGA实现的浮点数格式

图中，e为8 bit有符号数（$-128 \leqslant e \leqslant 127$）；$f$为18 bit有符号小数（$-1 \leqslant f < 1$）。自定义浮点数所表示的具体值可用下面的通式表示。

$$V = f \times 2^e \tag{2-5}$$

为便于数据规格化输出及运算，规定数值1的表示方法为指数为0，尾数为01_1111_1111_1111_1111；数值0的表示方法是指数为−128。尾数为0。这种自定义浮点数格式与单精度浮点数格式的区别在于：自定义浮点数格式将原来的符号位与尾数合并成18 bit的补码格式定点小数，表示精度有所下降，却可大大节约乘法器资源（由4个18 bit×18 bit乘法器核减少到1个），从而有效减少运算步骤并提高运算速度（由二级18×18乘法运算减少到一级运算）。表2-2是几个自定义浮点数与实数之间的对应关系表。

表2-2　自定义浮点数与实数之间的对应关系

指数 e	尾数 f	实数值 V
0(00000000)	0.5(010000000000000000)	0.5
2(00000010)	0.875(011100000000000000)	3.5
−1(11111111)	0.875 (011100000000000000)	0.4375
−2(11111110)	1.0(011111111111111111)	0.25
1(00000001)	−0.5(110000000000000000)	−0.5
−2(11111110)	−1.0(100000000000000000)	−0.25
−128(10000000)	0(000000000000000000)	0

2.2 FPGA中数的运算

2.2.1 加/减法运算

FPGA中的二进制数可以分为定点数和浮点数两种格式，虽然浮点数的加、减法运算相对于定点数而言在运算步骤和实现难度上都要复杂得多，但仍然是通过分解为定点数运算，以及移位等运算步骤来实现的[19]。因此本节只对定点数运算进行分析。

FPGA的设计输入语言主要有Verilog HDL和VHDL两种。由于本书使用Verilog HDL讲解，因此只介绍Verilog HDL中对定点数的运算及处理方法。

Verilog HDL 设计文件中最常用的数据类型是单比特的 wire 及 reg，以及它们的向量形式。当需要进行数据运算时，Verilog HDL 如何判断二进制数的小数位、有符号数表示形式等信息呢？在 Verilog HDL 程序中，所有二进制数均当成整数，也就是说小数点均在最低位的右边。如果要在程序中表示带小数的二进制运算，该如何处理呢？其实，在进行 Verilog HDL 程序设计时，定点数的小数点可由程序设计者隐性标定。比如，对于两个二进制数 00101 和 00110，当进行加法运算时，Verilog HDL 的编译器按二进制规则逐位相加，结果为 01011。如果设计者将数据均看成无符号整数，则表示 5+6=11，将数据的小数点位均看成在最高位与次高位之间，即 0Δ0101、0Δ0110、0Δ1011，则表示 0.3125+0.375=0.6875。

需要注意的是，与十进制数运算规则相同，即做加、减法运算时，参加运算的两个数的小数点的位置必须对齐。仍然以上面的两个二进制数 00101 和 00110 为例，在进行加法运算时，如果两个数的小数点位置不同，比如分别为 0Δ0101、00Δ110，代表的十进制数分别为 0.3125 和 0.75。两个数不经过处理，仍然直接相加，Verilog HDL 的编译器按二进制规则逐位相加，结果为 01011。小数点位置与第一个数相同，则表示 0.6875，小数点位置与第二个数相同，则表示 1.375，显然结果不正确。为了进行正确的运算，需要在第二个数末位补 0，为 00Δ1100，两个数再直接相加，得到 01Δ1001，转换成十进制数为 1.0625，得到正确的结果。

显然，如果设计者将数据均看成无符号整数，则不需要进行小数位扩展，因为 Verilog HDL 编译器会自动将参加运算的数据以最低位对齐进行运算。

Verilog HDL 如何表示负数呢？例如，二进制数 1111，在程序中是表示 15 还是−1？方法十分简单。在声明端口或信号时，默认状态均表示无符号数；如果需指定某个数为有符号数，则只需在声明时增加 signed 关键字即可。如“wire signed [7:0] number;”表示将 number 声明为 8 bit 的有符数，在对其进行运算时自动采用有符号数运算，这里所说的无符号数指正整数。对于 B 比特的二进制数：

$$x = a_{B-1}a_{B-2}\cdots a_1 a_0 \tag{2-6}$$

转换成十进制数为：

$$D = \sum_{i=0}^{B-1} a_i 2^i \tag{2-7}$$

有符号数指所有二进制数均采用补码形式的整数，对于 B 比特的二进制数，转换成十进制数为：

$$D = \sum_{i=0}^{B-1} a_i 2^i - 2^B \times a_{B-1} \tag{2-8}$$

有读者可能要问：如果在设计文件中要同时使用有符号数和无符号数进行操作，那么该怎么办呢？为了更好地说明程序中对二进制数表示形式的判断方法，我们来看一个具体的实例。

例 2-1 Verilog HDL 中同时使用有符号数及无符号数的应用实例

在 Quartus II 中编写一个 Verilog HDL 程序文件，在一个文件中同时使用有符号数及无符号数进行操作，并进行仿真。

由于该程序文件十分简单，这里直接给出文件源代码。

```
--SymbExam.v 文件的程序清单
module SymbExam (d1,d2,signed_out,unsigned_out);

    input     [3:0]           d1;                    //输入加数 1
    input     [3:0]           d2;                    //输入加数 2
    output    [3:0]           unsigned_out;          //无符号数加法输出
    output    signed [3:0]    signed_out;            //有符号数加法输出

    //无符号数加法运算
    assign unsigned_out = d1 + d2;

    //有符号数加法运算
    wire signed [3:0] s_d1;
    wire signed [3:0] s_d2;
    assign s_d1 = d1;
    assign s_d2 = d2;
    assign signed_out = s_d1 + s_d2;

endmodule
```

图 2-4 为例 2-1 程序的 RTL 原理图，从图中可以看出，操作数 signed_out 是 d1、d2 作为有符号数进行相加后的输出，unsigned_out 是 d1、d2 作为无符号数进行相加后的输出。

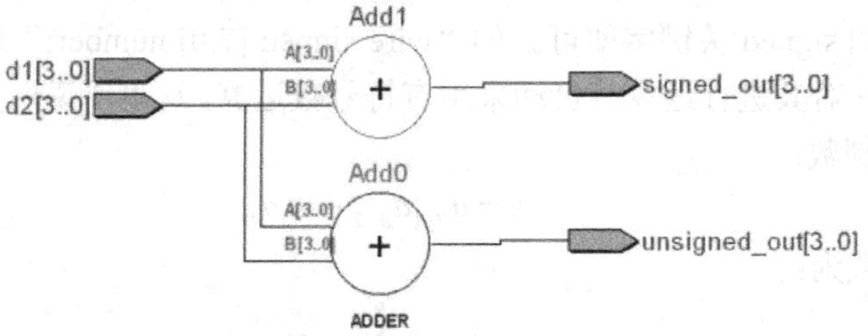

图 2-4　有符号数加法及无符号数加法的 RTL 原理图

图 2-5 为例 2-1 程序的仿真波形图。从图中可以看出，signed_out 及 unsigned_out 完全相同，这是什么原因呢？相同的输入数据，进行无符号数运算和有符号数运算的结果竟然没有任何区别！既然如此，何必在程序中区分有符号数及无符号数呢？原因其实十分简单，对于加法、减法，无论有符号数还是无符号数，其结果均完全相同，这是因为二进制数的运算规则完全相同。如果将二进制数转换成十进制数，就可以看出两者的差别了。下面以列表的形式来分析具体的运算结果，如表 2-3 所示。

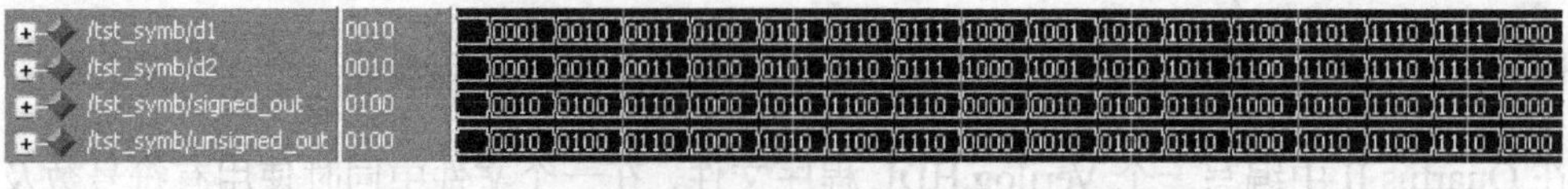

图 2-5　有符号数加法及无符号数加法的仿真波形图

表 2-3　有符号数及无符号数加法运算结果表

输入 d_1、d_2	无符号十进制数	有符号十进制数	二进制运算结果数	无符号十进制数	有符号十进制数
0000、0000	0、0	0、0	0000	0	0
0001、0001	1、1	1、1	0010	2	2
0010、0010	2、2	2、2	0100	4	4
0011、0011	3、3	3、3	0110	6	6
0100、0100	4、4	4、4	1000	8	-8（溢出）
0101、0101	5、5	5、5	1010	10	-6（溢出）
0110、0110	6、6	6、6	1100	12	-4（溢出）
0111、0111	7、7	7、7	1110	14	-2（溢出）
1000、1000	8、8	-8、-8	0000	0（溢出）	-8（溢出）
1001、1001	9、9	-7、-7	0010	2（溢出）	-14（溢出）
1010、1010	10、10	-6、-6	0100	4（溢出）	-12（溢出）
1011、1011	11、11	-5、-5	0110	6（溢出）	-10（溢出）
1100、1100	12、12	-4、-4	1000	8（溢出）	-8
1101、1101	13、13	-3、-3	1010	10（溢出）	-6
1110、1110	14、14	-2、-2	1100	12（溢出）	-4
1111、1111	15、15	-1、-1	1110	14（溢出）	-2

分析表 2-3 中的数据，结合二进制数的运算规则可以得出以下几点结论。

- B 比特的二进制数，如果是无符号整数，则表示的范围为 $0\sim2^B-1$；如果有符号整数，则表示的范围为 $-2^{B-1}\sim2^{B-1}-1$。
- 如果二进制数的表示范围没有溢出，将运算数据均当成无符号数或有符号数，则运算结果正确。
- 两个 B 比特的二进制数进行加、减法运算时，如要确保运算结果不溢出，需要 B+1 比特的数据存放运算结果。
- 两个二进制数据进行加、减法运算时，只要输入数据相同，则不论有符号数还是无符号数，其运算结果的二进制数完全相同。

虽然在二进制数的加、减法运算中，两个二进制数运算结果的二进制形式完全相同，但在设计 Verilog HDL 程序时，仍然有必要根据设计需要采用 signed 关键字对信号进行声明。例如，在进行比较运算时，对于无符号数，1000 大于 0100，对于有符号数，1000 小于 0100。

2.2.2　乘法运算

加法及减法运算在数字电路中实现相对较为简单，在采用综合工具进行综合设计时，RTL 电路图中加、减操作会被直接综合成加法器或减法器。乘法运算在其他软件编程语言中实现也十分简单，但采用门电路、加法器、触发器等基本数字电路元件实现乘法运算却不是一件容易的事。采用 Altera 公司的 FPGA 进行设计时，如果选用的 FPGA 内部集成了专用的乘法器 IP 核，则 Vreilog HDL 的乘法运算符在综合成电路时将直接综合成硬件乘法器，否则将综合成由

LUT 等基本元件组成的乘法电路，从综合工具生成的 Technology 原理图中可以更清楚地查看乘法器电路的组成结构。图 2-6 和图 2-7 分别是 2 位双输入加法器及乘法器的 Technology 原理图[4]，由图 2-6 和图 2-7 可以看出，乘法器运算与加、减法运算相比，需要占用成倍的硬件逻辑资源。当然，在实际 FPGA 工程设计中，当需要用到乘法运算时，可以尽量使用 FPGA 提供的乘法器核，这种方法不仅不占用普通逻辑资源，而且可以达到很高的运算速度。

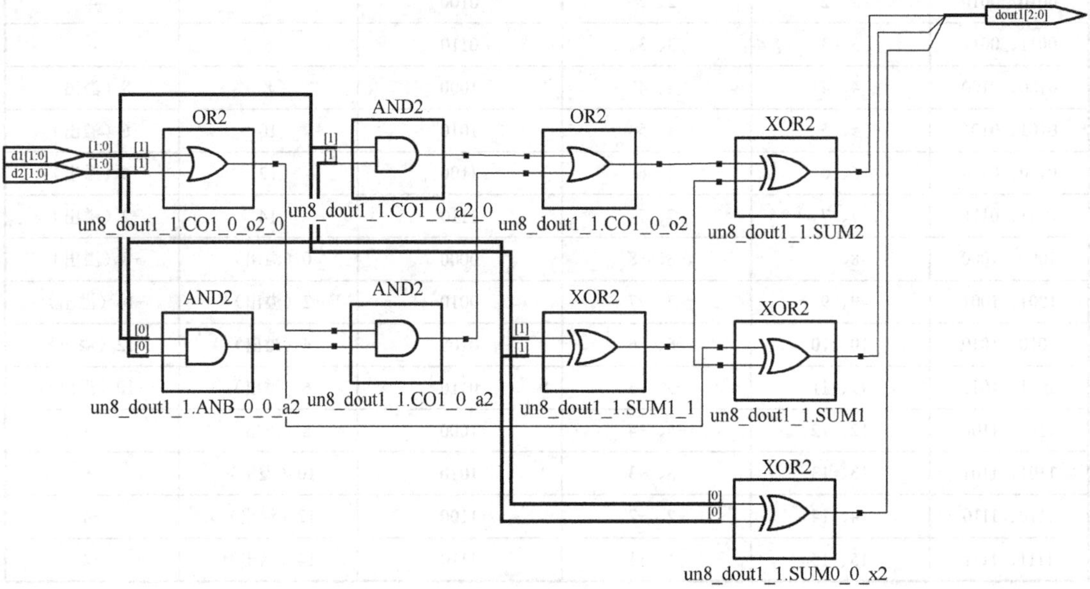

图 2-6　2 位双输入加法器 Technology 原理图

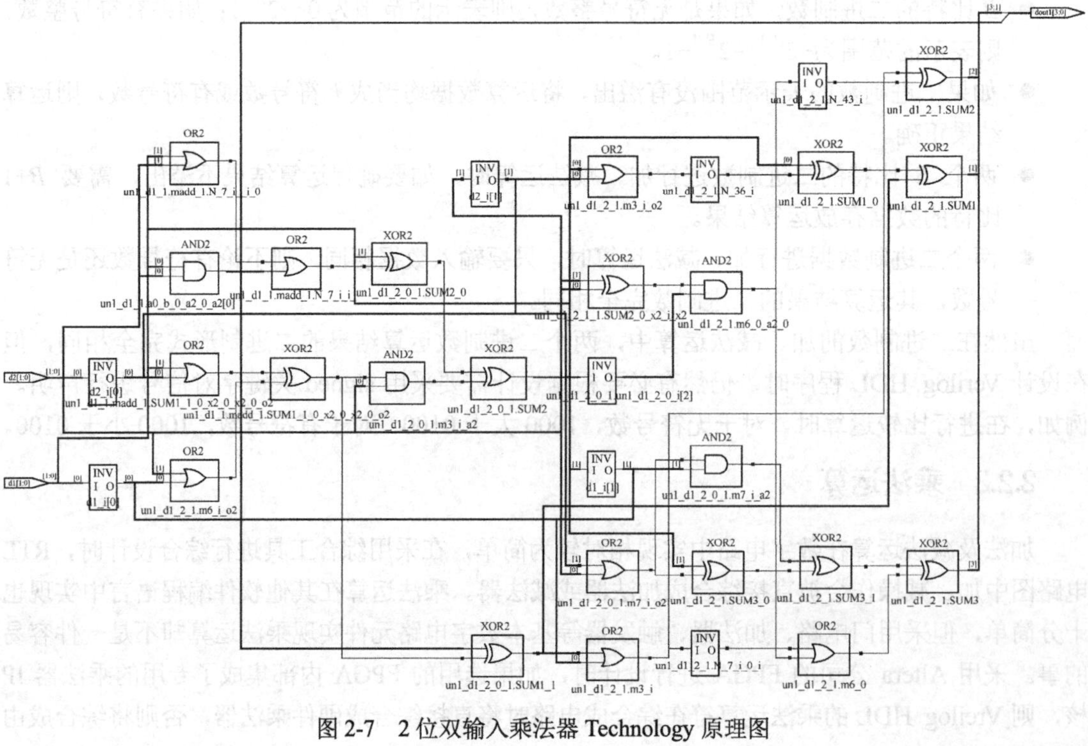

图 2-7　2 位双输入乘法器 Technology 原理图

FPGA 中的乘法器 IP 核资源是十分有限的，而乘法运算本身比较复杂，用基本逻辑单元按照乘法运算规则实现乘法运算的硬件资源占用率比较高。在设计中，遇到的乘法运算时可分为信号与信号之间的运算，以及常数与信号之间的运算。对于信号与信号之间的运算通常只能使用乘法器 IP 核实现，而对于常数与信号之间的运算则可以通过移位和加、减法实现。信号 A 与常数相乘运算操作的分解例子如下。

$$A\times16 = A \text{ 左移 4 位}$$

$$A\times20 = A\times16 + A\times4 = A \text{ 左移 4 位} + A \text{ 左移 2 位}$$

$$A\times27 = A\times32 - A\times4 - A = A \text{ 左移 5 位} - A \text{ 左移 2 位} - A$$

需要注意的是，由于乘法运算结果的位宽比乘数的位宽多，因此在用移位及加、减法来实现乘法运算时，需要先对数据位宽进行扩展，以免出现数据溢出现象。

2.2.3　除法运算

在 Quartus II 中使用 Verilog HDL 编程时，除法、指数、求模、求余等运算均无法在 Verilog HDL 程序中直接实现。实际上，用基本逻辑元件构建这 4 种运算本身是十分复杂的工作。如果要用 Verilog HDL 实现这些运算，一种方法是使用开发环境提供的 IP 核或使用商业 IP 核，另一种方法是将这 4 种运算分解成加、减、移位等运算后再逐步实现。

Altera 公司的 FPGA 一般都提供除法器 IP 核。对于信号与信号之间的除法运算，最好的方法是采用现成的 IP 核，而对于除数是常量的除法运算，则可以采取加、减、移位等运算来实现。下面是信号 A 与常数相除运算的分解例子。

$$A\div2 \approx A \text{ 右移 1 位}$$

$$A\div3 \approx A\times(0.25+0.0625+0.0156) \approx A \text{ 右移 2 位} + A \text{ 右移 4 位} + A \text{ 右移 6 位}$$

$$A\div4 \approx A \text{ 右移 2 位}$$

$$A\div5 \approx A\times(0.125+0.0625+0.0156) \approx A \text{ 右移 3 位} + A \text{ 右移 4 位} + A \text{ 右移 6 位}$$

需要说明的是，与乘法运算不同，常数乘法通过左移运算可以得到完全准确的结果，而常数除法却不可避免地产生运算误差。显然，采用分解方法来实现除法运算只能得到近似正确的结果，且分解运算的项数越多，精度越高。这是由 FPGA 等数字信号处理硬件平台的有限字长效应引起的。

2.2.4　有效数据位的计算

1. 有效数据位的概念

众所周知，在 FPGA 中，每个数据都需要由相应的寄存器来存储，参与运算的数据位宽越大，所占用的硬件资源也越多。为确保运算结果的正确性，或者尽量获取较高的运算精度，通常又不得不增加相应的运算字长。因此，为确保硬件资源的有效利用，需要在工程设计时，准确掌握运算中有效数据位的长度，尽量减少无效数据位参与运算，从而避免浪费宝贵的硬件资源。

所谓的有效数据位，是指表示有用信息的数据。比如整数型的有符号二进制数 001，显然只需要用 2 bit 的数据即可正确表示 01，因此最高位的符号位其实没有代表任何信息。

2. 加法运算中的有效数据位

考虑两个二进制数之间的加法（对于补码来说，加、减法运算规则相同，因此只讨论加法运算情况）运算，假设较大数据的位宽为 N，则加法运算结果需要用 N+1 位才能保证运算结果不溢出，也就是说两个数据位数为 N（其中一个的数据位宽也可以小于 N）的二进制数进行加法运算，运算结果的有效数据位为 N+1。如果运算结果只能采用 N 比特的数据表示时，该如何对结果进行截取呢？如何保证截取后结果的正确性呢？下面还是以具体的例子来进行分析。

例如，两个 4 bit 的二进制数 d_1、d_2 进行相加运算，先考查 d_1、d_2 取不同值时的运算结果及截位后的结果，如表 2-4 所示。

表 2-4　有效数据位截位与加法运算结果的关系

输入 d_1、d_2	有符号十进制数	取全部有效位运算结果	取低 4 位运算结果	取高 4 位运算结果
0000、0000	0、0	00000（0）	0	0
0001、0001	1、1	00010（2）	2	1
0010、0010	2、2	00100（4）	4	2
0011、0011	3、3	00110（6）	6	3
0100、0100	4、4	01000（8）	-8（溢出）	4
0101、0101	5、5	01010（10）	-6（溢出）	5
0110、0110	6、6	01100（12）	-4（溢出）	6
0111、0111	7、7	01110（14）	-2（溢出）	7
1000、1000	-8、-8	10000（-16）	-8（溢出）	-8
1001、1001	-7、-7	10010（-14）	-14（溢出）	-7
1010、1010	-6、-6	10100（-12）	-12（溢出）	-6
1011、1011	-5、-5	10110（-10）	-10（溢出）	-5
1100、1100	-4、-4	11100（-8）	-8	-4
1101、1101	-3、-3	11010（-6）	-6	-3
1110、1110	-2、-2	11100（-4）	-4	-2
1111、1111	-1、-1	11110（-2）	-2	-1

分析表 2-4 的运算结果可知，对宽两个数据位为 N 的二进制数进行加法运算，需要采用 N+1 比特的数据才能获得完全准确的结果。如果需要采用 N 比特的数据存放结果，则取低 N 比特会产生溢出，得出错误结果，取高 N 比特不会出现溢出，但运算结果相当于降低了 1/2。

前面的分析实际上是将数据均当成整数，也就是说小数点均位于最低位的右边。在数字信号处理中，定点数通常把数限制在-1～1 之间，即把小数点规定在最高位和次高位之间。以表 2-4 为例，考虑小数运算时，运算结果的小数点位置又该如何确定呢？对比表 2-4 中的数据，可以很容易地看出，如果采用 N+1 比特的数据表示运算结果，则小数点位置位于次高位的右边，而不再是最高位的右边；如果采用 N 比特的数据表示运算结果，则小数点位置位于最高位的右边。也就是说，运算前后小数点右边的数据位宽（也是小数位宽）是恒定不变的。

实际上，在 Verilog HDL 中，如果对两个 N 比特的数据进行加法运算，为了得到准确结果，必须先对参加运算的数据进行符号位扩展。

3. 乘法运算中的有效数据位

与加法运算一样，同样考虑乘数均是补码（有符号数）的情况，这也是 FPGA 进行数字信号处理最常用的情况，在理解补码后，读者很容易得出无符号数的运算规律。

从表 2-4 可以得出几条运算规律：

（1）对于 M 比特、N 比特的数据进行乘法运算，需要采用 $M+N$ 比特的数据才能得到准确的结果。

（2）对于乘法运算，不需要通过扩展位宽来对齐乘数的小数点位置。

（3）当乘数为小数时，乘法结果的小数的位宽等于两个乘数的小数的位宽之和。

（4）当需要对乘法运算结果进行截取时，为保证得到正确的结果，只能保留高位、舍去低位数据，这样相当于降低了运算结果的精度。

（5）只有当两个乘数均为所能表示的最小负数（最高位为 1，其余位均为 0）时，才有可能出现最高位与次高位不同的情况。也就是说，只有在这种情况下，才需要 $M+N$ 比特的数据来存放准确的结果。其他情况下，实际上均有两位相同的符号位，只需要 $M+N-1$ 比特的数据来存放准确的结果。

表 2-5 给出了有效数据位截位与乘法运算结果的关系。

表 2-5 有效数据位截位与乘法运算结果的关系

输入 d_1、d_2	有符号十进制数	取全部有效位的运算结果	小数点在次高位右边的运算结果
0Δ000、0Δ000	0、0	00000000(0)	00Δ000000
0Δ001、0Δ001	1、1	00000001(1)	000Δ00001
0Δ010、0Δ010	2、2	00000100(4)	00Δ000100
0Δ011、0Δ011	3、3	00001001(9)	00Δ001001
0Δ100、0Δ100	4、4	00010000(16)	00Δ010000
0Δ101、0Δ101	5、5	00011001(25)	00Δ011001
0Δ110、0Δ110	6、6	00100100(36)	00Δ100100
0Δ111、0Δ111	7、7	00110001(49)	00Δ110001
1Δ000、1Δ000	−8、−8	01000000(64)	01Δ000000（此时溢出）
1Δ001、1Δ001	−7、−7	00110001(49)	00Δ110001
1Δ010、1Δ010	−6、−6	00100100(36)	00Δ100100
1Δ011、1Δ011	−5、−5	00011001(25)	00Δ011001
1Δ100、1Δ100	−4、−4	00010000(16)	00Δ010000
1Δ101、1Δ101	−3、−3	00001001(9)	00Δ001001
1Δ110、1Δ110	−2、−2	00000100(4)	00Δ000100
1Δ111、1Δ111	−1、−1	00000001(1)	00Δ000001

在 Quartus II 中，乘法器 IP 核在选择输出数据位宽时，如果选择全精度运算，则会自动

生成 $M+N$ 比特的运算结果。在实际工程设计中，如果预先知道某个乘数不可能出现最小负数的情况，或者通过一些控制手段可以避免出现最小负数的情况，则完全可以只用 $M+N-1$ 比特的数据率存放运算结果，从而节约一位寄存器资源。在这种情况下，如果乘法运算只是系统的中间环节，则后续的每个运算步骤均可节约一位寄存器资源。

4．乘加运算中的有效数据位

在前文讨论运算结果的有效数据位时，都是指参加运算的数据均是变量的情况。在数字信号处理中，通常会遇到乘加运算的情况，一个典型的例子是有限脉冲响应（Finite Impulse Response，FIR）滤波器的设计。当乘法系数是常量时，最终运算结果的有效数据位需要根据常量的大小来重新计算。

例如需要设计一个FIR滤波器：

$$H(z)=\sum_{n=0}^{N-1}h(n)z^{-n}=h(0)+h(1)z^{-1}+\cdots+h(N-1)z^{-(N-1)} \tag{2-9}$$

假设滤波器系数为[13，−38，74，99，99，74，−38，13]，如果输入数据为 N 比特的二进制数，则滤波器输出最少需要采用多少比特来准确表示呢？显然，要保证运算结果不溢出，我们需要计算滤波器输出的最大值，并以此推算输出的有效数据位。方法其实十分简单，只需要计算所有滤波器系数绝对值之和，再计算表示该绝对值之和所需的最小无符号二进制数的位宽 n，则滤波器输出的有效数据位宽为 $N+n$。对于这个实例，可知滤波器绝对值之和为448，至少需要9 bit的二进制数表示，因此 $n=9$。

2.3 有限字长效应

2.3.1 字长效应的产生因素

数字信号处理的实质是一组数值运算，这些运算既可以在计算机上用软件实现，也可以用专门的硬件实现。无论采用哪种实现方式，数字信号处理系统的一些系数、信号序列的各个数值及运算结果等都要以二进制数的形式存储在有限长的存储单元中。如果处理的是模拟信号，则可通过采样系统，使输入的模拟量经过采样和模/数转换后变成有限字长的数字信号。有限字长的数就是有限精度的数，因此，具体实现中往往难以完全保证原设计精度而产生误差，甚至导致错误的结果。在数字系统中主要有以下三种因有限字长而产生的误差。

- 模/数（A/D）转换器把模拟量转换成一组离散电平时产生的量化效应；
- 用有限二进制数表示系数时产生的误差；
- 在数字系统中，为限制字长进行的尾数处理和为防止溢出而压缩信号电平误差。

引起这些误差的根本原因在于寄存器（存储单元）的字长是有限的。误差的特性与系统的类型、结构形式、数字的表示方法、运算方式及字长有关。在通用计算机上，字长较长，量化步长很小，量化误差不大，因此用通用计算机实现数字系统时，一般不用考虑有限字长的影响。但采用专用硬件实现数字系统时，如FPGA，其字长较短，就必须考虑有限字长效应了。

2.3.2　A/D 转换器的字长效应

从功能上讲，A/D 转换器可简单分为采样和量化两部分。采样将模拟信号变成离散信号，量化将每个采样值用有限字长表示。采样速率的选取直接影响 A/D 转换器的性能，根据奈奎斯特定理，采样速率至少需要大于或等于信号最高频率的 2 倍，才能够从采样后的离散信号中恢复原始的模拟信号，且采样速率越高，A/D 转换器性能越好。量化效应可以等效为输入信号为有限字长的数字信号。A/D 转换器的等价模型如图 2-8 所示。

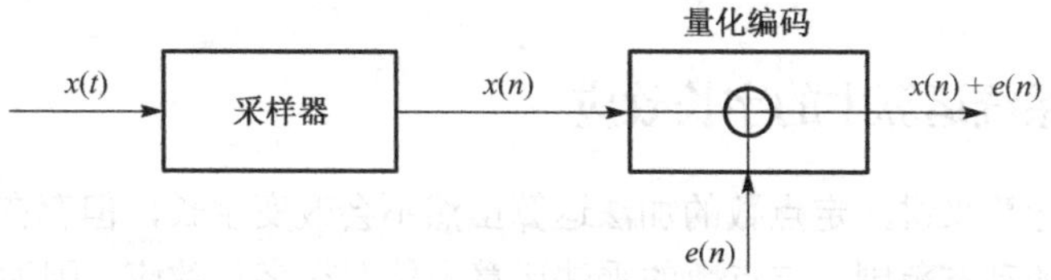

图 2-8　A/D 转换器的等效模型

根据图 2-8 所示的模型，量化后的取值可以表示成精确采样值和量化误差的和，即：

$$\hat{x}(n) = x(n) + e(n) \tag{2-10}$$

这一模型基于以下的几点假设：

- $e(n)$是一个平稳的随机采样序列；
- $e(n)$具有等概分布特性；
- $e(n)$是白噪声过程；
- $e(n)$和 $x(n)$是不相关的。

由于 $e(n)$具有等概率分布，则舍入的误差概率分布如图 2-9（a）所示，补码截尾的误差概率分布如图 2-9（b）所示，原码截尾的误差概率分布如图 2-9（c）所示，图中δ表示量化步长，为最小码位代表的值。

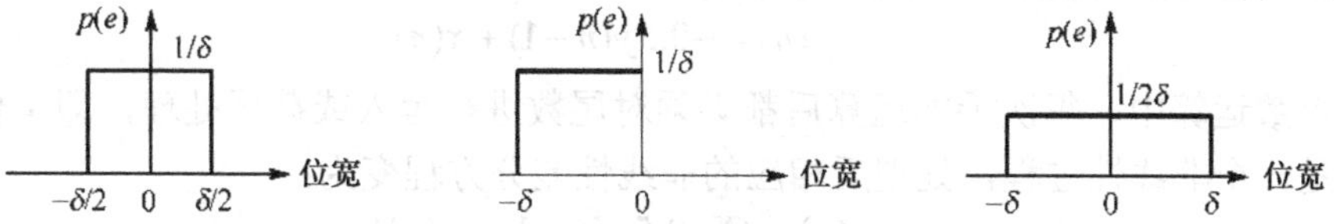

（a）舍入的误差概率分布　（b）补码截尾的误差概率分布　（c）原码截尾的误差概率分布

图 2-9　量化误差概率分布

以上 3 种表示方法中误差信号的均值和方差分别为：

- 舍入时：均值为 0，方差为$\delta^2/2$。
- 补码截尾时：均值为$-\delta/2$，方差为$\delta^2/12$。
- 原码截尾时：均值为 0，方差为$\delta^2/3$。

这样，量化过程可以等效为在无限精度的数上叠加一个噪声。其中，舍入操作得到的信噪比，即量化信噪比的表达式为：[31]

$$\mathrm{SNR}_{\mathrm{A/D}} = 10\lg\left(\frac{\delta_x^2}{\delta_e^2}\right) = 6.02B + 10.79 + 10\lg(\delta_x^2) \tag{2-11}$$

式中，δ_x^2 为信号 $x(n)$的功率；δ_e^2 为噪声 $e(n)$的功率；B 为量化位宽。

从式（2-11）可以看出，舍入后的字长 L 每增加 1 bit，SNR 增加约 6 dB。在数字信号处理系统中的字长是否越长越好呢？其实选取 A/D 转换器的字长应主要考虑两个因素：输入信号本身的信噪比，以及系统实现的复杂度。由于输入信号本身有一定的信噪比，在字长增加到 A/D 转换器量化噪声电平比输入信号的噪声电平低时，再增加字长就没有意义了。随着 A/D 转换器字长的增加，数字系统实现的复杂程度也会急剧增加，特别是对于采用 FPGA 等硬件平台实现的数字系统，这一问题显得尤其突出[20]。文献[20]、[22]对量化噪声的相关问题进行了详细的讨论，文献[20]对 A/D 转换器量化字长对不同数字系统的解调性能影响进行了详细分析及仿真。

2.3.3 数字系统运算中的字长效应

对于二进制数运算来讲，定点数的加法运算虽然不会改变字长，但存在数据溢出的可能，因此需要考虑数据的动态范围。定点数的乘法运算显然存在字长效应，因为 2 个 B 比特的定点数相乘，要保留所有有效位则需要使用 $2B$ 比特的数据，数据截尾或舍入必定会引起字长效应。在浮点数运算中，乘法或加法运算均有可能引起尾数位的增加，因此也存在字长效应。一些读者可能会问：为什么不能增加字长来保证运算过程不产生截尾或舍入操作呢？这样虽然需要增加一些寄存器资源，但毕竟可以避免因截尾或舍入而带来的运算精度下降，甚至运算错误。对于没有反馈的系统，这样理解也未尝不可。对于数字滤波器或较为复杂的数字系统来讲，通常会需要具有反馈网络的结构，这样每一次闭环运算均会增加一部分字长，循环运算下去势必要求越来越多的寄存器资源，字长的增加是单调增加的。也就是说，随着运算的循环，所需的寄存器资源是无限的。采用这样的方法来实现一个数字系统，显然是不现实的。

考虑一个一阶数字滤波器，其系统函数为：

$$H(z)=\frac{1}{1+0.5z^{-1}} \tag{2-12}$$

在无限精度运算的情况下，其差分方程为：

$$y(n)=-0.5y(n-1)+x(n) \tag{2-13}$$

在定点数运算中，每次乘加运算后都必须对尾数进行舍入或截尾处理，即量化处理，而量化过程是一个非线性过程，处理后相应的非线性差分方程变为：

$$w(n)=Q[-0.5w(n-1)+x(n)] \tag{2-14}$$

例 2-2　运算中的字长效应实例

用 MATLAB 软件仿真式（2-14）所表示的一阶数字滤波器输入信号的响应结果，输入信号 $7\delta(n)/8$ 为冲激信号。仿真原系统、2 bit、4 bit、6 bit 量化情况下的输出响应结果，并画图进行对比说明。

该实例的 MATLAB 源程序的部分清单如下，完整的程序请参考本书配套资源中的“Chapter_2\E2_2_QuantArith.m”文件。

```
%E2_2_QuantArith.m 文件的程序清单
x=[7/8 zeros(1,15)];
y=zeros(1,length(x));                %存放原始运算结果
Qy=zeros(1,length(x));               %存放未量化运算结果
```

```
Qy2=zeros(1,length(x));                %存放 2 bit 量化运算结果
Qy4=zeros(1,length(x));                %存放 4 bit 量化运算结果
Qy6=zeros(1,length(x));                %存放 6 bit 量化运算结果

%滤波器系数
A=0.5;
b=[1];
a=[1,A];

%未经过量化处理的运算
for i=1:length(x);
    if i==1
        y(i)=x(i);
    else
        y(i)=-A*y(i-1)+x(i);
    end
end

%经过量化处理的运算
B=2;  %量化位宽
for i=1:length(x);
    if i==1
        Qy(i)=x(i);
        Qy(i)=round(Qy(i)*(2^(B-1)))/2^(B-1);
    else
        Qy(i)=-A*Qy(i-1)+x(i);
        Qy(i)=round(Qy(i)*(2^(B-1)))/2^(B-1);
    end
end
Qy2=Qy;

%4 比特量化运算结果存放在 Qy4 中
---
%6 比特量化运算结果存放在 Qy6 中
---
%绘图
xa=0:1:length(x)-1;
plot(xa,y,'-',xa,Qy2,'--',xa,Qy4,'O',xa,Qy6,'+');
legend('原系统运算结果','2bit 量化运算结果','4bit 量化运算结果','6bit 量化运算结果')
xlabel('运算次数');ylabel('滤波结果');
```

图 2-10 为程序仿真运算结果。从仿真结果可以看出，在进行无限精度运算时，输出响应逐渐趋近于 0 值；运算过程经量化处理后，输出响应在几次运算后形成的固定值之间来回振荡；量化位宽越小，振荡的值越大。

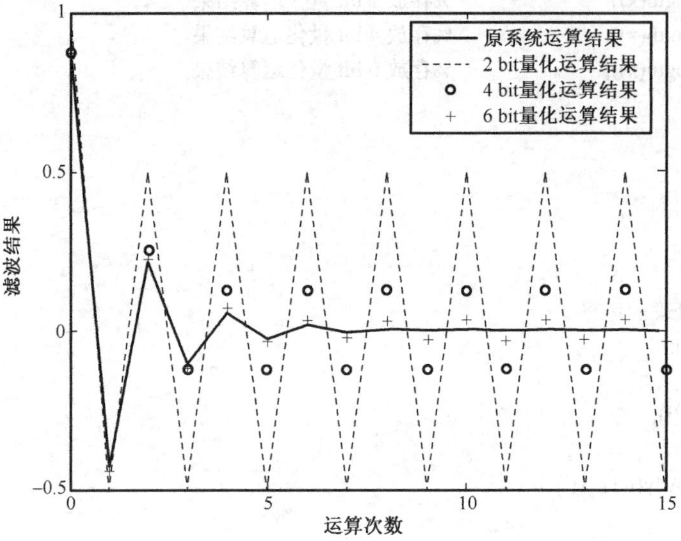

图 2-10　一阶数字滤波器的量化运算结果

2.4 FPGA中的常用运算处理模块

2.4.1 加法器模块

加法器是 FPGA 设计中使用最为频繁的运算单元之一。根据加法器的实现结构，可分为串行加法器和流水线加法器。两种结构的差别在于所需的硬件资源及运算速度的区别。在 FPGA 设计过程中，虽然也可以利用真值表、最基本的门电路、寄存器等单元搭建所需位宽的加法器，但这种方法的效率显然不能满足工程设计的要求。FPGA 设计中最常用的是多位二进制数的加、减法运算。最简单、最常用的方法是在程序中直接使用运算符+、−来完成相应的运算。

除了使用运算符完成相应运算，另一种简便、实用、高效的方法是使用 Quartus II 中的加法器 IP 核。Quartus II 中的可用 IP 核与所选的目标器件有关，一般来讲，器件的规模越大，所提供的 IP 核就越多。

Quartus II 提供了两种加法器 IP 核（ALTFP_ADD_SUB、LPM_ADD_SUB），其中 ALTFP_ADD_SUB 为浮点数加法器 IP 核。下面介绍 LPM_ADD_SUB 的基本使用方法。

Altera 公司提供的加法器 IP 核可以方便用户生成所需要的加法器。用户可指定输入数据位宽、选择加/减法运算方式等参数。启动 MegaWizard Plug-In Manager 工具后，依次选中"Arithmetic→LPM_ADD_SUB"，并设置好目标器件、输出文件中的语言模型、IP 核存放路径及名称后，单击"Next"按钮后即进入加法器 IP 核模式设置界面，如图 2-11 所示。图中可以选择运算模式：加法（Addition only）、减法（Subtraction only）、加/减法（Create an 'add_sub' input port to allow me to do both）。这里选择加法模式，输入数据位宽保持默认值 8，单击"Next"按钮进入下一步界面，如图 2-12 所示。

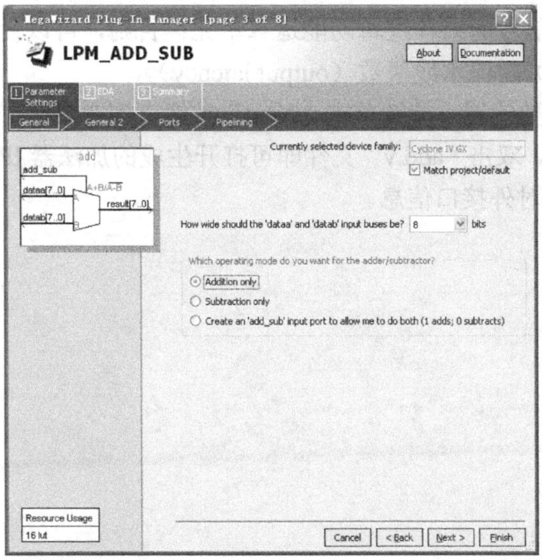

图 2-11　加法器 IP 核运算模式设置界面

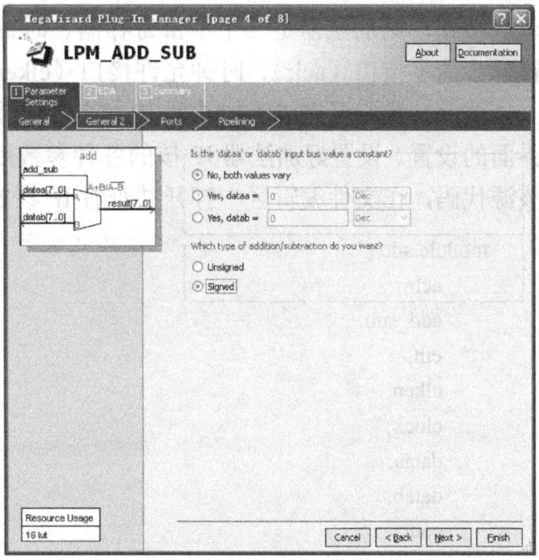

图 2-12　加法器 IP 核输入数据设置界面

在图 2-12 所示的界面中，用户可以设置输入数据是否为常数（constant），且可以设置具体的常数值；该界面还提供了输入数据是否为有符号数的选项，这里选择输入数据为变量值（No，both values vary），同时选中“Signed”单选按钮，设置输入数据为有符号数。继续单击“Next”按钮进入加法器 IP 核参数设置的第 5 个界面，如图 2-13 所示。在这个界面中，用户可以设置是否需要输入进位参与运算（Create a carry/borrow-out input），是否需要提供溢出指示信号（Create a carry/borrow-out output）及进位信号（Create an overflow output），这里选中该界面的所有单选按钮，可以看到界面左侧的加法器 RTL 原理图中增加了相应的信号接口。继续单击“Next”按钮进入加法器 IP 核参数设置的第 6 个界面，如图 2-14 所示。

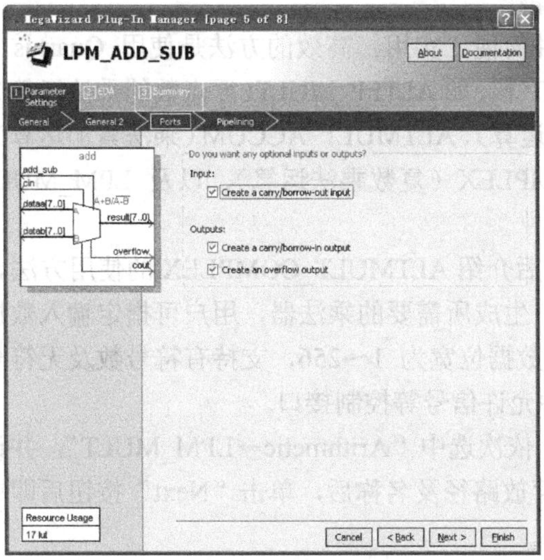

图 2-13　加法器 IP 核进位信号设置界面

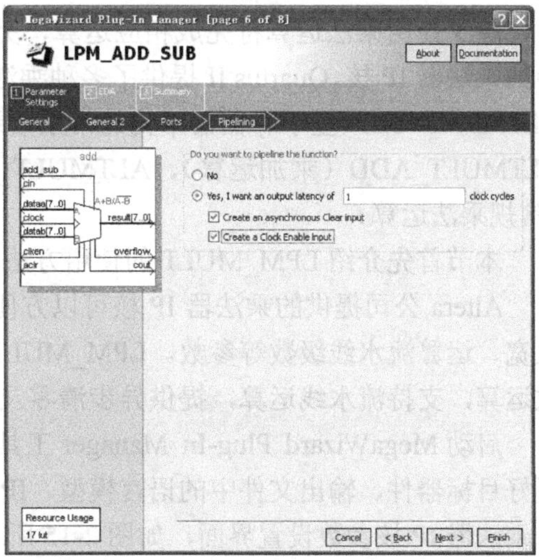

图 2-14　加法器 IP 核流水线功能设置界面

在图 2-14 所示的界面中，用户可以设置加法器 IP 核的流水线运算模式。如果选择“No”

单选按钮，则加法器是一个不带寄存器、时钟信号的纯粹逻辑功能运算单元；否则，可以设置异步清零接口（aclr）、时钟允许接口（clken）及流水线级数（output latency）。

至此，我们已完成了加法器 IP 核的主要参数设置，持续单击“Next”按钮直到完成所有界面的设置。设置好加法器 IP 核的各种参数后，双击“add.v”文件即可打开生成的加法器 IP 核源代码，在文件编辑区中打开并查看 IP 核的对外接口信息。

```
module add (
    aclr,
    add_sub,
    cin,
    clken,
    clock,
    dataa,
    datab,
    cout,
    overflow,
    result);
```

获取到 IP 核的模块声明后，直接在 Verilog HDL 文件中对模块进行实例化即可使用该 IP 核。

2.4.2 乘法器模块

1. 双输入乘法器 IP 核

乘法器是 FPGA 设计中大量使用的运算单元之一。在 FPGA 设计中，最简单、最常用的方法是在程序文件中直接使用乘法运算符“*”来完成相应的运算，但这只能进行简单的乘法功能，不利于设置输入/输出寄存器、流水线等操作。

除了使用乘法运算符完成相应运算，另一种简便、实用、高效的方法是使用 Quartus II 中的乘法器 IP 核。Quartus II 提供了多种乘法器 IP 核，如 ALTFP_MULT（浮点数的乘法运算）、ALTMEMMULT（基于存储器结构的常系数乘法运算）、ALTMULT_ACCUM（乘法累加运算）、ALTMULT_ADD（乘加运算）、ALTMULT_COMPLEX（复数乘法运算），以及 LPM_MULT（常规乘法运算）。

本节首先介绍 LPM_MULT 的使用方法，然后介绍 ALTMULT_COMPLEX 的使用方法。

Altera 公司提供的乘法器 IP 核可以方便用户生成所需要的乘法器，用户可指定输入数据位宽、运算流水线级数等参数。LPM_MULT 的数据位宽为 1～256，支持有符号数及无符号数运算，支持流水线运算，提供异步清零及时钟允许信号等控制接口。

启动 MegaWizard Plug-In Manager 工具后，依次选中“Arithmetic→LPM_MULT”，并设置好目标器件、输出文件中的语言模型、IP 核存放路径及名称后，单击“Next”按钮后即进入乘法器 IP 核参数设置界面，如图 2-15 所示。

在“Multiplier configuration”部分可以设置实现两个操作数的乘法（Multiply 'dataa' input by 'datab' input）或实现平方运算（Multiply 'dataa' input by itself）；可以设置输入数据位宽（当输入数据位宽均不大于 9 时，FPGA 可采用 9 bit 的乘法器 IP 核实现，否则要采用 18 bit 的乘法

器 IP 核实现）；可以设置输出数据位宽（通常保持默认值即可）。单击“Next”按钮进入下一步数据参数设置界面，如图 2-16 所示。

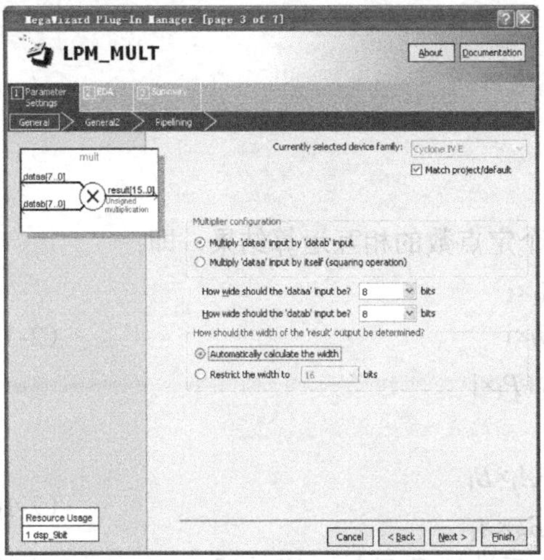

图 2-15　乘法器 IP 核参数设置界面（一）

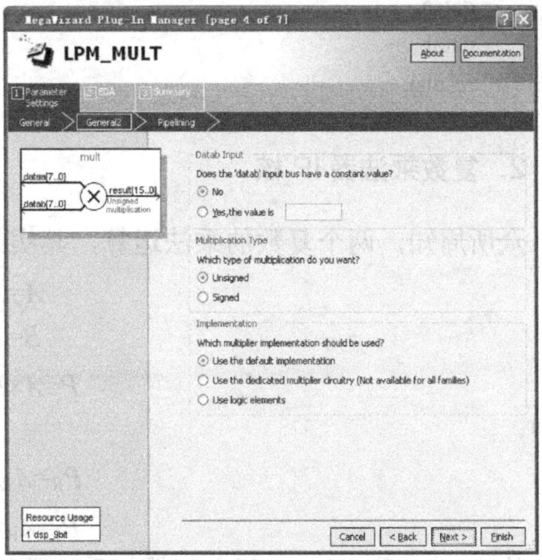

图 2-16　乘法器 IP 核参数设置界面（二）

在“Datab Input”部分可以设置乘法操作数是否为常数；可以设置数据为有符号数（Signed）或无符号数（Unsigned）；可以设置实现乘法运算的结构为专用乘法器 IP 核或逻辑单元。设置完后，继续单击“Next”按钮进入第 5 个参数设置界面，如图 2-17 所示。

在图 2-17 所示的界面中，可以设置乘法运算的流水线级数（output latency），以及 FPGA 实现时的优化策略是速度（Speed）还是面积（Area）。至此，乘法器 IP 核参数的设置已基本完成，持续单击“Next”按钮可进入第 7 个界面，如图 2-18 所示。在这个界面中，用户可以选择 IP 核所需生成的文件种类，一般保持默认值即可，只生成 Verilog HDL 的模块文件。

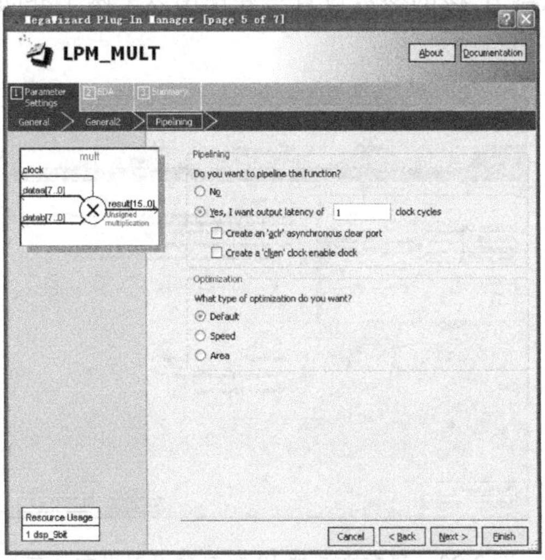

图 2-17　乘法器 IP 核参数设置界面（三）

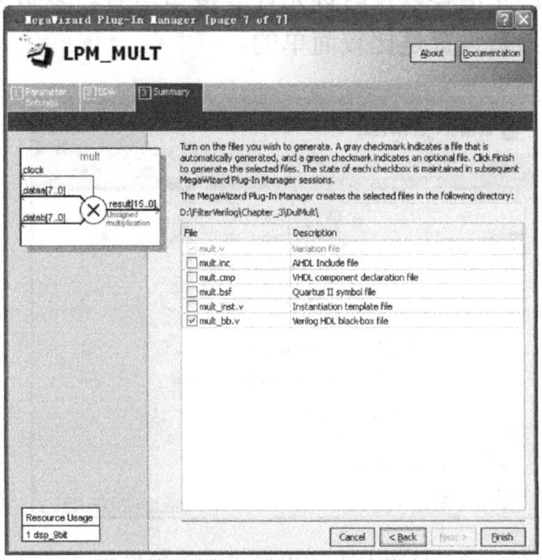

图 2-18　乘法器 IP 核参数设置界面（四）

下面是乘法器 IP 核生成后的模块示例接口信息。

```
module mult (
    clock,
    dataa,
    datab,
    result);
```

2. 复数乘法器IP核

众所周知，两个复数的乘法运算，其实是4个定点数的相互运算结果，即：

$$A=A_R+A_I\times i$$
$$B=B_R+B_I\times i \tag{2-15}$$
$$P=A\times B=P_R+P_I\times i$$

式中，

$$P_R=A_R\times B_R-A_I\times B_I$$
$$P_I=A_R\times B_I+B_R\times A_I \tag{2-16}$$

从式（2-15）可知，两个复数相乘，需要4个乘法器及两个加/减法器。Quartus II中的复数乘法器IP核（ALTMULT_COMPLEX）可根据用户的设置要求，设置输入数据的位宽及流水线等参数。

启动MegaWizard Plug-In Manager工具后，依次选中“Arithmetic→ALTMULT_COMPLEX”，并设置好目标器件、输出文件中的语言模型、IP核存放路径及名称后，单击“Next”按钮后即进入复数乘法器IP核参数设置界面，如图2-19所示。

在图2-19所示的界面中，用户可以在“General”部分设置输入/输出数据位宽，可以在“Input Representation”部分设置输入数据是否为有符号数。单击“Next”按钮进入第4个设置界面，如图2-20所示。在这个界面中，用户可以设置运算的流水线级数，以及选择是否需要产生清零以及时钟允许等接口信号。复数乘法器IP核的参数设置主要使用以上两个界面，其参数设置是比较简单的。

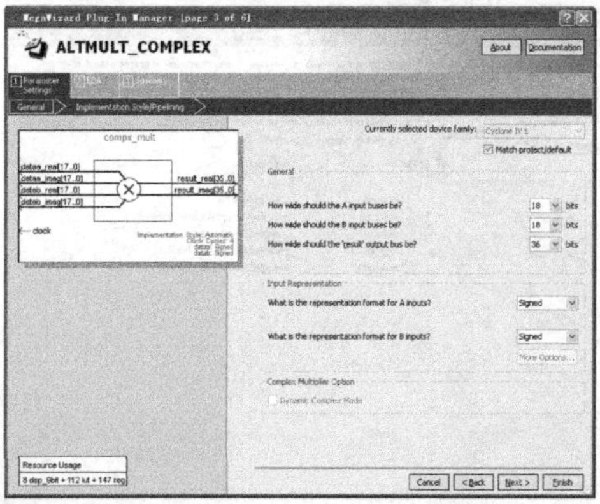

图2-19 复数乘法器IP核参数设置界面（一）

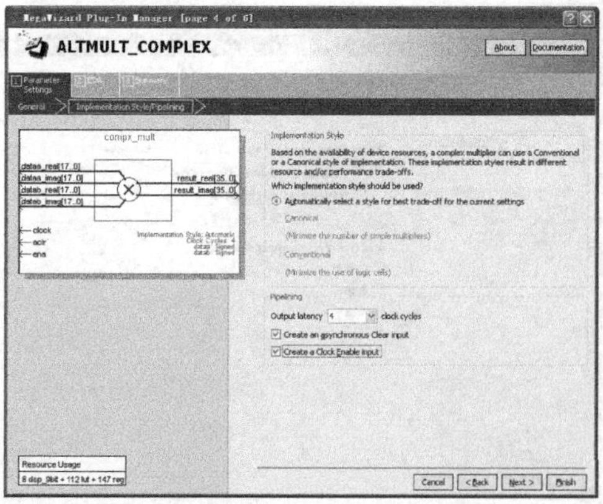

图2-20 复数乘法器IP核参数设置界面（二）

下面是复数乘法器IP核生成后的示例模块接口信息。

```
module compx_mult_altmult_complex_42q(
    aclr,
    clock,
    dataa_imag,
    dataa_real,
    datab_imag,
    datab_real,
    ena,
    result_imag,
    result_real) ;
```

2.4.3　除法器模块

在介绍加法器模块及乘法器模块时讲过，通过 Verilog HDL 实现相应操作可以使用相应的运算符和 IP 核两种方式。需要注意的是，在 Verilog HDL 中使用除法运算符“/”时，综合工具会给出错误提示信息。

Quartus II提供了定点数除法器IP核(LPM_DIVIDE)和浮点数除法器IP核(ALTFP_DIV)。接下来介绍 LPM_DIVIDE 的使用方法。

启动 MegaWizard Plug-In Manager 工具后，依次选中“Arithmetic→LPM_DIVIDE”，并设置好目标器件、输出文件中的语言模型、IP 核存放路径及名称后，单击“Next”按钮后即可进入定点数除法器 IP 核参数设置界面，如图 2-21 所示。

定点数除法器 IP 核的参数设置界面主要有两个，分别如图 2-21 和图 2-22 所示。在图 2-21 所示的界面中，用户可以设置输入数据的位宽，以及是否为有符号数；在图 2-22 所示的界面中，用户可以设置运算的流水线级，以及选择是否需要产生清零以及时钟允许等接口信号，同时还可以设置 FPGA 实现时的优化策略。如果选中“Always return a positive remainder”中的“Yes”选项，则表示除法运算的余数始终保持为正数。从上述可知，其定点数除法器 IP 核的参数设置是比较简单的。

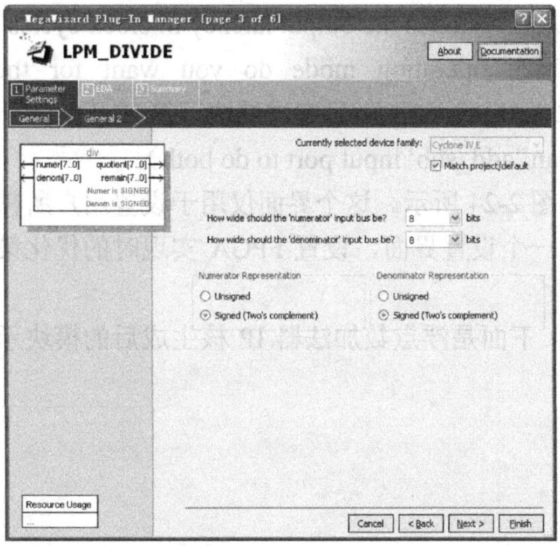

图 2-21　定点数除法器 IP 核参数设置界面（一）

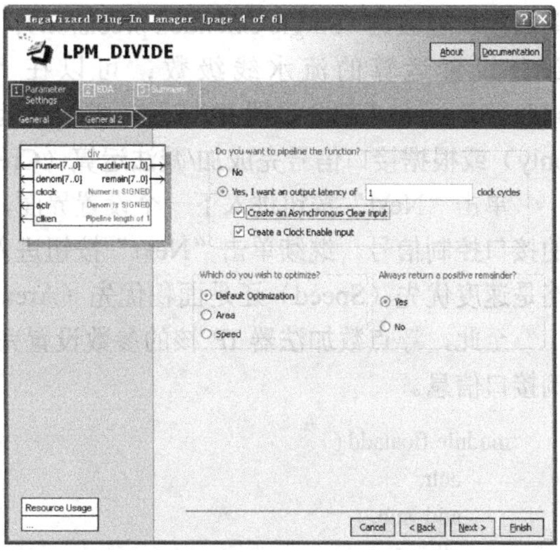

图 2-22　定点数除法器 IP 核参数设置界面（二）

下面是定点数除法器 IP 核生成后的模块示例接口信息。

```
module div (
    aclr,
    clken,
    clock,
    denom,
    numer,
    quotient,
    remain);
```

2.4.4 浮点数运算模块

前面介绍的加法器、乘法器、除法器模块，针对的均是定点数的运算。正如 2.1 节所述，浮点数运算的复杂度及所需的逻辑资源，相比定点数运算来讲会成倍地增加，也正因为如此，FPGA 设计时较少使用浮点数格式。当定点数无法满足设计需求时，浮点数格式依然是最好的，甚至是唯一的解决方式。使用浮点数进行处理，难免会对浮点数进行加、减、乘、除、开平方等运算。

Quartus II 提供了多种浮点数运算 IP 核，如 ALTFP_ABS（浮点数的取绝对值运算）、ALTFP_ADD_SUB（浮点数加、减法运算）、ALTFP_COMPARE（浮点数比较运算）、ALTFP_DIV（浮点数除法运算）、ALTFP_LOG（浮点数取对数运算）、ALTFP_MULT（浮点数乘法运算）等。

下面，我们以浮点数加、减法运算 IP 核为例，简要介绍浮点数运算 IP 核的使用方法。启动 MegaWizard Plug-In Manager 工具后，依次选中"Arithmetic→ALTFP_ADD_SUB"，并设置好目标器件、输出文件中的语言模型、IP 核存放路径及名称后，单击"Next"按钮后即进入浮点数加法器 IP 核参数设置界面，如图 2-23 所示。

在图 2-23 所示的界面中，用户可以在"What is the floating point format"部分设置浮点数的格式：32 bit 的单精度数据（Single precision）、64 bit 的双精度数据（Double precision）或单精度扩展数据（Single extended precision）；可以在"What is the output latency in clock cycles"部分设置运算的流水线级数；可以在"Which operating mode do you want for the adder/subtractor"部分设置 IP 核只完成加法运算（Addition only）、只完成减法运算（Subtraction only）或根据接口信号完成加/减法运算（Create an 'add_sub' input port to do both）。

单击"Next"按钮进入下一个设置界面，如图 2-24 所示。这个界面仅用于设置用户所需的接口控制信号。继续单击"Next"按钮进入下一个设置界面，设置 FPGA 实现时的优化策略是速度优先（Speed）还是面积优先（Area）。

至此，浮点数加法器 IP 核的参数设置完毕。下面是浮点数加法器 IP 核生成后的模块示例接口信息。

```
module floatadd (
    aclr,
    add_sub,
    clk_en,
    clock,
```

```
    dataa,
    datab,
    nan,
    overflow,
    result,
    underflow,
    zero);
```

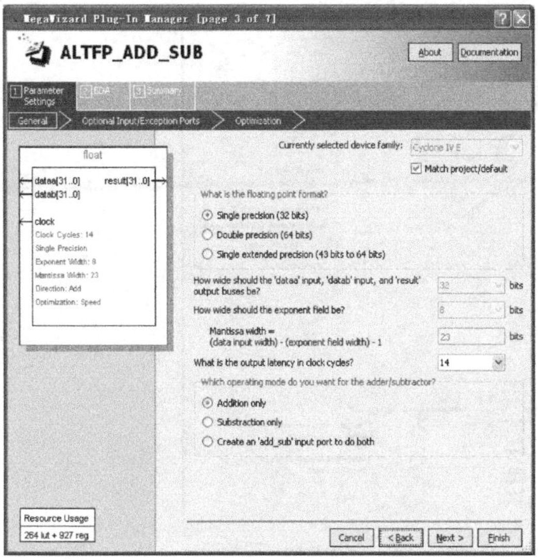

图 2-23　浮点数加法器 IP 核参数设置界面（一）

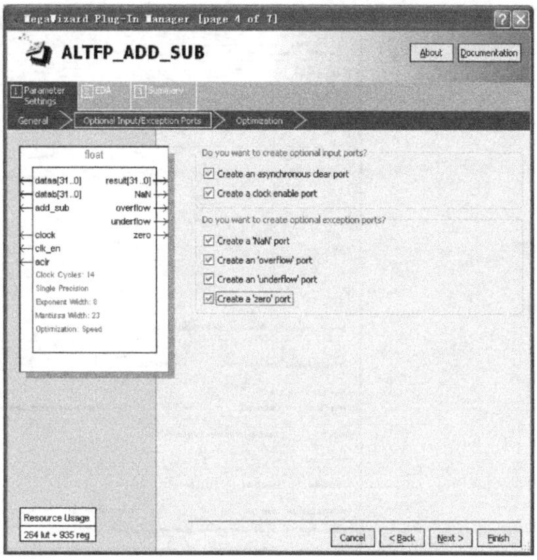

图 2-24　浮点数加法器 IP 核参数设置界面（二）

2.4.5　滤波器模块

滤波器是数字信号处理中常用的模块之一。一般来讲，对于一些比较复杂的通用数字运算或处理需求，如果目标器件及开发工具提供了相应的 IP 核，则一般选用 IP 核进行设计，这样不仅可以提高设计效率，还可以保证系统的性能。Quartus II 为大部分 FPGA 提供了通用的滤波器核，因此，在工程应用中，可以直接采用滤波器核来设计滤波器。滤波器的种类很多，并非所有的滤波器都有现成的 IP 核可用，文献[29]对各种滤波器的 MATLAB 与 FPGA 实现进行了详细的讨论，本节只讨论应用最为广泛的 FIR 核。

Quartus II 提供了两种功能十分强大的 FIR 核——FIR Compiler 和 FIR Compiler II，可适用于 Altera 公司的 Arria-II GX、Arria-II GZ、Arria-V、Arria-V GZ、Cyclone-III、Cyclone-III LS、Cyclone-IV GX、Cyclone-V、Stratix-III、Stratix-IV、Stratix-IV GX、Stratix-IV GT、Stratix-V 等系列 FPGA。在接下来的实例中讨论 FIR Compiler 的使用方法。FIR Compiler 最多可同时支持 256 个通路，抽头系数为 2～2048，输入数据位宽及滤波器系数最多可支持 32 bit，支持滤波器系数动态更新功能。FIR Compiler 的数据手册详细描述了该 IP 核功能及技术说明[27]。

下面以一个实例来讲解 FIR Compiler 的使用步骤及方法。

假设需要采用 FIR Compiler 来实现一个 15 阶的低通线性相位 FIR，采用 FPGA 实现分布式结构的滤波器，系数的量化位宽为 12，输入数据位宽为 12，输出数据位宽为 25，系统时钟为 26 kHz。

（1）新建名为FirIPDa的工程，选择目标器件为Cyclone-IV系列的EP4CE15F17C8，顶层文件为Verilog HDL类型。

（2）新建名为fir的IP核，启动MegaWizard Plug-In Manager工具后，依次选中“DSP→Filters→FIR Compiler”，并设置好目标器件、输出文件中的语言模型、IP核存放路径及名称后，单击“Next”按钮后即进入FIR Compiler工具界面，单击“Step1: Parameterize”选项，进入图2-25所示参数设置界面。

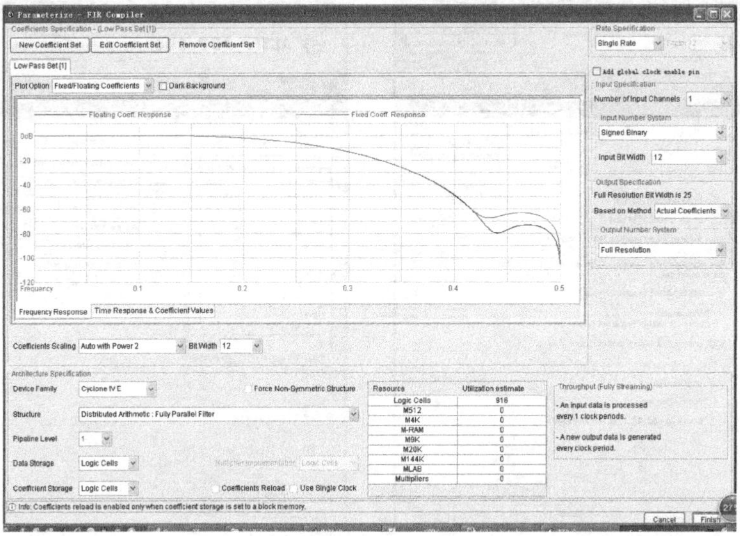

图2-25 FIR Compiler参数设置界面

（3）设置FIR Compiler参数。需要注意的是，设置滤波器系数的位宽（Bit Width）为12、目标器件（Device Family）为“Cyclone IV E”、流水线级数（Pipline Level）为1、输入数据及滤波系数的存储资源保持默认值，即“Logic Cells”。单击滤波器结构列表框（Structure），可以看到，该IP核提供了4种不同的实现结构：Distributed Arithmetic:Fully Serial Filter（全串行分布式算法结构）、Distributed Arithmetic:Multi-Bit Filter（多比特分布式算法结构）、Distributed Arithmetic:Fully Parallel Filter（全并行分布式算法结构）、Variable/Fixed Coefficient:Multi-Cycle（多时钟周期结构）。不同结构所需的硬件资源不同，运算速度也不同。对于Distributed Arithmetic: Fully Parallel Filter结构，由于已设置滤波器系数为12 bit，可以看见图2-25界面的右下角显示该算法的数据处理时钟与数据速率之间的关系，即每13个时钟周期处理输出一个滤波数据。也就是说，FPGA处理时钟的频率必须是输入数据速率的13倍（根据分布式算法规则，时钟速率等于输入数据速率的M倍，M=输入数据位宽+1）。如果选择Distributed Arithmetic: Fully Serial Filter结构，则输FPGA处理时钟与输入数据速率相同，当然这也需要占用更多的逻辑资源。需要说明的是，分布式结构不需要使用硬件乘法器资源，多时钟周期结构需要使用硬件乘法器资源。可以根据资源情况及运算速度选择滤波器结构。

（4）设置滤波器系数。FIR Compiler提供的滤波器系数设计功能十分丰富，单击图2-25中的“Edit Coefficient Set”按钮，可进入系数设置界面，如图2-26所示。滤波器系数设置有两种方法：一是直接在IP核中根据通带、阻带等特性直接设计滤波器；二是直接装载已经设计好的滤波器系数文件（文本文件）。考虑模块的通用性，以及滤波器系数的继承性，这里采用第二种方法。滤波器系数文件使用 MATLAB 程序产生的 FirCoe.txt。选中“Imported Coefficient Set”单选按钮，单击“Browse”按钮后选择已准备好的滤波器系数文件 FirCoe.txt，单击“Apply”按钮应用该文件中的滤波器系数，可以在图 2-26 界面的左上部分查看滤波器系数，在右上部分查看滤波器的幅频响应。

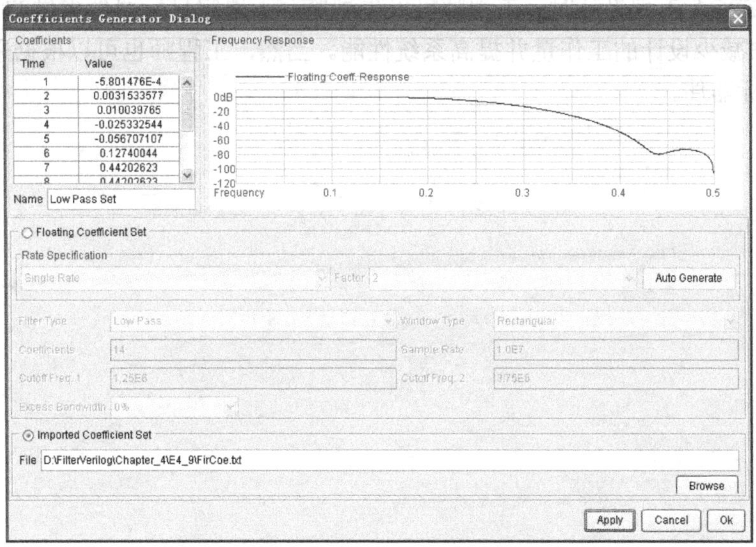

图 2-26　FIR Compiler 的滤波器系数设置界面

至此，已完成了 FIR Compiler 的参数设置工作。单击图 2-26 中的“Apply”按钮和“OK”按钮可完成参数设计，并返回 FIR Compiler 参数设置界面，单击“Generate”按钮生成所需的 FIR Compiler，其接口信息如下所示。

```
fir fir_inst(
    .clk,
    .reset_n,
    .ast_sink_data,
    .ast_sink_valid,
    .ast_source_ready,
    .ast_sink_error,
    .ast_source_data,
    .ast_sink_ready,
    .ast_source_valid,
    .ast_source_error);
```

2.5 小结

本章首先介绍了二进制数的起源及其在计算机中的常用表示方法，二进制数的表示方法是进行 FPGA 数字系统设计最基本的知识。在 FPGA 等硬件系统中实现数字信号时，因受寄存器长度的限制，不可避免地会产生有限字长效应。设计工程师必须了解有限字长效应对数字系统的影响，并在实际设计中通过仿真来确定最终的量化位宽、寄存器长度等参数。

本章接着对几种常用的运算模块 IP 核进行了介绍，详细阐述了各 IP 核的参数设置方法，并给出了几个简单的模块应用实例。IP 核在 FPGA 设计中的应用十分普遍，尤其在数字信号处理领域，采用已有的 IP 核进行设计，不仅可以提高设计效率，而且可以保证设计的性能，因此，在进行 FPGA 工程设计时，工程师可以先浏览一下选定目标器件提供的 IP 核，以便通过使用 IP 核来减少设计的工作量并提高系统性能。当然，工程师也可以根据采用的 IP 核来选择相应的目标器件。

第 3 章

锁相环原理及应用

经过前面两章的学习，读者已经初步了解了进行数字通信同步技术设计所需掌握的基本概念和工具。在讲解具体同步技术的工程实现之前，读者还需要了解锁相环的一些基本知识。实际上，同步技术的实现在很大程度上是锁相环的设计与实现过程。尤其在载波同步、位同步的工程设计中，锁相环的设计方法几乎贯穿了整个系统设计过程，同时也是系统设计及实现的难点。

锁相环技术本身在数字通信领域内是一门比较系统的理论[1,13]。由于本书的重点是同步技术的工程实现，因此，本章主要从工程应用的角度对锁相环的基本概念、原理及应用进行介绍。由于数字锁相环是从模拟锁相环发展起来的，且均有相互对应的实现方法，因此分析模拟锁相环路的性能更具有一般性的意义。本章将对模拟锁相环进行分析，在后续章节讲解锁相环的 FPGA 实现时，再逐步分析相对应的数字锁相环实现方法，更利于读者全面掌握锁相环的原理、概念，以及在设计过程中所需把握的关键技术。

3.1 锁相环的原理

3.1.1 锁相环的模型

锁相环（Phase Locked Loop，PLL）是一个闭环的相位控制系统，对它的研究需首先建立完整的模型，然后以模型为基础分析 PLL 在各种工作状态下的性能与指标，如跟踪、捕获、噪声的影响等。在进行全面分析之前，先就锁相环的原理做一概要的阐述。

设输入信号及本地振荡器的输出信号分别为：

$$u_i(t) = U_i \sin[\omega_i t + \theta_i(t)] \tag{3-1}$$

$$u_o(t) = U_o \cos[\omega_o t + \theta_o(t)] \tag{3-2}$$

式中，U_i、U_o 分别是输入、输出信号的幅度；ω_i、ω_o 分别为输入、输出信号的载波角频率；$\theta_i(t)$、$\theta_o(t)$ 分别是输入、输出信号以载波相位 $\omega_i t$、$\omega_o t$ 为参考的瞬时相位。输出信号也就是本地振荡器的输出信号。由于输入信号的频率和相位对于接收端来讲是未知的，因此锁相环的任务就是要使本地振荡信号的相位与输入信号的相位保持一致。需要注意的是，式（3-1）和式（3-2）分别是用正弦波信号及余弦波信号来表示的，主要是为了便于后续对锁相环的分析。因此，在分析结论时，需要考虑正、余弦波信号之间的相位差。

由于锁相环是一个闭环的相位控制系统，输入信号 $u_i(t)$ 对环路起作用的是它的瞬时相位，其幅度通常是固定的。输出信号 $u_o(t)$ 的幅度通常也是固定的，其瞬时相位受输入信号瞬时相位的控制。为进一步分析锁相环的工作过程，还需要直接建立输入信号与输出信号瞬时相位之间的控制关系。

显然，根据式（3-1）和式（3-2）可得出输入信号与输出信号之间的瞬时相差及瞬时频差，分别为：

$$\theta_e(t)=(\omega_i-\omega_o)t+\theta_i(t)-\theta_o(t)=\Delta\omega_0 t+\theta_i(t)-\theta_o(t) \tag{3-3}$$

$$\dot{\theta}_e(t)=(\omega_i-\omega_o)+\dot{\theta}_i(t)-\dot{\theta}_o(t)=\Delta\omega_0+\dot{\theta}_i(t)-\dot{\theta}_o(t) \tag{3-4}$$

3.1.2 锁定与跟踪的概念

一般来讲，输入信号的频率与本地振荡信号的初始频率（也称为自由振荡频率，指无控制电压时的本地振荡器信号频率）是不同的，两者之差即固有频差 $\Delta\omega_0$。若没有相位跟踪系统，则两者之差 $\theta_e(t)$ 将随着时间的增加而不断增加。如果固有频差 $\Delta\omega_0$ 在一定范围之内，则依靠锁相环的相位跟踪作用，会迫使输出信号的相位跟踪输入信号相位的变化。两信号之间的相位差将不会随时间无限增长，而是最终使相位差保持在一个有限的范围 $2n\pi+\varepsilon_{\theta e}$ 之内，其中的 $\varepsilon_{\theta e}$ 是一个很小的量。这个过程就是锁相环的捕获过程。在捕获过程中，瞬时相差 $\theta_e(t)$ 和瞬时频差 $\dot{\theta}_e(t)$ 均会随时间变化，典型的变化曲线如图 3-1 所示。

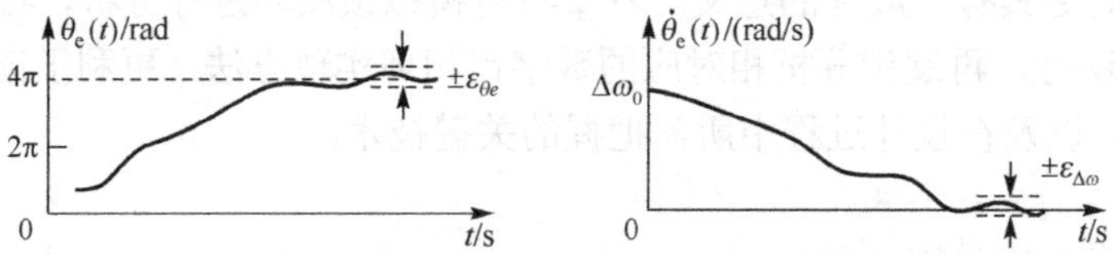

图 3-1　捕获过程中瞬时相差与瞬时频差随时间变化的典型曲线

锁相环从起始状态 $\theta_e(t_0)$、$\dot{\theta}_e(t_0)$ 开始，由于存在频差 $\dot{\theta}_e(t_0)=\Delta\omega_0$，相差 $\theta_e(t_0)$ 将随着时间增加跨越一个又一个 2π（即一次又一次周期跳越），瞬时相差 $\theta_e(t)$ 最终稳定在 $2n\pi$ 附近，频差接近于 0。这就是锁相环的同步状态，也称为跟踪状态。

设系统最初进入同步状态[$2n\pi\pm\varepsilon_{\theta e}$，$\varepsilon_{\Delta\omega}$]的时间为 t_a，那么，从接收到信号时刻 $t=t_0$ 的起始状态，到达时刻 $t=t_a$ 进入同步状态的全部过程就称为锁相环的捕获过程。捕获过程所需的时间为 $T_p=t_a-t_0$，称为捕获时间。显然，捕获时间 T_p 的大小不但与锁相环的参数有关，而且与起始状态有关。

对于给定的锁相环来说，能否通过捕获而进入同步状态完全取决于起始频差 $\dot{\theta}_e(t_0)=\Delta\omega_0$。若 $\Delta\omega_0$ 超过某一范围，锁相环就不能捕获了。这个范围的大小是锁相环的一个重要性能指标，称为锁相环的捕获带 $\Delta\omega_p$。

捕获过程结束后，锁相环的状态稳定在

$$|\dot{\theta}_e(t)|\leqslant\varepsilon_{\Delta\omega},\qquad |\theta_e(t)-2n\pi|\leqslant\varepsilon_{\theta e} \tag{3-5}$$

这就是同步状态的定义。为了便于进一步分析说明，考虑到本地振荡器的固有频率是振荡器一个重要特性参数，我们将输入信号与输出信号的相位均以振荡器载波相位 $\omega_o t$ 为参考相位，并做以下定义：

$$\theta_1(t)=\Delta\omega_0 t+\theta_i(t),\qquad \theta_2(t)=\theta_o(t) \tag{3-6}$$

对于实际运行的锁相环，输入信号的$\theta_1(t)$通常是随时间变化的，可能是信号调制造成的，也可能是噪声或干扰造成的。经过锁相环的跟踪作用，$\theta_2(t)$随$\theta_1(t)$变化，之间的相差$\theta_e(t)$也会随时间变化。由式(3-5)给出的同步状态定义可知，只要在整个变化过程中一直满足式(3-5)，锁相环就一直处于同步状态。

为进一步理解锁相环的同步状态，假设输入信号是固定频率的单载波信号，即$\theta_i(t)=0$的特殊情况。这也是锁相环分析中经常遇到的一种情况，此时

$$\theta_1(t)=\Delta\omega_0 t+\theta_i \tag{3-7}$$

式中，θ_i是常数，是输入信号的初始相位。而

$$\theta_e(t)=\Delta\omega_0 t+\theta_i-\theta_o(t),\qquad \dot{\theta}_e(t)=\Delta\omega_0-\dot{\theta}_o(t) \tag{3-8}$$

当锁相环经捕获过程进入同步状态后，根据式（3-5）可知，输出信号的瞬时频率及相位应满足：

$$\theta_o(t)=\Delta\omega_0 t+\theta_i-\varepsilon_{\theta e},\qquad \dot{\theta}_o(t)=\Delta\omega_0 \tag{3-9}$$

将式（3-9）代入式（3-2），可得：

$$\begin{aligned}u_o(t)&=U_o\cos[\omega_o t+\theta_o(t)]\\&=U_o\cos[\omega_o t+\Delta\omega_0 t+\theta_i-\varepsilon_{\theta e}]\\&=U_o\cos(\omega_i t+\theta_i-\varepsilon_{\theta e})\end{aligned} \tag{3-10}$$

由此可见，当锁相环进入同步状态之后，环内被控振荡器的振荡频率等于输入信号频率，也就是说，输出信号已锁定在输入信号上，两信号之间只差一个固定的相位$\varepsilon_{\theta e}$，这就是锁定以后的稳态相差，是一个很小的值。锁定之后无频差，这是锁相环的独特优点，也是其他控制系统通常不能实现的优良特性。

3.1.3　锁相环的基本性能要求

如上所述，锁相环有两种基本的工作状态：捕获状态和同步状态。

评价捕获过程的性能有两个主要性能指标：一个是环路的捕获带$\Delta\omega_p$，即锁相环能通过捕获过程而进入同步状态的最大固有频差$|\Delta\omega_0|_{max}$，若$\Delta\omega_0>\Delta\omega_p$，锁相环就不能通过捕获进入同步状态；另一个是捕获时间T_p，它是锁相环由起始时刻t_0到进入同步状态的时刻t_a之间的时间间隔，即

$$T_p=t_a-t_0 \tag{3-11}$$

捕获时间T_p的大小除了取决于锁相环参数，还与起始状态有关。一般情况下，输入起始频差越大，T_p就越大。通常以起始频差等于$\Delta\omega_p$的初始状态来计算最大捕获时间，并把它作为锁相环的性能指标之一。

锁相环的另一个基本工作状态是同步状态。锁相环锁定之后，稳态频差等于零，输入信号与输出信号之间的相差虽然是一个很小的值，但总是存在的。定义稳态相差为：

$$\theta_e(\infty)=|\theta_i(t)-\varepsilon_{\theta e}|_{max} \tag{3-12}$$

显然，稳态相差是一个固定值，且这个值反映了锁相环的跟踪精度，也是一个重要的性能指标。此外，已经锁定的锁相环，若再改变其固有频差$\Delta\omega_0$，稳态相差$\theta_e(\infty)$也会随之改

变。当$\Delta\omega_0$增大到某一值时，锁相环将不能维持锁定。锁相环能够保持锁定状态所允许的最大固有频率称为同步带$\Delta\omega_H$，它也是锁相环的一个性能指标。

上面提及的几个性能指标是对锁相环最基本的性能要求。锁相环作为一个控制系统，要全面衡量它的性能有一系列的指标，如稳定性、响应速度、对干扰和噪声的过滤能力等。尤其是在噪声作用下的性能研究更是一个复杂的问题，恰恰又是电子技术应用中不可避免的问题。在进一步研究这些问题之前，还需要对锁相环的组成有进一步的了解，并建立起基本的环路动态方程。

3.2 锁相环的组成

锁相环为什么能够进行相位跟踪，实现输出信号与输入信号的同步呢？因为它是一个相位的负反馈控制系统，这个负反馈控制系统是由鉴相器（Phase Detector，PD）、环路滤波器（Loop Filter，LF）和压控振荡器（Voltage-Controlled Oscillator，VCO）三个基本部件组成的，组成原理图如图 3-2 所示。实际应用中有各种形式的锁相环，但它们都是由这个基本锁相环演变而来的。下面逐个介绍各基本部件在锁相环中的作用及其模型，从而导出整个锁相环的模型。

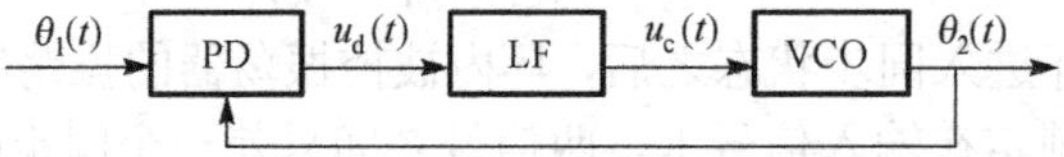

图 3-2　锁相环的组成原理图

3.2.1 鉴相器

鉴相器是一个相位比较装置，用来检测输入信号相位$\theta_1(t)$与反馈信号相位$\theta_2(t)$之间的相差$\theta_e(t)$。鉴相器输出的误差信号$u_d(t)$是相差$\theta_e(t)$的函数。鉴相特性可以是多种多样的，有正弦形特性、三角形特性、锯齿形特性等，最常用的是正弦形特性，本书所讨论的锁相环均采用正弦鉴相器。

正弦鉴相器可用乘法器与低通滤波器的串接作为模型，在实际工程应用中也多采用这种鉴相器结构。设乘法器的相乘系数为K_m（单位为1/V），输入信号$u_i(t)$与反馈信号$u_o(t)$相乘后的输出为：

$$\begin{aligned}K_m u_i(t)u_o(t) &= K_m U_i\sin[\omega_0 t+\theta_1(t)]U_o\cos[\omega_0 t+\theta_2(t)]\\ &= \frac{1}{2}K_m U_i U_o\sin[2\omega_0 t+\theta_1(t)+\theta_2(t)]+\\ &\quad \frac{1}{2}K_m U_i U_o\sin[\theta_1(t)-\theta_2(t)]\end{aligned} \tag{3-13}$$

乘法器输出结果经过低通滤波器（Low Pass Filter，LPF）滤除频率为$2\omega_0$的高频分量之后，得到误差电压为：

$$u_d(t)=\frac{1}{2}K_m U_i U_o\sin[\theta_1(t)-\theta_2(t)]=U_d\sin\theta_e(t) \tag{3-14}$$

式中，

$$U_d = \frac{1}{2} K_m U_i U_o \tag{3-15}$$

为鉴相器的最大输出电压。式（3-14）为正弦形特性。鉴相器的电路模型是多种多样的：第一类是上面分析的乘法器加低通滤波器模型；第二类是序列电路，它的输出电压是输入信号过零点与反馈电压过零点之间时间差的函数，这类鉴相器的输出只与波形的边沿有关，与其他因素无关。

3.2.2　环路滤波器

环路滤波器具有低通特性，它可以起低通滤波器的作用，更重要的是可以对锁相环参数进行调整。环路滤波器是一个线性电路，在时域分析中可用一个传输算子 $F(p)$ 来表示，其中 p 是微分算子；在频域分析中可用传递函数 $F(s)$ 表示，若用 $s = \mathrm{j}\Omega$ 代入 $F(s)$ 就得到它的频率响应 $F(\mathrm{j}\Omega)$。环路滤波器的模型如图 3-3 所示。

图 3-3　环路滤波器模型

常用的环路滤波器有 RC 积分滤波器、无源比例积分滤波器和有源比例积分滤波器三种，其电路结构分别如图 3-4（a）、图 3-4（b）和图 3-4（c）所示。在后续章节的讨论中，会介绍这三种环路滤波器对应的数字滤波器形式。有源比例积分滤波器具有优良的性能，是锁相环中应用最为广泛的滤波器，也是接下来重点讨论的内容之一。

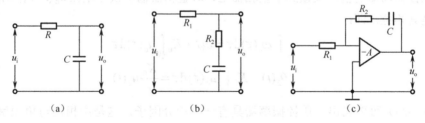

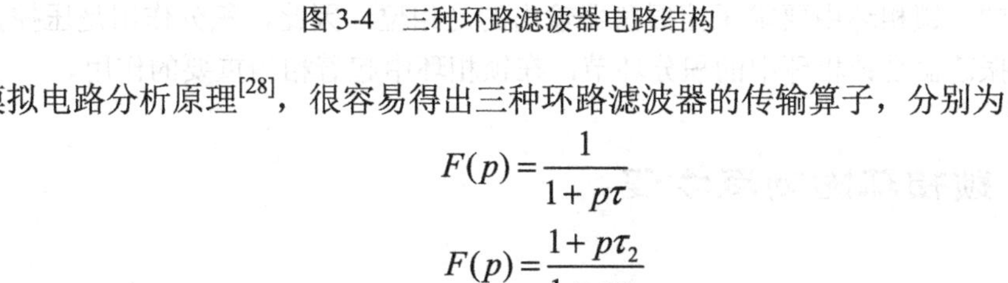

图 3-4　三种环路滤波器电路结构

根据模拟电路分析原理[28]，很容易得出三种环路滤波器的传输算子，分别为：

$$F(p) = \frac{1}{1 + p\tau} \tag{3-16}$$

$$F(p) = \frac{1 + p\tau_2}{1 + p\tau_1} \tag{3-17}$$

$$F(p) = -A\frac{1 + p\tau_2}{1 + p\tau_1} \tag{3-18}$$

式（3-16）为 RC 积分滤波器的传输算子，$\tau = RC$；式（3-17）为无源比例积分滤波器的传输算子，$\tau_1 = R_1 C$，$\tau_2 = R_2 C$；式（3-18）为有源比例积分滤波器的传输算子，$\tau_1 = (R_1 + AR_1 + R_2)C$，$\tau_2 = R_2 C$，$A$ 是运算放大器无反馈时的电压增益。对于有源比例积分滤波器，其中的运算放大器的增益 A 通常很高，则其传输算子可以近似为：

$$F(p) = -A\frac{1+p\tau_2}{1+p\tau_1} \approx -A\frac{1+p\tau_2}{1+pAR_1C} \approx -A\frac{1+p\tau_2}{pAR_1C} = -\frac{1+p\tau_2}{pR_1C} \tag{3-19}$$

式中，负号表示输出和输入电压之间的相位相反。如果锁相环原来工作在鉴相特性的正斜率处，那么加入有源比例积分滤波器之后，就可自动地工作到鉴相特性的负斜率处，其负号与有源比例积分滤波器的负号相抵消。因此，这个负号对锁相环的工作没有影响，分析时可以不考虑。有源比例积分滤波器的传输算子可近似为：

$$F(p) = -\frac{1+p\tau_2}{p\tau_1} \tag{3-20}$$

式中，$\tau_1 = R_1C$；传输算子的分母只有一个 p，故高增益的有源比例积分滤波器又称为理想积分滤波器，显然，A 越大就越接近理想积分滤波器。

3.2.3 压控振荡器

压控振荡器是一个电压-频率变换装置，在锁相环中作为被控振荡器，其振荡频率应随输入控制电压 $u_c(t)$ 线性地变化，即具有变换关系：

$$\omega_v(t) = \omega_0 + K_0u_c(t) \tag{3-21}$$

式中，$\omega_v(t)$ 是压控振荡器的瞬时角频率；K_0 为控制灵敏度，也称为增益系数，其单位是 $\text{rad/s}\cdot\text{V}$。在实际应用中，模拟压控振荡器的控制特性只有有限的线性控制范围，超出这个范围之外控制灵敏度将会下降。但对于数字频率控制振荡器来讲，其控制特性始终是线性的。

由于压控振荡器的输出反馈到了鉴相器上，对鉴相器输出误差电压 $u_d(t)$ 起作用的不是其频率，而是其相位，即：

$$\int_0^t \omega_v(\tau)\mathrm{d}\tau = \omega_0 t + K_0\int_0^t u_c(\tau)\mathrm{d}\tau \tag{3-22}$$

$$\theta_2(t) = K_0\int_0^t u_c(\tau)\mathrm{d}\tau = \frac{K_0}{p}u_c(t) \tag{3-23}$$

从式（3-23）可以看出，压控振荡器具有一个积分因子，这是由相位与角频率之间的积分关系形成的。锁相环中要求压控振荡器输出的是相位，因此，积分作用是压控振荡器所固有的。压控振荡器是锁相环中的积分环节，在锁相环中起着相当重要的作用。

3.3 锁相环的动态方程

3.3.1 非线性相位模型

前面介绍了锁相环的三个组成部分的模型，根据图 3-2 不难将这三个模型连接起来得到锁相环的相位模型，如图 3-5 所示。

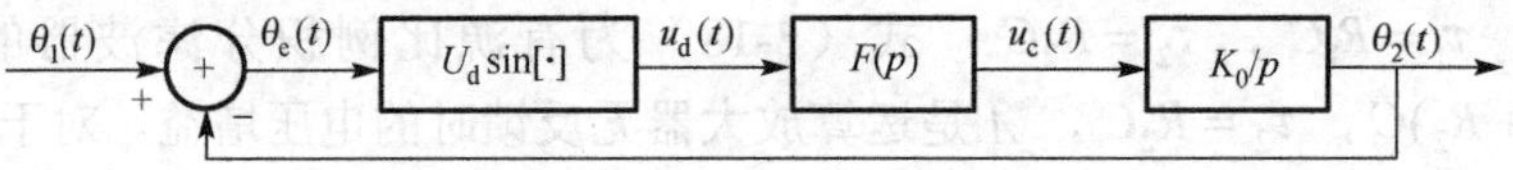

图 3-5 锁相环的相位模型

由图 3-5 可以明显看到，这是一个相位负反馈的差分控制系统。首先，输入相位 $\theta_1(t)$ 与输出相位 $\theta_2(t)$ 进行比较，得到误差相位 $\theta_e(t)$；接着，由误差相位产生误差电压 $u_d(t)$，误差电压经过环路滤波器 $F(p)$ 后得到控制电压 $u_c(t)$；最后，控制电压加到压控振荡器上使之产生频率偏移，从而跟踪输入信号频率 $\omega_i(t)$。若 $\omega_i(t)$ 为固定频率，则在 $u_c(t)$ 的作用下，$\omega_v(t)$ 向 $\omega_i(t)$ 靠拢，一旦两者相等时，若满足一定条件，锁相环就能稳定下来，从而实现锁定。锁定之后，被控的压控振荡器频率与输入信号频率相同，两者之间维持一定的稳态相差。

由图 3-5 可知，稳态相差是维持误差电压与控制电压所必需的。若没有这个稳态相差，控制电压就会消失，压控振荡器的振荡频率又会回到自由振荡频率 ω_0，锁相环就不能被锁定。再深入分析一下，如果输入信号与本地振荡频率相差越大，则稳态相差就会越大，这个结论也是成立的。而对于无线通信来讲，输入信号经过无线传输，不可避免地会产生多普勒频移等情况，与本地振荡器的频差较大，则稳态相差也会比较大。这样一来，利用锁相环岂不是难以恢复出与接收信号同频同相的载波信号吗？事实并非如此，在后面的分析中可以看到，对于一阶锁相环以及非理想二阶锁相环来讲（对应的环路滤波器为 RC 积分滤波器、无源比例积分滤波器），上述分析的结论是成立的；而对于理想二阶锁相环（对应的环路滤波器为有源比例积分滤波器，当运算放大器增益 A 很高时，为理想积分滤波器）来讲，当锁相环锁定时，稳态相差理论上为零。

根据图 3-5，很容易得出：

$$\theta_e(t)=\theta_1(t)-\theta_2(t) \tag{3-24}$$

$$\theta_2(t)=K_0U_d\frac{F(p)}{p}\sin\theta_e(t) \tag{3-25}$$

将式（3-24）代入式（3-25）可得：

$$p\theta_e(t)=p\theta_1(t)-K_0U_dF(p)\sin\theta_e(t) \tag{3-26}$$

令环路增益

$$K=K_0U_d \tag{3-27}$$

式中，U_d 是误差电压的最大值，它与 K_0 的乘积是压控振荡器的最大频差（环路滤波器为非高增益有源积分滤波器的情况除外）。故环路增益 K 的单位取决于 K_0 所用的单位。若 K_0 的单位为 $\text{rad/s}\cdot\text{V}$，则 K 的单位为 rad/s；若 K_0 的单位为 Hz/V，则 K 的单位为 Hz。

将式（3-27）代入式（3-26）可得：

$$p\theta_e(t)=p\theta_1(t)-KF(p)\sin\theta_e(t) \tag{3-28}$$

这就是锁相环路动态方程的一般形式。

根据 3.1 节的分析，锁相环对固定频率信号锁定后的频差为零，只通过一个稳态相差 $\theta_e(\infty)$ 来维持压控振荡器所需的控制电压。而此时的误差电压信号显然为直流信号，它经过环路滤波器之后，所得到的控制电压是直流电压。因此，从式（3-28）可求出稳态相差，即：

$$\theta_e(\infty)=\arcsin\frac{\Delta\omega_0}{KF(\text{j}0)} \tag{3-29}$$

由 3.2.2 节对环路滤波器的分析可知，对于三种不同的环路滤波器，可根据式（3-16）、式（3-17）和式（3-20）分别解出 $F(\text{j}0)$ 的值。RC 积分滤波器和无源比例积分滤波器的 $F(\text{j}0)=1$，理想积分滤波器的 $F(\text{j}0)=\infty$。将计算结果代入式（3-29）可得到前两种环路滤波器的稳态相差，即：

$$\theta_e(\infty) = \arcsin\frac{\Delta\omega_0}{K} \tag{3-30}$$

对于理想积分滤波器，其稳态相差显然为 0（当输入信号是频率斜升信号时，稳态相差为大于零的固定值），这也再次说明了理想积分滤波器的性能优势。同时需要注意的是，由于有源比例积分滤波器中的运算放大器增益 A 不可能为无穷大，因此，采用理想积分滤波器的锁相环在锁定后，稳态相差也仅是趋近于零，而不可能完全等于零。

式（3-28）是锁相环动态方程的一般形式，将环路滤波器的传输算子代入该式，可得到各种对应的锁相环动态方程。采用 RC 积分滤波器、无源比例积分滤波器、理想积分滤波器的锁相环动态方程分别如式（3-31）、式（3-32）和式（3-33）所示。

$$(p + p^2\tau_1)\theta_e(t) = (p + p^2\tau_1)\theta_1(t) - K\sin\theta_e(t) \tag{3-31}$$

$$(p + p^2\tau_1)\theta_e(t) = (p + p^2\tau_1)\theta_1(t) - K(1 + p\tau_2)\sin\theta_e(t) \tag{3-32}$$

$$p^2\tau_1\theta_e(t) = p^2\tau_1\theta_1(t) - K(1 + p\tau_2)\sin\theta_e(t) \tag{3-33}$$

由于上述三种环路滤波器都只有一个极点，传输算子是一阶的，故相应的锁相环动态方程都是二阶非线性微分方程。因此，这三种锁相环都称为二阶锁相环，这种锁相环的应用最为普遍。由于理想二阶锁相环的优良性能，故本书以理想二阶锁相环作为设计实例进行讨论。

3.3.2 线性相位模型

由上面的讨论可知，锁相环动态方程其实是一个高阶的非线性微分方程。前面的讨论并没有考虑噪声的影响，若进一步考虑噪声的影响，则需要用一个高阶非线性随机微分方程才能完整地描述锁相环的动态特性。严格求解这种方程几乎是不可能的，在工程应用中，通常需要结合实际需要，在不同的工作条件下对方程做合理的近似，以便求解有关的锁相环性能指标。

对于锁相环动态方程而言，当锁相环工作在同步状态时，瞬态相差 $\theta_e(t)$ 是很小的，此时鉴相器工作在如图 3-6 所示的鉴相特性的零点附近。

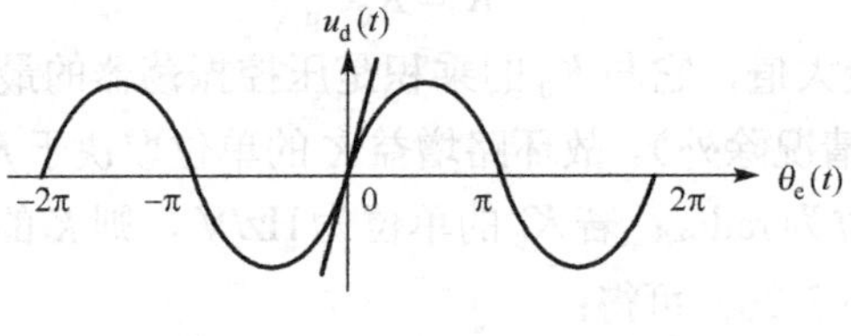

图 3-6　正弦形特性近似为线性特性

由图 3-6 可知，零点附近的特性曲线可以用一条斜率等于正弦波信号零点处斜率的直线来近似，这样并不会引起明显的误差，$\theta_e(t)$ 在±30° 之内的误差不大于 5%。由于

$$u_d(t) = U_d\sin\theta_e(t) \tag{3-34}$$

$$K_d = \left.\frac{\mathrm{d}u_d(t)}{\mathrm{d}\theta_e(t)}\right|_{\theta_e=0} = U_d\cos\theta_e(t)\big|_{\theta_e=0} = U_d(\mathrm{V/rad}) \tag{3-35}$$

可见，近似线性特性斜率 K_d 在数值上等于正弦形特性的最大输出电压 U_d。需要注意的是，两者所用的单位不同，K_d 的单位为 V/rad，U_d 的单位是 V。

用 $K_d\theta_e(t)$ 取代式（3-26）中的 $U_d\sin\theta_e(t)$，就得到了线性化动态方程，即：

$$p\theta_e(t) = p\theta_1(t) - K_0K_dF(p)\theta_e(t) \tag{3-36}$$

再令环路增益：

$$K = K_0 K_d \tag{3-37}$$

则锁相环的线性方程为：

$$p\theta_e(t) = p\theta_1(t) - KF(p)\theta_e(t) \tag{3-38}$$

3.3.3　锁相环的传递函数

前面讨论的锁相环动态方程是时域表达形式，不难导出其复频域表达形式，即：

$$s\theta_e(s) = s\theta_1(s) - KF(s)\theta_e(s) \tag{3-39}$$

式中，$\theta_e(s)$、$\theta_1(s)$ 分别为式（3-36）中 $\theta_e(t)$、$\theta_1(t)$ 的拉氏变换，$F(s)$ 为环路滤波器的传递函数。

众所周知，线性系统的传递函数定义为初始条件为零时，响应函数的拉氏变换与驱动函数的拉氏变换之比。当研究不同的响应函数时，可以得到不同的系统传递函数。

在锁相环反馈支路状态下，研究由输入相位 $\theta_1(t)$ 驱动引起的输出相位 $\theta_2(t)$ 的响应，应先讨论开环传递函数 $H_0(s)$。容易求得开环传递函数为：

$$H_0(s) = \left.\frac{\theta_2(s)}{\theta_1(s)}\right|_{\text{开环}} = K\frac{F(s)}{s} \tag{3-40}$$

然后在锁相环闭环的状态下，讨论闭环传递函数 $H(s)$。容易求得闭环传递函数为：

$$H(s) = \left.\frac{\theta_2(s)}{\theta_1(s)}\right|_{\text{闭环}} = \frac{KF(s)}{s + KF(s)} \tag{3-41}$$

接着在锁相环闭环的状态下，讨论误差传递函数 $H_e(s)$。容易求得误差传递函数为：

$$H_e(s) = \left.\frac{\theta_e(s)}{\theta_1(s)}\right|_{\text{闭环}} = \frac{s}{s + KF(s)} \tag{3-42}$$

将环路滤波器的传递函数代入式(3-42)，即可获取完整的锁相环传递函数。为了便于比较，将 RC 积分滤波器、无源比例积分滤波器和理想积分滤波器的锁相环传递函数列于表 3-1 中。

表 3-1　用时间常数表示的各种环路滤波器对应的锁相环传递函数

锁相环采用的滤波器 / 传递函数	RC 积分滤波器	无源比例积分滤波器	理想积分滤波器
$F(s)$	$\frac{1}{1+s\tau_1}$	$\frac{1+s\tau_2}{1+s\tau_1}$	$\frac{1+s\tau_2}{s\tau_1}$
$H_0(s)$	$\frac{\frac{K}{\tau_1}}{s^2+\frac{s}{\tau_1}}$	$\frac{K\left(\frac{1}{\tau_1}+s\frac{\tau_2}{\tau_1}\right)}{s^2+\frac{s}{\tau_1}}$	$\frac{s\frac{K\tau_2}{\tau_1}+\frac{K}{\tau_1}}{s^2}$
$H_e(s)$	$\frac{s^2+\frac{s}{\tau_1}}{s^2+\frac{s}{\tau_1}+\frac{K}{\tau_1}}$	$\frac{s^2+\frac{s}{\tau_1}}{s^2+s\left(\frac{1}{\tau_1}+K\frac{\tau_2}{\tau_1}\right)+\frac{K}{\tau_1}}$	$\frac{s^2}{s^2+s\frac{K\tau_2}{\tau_1}+\frac{K}{\tau_1}}$
$H(s)$	$\frac{\frac{K}{\tau_1}}{s^2+\frac{s}{\tau_1}+\frac{K}{\tau_1}}$	$\frac{s\frac{K\tau_2}{\tau_1}+\frac{K}{\tau_1}}{s^2+s\left(\frac{1}{\tau_1}+K\frac{\tau_2}{\tau_1}\right)+\frac{K}{\tau_1}}$	$\frac{s\frac{K\tau_2}{\tau_1}+\frac{K}{\tau_1}}{s^2+s\frac{K\tau_2}{\tau_1}+\frac{K}{\tau_1}}$

二阶锁相环经线性化之后成为一个二阶线性系统，它具有二阶线性系统的一般特点。有关二阶线性系统的电路分析十分成熟，且有很多分析结果可以参考借鉴[28]。二阶线性系统的响应在性质上可以是非振荡型的或振荡型的，通常使用无阻尼振荡频率ω_n（单位为rad/s）和阻尼系数ξ（无量纲）来描述系统的响应。采用这两个参数来描述系统响应有什么好处呢？举个简单的例子，如表3-1所示，锁相环传递函数均与时间常数τ_1、τ_2有关，在对锁相环的部件进行数字化时，时间常数与部件参数的转换就显得不够直接、方便，也不容易理解。数字化二阶锁相环的响应依然可以采用ω_n和ξ来描述，这样一来，模拟锁相环与数字锁相环之间的参数转换也更为直接，且易于理解。读者可以参考文献[13]来了解锁相环传递函数由时间常数表示转换成由ω_n和ξ来表示的详细推导过程，表3-2直接列出了由ω_n和ξ表示的各种环路滤波器对应锁相环的传递函数。

表3-2　各种环路滤波器对应锁相环的传递函数

锁相环采用的滤波器 / 传递函数	RC积分滤波器	无源比例积分滤波器	理想积分滤波器
ω_n	$\sqrt{\dfrac{K}{\tau_1}}$	$\sqrt{\dfrac{K}{\tau_1}}$	$\sqrt{\dfrac{K}{\tau_1}}$
ξ	$\dfrac{1}{2}\sqrt{\dfrac{1}{K\tau_1}}$	$\dfrac{1}{2}\sqrt{\dfrac{K}{\tau_1}}\left(\tau_2+\dfrac{1}{K}\right)$	$\dfrac{\tau_2}{2}\sqrt{\dfrac{K}{\tau_1}}$
$H_0(s)$	$\dfrac{\omega_n^2}{s^2+2\xi\omega_n s}$	$\dfrac{2\xi\omega_n s+\omega_n^2-s\dfrac{\omega_n^2}{K}}{s\left(s+\dfrac{\omega_n^2}{K}\right)}$	$\dfrac{2\xi\omega_n s+\omega_n^2}{s^2}$
$H_e(s)$	$\dfrac{s^2+2\xi\omega_n s}{s^2+2\xi\omega_n s+\omega_n^2}$	$\dfrac{s\left(s+\dfrac{\omega_n^2}{K}\right)}{s^2+2\xi\omega_n s+\omega_n^2}$	$\dfrac{s^2}{s^2+2\xi\omega_n s+\omega_n^2}$
$H(s)$	$\dfrac{\omega_n^2}{s^2+2\xi\omega_n s+\omega_n^2}$	$\dfrac{s\left(2\xi\omega_n-\dfrac{\omega_n^2}{K}\right)+\omega_n^2}{s^2+2\xi\omega_n s+\omega_n^2}$	$\dfrac{2\xi\omega_n s+\omega_n^2}{s^2+2\xi\omega_n s+\omega_n^2}$

3.4 锁相环的性能分析

3.4.1 暂态信号响应

当锁相环处于锁定状态时，其输出信号的频率与输入信号的频率相同，两者之间只有一个稳态相差。在此条件下，若输入信号发生相位或频率的变化（通常是由干扰或调制引起的），通过锁相环的控制作用，其输出信号，即压控振荡器的振荡频率和相位，会跟踪输入信号的变化。如果是理想的跟踪，则输出信号的频率和相位应当时刻与输入信号相同。其实不然，首先，锁相环有一个跟踪过程，也就是说锁相环在输入信号变化时，会出现一个暂态过程，存在暂态相差；其次，在锁相环到达稳态之后，根据输入信号形式的不同，稳态相差也会不同。

上述由于输入信号变化而引起的暂态相差和稳态相差的大小，是衡量锁相环线性跟踪性能好坏的重要标志，它们不仅与锁相环本身的参数有关，还与输入信号的变化形式有关。输入信号变化的形式是多种多样的，在分析锁相环的线性跟踪性能时，可以选择具有代表性的输入信号形式。这些典型信号不仅要反映复杂输入信号的某些基本特征，还要便于用来比较各种锁相环的线性跟踪性能。常用的输入信号有相位阶跃、频率阶跃和频率斜升三种。对固定频率的输入信号进行锁定的二阶锁相环来说，当出现暂态相位信号时，锁相环的跟踪将出现一个暂态过程，再进入稳定状态。只要在整个响应过程中，锁相环相差 $\theta_e(t)$ 比较小，没有超出鉴相器的线性工作区域，就可以将锁相环看成一个二阶线性系统。

从系统的角度来看，研究二阶锁相环对输入暂态信号的响应方法是：第一步写出输入信号的拉氏变换 $\theta_1(s)$；第二步写出环路的传递函数 $H(s)$ 或 $H_e(s)$；第三步将两者相乘得到输出量进行拉氏变换，如 $\theta_2(s)=\theta_1(s)H(s)$、$\theta_e(s)=\theta_1(s)H_e(s)$；第四步求输出量的拉氏变换的反变换，得到输出信号的时间函数。

研究二阶锁相环的暂态信号响应方法并不复杂，根据输入信号的模型推算输出信号的时间函数却比较烦琐，需要根据阻尼系数 ξ 的取值范围分别讨论。读者可以参考文献[1]了解相位阶跃、频率阶跃和频率斜升三种输入信号条件下，系统的输出响应时间函数。本节只给出这三种信号的时间函数，以及相应的系统输出响应曲线，并对结果进行简单分析，给出一些具有指导性的结论，作为工程设计的参考和依据。

第一种是相位阶跃信号，其时间函数及拉氏变换分别为：

$$\theta_1(t)=\Delta\theta u(t) \tag{3-43}$$

$$\theta_1(s)=\Delta\theta / s \tag{3-44}$$

第二种是频率阶跃信号，其时间函数及拉氏变换分别为：

$$\theta_1(t)=\Delta\omega t u(t) \tag{3-45}$$

$$\theta_1(s)=\Delta\theta / s^2 \tag{3-46}$$

第三种是频率斜升信号，其时间函数及拉氏变换分别为：

$$\theta_1(t)=\frac{1}{2}Rt^2u(t) \tag{3-47}$$

$$\theta_1(s)=R / s^3 \tag{3-48}$$

上述三种信号对应的输出响应曲线如图 3-7 所示，MATLAB 程序请参见本书配套资料中的“Chapter_3\E3_TransientResponse.m”。

由相位阶跃信号的误差响应曲线可以看出：在 $t=0$ 时，$\theta_e(0)=\Delta\theta$，误差为相差的最大值，所以输入相位阶跃量 $\Delta\theta$ 不应超过鉴相器的线性范围，对于正弦鉴相器来讲，要求 $\Delta\theta\leqslant\pi/6$。

由频率阶跃信号的误差响应曲线可以看出：

（1）对于给定的 $\Delta\omega/\omega_n$，ξ 越小，最大误差相位 θ_{emax} 越大，系统反应速度越慢，瞬态过程消失越快。为保证线性分析结果的正确性，要求 θ_{emax} 满足线性分析条件；在工程设计中，为兼顾系统反应速度及瞬态过程消失速度，通常选择 $\xi=0.707$。

（2）$\Delta\omega$ 越大，θ_{emax} 越大，为维持锁相环锁定，对 θ_{emax} 有一定限制，在系统参数确定的情况下，实际就是对频率阶跃量 $\Delta\omega$ 的限制。对于正弦鉴相器，维持锁相环锁定的最大频率阶跃量，不能直接从图中看出，当 $|\theta_e(t)|>\pi/6$ 时，锁相环为非线性跟踪，锁相环最大频率阶

跃量的精确求解要求解非线性方程，其相关问题将在 3.4.4 节中讨论。

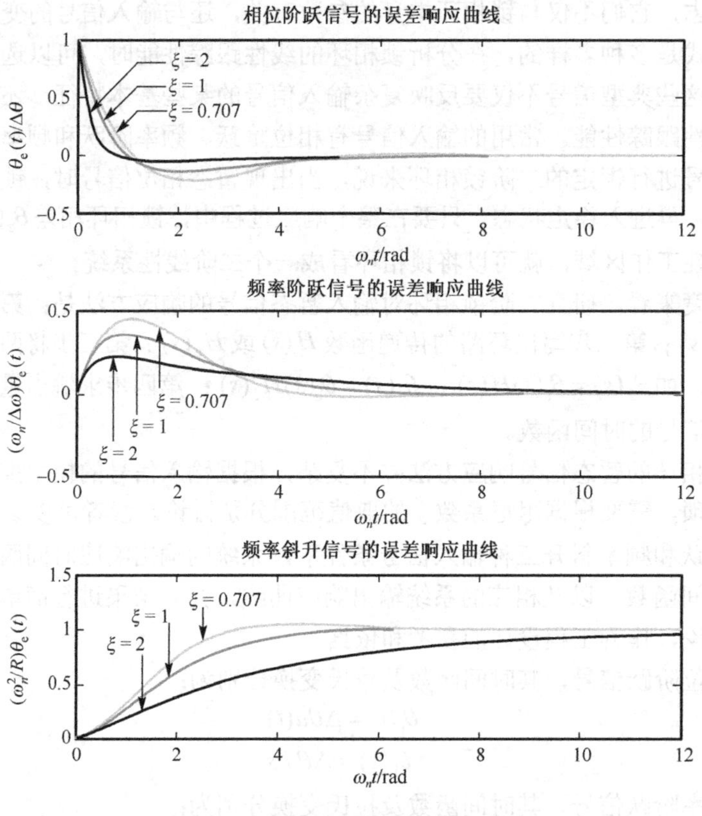

图 3-7　三种信号对应的输出响应曲线

由频率斜升信号的误差响应曲线可以看出：

（1）R 越大，$\theta_{\rm emax}$ 越大，为维持锁相环锁定，对 $\theta_{\rm emax}$ 有一定限制，实际就是对 R 的限制，求最大扫描速率 $R_{\max}$ 与上述求最大频率阶跃量类同，即需要精确求解非线性方程。

（2）当 $\xi=0.707$ 时，可以较好地兼顾响应曲线的反应速度及过冲大小。

3.4.2 锁相环的频率响应

由于理想二阶锁相环的性能明显优于其他二阶锁相环，且本书后续章节也将针对理想二阶锁相环的工程设计与实现展开讨论，因此，在讨论环路性能时只讨论理想二阶锁相环。读者在了解并熟悉理想二阶锁相环的性能分析后，可以根据系统传递函数，采用相同的方法来分析其他类型的二阶锁相环。

众所周知，将 $s={\rm j}\Omega$ 代入系统的传递函数，即可求得系统的频率响应特性。将 $s={\rm j}\Omega$ 代入理想二阶锁相环闭环传递函数中，可得：

$$H({\rm j}\Omega)=\frac{u_{\rm o}({\rm j}\Omega)}{u_{\rm i}({\rm j}\Omega)}=\frac{{\rm j}2\xi\omega_n\Omega+\omega_n^2}{-\Omega^2+{\rm j}2\xi\omega_n\Omega+\omega_n^2} \tag{3-49}$$

令

$$x = \frac{\Omega}{\omega_n} \tag{3-50}$$

作为相对参量，代入式（3-49）可得：

$$H(\mathrm{j}x) = \frac{u_\mathrm{o}(\mathrm{j}x)}{u_\mathrm{i}(\mathrm{j}x)} = \frac{1+\mathrm{j}2\xi x}{1-x^2+\mathrm{j}2\xi x} \tag{3-51}$$

可分别求出其幅度频率响应

$$\left|\frac{u_\mathrm{o}(\mathrm{j}x)}{u_\mathrm{i}(\mathrm{j}x)}\right| = \frac{\sqrt{1+4\xi^2x^2}}{\sqrt{(1-x^2)^2+4\xi^2x^2}} \tag{3-52}$$

和相位频率响应

$$\mathrm{Arg}\frac{u_\mathrm{o}(x)}{u_\mathrm{i}(x)} = -\arctan\frac{2\xi x^3}{1+(4\xi^2-1)x^2} \tag{3-53}$$

理想二阶锁相环频率响应特性曲线如图 3-8 所示，其 MATLAB 程序请参见本书配套资料中的“Chapter_3\E3_ CloseLoopFreqResponse.m”。

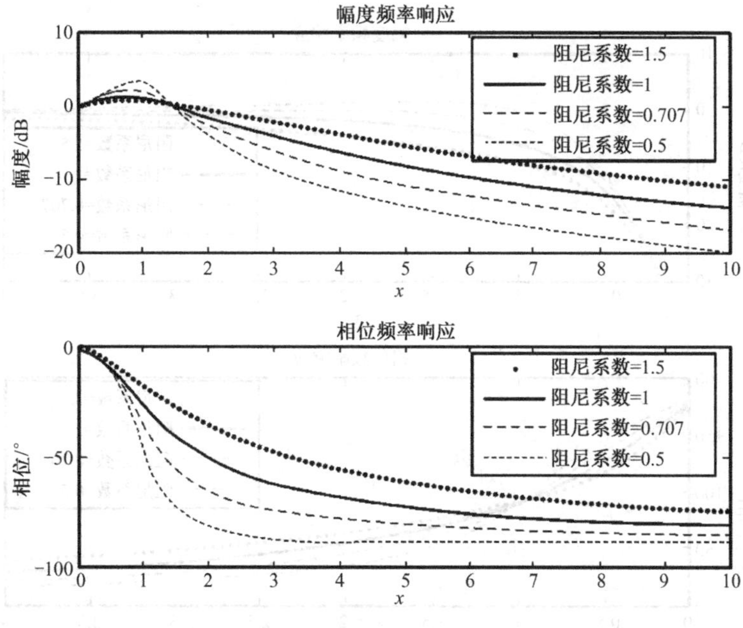

图 3-8　理想二阶锁相环频率响应特性曲线

由图 3-8 可见，理想二阶锁相环呈现低通特性。在 $\Omega < \omega_n$ 的频率范围内，对数幅度频率响应大于或等于 0 dB，有过冲，且阻尼系数 ξ 越小，过冲越大；在 $\Omega < \sqrt{2}\omega_n$ 处，对数幅度频率响应等于 0 dB；在 $\Omega > \sqrt{2}\omega_n$ 的频率范围内，对数幅度频率响应急剧下降，阻尼系数 ξ 越小，下降速度越快。

阻尼系数 ξ 对频率特性有着重要的影响。当阻尼系数 $\xi < 0.707$ 时，在高频段，对数幅度频率响应下降快，但在 $\Omega = \omega_n$ 附近过冲大，频率响应不够平坦；当阻尼系数 $\xi > 1$ 时，对数幅度频率响应较为平坦，但在高频段衰减速度慢。因此，在工程应用时，通常选取 $\xi = 0.707$，此时的频率特性相当于一个二阶巴特沃斯低通滤波器，且能较好地兼顾高频段衰减速度及过冲性能。阻尼系数ξ不仅对锁相环频率特性有着重要的影响，在后续讨论环路性能时还会发现，阻尼系数ξ的选取与锁相环噪声性能也存在密切关系。

采用类似的方法，容易求得理想二阶锁相环的误差频率响应，即：

$$H_e(jx)=\frac{-x^2}{1-x^2+j2\xi x} \tag{3-54}$$

可分别求出其幅度频率响应

$$|H_e(jx)|=\frac{x^2}{\sqrt{(1-x^2)^2+4\xi^2x^2}} \tag{3-55}$$

和相位频率响应

$$\text{Arg}H_e(jx)=\pi-\arctan\frac{2\xi x}{1-x^2} \tag{3-56}$$

理想二阶锁相环误差频率响应特性曲线如图3-9所示。其MATLAB程序请参见本书配套资料中的“Chapter_3\E3_ErrorFreqResponse.m”。由图3-9可见，理想二阶锁相环的误差频率响应呈高通特性。

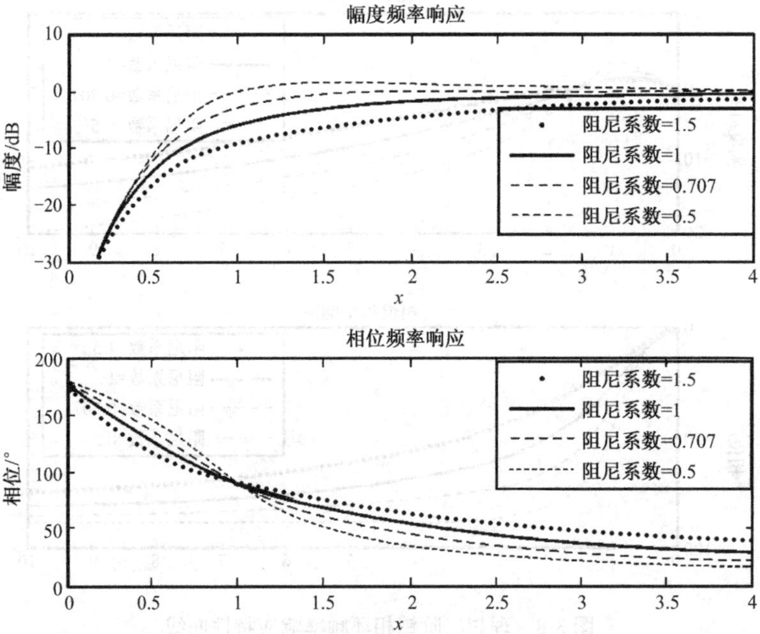

图3-9　理想二阶锁相环的误差频率响应特性曲线

综合以上对锁相环误差频率响应的讨论，可以得出一些基本结论：根据理想二阶锁相环误差频率响应的低通特性可知，只要输入信号的相位调制频率Ω低于自然角频率ω_n（严格地说是截止频率ω_c），那么锁相环就可以良好地传递相位调制，本地压控振荡器的输出相位$\theta_2(t)$就可以很好地跟踪输入相位$\theta_1(t)$的变化，且锁相环的误差相位$\theta_e(t)$很小；当相位调制频率Ω远高于自然角频率ω_n时，锁相环就不能传递相位调制，压控振荡器的输出相位$\theta_2(t)$就不能跟踪输入相位$\theta_1(t)$的变化，此时锁相环的误差相位$\theta_e(t)$几乎与输入相位一样不断变化，反映在误差频率响应上就是高通特性。

3.4.3　锁相环的稳定性

锁相环稳定是指存在干扰时，相差离开稳定平衡点，当干扰消失后又能回到原来的稳定平衡点或达到新的稳定平衡点的特性。

锁相环是一个负反馈控制系统，它一定存在是否稳定的问题。锁相环能否稳定地工作，不仅取决于本身的参数，还与外部干扰的强弱有关，这是非线性系统稳定性的特点。当锁相环处于同步状态下，且受弱干扰作用时，干扰所引起的相差起伏较小，这时可把锁相环看成线性系统。锁相环在同步状态下能稳定工作，是锁相环正常工作的前提。本节讨论锁相环在同步状态下线性化后的稳定性问题。

我们知道，锁相环线性化后就是一个线性系统，线性系统的稳定性只取决于系统闭环传递函数的极点在 S 平面中的位置，即线性系统稳定的充分必要条件为：系统闭环传递函数的所有极点都位于 S 平面的左半平面。判断线性系统稳定性有很多种方法，在工程上使用较多的是伯德（Bode）准则，这种方法既简单又方便，尤其是在不知道开环传递函数确切表达式的情况下，可用实验方法得到开环频率响应的伯德图，并据此判断闭环系统的稳定性。

1. 伯德准则

伯德准则是利用开环频率响应的伯德图来判断闭环系统稳定性的。负反馈系统闭环传递函数的特征方程为：

$$1+H_0(s)=0 \tag{3-57}$$

当特征根在 S 平面的虚轴上，即 $s=\mathrm{j}\Omega$ 时，闭环系统处于临界稳定，此时开环频率响应特性 $H_0(\mathrm{j}\Omega)=-1$，令

$$\begin{aligned} L(\Omega_\mathrm{T}) &= 20\lg|H_0(\mathrm{j}\Omega_\mathrm{T})| = 0\ \mathrm{dB} \\ \varphi(\Omega_\mathrm{K}) &= \mathrm{Arg}H_0(\mathrm{j}\Omega_\mathrm{K}) = -\pi \end{aligned} \tag{3-58}$$

式中，Ω_T、Ω_K 分别是锁相环的增益临界频率和相位临界频率。当 $\Omega_\mathrm{T}=\Omega_\mathrm{K}$ 时，锁相环处于临界稳定状态；当 $\Omega_\mathrm{T}>\Omega_\mathrm{K}$ 时，锁相环处于非稳定状态；当 $\Omega_\mathrm{T}<\Omega_\mathrm{K}$ 时，锁相环处于稳定状态。

在锁相环的实际应用中，不但要求稳定，而且还要求有一定的稳定裕量。稳定裕量分为相位裕量和增益裕量。

相位裕量是指在开环增益等于 0 dB 时，开环相移量与 $-\pi$ 的差值，用 γ 表示，即：

$$\gamma = \mathrm{Arg}H_0(\mathrm{j}\Omega_\mathrm{T})+\pi \tag{3-59}$$

其物理含义是，开环相移还可以增加 γ 度，锁相环才处于临界稳定状态。

增益裕量是指在开环相移达到 $-\pi$ 时，开环增益低于 0 dB 的 dB 数值，用 K_g 表示，即：

$$K_\mathrm{g} = -20\lg|H_0(\mathrm{j}\Omega_\mathrm{K})| \tag{3-60}$$

其物理含义是，开环增益还可以增加 K_g dB，锁相环才处于临界稳定状态。

相位裕量和增益裕量反映了锁相环的稳定程度，其值越大，稳定性越好。工程上为了确保锁相环稳定，通常要求增益裕量 $K_\mathrm{g} \geqslant 6$ dB，相位裕量 γ=30°～60°。稳定的锁相环及不稳定的锁相环的开环伯德图如图 3-10 和图 3-11 所示。

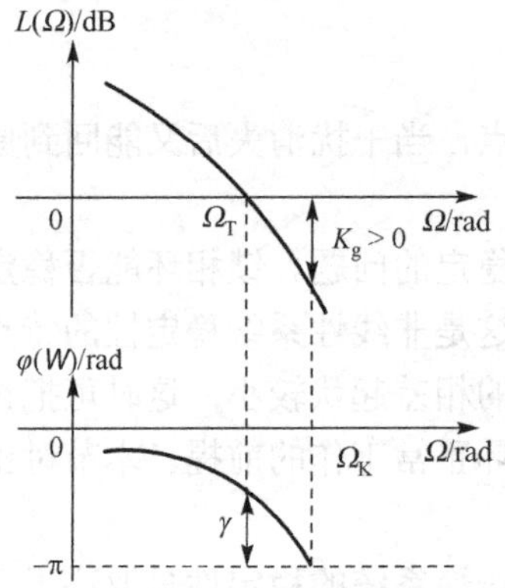

图 3-10　稳定的锁相环的开环伯德图

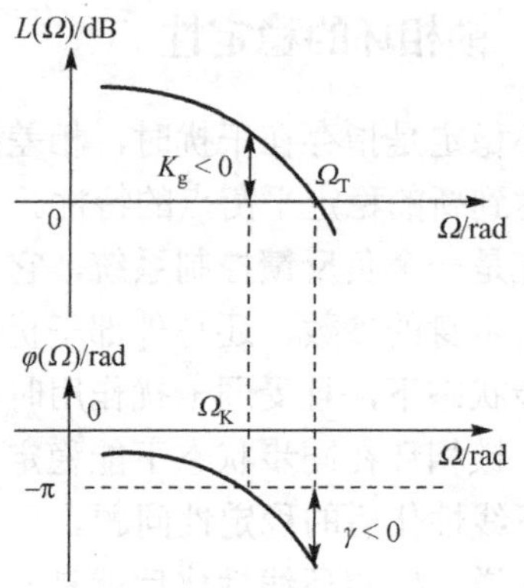

图 3-11　不稳定的锁相环的开环伯德图

2．理想二阶锁相环的稳定性

根据以上的分析可知，理想二阶锁相环的开环频率响应为：

$$H_0(\mathrm{j}\Omega)=\frac{K(1+\mathrm{j}\Omega\tau_2)}{(\mathrm{j}\Omega)^2\tau_1} \tag{3-61}$$

则

$$L(\Omega)=20\lg\frac{K}{\tau_1}+20\lg\sqrt{1+(\Omega\tau_2)^2}-40\lg\Omega \tag{3-62}$$

$$\varphi(\Omega)=\arctan(\Omega\tau_2)-\pi \tag{3-63}$$

由式（3-63）可知，$\varphi(\Omega)\geqslant-\pi$，因此理想二阶锁相环是一个无条件稳定系统。但在工程应用中，锁相环不可避免地会因为各种原因产生寄生相移，因此在设计时，必须留有相位裕量。根据相位裕量的定义，容易得到理想二阶锁相环的相位裕量计算公式

$$\gamma=\pi+\varphi(\Omega_{\mathrm{T}})=\arctan(\Omega_T\tau_2)=\arctan\frac{K\tau_2^2}{\tau_1}=\arctan(4\xi^2) \tag{3-64}$$

当 $\xi=0.707$ 时，$\gamma=63.428°$ 。

3.4.4　非线性跟踪性能

前面的分析都假设在跟踪过程中，锁相环的 $\theta_{\mathrm{e}}(t)$ 始终很小，锁相环工作在正弦形特性的工作区域，因此可将原来的非线性锁相环动态方程线性化，用线性系统的传递函数来求解锁相环的时域响应和频域响应。实际上，如果跟踪过程中锁相环的 $\theta_{\mathrm{e}}(t)$ 比较大，前面的线性化分析就会带来比较大的误差。如果 $\theta_{\mathrm{e}}(t)$ 进一步加大，直至锁相环失锁，线性化的分析方法就不再适用了，这就涉及锁相环的非线性跟踪问题。在非线性跟踪状态下，锁相环的稳态相差、暂态响应、频率响应等都与线性跟踪状态有所不同。通过求解非线性微分方程来分析非线性跟踪状态的性能是十分困难的，本节仅就其中的几个问题做一简单介绍。

1．锁定时的稳态相差

我们知道，在锁相环锁定时，瞬时频差为零。对于正弦形特性的锁相环，在锁定时，有：

$$p\theta_1(t)=KF(p)\sin\theta_e(\infty) \tag{3-65}$$

在确定 $\theta_1(t)$ 和环路滤波器 $F(p)$ 的情况下，由式（3-65）可求得非线性跟踪状态下锁相环的稳态相差 $\theta_e(\infty)$。锁相环锁定的稳态相差与输入信号的类型有关，下面分别对前面介绍的三种输入信号的稳态相差进行讨论。

当输入信号为相位阶跃信号时，$\theta_1(t)=\Delta\theta u(t)$，$p\theta_1(t)=0$。对于理想二阶锁相环，有：

$$F(p)=\frac{1+p\tau_2}{p\tau_1} \tag{3-66}$$

将式（3-66）代入式（3-65），可得：

$$(1+p\tau_2)K\sin\theta_e(\infty)=0 \tag{3-67}$$

解得 $\theta_e(\infty)=0$。

当输入信号为频率阶跃信号时，$\theta_1(t)=\Delta\omega_0 t$，$p\theta_1(t)=\Delta\omega_0$。对于理想二阶锁相环，将传输算子及频率阶跃信号模型代入式（3-65），可得：

$$(1+p\tau_2)K\sin\theta_e(\infty)=\Delta\omega_0 p\tau_1=0 \tag{3-68}$$

解得 $\theta_e(\infty)=0$。

当输入信号为频率斜升信号时，$\theta_1(t)=\frac{1}{2}Rt^2$，$p\theta_1(t)=Rt$。对于理想二阶锁相环，将传输算子及频率斜升信号模型代入式（3-65），可得：

$$(1+p\tau_2)K\sin\theta_e(\infty)=pRt\tau_1=\tau_1 R \tag{3-69}$$

解得 $\theta_e(\infty)=\arcsin\frac{\tau_1 R}{K}=\arcsin\frac{R}{\omega_n^2}$。也就是说，对于频率斜升信号，锁相环锁定后的稳态相差为一固定值，由频率变化速率及锁相环自然角频率决定。

2. 最大频率阶跃量

从线性跟踪的暂态响应分析可知，在输入信号为频率阶跃信号时，若频率阶跃 $\Delta\omega$ 较大，则 $\theta_{e\max}$ 也较大。为了维持锁相环锁定，对 $\theta_{e\max}$ 的限制，在锁相环参数确定的情况下，实际就是对频率阶跃量 $\Delta\omega$ 的限制。究竟允许多大的频率阶跃量才能保证锁相环不失锁，这就是最大频率阶跃量的含义，用 $\Delta\omega_{po}$ 表示。对于正弦形特性的锁相环，要想精确求出最大频率阶跃量，就要求计算非线性动态方程，这是很困难的。工程上常用近似算法，对于理想二阶锁相环，有：

$$\Delta\omega_{po}=1.8\omega_n(1+\xi),\qquad 0.5<\xi<1.4 \tag{3-70}$$

由式（3-70）可知，当 $\xi=0.707$ 时，$\Delta\omega_{po}=3.7026\omega_n$。

3. 最大同步扫描速率

最大同步扫描速率是指当锁相环的输入信号为频率斜升信号时，能够维持锁相环锁定的最大扫描速率。由式（3-63）可知，当具有正弦形特性的理想二阶锁相环跟踪频率斜升信号时，其稳态相差与扫描速率 R 密切相关。当扫描速率 $R<\omega_n^2/2$ 时，锁相环可近似为线性跟踪；当扫描速率 $\omega_n^2>R>\omega_n^2/2$ 时，锁相环可近似为非线性跟踪；若 $R>\omega_n^2$，式（3-63）无解，意味着锁相环失锁。因此，理想二阶锁相环的最大同步扫描速率 $R_{\max}=\omega_n^2$。

4．同步带

锁相环在锁定条件下，可缓慢地增加固有频差，直到锁相环失锁为止。把能够维持锁相环锁定的最大固有频差称为同步带，用$\Delta\omega_{\mathrm{H}}$表示，$2\Delta\omega_{\mathrm{H}}$称为同步范围。当锁相环锁定时，瞬时频差等于零，控制电压为直流。对于正弦形特性的锁相环，有$\Delta\omega_0 = KF(\mathrm{j}0)\sin\theta_{\mathrm{e}}(\infty)$，显然，当$\theta_{\mathrm{e}}(\infty)=\pi/2$时，得到维持锁相环锁定的最大固有频差，即同步带为：

$$\Delta\omega_{\mathrm{H}} = KF(\mathrm{j}0) \tag{3-71}$$

对于理想二阶锁相环，$F(\mathrm{j}0)=\infty$，故$\Delta\omega_{\mathrm{H}}=\infty$。当然，这只是理论值。事实上，压控振荡器的频率变化范围和控制电压都是有限的，同步范围不可能超过振荡器的频率变化范围。

3.4.5 锁相环的捕获性能

如前所述，在输入信号频率固定的情况下，固有频差$\Delta\omega_0$必须满足一定的限制条件，理想二阶锁相环才能进入锁定状态。我们把保证锁相环进入锁定的最大固有频差称为捕获带。理想二阶锁相环的捕获全过程包含频率捕获与相位捕获两个过程，通常又把保证锁相环只有相位捕获一个过程的最大固有频差称为快捕带，频率捕获过程所需要的时间称为频率捕获时间（或频率牵引时间），相位捕获过程所需要的时间称为快捕时间（或相位捕获时间）。通常频率捕获时间远大于相位捕获时间，所以通常所说的捕获时间都是指频率捕获时间，而不考虑相位捕获时间的影响。但在频率捕获时间很短或要求快速相位捕获的情况下，计算相位捕获时间也是必要的。

捕获带和捕获时间的精确分析必须严格求解锁相环非线性微分方程，这在工程实现上是非常困难的，但可以通过近似的方法，取得一些工程应用上有意义的结果。

1．快捕带与快捕时间

在锁相环失锁状态下，鉴相器的输出是一个差拍电压。由于环路滤波器可以使差拍电压按比例衰减，从而使控制电压减小。这样，对于理想二阶锁相环来说，其高频增益为：

$$K_{\mathrm{H}} = K_{\mathrm{d}}K_0\frac{\tau_2}{\tau_1} = K\frac{\tau_2}{\tau_1} \tag{3-72}$$

因此，在锁相环处于失锁状态下，$\Delta\omega_{\mathrm{c}} = K\dfrac{\tau_2}{\tau_1}$。如果固有频差$\Delta\omega_0 \leqslant \Delta\omega_{\mathrm{c}}$，则锁相环的相差可以不经周期跳越而快速被捕获锁定，故快捕带$\Delta\omega_{\mathrm{L}}$为：

$$\Delta\omega_{\mathrm{L}} = \Delta\omega_{\mathrm{c}} = K\frac{\tau_2}{\tau_1} = 2\xi\omega_n \tag{3-73}$$

快捕时间T_{L}受初始相差的影响很大，精确计算比较困难，具有正弦形特性的理想二阶锁相环的最大快捕时间为：

$$T_{\mathrm{L}} \approx \frac{10\tau_1}{K\tau_2} = \frac{5}{\xi\omega_n} \tag{3-74}$$

快捕时间可作为一个粗略的工程估算。

2. 捕获带与捕获时间

如前所述，捕获带是保证锁相环必然进入锁定状态的最大固有频差。换句话说，也就是保证锁相环不出现稳定的差拍状态所允许的最大固有频差。基于这种考虑，使用准线性近似的方法可求得捕获带的一般表达式，即：

$$\Delta\omega_{\mathrm{p}} = K\sqrt{2\,\mathrm{Re}\left[F\left(\mathrm{j}\frac{\Delta\omega_{\mathrm{p}}}{2}\right)\right]F(\mathrm{j}0)} \tag{3-75}$$

式（3-75）适用于正弦形特性的锁相环，而环路滤波器可以是任意形式和阶次的。因此，式（3-75）是目前计算捕获带的通用公式，甚至在不知道环路滤波器频率特性的情况下，只要能测出 $2\,\mathrm{Re}[F(\mathrm{j}\Delta\omega)]$ 曲线，也可以用作图或数值计算的方法来求解捕获带。当环路滤波器的阶次增高时，式（3-75）是一个高阶代数方程，因此，从这个角度来看，准线性近似的方法把求解高阶非线性微分方程简化为求解高阶代数方程，使问题易于解决，便于工程应用。

对于理想二阶锁相环，根据环路滤波器的传输函数表达式可得：

$$\mathrm{Re}\left[F\left(\mathrm{j}\frac{\Delta\omega_{\mathrm{p}}}{2}\right)\right] = \frac{\tau_1\tau_2(\Delta\omega_{\mathrm{p}}/2)^2}{\tau_1^2(\Delta\omega_{\mathrm{p}}/2)^2} = \frac{\tau_2}{\tau_1} \tag{3-76}$$

将式（3-76）代入式（3-75），可得到理想二阶锁相环的捕获带 $\Delta\omega_{\mathrm{p}} = \infty$ 。

3.4.6 锁相环的噪声性能

无论锁相环工作在哪种应用场合，都不可避免地会受到噪声与干扰的影响。噪声与干扰的影响必然会增加锁相环的捕获困难，降低跟踪性能，使锁相环输出相位产生随机抖动。若锁相环用于频率合成信号源，则输出频谱不纯、短期频率稳定度差；若锁相环用于调制解调器，则输出信噪比下降。较强的干扰与噪声还会使锁相环发生跳周与失锁的概率加大，以至于出现门限效应，因此，分析噪声与干扰对锁相环性能的影响是必要的，对工程上进行锁相环的优化设计与性能估算来讲是不可缺少的。

由于噪声与干扰的随机性，在噪声与干扰作用下锁相环动态方程是多个随机函数驱动的非线性随机微分方程，在数学上目前还无法处理。但在工程上，可以使用近似处理的方法，得到一些对工程应用十分有意义的结果。即使采用近似的分析方法来处理，对锁相环的噪声性能分析依然十分烦琐[13]，本节只对一些工程上常用的概念以及参数计算方法进行简单介绍。

根据 3.4.4 节的讨论可知，对于理想二阶锁相环，其锁定后的稳态相差为零或者一个固定的常数。当锁相环中存在噪声或干扰时，显然稳态相差也会变化，且只能用统计特性来描述。常用的描述参数是相位噪声方差，它可以反映锁相环锁定后的相位抖动情况。对于锁相环来讲，最常见的噪声是输入端叠加的高斯白噪声信号，因此获取在高斯白噪声输入信号条件下的输出相位方差 $\sigma_{\theta\mathrm{ne}}$ 具有重要的工程应用意义。

$$\sigma_{\theta\mathrm{ne}} = \frac{2N_0B_{\mathrm{L}}}{U_{\mathrm{i}}^2} \tag{3-77}$$

式中，N_0 为输入端高斯白噪声的功率谱密度；B_{L} 为接下来要介绍的单边噪声带宽。

$$B_{\mathrm{L}}=\int_0^{\infty}\left|H(\mathrm{j}2\pi F)\right|^2\mathrm{d}F\ (\mathrm{Hz}) \tag{3-78}$$

B_{L}的大小可以很好地反映锁相环对输入噪声的滤除能力。B_{L}越小，$\sigma_{\theta ne}$也越小，说明锁相环对噪声的滤除能力越强。式（3-78）显然无法应用于工程估计，对于不同的环路滤波器，B_{L}的计算方法不同，而对于理想二阶锁相环，有：

$$B_{\mathrm{L}}=\frac{\omega_n}{8\xi}(1+4\xi^2) \tag{3-79}$$

必须注意的是，式（3-79）中ω_n的单位为 rad/s，而B_{L}的单位为 Hz。如果ω_n也采用 Hz 作为单位，那么式（3-79）需要乘以2π。

从式（3-79）可知，B_{L}可以完全用锁相环的固有振荡频率ω_n和阻尼系数ξ来表示，我们可以很容易地根据式（3-79）画出B_{L}/ω_n与ξ的曲线图，如图 3-12 所示，由图可见，在高斯白噪声的作用下，理想二阶锁相环的B_{L}有一最小值$B_{\mathrm{L\,min}}=0.5\omega_n$，此时$\xi=0.5$。因此，从抑制噪声的角度来说，选择$\xi=0.5$为最佳。但考虑到暂态响应不宜太长（参见 3.4.1 节的内容），取$\xi=0.707$，此时$B_{\mathrm{L}}=0.53\omega_n$，与最小值也差不多。在$0.25<\xi<1$的范围内，$B_{\mathrm{L}}$不会超过其最小值的 25%，通常这也是$\xi$可供选择的范围。

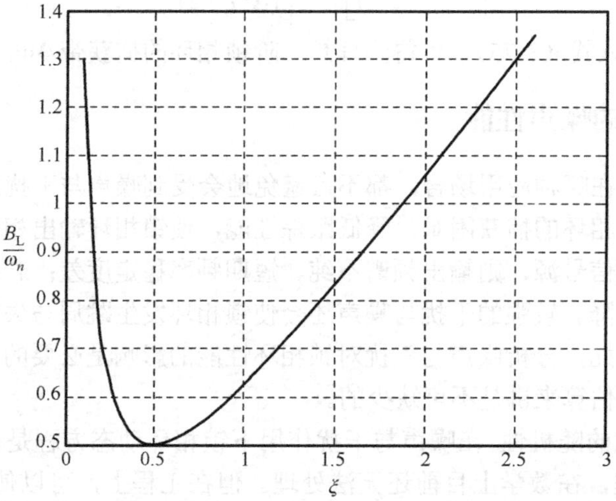

图 3-12　理想二阶锁相环的单边噪声带宽与阻尼系数的关系曲线

在通信系统中，通常用信噪比的概念来衡量信号的质量。对于理想二阶锁相环来说，同样可以利用信噪比来衡量其工作质量，并且以此作为在噪声作用下锁相环是否能够正常锁定的设计依据。在定义锁相环信噪比之前，先看看锁相环输入信噪比$(S/N)_{\mathrm{i}}$。输入信噪比是指输入信号载波功率与通过锁相环前置带宽B_{i}的噪声功率N_0B_{i}之比，即：

$$(S/N)_{\mathrm{i}}=\frac{U_{\mathrm{i}}^2}{2N_0B_{\mathrm{i}}} \tag{3-80}$$

显然，输入信噪比$(S/N)_{\mathrm{i}}$的物理含义是清楚的，它呈现在输入端，可以被测量和估计。按照前面分析可知，输入噪声对输出噪声相位方差起作用的仅仅是处于输入信号中心频率附近$\pm B_{\mathrm{i}}$宽度内的那部分噪声，其余噪声皆被环路滤波器滤除了。因此，可以定义一个锁相环信噪比来反映锁相环对噪声的抑制能力，用$(S/N)_{\mathrm{L}}$来表示，其定义为锁相环输入端的信号功率与可通过单边噪声带宽 B_L 的噪声功率 N_0B_L 之比，即：

$$(S/N)_L = \frac{U_i^2}{2N_0B_L} \tag{3-81}$$

根据式（3-77）、式（3-80）和式（3-81），容易得到：

$$(S/N)_L = 1/\sigma_{\theta ne}^2 \tag{3-82}$$

$$(S/N)_L = (S/N)_i \frac{B_i}{B_L} \tag{3-83}$$

由上述讨论可知，锁相环的信噪比直接决定了锁定后的相位抖动大小。实际上，只有当 $(S/N)_L$ 大于一定的值，锁相环才能够正常锁定。准线性分析结果表明[13]，当

$$(S/N)_L \geqslant 6\ \text{dB}, \qquad \sigma_{\theta ne} \leqslant 0.3\ \text{rad}^2 \tag{3-84}$$

时，可以保证锁相环正常工作。

在本书后续章节讨论数字通信同步技术的 FPGA 实现时，读者会发现，在工程应用中，式（3-79）、式（3-82）、式（3-83）和式（3-84）正是设计噪声性能参数的重要依据。

3.5 锁相环的应用

3.5.1 锁相环的两种跟踪状态

根据 3.4.2 节的分析可知，在线性分析条件下，锁相环的闭环频率响应为低通特性，锁相环对输入信号相位谱有过滤作用。设锁相环输入信号 $u_i(t) = U_i \sin[\omega_0 t + \theta_1(t)]$，其中 $\theta_1(t)$ 为非单频信号，其幅度谱 Ω_1 的范围为 $\Omega_L < \Omega_1 < \Omega_H$。只有当 Ω_1 全部落在锁相环的闭环频率响应通带之内（参见图 3-8），输出相位 $\theta_2(t)$ 才能跟踪 $\theta_1(t)$ 的变化。根据 $\theta_2(t)$ 对 $\theta_1(t)$ 的跟踪特性，可将锁相环的跟踪分为载波跟踪和调制跟踪两种跟踪状态。

1．载波跟踪

当 $\theta_1(t)$ 的频谱落在锁相环误差频率响应的通带内、闭环频率响应的通带外，即当 $\Omega_L > \omega_c$ 时，有：

$$\begin{aligned} &\theta_e(j\Omega) = H_e(j\Omega)\theta_1(j\Omega) \approx \theta_1(j\Omega) \\ &\theta_e(t) \approx \theta_1(t), \qquad \theta_2(t) \approx 0 \end{aligned} \tag{3-85}$$

此时，$\theta_2(t)$ 不跟踪 $\theta_1(t)$ 的变化，锁相环只跟踪载波的变化，所以压控振荡器输出的是一个未调制的载波，锁相环的这种跟踪状态称为载波跟踪。工作于载波跟踪状态下的锁相环称为载波跟踪环（同步环）。载波同步环的特点是带宽很窄，锁相环只跟踪载波变化，不跟踪调制信号变化，这种锁相环可用于提取淹没在噪声中的载波信号。

2．调制跟踪

当 $\theta_1(t)$ 的频谱落在锁相环误差频率响应的通带外、闭环频率响应的通带内，即当 $\Omega_H \leqslant \omega_c$ 时，有：

$$\theta_2(\mathrm{j}\Omega)=H(\mathrm{j}\Omega)\theta_1(\mathrm{j}\Omega)\approx\theta_1(\mathrm{j}\Omega)$$
$$\theta_2(t)\approx\theta_1(t),\quad \theta_e(t)\approx 0 \tag{3-86}$$

此时，$\theta_2(t)$ 能跟踪 $\theta_1(t)$ 的变化，输出信号相位完全跟踪输入信号相位的变化。锁相环不仅可跟踪载波变化，也可跟踪由调制信号引起的相位变化，锁相环的这种跟踪状态称为调制跟踪状态，工作在调制跟踪状态下的锁相环称为调制同步环。调制同步环的带宽较宽，为了跟踪调制相位，锁相环对载波的跟踪范围要小于同步范围。在大多数工程应用中，载波的跟踪范围近似为锁相环的快捕范围。

3.5.2 调频解调器

设锁相环输入调频信号为：

$$u_i(t)=U_i\sin\left[\omega_0 t+\int_0^t\cos(\Omega\tau+\theta_1)\,\mathrm{d}\tau\right] \tag{3-87}$$

调制信号 $m(t)=\cos(\Omega t+\theta_1)$，输入相位 $\theta_1(t)=\dfrac{m(t)}{p}$。当锁相环工作在调制跟踪状态时，$\theta_1(t)$ 的频谱全部落在闭环频率响应的通带内，由 $\theta_2(t)\approx\theta_1(t)$、$\theta_2(t)=\dfrac{K_0}{p}u_c(t)$ 可得：

$$u_c(t)=\frac{p}{K_0}\theta_2(t)\approx\frac{1}{K_0}m(t) \tag{3-88}$$

$u_c(t)$ 反映了输入信号的调制信息，当锁相环工作在调制跟踪状态时，环路滤波器的输出电压 $u_c(t)$ 可作为解调输出，其结构如图 3-13 所示。

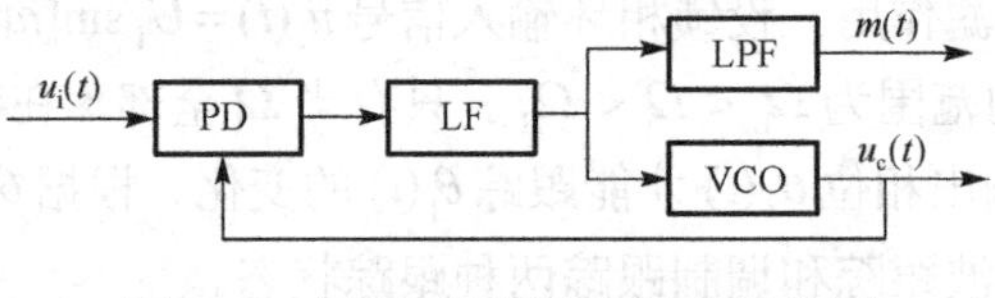

图 3-13 锁相环解调调频信号结构图

当锁相环工作在调制跟踪状态时，输出相位完全跟踪了输入相位的变化，$\theta_2(t)\approx\theta_1(t)$，$\theta_e(t)=0$，输入信号的调制指数对锁相环的线性分析没有影响。

3.5.3 调相解调器

设锁相环输入调相信号为：

$$u_i(t)=U_i\sin\left[\omega_0 t+\Delta\theta\cos(\Omega t+\theta_i)\right] \tag{3-89}$$

调制信号 $m(t)=\Delta\theta\cos(\Omega t+\theta_i)$，输入相位 $\theta_1(t)=m(t)$。当锁相环工作在载波跟踪状态时，$\omega_c<\Omega$，$\theta_1(t)$ 的频谱全部落在闭环频率响应的通带之外，即误差频率响应的通带之内。由 $\theta_e(\mathrm{j}\Omega)=H_e(\mathrm{j}\Omega)\theta_1(\mathrm{j}\Omega)$ 可得，$\theta_e(t)\approx\theta_1(t)$，相差反映了输入相位变化。

$$u_d(t)=K_d\theta_e(t)\approx K_d\theta_1(t)=K_d m(t) \tag{3-90}$$

只要锁相环满足线性分析条件，就可以从鉴相器的输出端解调出调相信号，其结构如图 3-14 所示。

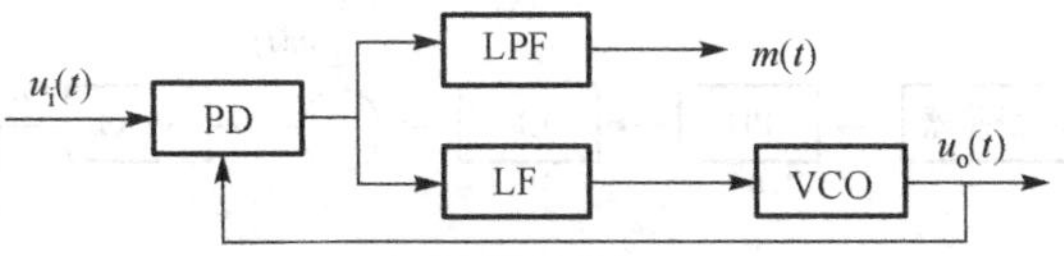

图 3-14 锁相环解调调相信号结构图

由于锁相环工作在载波跟踪状态下，有 $\theta_e(t)\approx\theta_1(t)$ 、$\theta_2(t)\approx 0$ 。为了满足锁相环线性分析，输入调相信号的调制指数应小于 1，即要求$\Delta\theta<1$。对于调制指数大于 1 的调相信号，可先将调相信号当成调频信号来解调，再对解调出的信号进行积分来得到调相信号。

3.5.4 调幅信号的相干解调

对于含有载波频率分量的调幅信号，用锁相环解调的结构如图 3-15 所示。

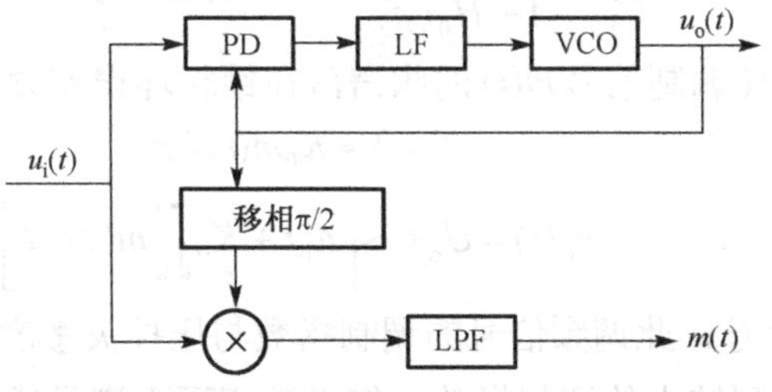

图 3-15 使用锁相环解调包含载波频率分量的调幅信号的结构

设锁相环的输入调幅信号为：

$$u_i(t)=m(t)\sin(\omega_i t+\theta_i) \tag{3-91}$$

式中，$m(t)=\overline{m}(t)+m'(t)$ 为调制信号，其中 $\overline{m}(t)$ 为 $m(t)$ 的均值，$m'(t)$ 为 $m(t)$ 的交流成分。当 $\overline{m}(t)\neq 0$ 时，$u_i(t)$ 中含有载波频率分量 $\omega_i(t)$。

设 VCO 输出信号为：

$$u_o(t)=U_o\cos[\omega_0 t+\theta_2(t)] \tag{3-92}$$

对于正弦形特性的锁相环，鉴相器的输出误差电压为：

$$u_d(t)=\frac{1}{2}K_m\overline{m}(t)U_o\sin\theta_e(t)+\frac{1}{2}K_m m'(t)U_o\sin\theta_e(t) \tag{3-93}$$

式（3-93）右边的第二项是交流电压，对锁相环锁定不利，应将环路滤波器的带宽设计得很窄，使第二项不能通过环路滤波器；第一项是锁相环的误差电压，可以使锁相环进入锁定状态，锁相环一旦锁定，将 VCO 的输出信号移相 $\pi/2$ 后就可得到相干载波。

3.5.5 锁相调频器

一般情况下，压控振荡器可以直接作为调频器，但为了得到高稳定性的载波调频信号，可以用锁相调频器，它可使载波频率锁定在高稳定性的晶体振荡器的频率上。锁相调频器的结构如图 3-16 所示。

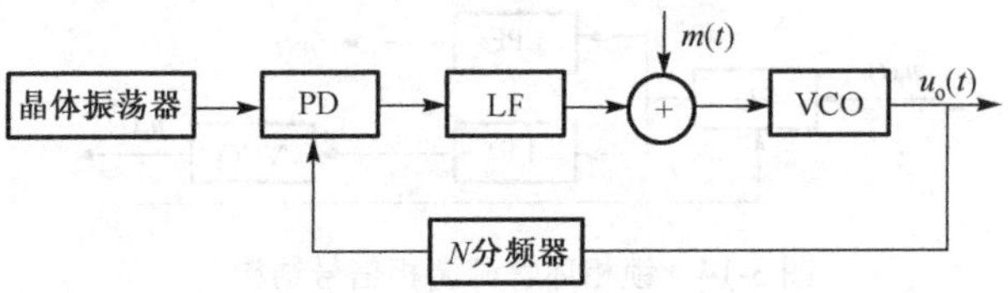

图 3-16　锁相调频器的结构

在未加调制信号时，环路锁定在高稳定性的晶体振荡器频率上，设晶体振荡器的振荡角频率为ω_0，锁相环锁定载波频率后，可令$\theta_1(t)=0$。当加入调制信号$m(t)$时，根据锁相环的相位模型可知［对比图 3-5，用$u_{cf}(t)=u_c(t)+m(t)$代替$u_c(t)$，且令$\theta_1(t)=0$］由$m(t)$引起的输出相位为：

$$\theta_2(t)=\frac{K_0/p}{1+H_0(p)}m(t)=H_e(p)K_0m(t)/p \tag{3-94}$$

设计锁相环的带宽，使调制信号$m(t)$的频谱落在锁相环误差频率响应的通带内，故有：

$$\theta_2(t)\approx K_0m(t)/p \tag{3-95}$$

$$u_o(t)=U_o\cos\left[\omega_0t+K_0\int_0^t m(\tau)\mathrm{d}\tau\right] \tag{3-96}$$

显然，$u_o(t)$为调频信号，此调频信号的调制指数与压控灵敏度K_0成正比，而K_0通常是一个较大的值，这样会得到较大的调制指数，使得锁相环不满足线性分析条件。为解决此问题，可在 VCO 的输出端增加一个分频器，这样，锁相环锁定后，输出频率是输入频率的N倍。

分频比N的取值原则是必须保证锁相环满足线性分析条件，对正弦形特性的锁相环，在$\theta_1(t)=0$的条件下，应满足：

$$|\theta_e(t)|=|\theta_2(t)|/N\leqslant\pi/6 \tag{3-97}$$

3.5.6　锁相调相器

锁相调相器的结构与锁相调频器的结构类似，只是将调制信号$m(t)$叠加在鉴相器与环路滤波器之间而已。根据前述的分析方法，容易得到由$m(t)$引起的输出相位，即：

$$\theta_2(t)=\frac{F(p)K_0/p}{1+H_0(p)}m(t)=H(p)m(t)/K_d \tag{3-98}$$

设计锁相环的带宽，使调制信号$m(t)$的频谱落在其锁相环闭环频率响应的通带之内，故有：

$$\theta_2(t)\approx m(t)/K_d \tag{3-99}$$

$$u_o(t)=U_o\cos[\omega_0t+m(t)/K_d] \tag{3-100}$$

显然，$u_o(t)$为一调相信号，调制指数与K_d成反比。

3.6　小结

锁相环的理论是无线通信技术中的一个难点，其参数设计及工程实现让很多电子工程师伤透了脑筋。毫无疑问，越是困难的问题，当工程师真正理解并能熟练应用之后，就越能感受到一种收获的喜悦。本章大部分内容参考了十几年前的文献[13]，但通信基础理论始终没有什么变化。锁相环技术本身比较复杂，且有相当成熟的分析手段和严谨的理论推导。

本章主要从工程应用的角度，比较全面地介绍了锁相环的原理、组成，以及工程应用中需要经常使用的公式和参数设计方法。虽然不涉及数字通信同步技术的 FPGA 实现内容，但在后续章节的讨论中，会经常使用到本章所介绍的一些工程参数计算公式。因此，本章的内容需要反复翻阅，并在工程设计实践中反复体会锁相环的原理及工作过程，只有当读者真正理解锁相环的原理及分析方法后，才能在实际的工程应用中设计出性能优良的锁相环。

第 4 章

载波同步的 FPGA 实现

从本章起，我们开始讨论如何采用 FPGA 设计并实现数字通信同步技术的问题。数字通信的同步主要分为载波同步、位同步、帧同步等，位同步、帧同步需要以数据解调为前提条件，载波同步通常又处在接收端中数字信号处理系统的前端。接收端的载波同步技术可根据接收信号的特点分为两类：接收信号中具有载波频率分量的载波同步技术，以及接收信号中没有载波频率分量的抑制载波同步技术。本章主要讨论前者，后者将在第 5 章讨论。为便于读者掌握数字通信同步技术的 FPGA 实现细节，本章将在介绍数字通信同步技术实现原理的基础上，通过具体的工程实例来详细讨论载波同步的 FPGA 实现过程。

4.1 载波同步的原理

4.1.1 载波同步的概念及实现方法

载波同步（Carrier Synchronization）又称为载波恢复（Carrier Restoration），即在接收端中产生一个和接收信号的载波同频同相的本地振荡（Local Oscillation）信号，供解调器做相干解调用。当接收信号中包含离散的载波频率分量时，在接收端可以直接从信号中分离出信号载波作为本地相干载波。本地相干载波频率必须与接收信号载波频率相同，但为了使相位也相同，还需要对分离出的载波相位进行适当的调整，以补偿载波分离时信号处理产生的延时。若接收信号中没有离散载波频率分量，如 2PSK 信号（1 和 0 以等概率出现时），则接收端需要用较复杂的方法从信号中提取载波频率分量。无论哪种情况，只要采用相干解调法，在接收端中就需要有载波同步电路，以提取相干解调法需要的相干载波信号。相干载波必须与接收信号的载波同频同相，否则会降低解调性能。

当然，在接收端对接收信号进行解调时，也可以不提取相干载波信号，即采用非相干解调法。根据数字通信原理可知，不论采用哪种调制形式，在相同信噪比的条件下，相干解调法都具有比非相干解调法更好的误码性能。相对于非相干解调法来讲，相干解调法及工程实现难度显然要大一些。随着数字信号处理技术的发展，以及超大规模集成器件的发展，数字解调算法已十分成熟，且工程实现的成本也已降低到可接受的水平。

众所周知，载波同步的实现方法主要有直接提取法和插入导频法两种。简单说来，插入导频法是指发送端在发送信息的同时还发送载波信号或与载波相关的导频信号，如双边带调幅信号的调制与解调；直接提取法则是指发送端不专门向接收端传输载波信息，接收端直接从收到的已调信号中提取载波，这种方法适用于抑制载波的双边带调幅系统、残留边带调幅系统、二相及多相调相系统。本章将讨论插入导频法的载波提取技术，第 5 章再讨论直接提取法的载波提取技术。

对于接收信号本身含有载波频率分量的情况，除了采用锁相环，容易想到的另一个提取相干载波的方法是采用窄带滤波器。

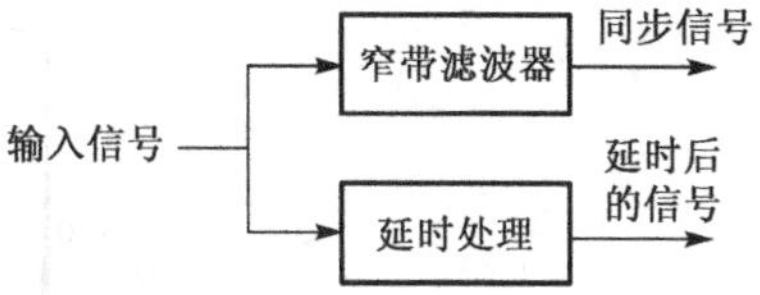

图 4-1　采用窄带滤波器提取载波信号的原理

采用窄带滤波器提取载波信号的原理十分简单，其原理如图 4-1 所示。含有载波频率分量的输入信号经过一个以载波频率为中心频率的窄带滤波器即可获取同步信号。由于滤波器本身具有一定的延时，因此，为了保证提取的同步信号与输入信号中的载波信号同频同相，需要对输入信号也进行相应的延时处理。

显然，采用窄带滤波器提取同步信号的方式，其同步带直接由窄带滤波器的带宽决定，且提取出的载波信号质量与窄带滤波器的带宽、通/阻带衰减等性能密切相关。带宽越窄、过渡带越窄，同步信号质量就越好，但同步带也越窄，所需的滤波器阶数也越高，工程实现所需的硬件资源也越多。

根据窄带滤波器提取同步信号的原理可知，这种方法的抗噪声性能及同步带性能很难兼顾，实现电路本身是一个开环系统，性能相对较差。因此，这种方法只适用于输入载波频率相对比较固定，对同步带性能要求不高的场合。

根据第 3 章的讨论，对于锁相环来讲，它本身就具有窄带滤波特性，主要利用环路滤波器的低通特性来实现输入信号载波频率上的窄带带通特性，这比采用普通的窄带滤波器要容易得多。在载波频率较高时，用锁相环可将通带做到几赫那么窄，这是普通带通滤波器难以做到的。同时，锁相环可以在保持窄带特性的情况下跟踪输入载波频率的漂移，因此锁相环的同步带可以设计得比较宽。由于锁相环输出的是压控振荡器的信号，它是输入的载波信号频率与相位的真实复制品，其幅度及信噪比要比输入信号强得多。

根据 3.5 节的讨论可知，锁相环主要可分为调制跟踪及载波跟踪两种工作方式，下面将对载波提取技术中锁相环的工作方式进行简单讨论。

4.1.2　锁相环的工作方式

对于输入信号中含有载波频率分量的信号，可以假设其信号模型为：

$$u_i(t)=m(t)\cos(\omega_i t+\theta_i)+N(t) \tag{4-1}$$

式中，ω_i 为输入信号的载波频率；θ_i 为输入信号以 $\omega_i t$ 为参考相位时的相位；$m(t)$ 为调制信号；$N(t)$ 为叠加的噪声信号。根据第 3 章对锁相环的分析，以本地振荡器载波相位 $\omega_0 t$ 为参考相位，输入信号模型可变换为：

$$u_i(t)=m(t)\cos[\omega_0 t+(\omega_i-\omega_0)t+\theta_i]+N(t) \tag{4-2}$$

以 $\omega_0 t$ 为参考相位时，输入信号相位可表示为：

$$\theta_1(t)=(\omega_i-\omega_0)t+\theta_i=\Delta\omega t+\theta_i \tag{4-3}$$

显然，输入信号可看成一个频率阶跃信号和相位阶跃信号的叠加。用 MATLAB 绘出的输入相位的幅频响应曲线如图 4-2 所示，由图可见，输入相位信号的频率集中在低频部分。由于锁相环的闭环频率响应呈低通特性，因此

$$\theta_2(\mathrm{j}\Omega)=H(\mathrm{j}\Omega)\theta_1(\mathrm{j}\Omega)\approx\theta_1(\mathrm{j}\Omega) \tag{4-4}$$

式中，$\theta_2(t)\approx\theta_1(t)$、$\theta_e(t)\approx 0$。此时，锁相环工作在调制跟踪方式。考虑到输入信号中的噪声信号，在载波信号中，锁相环工作在叠加有噪声信号情况下的调制跟踪状态。本地振荡器的载波频率及相位可以跟踪输入信号载波频率及相位的变化。

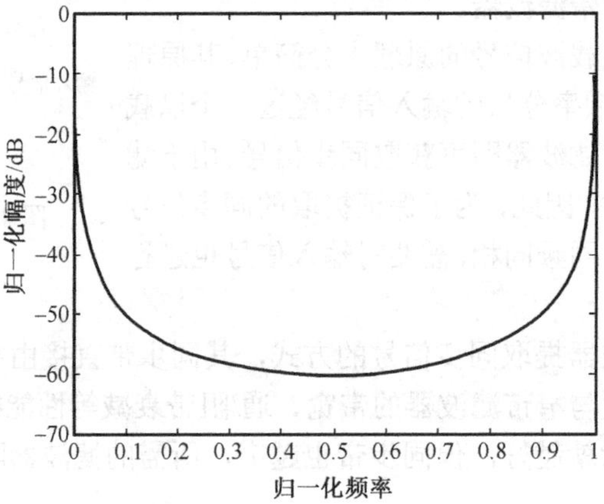

图 4-2　输入相位信号的幅频响应曲线

4.2　锁相环的数字化模型

本书第 3 章详细介绍了模拟锁相环的原理、组成、性能及参数设计方法，由于本书所讨论的 FPGA 实现数字通信同步技术均采用数字化的实现方式，因此在编写 Verilog HDL 代码之前，还必须弄清楚模拟锁相环各部件的数字化实现结构，以及相应的性能及参数设计方法。正如前面章节所说，模拟锁相环是分析的基础，而其中的每个组成部件均有相对应的数字化模型及实现结构。下面对模拟锁相环的各组成部件的数字化进行讨论。

4.2.1　数字鉴相器

根据 3.2.1 节的讨论，可以采用乘法器及低通滤波器来实现具有正弦形特性的鉴相器。数字化鉴相器由与之相对应的数字乘法器及低通滤波器组成，其结构如图 4-3 所示。

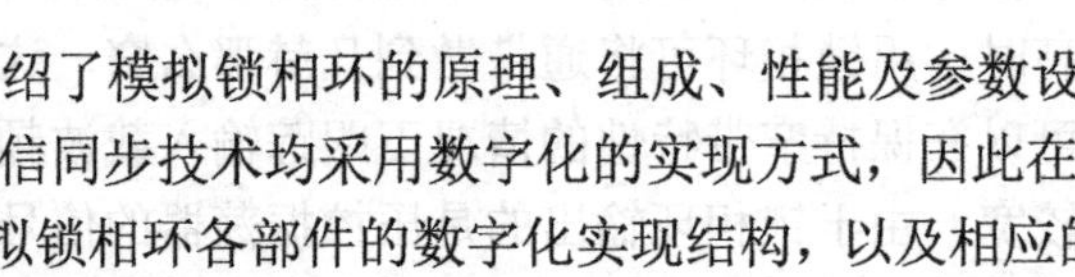

图 4-3　数字鉴相器的结构

数字乘法器的实现十分简单，在 FPGA 设计中通常采用开发工具提供的 IP 核来实现[38]。

常用的低通滤波器有 FIR（Finite Impulse Response，有限脉冲响应）低通滤波器及 IIR（Infinite Impulse Response，无限脉冲响应）低通滤波器两种。其中，FIR 滤波器具有严格的线性相位特性，IIR 滤波器不具备线性相位特性。对于解调系统来讲，滤波器的带宽内必须要求具有线性相位特性，否则无法正确解调。如果仅需提取单一频率的载波信号，则滤波器的带宽内则无须具备线性相位。读者可通过参考文献[31]了解滤波器线性相位特性的相关论述。在相同幅频特性要求的条件下，IIR 滤波器所需的滤波器阶数更少，所需的硬件资源也更少[29]。

在图 4-3 所示的结构中，本地振荡器输出的数字信号可以表示为：

$$u_o(t_k)=U_o\cos[\omega_0 t_k+\theta_2(t_k)] \tag{4-5}$$

输入信号经 A/D 采样后，第 k 个采样时刻采样量化后的数字信号为：

$$u_i(t_k)=U_i\cos[\omega_0 t_k+\theta_1(t_k)] \tag{4-6}$$

显然，采样后的信号其实可以看成一系列按顺序编号的数字序列，令 $u_i(t_k)=u_i(k)$，$u_o(t_k)=u_o(k)$，则 $u_i(k)$ 与 $u_o(k)$ 相乘后，经低通滤波器后得到的数字误差信号为：

$$u_d(k)=U_d\sin\theta_e(k) \tag{4-7}$$

式中，

$$\theta_e(k)=\theta_1(k)-\theta_2(k) \tag{4-8}$$

4.2.2 数字环路滤波器

在第 3 章讨论锁相环组成及工作原理时，重点对环路滤波器进行了介绍。同样，在数字锁相环中，环路滤波器仍然起着十分重要的作用，在本章后续讨论中读者也会发现，数字环路滤波器参数的设计也是锁相环设计的重点和难点。

要实现数字环路滤波器，就必须找到将模拟环路滤波器映射到数字域的方法，其中最常用的就是双线性变换方法[31]。双线性变换方法不在本书的讨论范围内，读者很容易在电子专业与数字信号分析相关的教科书上查到详细的理论知识。

双线性变换方法实现模拟系统与数字系统之间的转换十分简单，只需直接应用下面的变换公式即可。

$$s=\frac{2}{T}\frac{1-z^{-1}}{1+z^{-1}} \tag{4-9}$$

$$z=\frac{1+\dfrac{T}{2}s}{1-\dfrac{T}{2}s} \tag{4-10}$$

式中，T 为数字采样周期。将式（4-9）代入环路滤波器所对应的系统函数表达式即可获得对应的数字化系统函数表达式，进而获取其数字化实现结构。对于理想积分滤波器来讲，其数字化系统函数为：

$$F(z)=\frac{2\tau_2+T}{2\tau_1}+\frac{T}{\tau_1}\frac{z^{-1}}{1-z^{-1}}=C_1+\frac{C_2 z^{-1}}{1-z^{-1}} \tag{4-11}$$

式中，

$$C_1=\frac{2\tau_2+T}{2\tau_1} \tag{4-12}$$

$$C_2=\frac{T}{\tau_1} \tag{4-13}$$

根据本书 3.3 节讨论的锁相环动态方程可知，对于理想二阶锁相环来讲，可以采用固有振荡频率 ω_n 及阻尼系数 ξ 来表示锁相环的性能参数。对于环路滤波器设计来讲，显然关键问题在于设计图 4-4 中 C_1、C_2 两个参数的值。是否可以直接根据表 3-2 中的关系表达式，将式（4-12）、式（4-13）表示成 ω_n、ξ 的设计公式呢？对于数字锁相环来说，这样设计 C_1、C_2 会带来比较大的误差，甚至使设计的锁相环无法正常工作。主要原因是采用双线性变换方法设计的数字环路滤波器与模拟环路滤波器并非严格一一对应，式（4-11）所表示的滤波器仅仅是模拟滤波器的近似。为了得到尽量准确的数字化环路滤波器模型，并利用模拟滤波器的计算方法设计整个环路滤波器性能，更好的近似方法是使整个数字化锁相环的系统函数，与模拟锁相环系统函数经双线性变换后的系统函数尽量相同。C_1、C_2 的具体设计公式将在本节讨论数字锁相环的系统函数时一并给出。根据式（4-11）很容易得出环路滤波器的数字化实现结构，如图 4-4 所示。

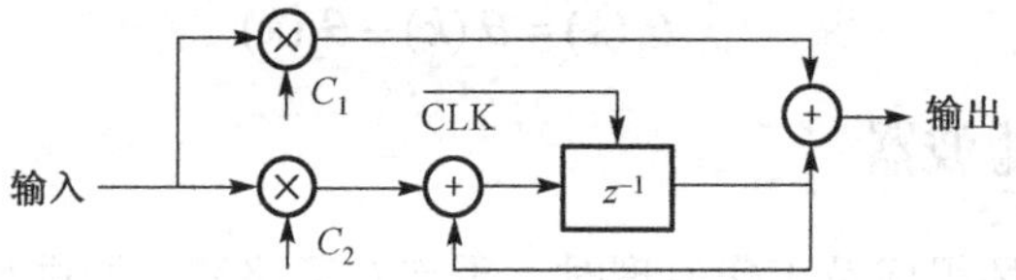

图 4-4　环路滤波器的数字化实现结构

4.2.3　数字控制振荡器

数字控制振荡器（Numerical Controlled Oscillator，NCO）是软件无线电、直接数字频率合成器（Direct Digital Synthesizer，DDS）等的重要组成部分，同时也是决定其性能的主要因素之一，用于产生频率及相位可控的正弦波或余弦波信号。随着芯片集成度的提高，NCO 在信号处理、数字通信、调制解调、变频调速、制导控制、电力电子等方面得到了越来越广泛的应用。NCO 是 VCO 的数字化实现结构，在 FPGA 实现中通常采用 DDS 核来实现[32]。

设 NCO 的自由振荡频率为 f_0，初始相位 $\theta_2(0)$ 为 0，相位累加字的字长为 N，采样速率为 f_s，则频率控制字的初始值 M_0 和初始相位 $\Delta\varphi$ 分别为：

$$M_0 = 2^N f_0 / f_s,\quad \Delta\varphi = 2\pi M_0 / 2^N \tag{4-14}$$

根据锁相环的工作原理，数字环路滤波器输出的控制电压要加到 NCO 的控制端，以调整其输出频率。当数字滤波器输出的数字控制电压为 $u_c(k)$ 时，频率控制字的变化量 $\Delta M = u_c(k)$，NCO 的输出频率和输出相位分别为：

$$f_{out} = \frac{f_s}{2^N}(M_0 + \Delta M),\qquad \theta(k) = \Delta\varphi + \Delta\theta(k) \tag{4-15}$$

式中，$\Delta\theta(k) = \dfrac{2\pi}{2^N}\Delta M$。定义 $K_0 = \dfrac{2\pi f_s}{2^N}$ 为 NCO 的频率控制增益，单位为 rad/s·V；定义 $K_0' = \dfrac{2\pi f_s}{2^N} T_{dds}$ 为 NCO 的相位控制增益，单位为 rad/V，其中 T_{dds} 为相位累加字的更新周期。NCO 相当于相位累加器，即：

$$\theta_2(k+1) = \theta_2(k) + \Delta\theta(k) = \theta_2(k) + K_0' u_c(k) \tag{4-16}$$

利用 z 变换的性质，在初始状态 $\theta_2(0) = 0$ 时，有 $\theta_2(k+1) = z\theta_2(k)$，则 NCO 的输出相位与控制电压的关系为：

$$\theta_2(k)=N(z)u_c(k)=\frac{K_0'z^{-1}}{1-z^{-1}}u_c(k) \tag{4-17}$$

式（4-17）即 NCO 的数学模型。

4.2.4 数字锁相环动态方程

根据数字锁相环的结构以及各组成部件的数字化模型，可得到数字锁相环动态方程和相位模型。数字锁相环的 z 域模型如图 4-5 所示。

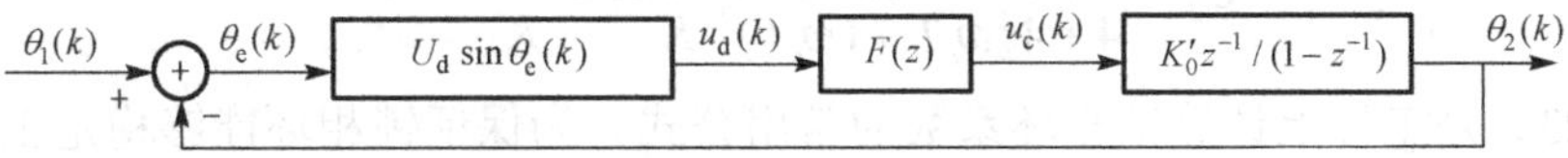

图 4-5 数字锁相环的 z 域模型

数字锁相环动态方程为：

$$\theta_2(k)=KF(z)N(z)\theta_e(k) \tag{4-18}$$

式中，$K=U_dK_0'$，为数字环路总增益，单位为 rad。数字锁相环的系统函数为：

$$H(z)=\frac{KF(z)N(z)}{1+KF(z)N(z)} \tag{4-19}$$

将式（4-11）和式（4-17）代入式（4-19），可以得到对应的数字理想二阶锁相环的系统函数，即：

$$H(z)=\frac{KC_1z^{-1}+(KC_2-KC_1)z^{-2}}{1+(KC_1-2)z^{-1}+(KC_2-KC_1+1)z^{-2}} \tag{4-20}$$

式（4-20）是根据数字锁相环的相位模型推导出的系统函数。另外，我们还可以采用双线性变换方法将模拟锁相环的系统函数变换成数字锁相环的系统函数，即将式（4-9）代入表 3-2 中理想二阶锁相环的系统函数表达式，可得：

$$H(z)=\frac{[4\xi\omega_nT+(\omega_nT)^2]+2(\omega_nT)^2z^{-1}+[(\omega_nT)^2-4\xi\omega_nT]z^{-2}}{[4+4\xi\omega_nT+(\omega_nT)^2]+[2(\omega_nT)^2-8]z^{-1}+[4-4\xi\omega_nT+(\omega_nT)^2]z^{-2}} \tag{4-21}$$

式（4-20）和式（4-21）分别是采用两种方式获取的数字锁相环的系统函数，要使两式完全相等，就需要分别使分子和分母的系数相等。

$$\begin{aligned}
&\frac{4\xi\omega_nT+(\omega_nT)^2}{4+4\xi\omega_nT+(\omega_nT)^2}=0\\
&\frac{2(\omega_nT)^2}{4+4\xi\omega_nT+(\omega_nT)^2}=KC_1\\
&\frac{(\omega_nT)^2-4\xi\omega_nT}{4+4\xi\omega_nT+(\omega_nT)^2}=KC_2-KC_1\\
&\frac{2(\omega_nT)^2-8}{4+4\xi\omega_nT+(\omega_nT)^2}=KC_1-2\\
&\frac{4-4\xi\omega_nT+(\omega_nT)^2}{4+4\xi\omega_nT+(\omega_nT)^2}=KC_2-KC_1+1
\end{aligned} \tag{4-22}$$

显然，要完全满足式（4-22）是不可能的，这也说明模拟锁相环与数字锁相环不可能完全等价，但在工程上可以采用近似的方法来处理。对于滤波器（锁相环本身也可以看成滤波器）的系统函数来讲，极点的值决定了滤波器幅频响应的峰值位置，而零点的值决定了幅频响应的谷点位置，通常我们主要关注系统的通带特性，因此可以使式（4-20）和式（4-21）分母的系数相等，则容易推算出当 $\omega_n T <<1$ 时，C_1、C_2 与 ω_n、ξ 的关系式为：

$$\begin{aligned} C_1 &= \frac{4(\omega_n T)^2 + 8\xi\omega_n T}{4+4\xi\omega_n T+(\omega_n T)^2}\frac{1}{K} \approx \frac{2\xi\omega_n T}{K} \\ C_2 &= \frac{4(\omega_n T)^2}{4+4\xi\omega_n T+(\omega_n T)^2}\frac{1}{K} \approx \frac{(\omega_n T)^2}{K} \end{aligned} \tag{4-23}$$

式（4-23）是工程上计算锁相环系数的常用公式。为保证锁相环能够稳定工作，必须确保整个数字锁相环是因果稳定的系统。对于模拟电路系统，系统稳定的充要条件是系统闭环传递函数的所有极点都位于 S 平面的左半平面。根据时域离散系统理论，数字系统稳定的充要条件是闭环函数的所有极点均处在单位圆内。根据式（4-20），容易得到环路滤波器系数的取值范围，即：

$$2KC_1 - 4 < KC_2 < KC_1, \quad KC_2 > 0 \tag{4-24}$$

4.3 输入信号建模与仿真

4.3.1 工程实例需求

为更好地讲解插入导频法（接收信号中含有载波频率分量）载波提取技术的 FPGA 实现过程、步骤及设计方法，我们先对所需设计的工程实例进行说明。

例 4-1 FPGA 实现载波同步技术的工程设计

由于目前的数字通信系统的接收端大多采用中频数字化的实现结构[20]，因此，本书所讨论的数字信号均是对 70 MHz 的中频信号进行直接采样得到的数字信号。在本章所讨论的工程设计实例中，接收端信号处理前端的中心频率 f_0=70 MHz。

对数字通信系统来讲，在中频数字化之前，为了防止频谱混叠，需要进行一次中频带通滤波，滤波器的带宽就是数字信号处理的信号带宽。在工程设计中，前端带通滤波器通常由用户提出需求，由专业滤波器厂家定做。根据目前市场上普通带通滤波器性能，可设定前端带通滤波器的通带带宽（信号处理带宽）B_{i} 为 6 MHz，单边过渡带带宽为 2 MHz，带外衰减大于 35 dB。这样，信号处理的频带带宽实际为 10 MHz（通带带宽加上两个单边过渡带带宽）。

根据带通信号采样定理[20, 34]，采样速率并不需要一定大于信号最高频率的两倍，用较低的采样速率也可以正确地反映带通信号的特性。对于某带通信号，假设其中心频率为 f_0，上、下边带的截止频率分别为 $f_{\mathrm{H}} = f_0 + B/2$、$f_{\mathrm{L}} = f_0 - B/2$，$B$ 为所需处理的信号带宽（注意与 3 dB 带宽的区别）。对其进行均匀采样，满足采样值不失真地重建信号的充要条件为：

$$\frac{2f_{\mathrm{H}}}{k+1} \leqslant f_{\mathrm{s}} \leqslant \frac{2f_{\mathrm{L}}}{k} \quad 0 \leqslant k \leqslant K, K = \lfloor f_{\mathrm{L}}/B \rfloor \tag{4-25}$$

式中，$\lfloor f_{\mathrm{L}}/B \rfloor$ 表示不大于 $\lfloor f_{\mathrm{L}}/B \rfloor$ 的最大整数。根据式（4-25）容易得出，满足无失真重建

信号的采样速率（单位为 MHz）为：

(21.4286，21.6667)∪(25，26)∪(30，32.5)∪(37.5，43.3333)∪(50，65)∪(75，130)∪(150，inf)

显然采样速率越高，采样后的数字信号的信噪比就越高。为了保留一定裕量，工程实例中的采样速率 $f_s = 32$ MHz。

载波同步的性能参数很多，如同步带 $\Delta\omega_H$、快捕带 $\Delta\omega_L$、捕获带 $\Delta\omega_p$、捕获时间 T_p、稳态相差 $\theta_e(\infty)$、最低锁定输入信噪比 $(S/N)_i$ 等。根据第 3 章对锁相环的性能分析可知，锁相环的大部分参数其实是互相关联的。因此，在具体工程设计时，通常只关注某些影响实际应用的参数指标，并依据这些指标进行其他参数的设计及计算。对于本章的工程实例来讲，只需关注 $\Delta\omega_L$ 及 $(S/N)_i$ 这两个参数，并要求 $\Delta\omega_L > 100$ kHz、$(S/N)_i < 0$ dB。

4.3.2 输入信号模型

首先我们需要确定输入信号的类型，并通过 MATLAB 对其进行仿真，生成 FPGA 程序仿真测试所需的激励数据源。

对于插入导频法（或输入信号中本身具有载波频率分量）的载波同步技术来讲，为充分验证载波同步的性能，可采用两种输入信号来进行最终的测试验证。第一种输入信号为叠加了高斯白噪声的单载波信号，第二种输入信号为双边带调幅信号。

叠加了高斯白噪声的单载波信号的模型可表示为：

$$s_N = N(t) + \cos(\omega_i t + \theta_i) \tag{4-26}$$

双边带调幅信号的模型可表示为：

$$s_{AM} = N(t) + [1 + k_a m(t)]\cos(\omega_i t + \theta_i) \tag{4-27}$$

式中，$N(t)$ 为高斯白噪声；k_a 为调幅的调制指数（实例中设置为 0.5）；$m(t)$ 为调制信号；$\omega_i(2\pi f_i)$ 为载波信号的角频率；θ_i 为载波信号的初始相位。为便于测试分析，可设定 $m(t)$ 分别是频率为 1 MHz 的正弦波信号及方波信号，并通过 MATLAB 分析仿真测试输入信号。

由于要模拟不同信噪比条件下载波的锁定情况，因此需要仿真出具有不同信噪比的输入信号。在 MATLAB 中可用 randn 函数产生高斯白噪声。randn(len)可产生长度为 len、功率为 0 dBW 的高斯白噪声序列。需要注意的是，对于采样速率为 f_s 的数字信号来讲，0 dBW 的信号功率是指在整个 0～f_s 数字频段内的总功率；而对于工程应用中的带通信号来讲，我们通常只关心通带内的信号、噪声功率，因此我们必须计算通带内的信号和噪声的功率。显然，在通带内产生功率为 0 dBW 的高斯白噪声，只需在 randn 函数前乘以一个系数 k=sqrt(f_s/2B)即可，其中，sqrt 表示开平方，f_s 为采样速率，B 为信号带宽。

在实际工程应用中，在进行中频数字信号采样之前，信号均是模拟信号，且带通滤波器也是模拟滤波器。中频前端的信号处理过程如图 4-6 所示。

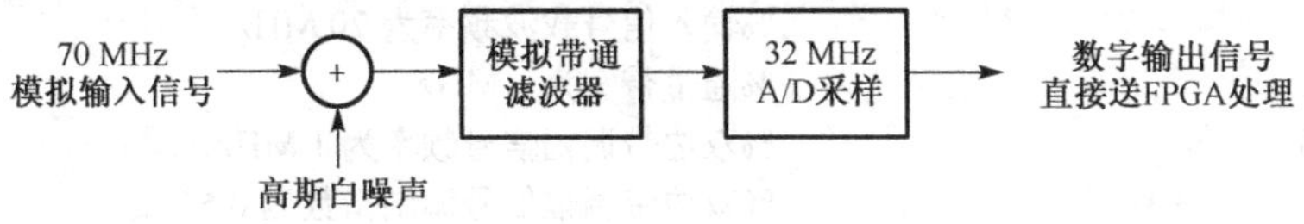

图 4-6　中频前端的信号处理过程

在使用 MATLAB 仿真中频采样后的信号时，由于 MATLAB 本身只能进行数字运算，因此无法直接按图 4-6 所示的处理过程产生最终的数字序列信号。一个可行的方法是根据数字信号处理原理，直接模拟仿真采样后的数字信号序列，其产生过程如图 4-7 所示。

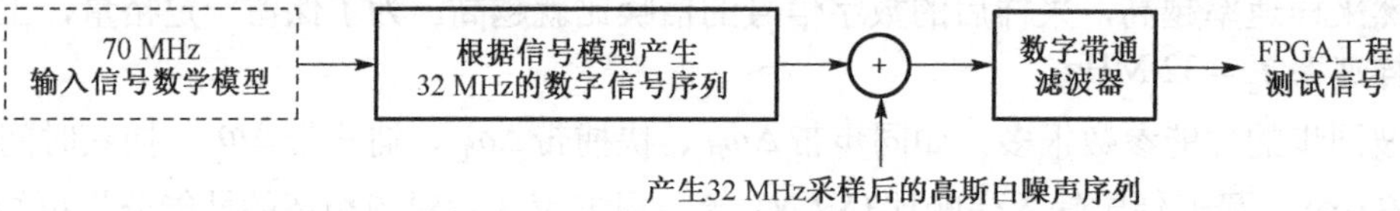

图 4-7　MATLAB 仿真中频数字信号产生过程

在进一步分析输入信号的模型之前，需要简单介绍一下采样定理，了解模拟信号采样后信号频谱的变化。根据工程实例需求，目的是要在输入信号中提取出 70 MHz 的载波信号。根据奈奎斯特采样定理，如果需要恢复出 70 MHz 的载波信号，则需要至少 140 MHz 的采样速率。考虑到信号的处理带宽，本实例设计为 10 MHz，则根据带通采样定理，选取 32 MHz 的采样速率。显然，采样后的中频信号在数字域不再具有 70 MHz 的载波频率，而是变成了原信号频谱经 kf_s（k 为整数）频移后的多个叠加信号，其中最靠近零频的载波频率为 6 MHz（$k=-2$）。因此，经 32 MHz 采样后的中频信号，其模拟域的 70 MHz 载波信号变换成了数字域的 6 MHz 中频信号，此时的信号处理频带也相应变为 1～11 MHz。在使用 MATLAB 仿真模拟中频带通滤波器时，转换到采样后的数字域后，其数字带通滤波器的中心频率 f_i 变为 6 MHz，通带为 3～9 MHz，上、下边过渡带分别为 1～3 MHz 及 9～11 MHz，阻带衰减依然大于 35 dB，可以用 FIR 滤波器进行模拟仿真。

经过上面的一系列分析，我们对输入信号的模型，以及使用 MATLAB 仿真输入信号的方法已经有了一个清楚的了解。在编写 MATLAB 程序之前，还需要明确一下 A/D 采样的位数，也就是最终的量化位宽。一般来说，A/D 转换器的位数越高越好，这是因为 A/D 转换器的动态范围指标主要取决于转换位数，且位数越多，其动态性能越好。但同时需要注意的是，A/D 转换器的位数越多，后续数字信号处理的复杂度也越大，所需的硬件资源也会成倍增加。考虑到系统性能，以及实现的复杂度，对于多数数字信号处理系统，工程上一般取 5～8 bit 的二进制补码数据即能满足要求[11, 20]。本工程设计实例的量化位宽为 8。

4.3.3　输入信号的 MATLAB 仿真

经过对输入信号模型的详细分析后，可以动手编写产生输入信号的 MATLAB 程序。下面直接给出了程序清单，在代码中添加了详细的注释语句，请读者仔细阅读代码，并理解输入信号建模的完整过程。

```
%E4_1_SignalProduce.m
%设置输入数据参数
fi=70*10^6;                    %输入信号载波频率为 70 MHz
B=6*10^6;                      %通带带宽为 6 MHz
f_am=1*10^6;                   %双边带调幅信号频率为 1 MHz
ka_am=0.5;                     %双边带调幅信号调制指数为 0.5
snr=100;                       %信噪比，可根据需要修改信号的信噪比
Fs=32*10^6;                    %采样速率为 32 MHz
```

```
QB=8;                                        %量化为 8 bit 的二进制补码数据
DLen=8000;                                   %数据长度，可根据仿真需要调整数据长度

%产生功率为 0 dBW 的单载波信号
t=0:1/Fs:(DLen-1)/Fs;
S_carrier=sqrt(2)*cos(2*pi*fi*t);
%产生功率为 0 dBW、调制指数为 ka_am、频率为 f_am 的方波调幅信号
m_square=square(2*pi*f_am*t);
s_am_square=1/(1+ka_am)*(1+ka_am*m_square).*S_carrier;
%产生功率为 0 dBW、调制指数为 ka_am、频率为 f_am 的正弦波调幅信号
m_sin=sin(2*pi*f_am*t);
s_am_sin=1/(1+ka_am)*(1+ka_am*m_sin).*S_carrier;
%产生通带内功率为 0 dBW 的高斯白噪声序列
Noise=sqrt(Fs/2/B)*randn(1,DLen);

%产生通带内信噪比为 SNR 的单载波信号
A_s=sqrt(10^(snr/10));
Sn=A_s*S_carrier+Noise;
%产生通带内信噪比为 SNR 的方波调幅信号
Sam_square=A_s*s_am_square+Noise;
%产生通带内信噪比为 SNR 的正弦波调幅信号
Sam_sin=A_s*s_am_sin+Noise;

%仿真产生中频抗混叠滤波器，带外抑制大于 35 dB
%关于滤波器函数的使用，请参考文献[29]、[35]
fd=[1*10^6 3*10^6 9*10^6 11*10^6];                  %过渡带
mag=[0 1 0];                                        %窗函数的理想滤波器幅度
dev=[0.1 0.01 0.1];                                 %纹波
[n,wn,beta,ftype]=kaiserord(fd,mag,dev,Fs)          %获取凯塞窗参数
b=fir1(n,wn,ftype,kaiser(n+1,beta));                %获取 FIR 滤波器系数

%对输入信号进行带通滤波处理
Sn=filter(b,1,Sn);
Sam_square=filter(b,1,Sam_square);
Sam_sin=filter(b,1,Sam_sin);

%对幅值进行归一化处理
Sn=Sn/max(abs(Sn));
Sam_sin=Sam_sin/max(abs(Sam_sin));
Sam_square=Sam_square/max(abs(Sam_square));

%绘图
x=0:200;x=x/Fs*10^6;                                %设置横坐标的单位为μs
subplot(311);plot(x,Sam_square(1:length(x)));
xlabel('时间/us','position',[6.5,-1.4]);
ylabel('归一化电压');title('方波调幅信号波形');
subplot(312);plot(x,Sam_sin(1:length(x)));
```

```
xlabel('时间(us)','position',[6.5,-1.4]);
ylabel('归一化电压');title('正弦波调幅信号波形');
subplot(313);plot(x,Sn(1:length(x)));
xlabel('时间(us)','position',[6.5,-1.4]);
ylabel('归一化电压');title('单载波信号波形');

%将生成的数据以二进制数据格式写入 txt 文件中
%%%%%%%%%%%%%%%%%%%%%%%%%%%%%%%%%%%%%%%%%%%%%%%%%%%%
%在新建文本文件前，必须建好文件存放的目录文件夹，否则出现提示信息:
%??? Error using ==> fprintf
%Invalid file identifier
Q_x=round(Sn*(2^(QB-1)-1));                    %QB 比特量化
fid=fopen('D:\SyncPrograms\Chapter_4\E4_1_DirectCarrier\Sn100dB_in.txt','w');
for k=1:length(Q_x)
    B_si=dec2bin(Q_x(k)+(Q_x(k)<0)*2^QB,QB);
    for q=1:QB
        if B_si(q)=='1'
            tb=1;
        else
            tb=0;
        fprintf(fid,'%d',tb);
    fprintf(fid,'\r\n');
fprintf(fid,';'); fclose(fid);
%将 Sam_sin 及 Sam_square 变量转换成二进制数据并写入 txt 文件，与处理信号 Sn
%的方法相同。限于篇幅，此处不再列出
```

MATLAB 仿真程序运行后，一方面将输入信号转换成 8 bit 的二进制补码数据，并写入相应的 txt 文件中，供 FPGA 工程仿真测试使用；另一方面直接绘出输入信号的波形，如图 4-8 和图 4-9 所示。

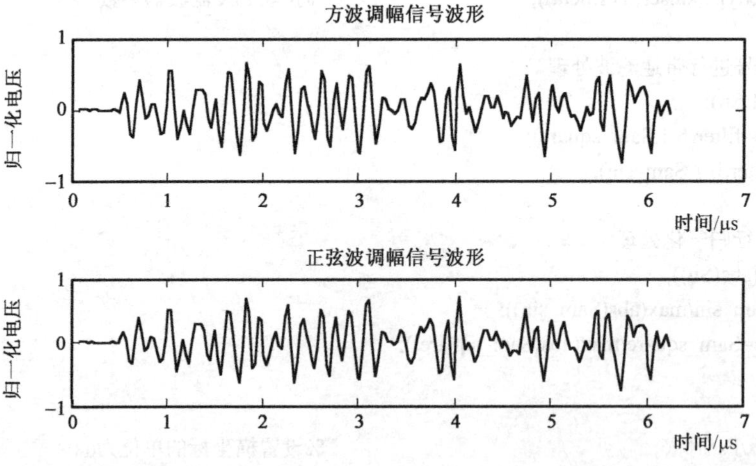

图 4-8　信噪比为 0 dB 时调幅信号及单载波信号的波形

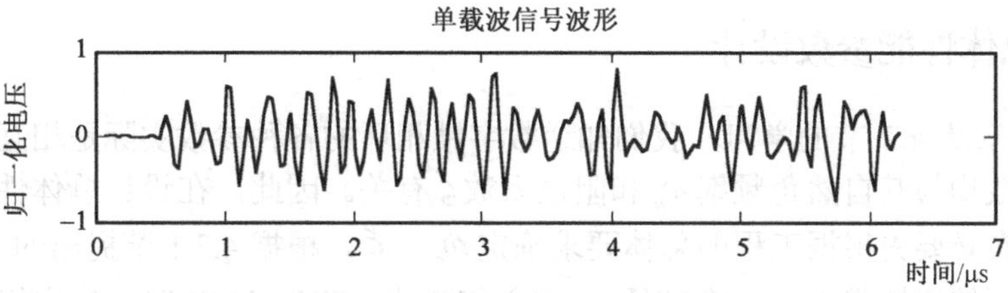

图 4-8 信噪比为 0 dB 时调幅信号及单载波信号的波形（续）

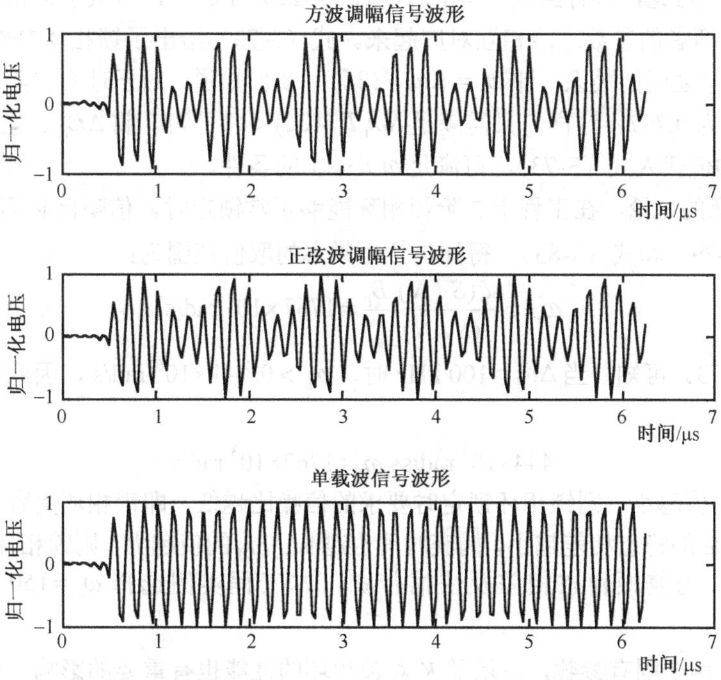

图 4-9 信噪比为 100 dB 时调幅信号及单载波信号的波形

读者可以通过改变 MATLAB 程序 E4_1_SignalProduce.m 中的输入信噪比 SNR，从而产生不同信噪比条件下的输入信号波形。从图中可以看出，当信噪比为 100 dB 时（此时相当于无噪声），调幅信号的包络十分明显；当信噪比为 0 dB 时，从信号波形中已经很难区分调幅信号的包络了，且单载波信号的频率也因为噪声的干扰呈现出不规则的变化。

4.4 载波同步环的参数设计

在进行载波同步环的 FPGA 实现，即编写 Verilog HDL 代码之前，必须对载波同步环各部件的参数、结构及实现方法、手段有十分清楚的了解。载波同步环中各部件的参数设计必须结合 FPGA 的结构，以及 Verilog HDL 的编程特点来加以讨论。由于数字锁相环实际上可以看成模拟锁相环的“翻版”，因此，第 3 章讨论的相关参数计算方法，在数字锁相环设计中同样适用。

4.4.1 总体性能参数设计

通过第 3 章及 4.2 节的学习，我们知道数字锁相环的各种参数实际是相互联系、相互制约的，这些参数均与其自然角频率 ω_n 和阻尼系数 ξ 有关。因此，在设计总体性能参数及各部件参数之前，有必要先根据工程的总体要求确定 ω_n 、ξ 。根据 4.3.1 节提出的工程实例需求，要求数字锁相环的快捕带 $\Delta\omega_{\text{L}} > 100$ kHz 、输入信噪比 $(S/N)_{\text{i}}<1$ dB 时，数字锁相环能够正常锁定。

根据 4.2 节的讨论，只有当 $\omega_n T << 1$ 时，式（4-22）才成立，即数字锁相环才能与模拟锁相环进行类比，两者的参数才能相互对应起来。式（3-73）给出了锁相环自然角频率 ω_n 与快捕带、阻尼系数 ξ 之间的关系，即 $\omega_n = \Delta\omega_{\text{L}} / (2\xi)$ 。我们知道，对于理想二阶锁相环来讲，阻尼系数 ξ 通常设为 0.707，这样，只需满足 $\Delta\omega_{\text{L}} T / (2\xi) << 1$ 即可。将 $\Delta\omega_{\text{L}}$ 、ξ 、T（数据采样周期为 $1/f_{\text{s}}$ ）的值代入式（3-73），可满足 $\omega_n T << 1$ 的条件。

根据第 3 章的讨论，在工程上二阶锁相环能够正常锁定时，信噪比必须满足 $(S/N)_{\text{L}} \geqslant 6$ dB。根据式（3-79）和式（3-83），得知自然角频率的取值范围为：

$$\omega_n < \frac{8\xi (S/N)_{\text{i}} B_{\text{i}}}{(S/N)_{\text{L}}} = 1767 \times 10^3 \text{ rad/s}$$

根据式（3-73）可知，当 $\Delta\omega_{\text{L}} > 100$ kHz 时，$\omega_n > 0.444 \times 10^6$ rad/s ，因此自然角频率的最终取值范围为：

$$444 \times 10^3 \text{ rad/s} < \omega_n < 1767 \times 10^3 \text{ rad/s}$$

显然，ω_n 的值越小，则锁相环锁定时要求的信噪比越低，即锁相环更容易在恶劣的条件下锁定，且锁定后的稳态相差越小，捕获时间也越长；ω_n 的值越大，则锁相环快捕带宽越宽，捕获就越迅速。为兼顾稳态相差及快捕带宽，本工程实例选择 $\omega_n = 150 \text{ kHz} = 2\pi \times 150 \times 10^3$ rad/s 。

除了 ω_n、ξ 两个固有参数，总增益 K 对锁相环的性能也有重要的影响。在计算环路滤波器系数 C_1、C_2 时，式（4-22）显然直接由 ω_n、ξ 和 K 这三个环路总体性能参数决定。因此涉及一个问题，K 取多大合适？K 的取值对锁相环总体性能又会带来怎样的影响呢？

为了便于讨论，将式（4-23）重写为：

$$C_1 = \frac{4(\omega_n T)^2 + 8\xi\omega_n T}{4 + 4\xi\omega_n T + (\omega_n T)^2} \frac{1}{K}$$

$$C_2 = \frac{4(\omega_n T)^2}{4 + 4\xi\omega_n T + (\omega_n T)^2} \frac{1}{K}$$

由于上式成立的前提条件是 $\omega_n T << 1$，因此可将式（4-23）进一步简化为：

$$C_1 = \frac{2\xi\omega_n T}{K}, \qquad C_2 = \frac{(\omega_n T)^2}{K} \tag{4-28}$$

由式（4-28）可知，由于数据采样周期是由输入数据速率决定的，无法更改，在工程上 ξ 一般取固定的值 0.707，因此，实际上影响环路滤波器系数 C_1、C_2 的是自然角频率 ω_n 和总增益 K。由于 $\omega_n T << 1$，因此 $C_1 > C_2$，对环路滤波器性能影响更大的显然是 C_1。K 越大，C_1、C_2 越小；K 越小，C_1、C_2 越大；而 ω_n 越大，C_1、C_2 越大；ω_n 越小，C_1、C_2 越小。也就是说，

对于 C_1 、C_2 来讲，如果需要保持其不变，增大 K 则意味着需要增大 ω_n；减小 K 则意味着需要减小 ω_n。

从上面的分析可知，K 与 ω_n 在环路滤波器中起的作用可以相互替换。因此，K 越大，则相当于 ω_n 越大，快捕带越大，稳态相差越大；反之亦然。在工程应用中，通常使 $K \approx 1$。在后续讨论锁相环的部件参数设计时，还会看到，NCO 的相位累加字字长也需要依据 K 来进行设计。

4.4.2 数字鉴相器设计

由 4.2.1 节的讨论可知，数字鉴相器是由一个数字乘法器与低通滤波器级联而成的，因此，数字鉴相器的设计涉及数字乘法器及低通滤波器的设计。

1. 数字乘法器设计

先看看数字乘法器设计。在 ISE 中，数字乘法器通常采用乘法器 IP 核来实现[38]，其参数设计主要涉及系统时钟频率、乘数位宽、运算延时和输出数据截位等问题。

在本章的工程实例中，由于不需要对数字输入信号进行速率变换，因此数字乘法器的系统时钟频率与数据采样速率相同，为 32 MHz。

在锁相环中，通常将 NCO 的输出数据位宽与输入数据位宽设置成一样，本章实例中设为 8。当然，NCO 的输出数据位宽也可以根据实际情况进行调整，NCO 输出数据位宽越大，则本地振荡器输出信号的无杂散动态范围（Spurious Free Dynamic Range）性能越好，但所耗费的硬件资源也越多。

乘法器 IP 核的实现结构可以采用查找表及乘法器 IP 核两种方式，本章实例选用乘法器 IP 核的方式。为了获得更好的运算速度性能，选择 2 个时钟周期延时的处理方法。

根据 2.2.4 节的讨论可知，只有当两个乘数均取负的最大值时，才需要用 M+N（M 和 N 分别为两个乘数的位宽）比特的数据来存放运算结果，否则只需采用 M+N-1 比特的数据即可完全存储全精度运算结果。虽然只有 16 bit 的差别，但随着系统后续运算量的增加，依然会增加较多的硬件资源。为了节约 1 bit 的存储字长，可以直接对输入信号进行近似处理。当输入数据中出现最高位为 1，其余位均为 0 的数据时，将此数据的最低位设为 1。设输入数据位宽为 B，则相当于用值 $-2^{B-1}+1$ 对 -2^{B-1} 进行近似处理。对于本章工程实例来讲，乘法器完成 8 bit×8 bit 的二进制补码数据乘法运算，输出的是 15 bit 的有效数据。

2. 低通滤波器设计

数字鉴相器中的低通滤波器设计显然要比数字乘法器的设计复杂些。低通滤波器参数的设计是载波同步环中的一个重点，关键在于如何确定低通滤波器的过渡带及截止频率。

低通滤波器的通带及过渡带的选择有一个基本原则，即确保有用信号完全通过，而尽可能多地对噪声及干扰进行滤除。根据式（3-13），在本章工程实例中，当输入信号是单载波信号时，载波同步环中的数字鉴相器可以准确地提取出相差信号。数字鉴相器中的低通滤波器仅需要保证相差信号通过，而滤除输入信号与 NCO 输出信号相乘后产生的 2 倍频载波频率分量信号。当输入信号为调幅信号时，相差信号（零中频信号附近）中显然还存在调制信号的频谱。那么该如何选择工程实例中低通滤波器的通带呢？我们需要考虑捕获带宽的影响，也就是说，低通滤波器的通带必须大于捕获带宽 $\Delta\omega_{\mathrm{p}}$。本章实例中只对快捕带 $\Delta\omega_{\mathrm{L}}$ 有明确的要求，显然$\Delta\omega_{\mathrm{p}} > \Delta\omega_{\mathrm{L}}$。因此低通滤波器的带宽大于 100 kHz，本章实例设置为 1 MHz，也就是说，捕获带$\Delta\omega_{\mathrm{p}} \approx 1\ \mathrm{MHz}$，低通滤波器的通带频率$f_{\mathrm{p}} = 1\ \mathrm{MHz}$。

接下来的关键问题是如何选择过渡带的截止频率。理论上讲，截止频率越靠近通带频率越好，但过渡带越窄，滤波器的阶数就越多，所需的硬件资源也越多。

过渡带带宽的选择有两个原则：一是必须确保滤除相邻的 A/D 镜像频率；二是需要滤除数字下变频引入的倍频分量[20]。根据带通采样定理，容易推导出相邻 A/D 镜像频率的最小间隔为：

$$\Delta f_{\mathrm{ad}} = \min[2f_{\mathrm{L}} - kf_{\mathrm{s}}, (k+1)f_{\mathrm{s}} - 2f_{\mathrm{H}}] \tag{4-29}$$

式中，f_{L}为中频信号的下边带频率（本章实例为 67 MHz）；f_{H}为中频信号的上边带频率（本章实例为 73 MHz）；f_{s}为采样速率（本章实例为 32 MHz）；k为整数。容易求出$\Delta f_{\mathrm{ad}} = 6\ \mathrm{MHz}$。数字下变频引入倍频分量的最低频率为：

$$f_{\mathrm{cddc}} = \min[-2f_0 + (m+1)f_{\mathrm{s}}, 2f_0 - mf_{\mathrm{s}}] - B_{\mathrm{f}}/2 \tag{4-30}$$

式中，f_0为中频采样后的载波频率（本章实例为 6 MHz）；B_{f}为中频信号处理带宽（本章实例为 6 MHz）；m为整数。容易求出$f_{\mathrm{cddc}} = 9\ \mathrm{MHz}$。

再根据前面所述的过渡带选择原则，可知低通滤波器的截止频率为：

$$f_{\mathrm{c}} = \min[f_{\mathrm{cddc}}, B_{\mathrm{f}}/2 + \Delta f_{\mathrm{ad}}] \tag{4-31}$$

容易求出低通滤波器的截止频率f_{c}= 9 MHz。需要注意的是，式（4-29）、式（4-30）和式（4-31）是设计低通滤波器的重要依据。其中，根据式（4-31）求出的频率是低通滤波器的最高截止频率。在此前提下，若硬件资源允许，截止频率应尽可能小，通带衰减应尽可能小，而阻带衰减应尽可能大。

低通滤波器的设计可采用 FIR 滤波器及 IIR 滤波器两种形式。考虑到在载波提取电路中，低通滤波器通带内只关注单载波信号，也就是说低通滤波器通带内不需要具有严格的线性相位特性，因此，为获得更好的滤波性能，节约硬件资源，可以采用 IIR 滤波器来实现低通滤波器。

MATLAB 中有多个 IIR 滤波器设计函数[15]，主要有 butter（巴特沃斯）函数、cheby1（切比雪夫 I 型）函数、cheby2（切比雪夫 II 型）函数、ellip（椭圆滤波器）函数等。这里采用 cheby2 函数进行设计，该函数语法为“[b,a]= cheby2 (n,Rp,Wn);”，其中截止频率为 Wn、阻带波纹最小衰减为 Rp，它的返回值 b、a 均是阶数为 n+1 的向量，表示低通滤波器系统函数的分子和分母的多项式系数。如果 Wn 是一个含有两个元素的向量[w1 w2]，则 cheby2 函数返回值是阶数为 2n 的低通滤波器系统函数的多项式系数。其中[b,a]为低通滤波器系数。

在 MATLAB 命令行窗口中输入下面两条命令，即可获取低通滤波器系数，并可绘出低通滤波器频率响应曲线，如图 4-10 所示。

```
[b,a] = cheby2(3,60,9*2/32);
freqz(b,a,1024,32);
```

上面的第 1 条命令表示，低通滤波器的阶数为 3，阻带衰减为 60 dB，截止频率为 9 MHz，采样速率为 32 MHz。可以根据低通滤波器的频率响应曲线调整低通滤波器的阶数，以获取满足性能的最小的低通滤波器阶数。

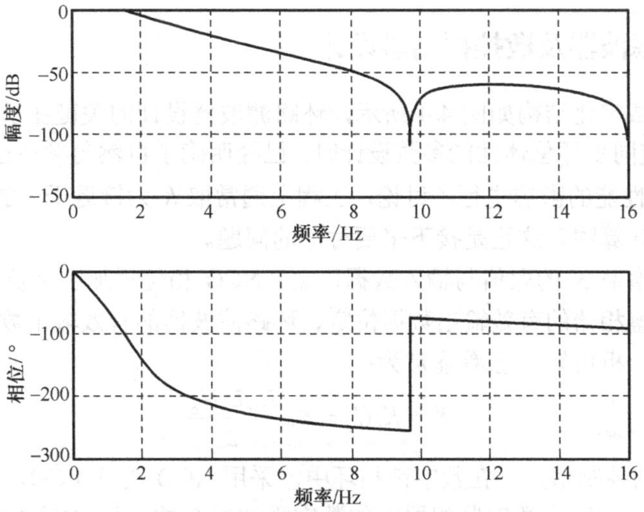

图 4-10　低通滤波器的频率响应曲线

运行上面两条命令后，可在 MATLAB 的命令行窗口中获取滤波器系数，即：

```
b=[ 0.0074   0.0123    0.0123     0.0074]
a=[ 1.0000   -2.2420   1.7459     -0.4645]
```

文献[29]对 IIR 滤波器的 FPGA 实现过程进行了详细的讨论，在进行 IIR 滤波器的 FPGA 编程前，还需要对低通滤波器系数进行量化。IIR 滤波器主要有直接型结构和级联型结构两种。由于本章实例中低通滤波器阶数较小，可采用直接型结构实现。为便于采用移位算法对除法运算进行近似处理，在量化系数时，需要使低通滤波器的第一个分母系数为 2 的 N 次方。本章实例对滤波器进行 13 bit 的量化，其 MATLAB 程序清单如下所示。

```
m=max(max(abs(a),abs(b)));          %获取低通滤波器系数向量中绝对值最大的数
Qm=floor(log2(m/a(1)));             %取系数中最大值与 a(1)的整数倍
if Qm<log2(m/a(1))
    Qm=Qm+1;
Qm=2^Qm;                            %获取量化基准值
Qb=round(b/Qm*(2^(13-1)))           %四舍五入截尾
Qa=round(a/Qm*(2^(13-1)))           %四舍五入截尾
```

按“Enter”键后，可以在命令行窗口直接获取滤波器的系数向量，即：

```
Qb=[ 8         13        13        8]
Qa=[ 1024     -2296    1788    -476]
```

根据量化后的 IIR 滤波器系数以及 IIR 滤波器系统函数，可直接写出 IIR 滤波器的差分方程，即：

$$\begin{aligned}1024y(n)=8[x(n)+x(n-3)]+13[x(n-1)+x(n-2)]-\\ [-2296y(n-1)+1788y(n-2)-476y(n-3)]\end{aligned} \tag{4-32}$$

根据量化后的 IIR 滤波器差分方程可知，如果取 $1024y(n)$ 作为 IIR 滤波器输出，则相当于对 IIR 滤波器输出乘以 1024（也相当于对原数据左移 10 位），则 IIR 滤波器输出有效数据位扩展为 25 bit。

4.4.3 环路滤波器及数控振荡器设计

环路滤波器的数字化结构如图 4-4 所示，环路滤波器设计的关键在于获取系数 C_1、C_2。在 4.4.1 节分析载波同步环总体性能参数设计时，已经明确了自然角频率 ω_n 和阻尼系数 ξ，并对总增益 K 对总体性能的影响进行了讨论。工程上通常取 K 为接近于 1 的值，那么数字锁相环的总增益应如何计算呢？这正是接下来要讨论的问题。

总体来讲，总增益 K 的取值与输入数据位宽、NCO 相位累加字字长、NCO 输出本地载波信号位数、数字鉴相器的有效输出数据位宽、环路滤波器的有效输出数据位宽等有关。

根据第 3 章的分析可知，总增益 K 为：

$$K = K_0 U_{\mathrm{d}} = K_0 \frac{K_{\mathrm{m}} U_{\mathrm{i}} U_{\mathrm{o}}}{2} \tag{4-33}$$

式中，K_0 是 VCO 的控制增益，在数字锁相环中，采用 NCO 代替 VCO，其控制增益为 NCO 的相位控制增益 K_0'；K_{m} 为数字鉴相器中的数字乘法器系数；U_{i} 为输入信号的幅值；U_{o} 为 NCO 输出信号的幅值。

在模拟锁相环中，式（4-33）中的各参数均与实际输入的电压值有关，在数字域该如何处理各参数的单位换算关系呢？根据第 2 章对定点数表示方法的讨论可知，在 FPGA 等数字处理系统中，通常将定点数的小数点定在最高位与次高位之间，以确保数据范围为−1～1。为确保运算结果的正确性，在定点数运算时，所有参与运算的数的小数点位置必须对齐，也就是说小数位宽必须相同。因此，在运算时均需要对运算数据进行小数位对齐的操作。比如，两个 8 bit 的定点数相乘，则运算后必须只保留 8 bit，要对其余低位数据进行截位处理，显然，这样会产生一定的运算误差。除此之外，还有一种简单有效的定点数运算处理方法，即将所有数据均当成整数处理，小数点位置均处在最低位的右边。这样，在运算过程中就可以通过增加字长来实现全精度运算，还可以避免小数点位置的对齐操作。

具体到计算增益的情形，在计算 NCO 的相位增益 K_0' 时，根据 K_0' 的定义

$$K_0' = \frac{2\pi f_{\mathrm{s}}}{2^N} T_{\mathrm{dds}} \tag{4-34}$$

其实已经将相位累加字当成整数进行运算。当相位累加字 P 用 N 比特的二进制数表示时，所产生的相位偏移量为：

$$\Delta p = K_0' P = \frac{2\pi f_{\mathrm{s}}}{2^N} T_{\mathrm{dds}} P \tag{4-35}$$

确定了定点数小数点位置的设置方法后，现在对数字锁相环的总增益计算方法进行讨论。式（4-35）中的数字鉴相器增益可直接采用式（4-33）计算；K_{m} 为数字鉴相器的数字乘法器系数，通常设置为 1，当然也可以根据工程需要进行调整；U_{i} 为输入信号的幅值，由于采用 8 bit 的二进制补码格式，最大幅值换算成整数为 2^7=128；U_{o} 为本地振荡信号的幅值，由于采用 8 bit 的二进制补码格式，最大幅值换算成整数为 2^7=128。是否可以仅根据式（4-33）来计算总增益 K 呢？答案是否定的，我们还必须考虑乘法器、滤波器中所产生的数据位扩展对总增益 K 的影响。

我们知道，对于二进制补码数据来讲，扩展符号位不会对数值大小产生任何影响。因此，在计算一个二进制补码数据所能表示的范围时，必须准确知道其有效数据位宽。有效数据位

宽越大，则所表示的数值范围越大。例如，两个 8 bit 的数据相乘，当乘法结果没有溢出（两个乘数均取负的最大值时才会出现溢出）时，只有 15 bit 的有效数据。即使采用 16 bit（使用乘法器 IP 核时，取全精度运算，则会产生 16 bit 的输出数据）来存储运算结果，其有效数据位宽仍然是 15 bit。对于锁相环来讲，最后影响 NCO 输出相位的是相位累加字，即环路滤波器输出的控制值。因此，式（4-33）中的 U_iU_o 在数字锁相环中由环路滤波器输出的有效数据位宽 B_{lp} 决定，且 U_iU_o 的最大幅值为 $2^{B_{lp}-1}$，其中 B_{lp} 为环路滤波器输出的有效数据位宽。在本章后续讨论环路滤波器的 FPGA 实现结构时，可以知道环路滤波器输出不改变输入数据位宽，因此，U_iU_o 的最大幅值由低通滤波器的输出有效数据位宽决定。

由以上分析可知，数字锁相环的总增益为：

$$K = \frac{2\pi f_s}{2^N} T_{dds}(2^{B_{lp}-2}) \tag{4-36}$$

显然，环路滤波器的有效数据位宽与输入数据的位宽、NCO 的输出数据位宽、乘法器系数、低通滤波器增益、环路滤波器增益有关。对于 IIR 滤波器以及环路滤波器来讲，滤波器输出有效数据位宽与输入相同，即增益为 1（后面章节可以看到，FIR 滤波器会引起一定的增益），因此，环路滤波器的有效数据位宽为鉴相器中乘法器输出的有效数据位宽，即 15。接下来的问题是要确定 NCO 相位累加字（也称为频率字）的更新周期 T_{dds}。在数据运算中，无论乘法器还是滤波器，均会产生一定的时钟周期延时。T_{dds} 的取值原则是大于锁相环运算过程中的总延时，同时又尽可能短，以增加需要更新的相位累加字与输入数据的相关性。本章实例中可选择为 8 个数据采样周期，即 $T_{dds} = 8/f_s$。

将 f_s、T_{dds}、B_{lp} 代入式(4-36)，很容易计算出，当 $N = 19$ 时，K=0.7854。再根据式(4-23)，即可求得环路滤波器系数 C_1=0.053、C_2=0.0011。根据 C_1、C_2 可计算出锁相环系统函数的极点为 0.9792±0.0204i，显然在单位圆内，系统满足稳定工作的条件。

数控振荡器的设计比较简单，直接采用 Quartus II 提供的 NCO 核即可。设计者需要确定的主要参数有 NCO 相位累加字字长、驱动时钟频率、输出数据位宽等。由 4.4.2 节的讨论可知，本章实例中 NCO 输出数据位宽为 8。NCO 驱动时钟频率通常与输入数据速率相同，本章实例中为 32 MHz。相位累加字字长不仅影响整个锁相环的总增益，更重要的是它直接决定了更新频率字所能达到的频率分辨率，其频率分辨率为：

$$\Delta f = f_s / (2^{B_{dds}}) \tag{4-37}$$

在本章实例中，NCO 相位累加字字长为 29（后续设计 IIR 滤波器时，为提高分辨率，IIR 滤波器增益设置为 1024，环路滤波器输出有效数据位宽为 25，则当 NCO 相位累加字字长为 29 时，锁相环的总增益 K=0.7854），则频率分辨率为 0.0596 Hz。频率字 $\Delta\theta$、输出频率 f_{out}、系统时钟频率 f_s、频率字位宽 B_{dds} 之间的关系为：

$$f_{out} = f_s \cdot \Delta\theta / 2^{B_{dds}} \tag{4-38}$$

根据实例设计要求，中频采样后的载波频率为 6 MHz，根据式（4-38）可计算出 NCO 的初始频率字，即：

$$\Delta\theta = 2^{B_{dds}} \cdot f_{out} / f_{clk} = 100663296 = 0x6000000$$

4.5 载波同步环的 FPGA 实现

4.5.1 顶层模块的 Verilog HDL 实现

通常来讲，FPGA 的设计有自底向上和自顶向下两种设计思路。所谓自底向上的思路，是指先设计底层的模块，然后对各子模块进行组装来完成整个顶层模块的设计，进而完成整个系统的设计。自顶向下的思路则正好相反，先设计顶层模块，在顶层模块设计时将子模块的接口及功能均设计好，再根据子模块的接口及功能设计子模块。两种设计思路各有优缺点，一般来说，对于较小的系统或复杂度不高的系统，工程师完全可以根据自己的喜好选用合适的设计思路；复杂的系统则通常采用自顶向下的设计思路，这样更有利于设计者对系统的总体把握。

对于本章所要讨论的设计实例来讲，前面已经对锁相环的总体性能参数、各模块主要功能及参数均进行了详细讨论及设计。为便于读者更好地理解载波同步环的 FPGA 设计过程，先介绍锁相环的顶层结构，以便在阅读模块设计时更容易准确理解各模块功能，从而准确把握整个锁相环的设计思路。

FPGA 的选择在工程应用中十分重要，基本原则是选择满足设计性能要求的最低配置芯片。Xilinx、Altera 等 FPGA 制造商不断推出性能更好、价格更低的 FPGA，了解各种型号 FPGA 的性能及结构特点，需要工程师耗费不少的精力，当然这样做的目的是为了节约成本，以提高产品的竞争力。尤其需要注意的是，目标器件的速度等级，对同一型号，速度等级相差一个数量级，其价格有可能相差几倍。随着读者设计经验的不断丰富，接触到的 FPGA 型号越多，在器件选型时也会更加得心应手。

由于 Verilog HDL 强大的可移植性，编写好的 Verilog HDL 程序几乎不需要做任何更改，即可应用于不同的 FPGA 上。因此，工程师在选用目标器件时，一个常用的方法是将编写好的程序在不同的目标器件上进行程序的综合与实现，以选择最合适的目标器件。为兼顾本书各章节前后内容的一致性，本书工程实例选用 Altera 公司 Cyclone-IV 系列的 EP4CE15F17C8 作为目标器件。

载波同步环的顶层结构如图 4-11 所示，该图是顶层文件（SyncCarrier.v）综合后的 RTL 原理图。由图 4-11 中可以清楚地看出，载波同步环由 1 个 DDS 模块 dds（u4）、1 个乘法器模块 mult（u1）、1 个低通滤波器模块 iir_lpf（u2），以及 1 个环路滤波器模块 LoopFilter（u3）组成。

图 4-11 中的 DDS 模块及乘法器模块均直接由 Quartus Ⅱ 提供的 IP 核产生，低通滤波器模块和环路滤波器模块均需要手动编写 Verilog HDL 程序来实现。在 IP 核生成界面中依次单击“DSP→Signal Gerneration→NCO”即可进入 NCO 核生成界面。单击“Step1：Parameterize”按钮可进入参数设置界面，主要参数设置如下（NCO 核部分参数）：

- NCO 算法生成方式：small ROM。
- 相位累加器精度（Phase Accumulator Precision）：29。
- 角度分辨率（Angular Resolution）：10。

- 幅度精度（Magnitude Precision）：10。
- 驱动时钟频率（Clock Rate）：32 MHz。
- 期望输出频率（Desired Output Frequency）：6 MHz。
- 频率调制输入（Frequency Modulation Input）：选中。
- 调制器分辨率（Modulation Resolution）：29。
- 调制器流水线级数（Modulator Pipeline Level）：1。
- 相位调制输入（Phase Modulation Input）：不选。
- 输出数据通道（Outputs）：双通道（Dual Output）。
- 多通道 NCO（Multi-Channel NCO）：1。
- 频率跳变波特率（Frequency Hopping Number of Bauds）：1。

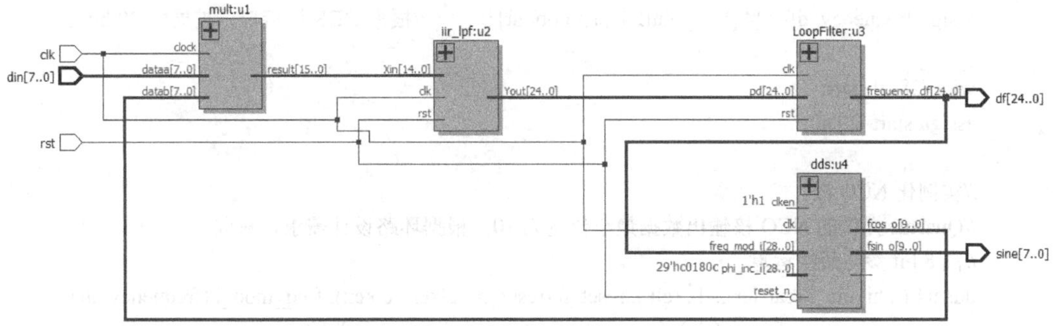

图 4-11　载波同步环顶层结构图

在 IP 核工具中依次选中“Arithmetic→LPM_MULT”，并设置好目标器件、输出文件中的语言模型、IP 核存放路径及名称后，单击“Next”按钮后即可进入乘法器 IP 核参数设置界面，其主要参数设置如下（mult 核部分参数）：

- 输入数据位宽：8。
- 输出数据位宽：16。
- 输入数据类型：有符号数。
- 流水线级数：2。

请读者将 NCO 核及乘法器 IP 核的参数，与 4.4 节载波同步环参数设计的讨论结合起来阅读，以进一步弄清 FPGA 设计与载波同步环参数设计之间的对应关系。顶层文件的结构及代码十分简单，其中乘法器模块（mult：u1）完成数字鉴相器中的乘法功能；低通滤波器模块（iir_lpf：u2）完成数字鉴相器中的低通滤波功能；环路滤波器模块（LoopFilter：u3）完成载波同步环中的环路滤波功能；DDS 模块（dds：u4）完成载波同步环中的 NCO 功能。下面直接给出顶层模块（SyncCarrier）的程序清单：

```
-- SyncCarrier.v 的程序清单
module SyncCarrier (rst,clk,din,sine,df);
    input    rst;                           //复位信号，高电平有效
    input    clk;                           //FPGA 系统时钟：32 MHz
    input    signed [7:0]     din;          //输入信号：32 MHz
```

```
    output   signed [7:0]     sine;                //同步后的载波输出信号（正交支路）
    output   signed [24:0]    df;                  //环路滤波器输出信号

    //实例化 NCO 核所需的接口信号
    wire reset_n,out_valid,clken;
    wire [28:0] carrier;
    wire signed [9:0] sin,cosine ;
    wire signed [28:0] frequency_df;
    wire signed [24:0] Loopout;
    assign reset_n = !rst;
    assign clken = 1'b1;
    //assign carrier=29'd100663296;                         //6 MHz
    assign carrier=29'd102236160;                         //6.09375 MHz
    assign frequency_df={{4{Loopout[24]}},Loopout};       //根据 DDS 核接口，扩展为 29 bit

    wire [28:0] start;
    assign start=29'd0;

    //实例化 NCO 核
    //Quartus 提供的 NCO 核输出数据最小位宽为 10，根据环路设计需求，只取
    //高 8 bit 参与后续运算
    dds u4 (.phi_inc_i (carrier),.clk (clk),.reset_n (reset_n),.clken (clken),.freq_mod_i (frequency_df),
                 .fsin_o (sin),.fcos_o (cosine),.out_valid (out_valid));
    assign sine = sin[9:2];

    //实例化乘法器 IP 核
    wire signed [15:0] mult_out;
    mult u1 (.clock (clk),.dataa (din),.datab (cosine[9:2]),.result (mult_ou));

    //实例化低通滤波器核
    wire signed [24:0] pd;
    iir_lpf u2 (.rst (rst),.clk (clk),.Xin (mult_out t[14:0]),.Yout (pd));

    //实例化环路滤波器核
    LoopFilter u3(.rst (rst),.clk (clk),.pd (pd),.frequency_df(Loopout));

    //将环路滤波器数据发送至输出端口查看
    assign df = Loopout;
endmodule
```

4.5.2 IIR 滤波器的 Verilog HDL 实现

1. 滤波器的实现结构

低通滤波器的设计实际上就是数字鉴相器中 IIR 滤波器的设计。Quartus II 提供了 FIR 滤波器 IP 核，但目前还没有现成的 IIR 滤波器核可以使用，因此需要手动编写 Verilog HDL 程

序来实现。4.4.2 节已采用 MATLAB 设计出了 IIR 滤波器的系数，并对其进行了 13 bit 的量化，根据 Verilog HDL 的特点，将分母系数的第 1 项量化成 2 的整数次幂的形式，以便采用移位的方式实现除法运算。文献[29]对 IIR 滤波器的实现方法、结构，以及其他 FPGA 的实现细节进行了详细的讨论。IIR 滤波器通常可分为直接型结构和级联型结构两种，由于本章实例中的 IIR 滤波器只有 4 阶，故采用直接型结构进行 FPGA 实现，需要通过编写 Verilog HDL 代码来实现式（4-30）的运算。

根据式（4-30），求取公式右边的运算结果后，再除以 1024 即可完成一次完整的滤波运算。根据第 2 章的讨论，FPGA 中实现除法运算不仅需要耗费大量的逻辑资源，而且运算速度也比较低，因此在 FPGA 实现时应尽量避免采用除法运算。在必须使用除法运算的场合，可以采用近似的方法，即采用右移的方法来实现除法运算。在本章实例中，可采用右移 10 bit 的方法来近似实现除以 1024 的运算。显然，只有当被除数低 10 bit 全部为与符号位相同时，这种右移的方法才不会产生误差；当被除数低 10 bit 全部与符号位相反时，产生的误差最大。

根据式（4-30）可得出 IIR 滤波器的直接型实现结构，如图 4-12 所示。

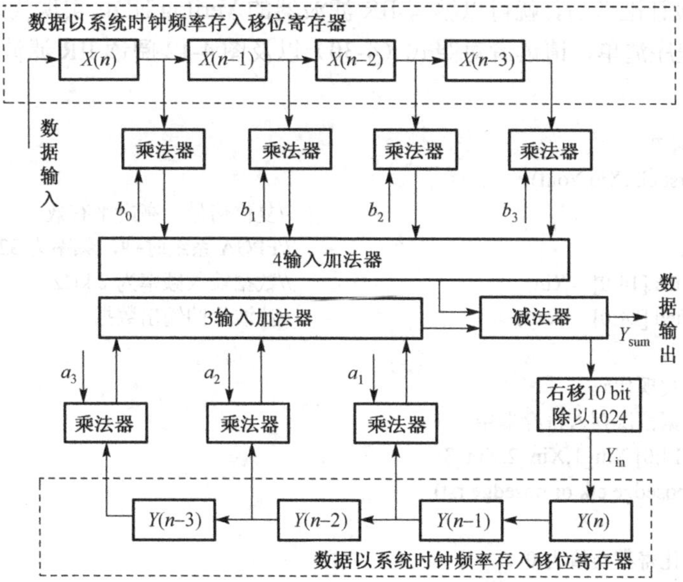

图 4-12 IIR 滤波器的直接型实现结构

从图 4-12 可以看出，IIR 滤波器的结构并不复杂，可以看成两个简单的乘加结构，即实现零点系数的乘加结构和实现极点系数的乘加结构，最后将零点系数的乘加结果减去极点系数的乘加结果，并采用右移的方法实现除以 1024 的运算，最后输出 IIR 滤波器的结果。

2. 常系数乘法运算的实现方法

在进行 Verilog HDL 编程之前，先讨论一下 IIR 滤波器中乘法运算的实现方法。实现乘法运算最简单有效的方法是采用 Quartus II 提供的乘法器 IP 核，如同在数字鉴相器中的乘法运算一样。Quartus II 提供的乘法器 IP 核既可以生成两个乘数都是变量的乘法器，也可以生成一个乘数是常数的乘法器。对于一个乘数是常数的乘法器，实际上是采用基于存储器的结构来实现的，因此具有很高的运算速度，而且不占用芯片内的乘法器硬核资源。

除此之外，另一个简单有效的方法是采用 2.2.2 节介绍的移位及加法运算来实现。下面直接给出本章实例中需要用到的常系数乘法运算的实现方法。

$$A\times 8=A \text{ 左移 } 8 \text{ 位}$$

$$A\times 13=A\times 8+A\times 4+A=A \text{ 左移 } 3 \text{ 位}+A \text{ 左移 } 2 \text{ 位}+A$$

$$A\times 2296=A\times 2048+A\times 256-A\times 8=A \text{ 左移 } 11 \text{ 位}+A \text{ 左移 } 8 \text{ 位}-A \text{ 左移 } 3 \text{ 位}$$

$$A\times 1\,788=A\times 1024+A\times 512+A\times 256-A\times 4=A \text{ 左移 } 10 \text{ 位}+A \text{ 左移 } 9 \text{ 位}+A \text{ 左移 } 8 \text{ 位}-A \text{ 左移 } 2 \text{ 位}$$

$$A\times 476=A\times 512-A\times 32-A\times 4=A \text{ 左移 } 9 \text{ 位}-A \text{ 左移 } 5 \text{ 位}-A \text{ 左移 } 2 \text{ 位}$$

需要说明的是，采用移位及加法运算来实现常系数乘法运算，在较大程度上限制了滤波器系数的灵活性。也就是说，滤波器一旦设定，系数就无法更改，因此，如果工程上需要在程序运行时调用不同的滤波器系数，滤波器中的乘法运算可以采用通用乘法器 IP 核来实现。

3. 编写 IIR 滤波器的 Verilog HDL 实现代码

经过前面的设计准备后，就可以编写 IIR 滤波器的 Verilog HDL 实现代码了。下面直接给出 IIR 滤波器的程序清单，请读者对照式（4-30）以及图 4-12 阅读 IIR 滤波器的 Verilog HDL 实现代码。

```
//iir_lpf.v 程序清单
module iir_lpf (rst,clk,Xin,Yout);
    input   rst;                                      //复位信号，高电平有效
    input   clk;                                      //FPGA 系统时钟，频率为 32 MHz
    input   signed [14:0]   Xin;                      //数据输入频率为 2 kHz
    output  signed [24:0]   Yout;                     //滤波后的输出数据

    //零点系数实现代码
    //将输入数据依次存入寄存器中
    reg signed[14:0] Xin_1,Xin_2,Xin_3;
    always @(posedge clk or posedge rst)
    if (rst)
        //初始化寄存器值为 0
        begin
            Xin_1 <= 0;
            Xin_2 <= 0;
            Xin_3 <= 0;
        end
    else
        begin
            Xin_1 <= Xin;
            Xin_2 <= Xin_1;
            Xin_3 <= Xin_2;
        end

    //采用移位运算及加法运算实现乘法运算
    wire signed[26:0] XMult_0,XMult_1,XMult_2,XMult_3;
```

```
assign XMult_0={{9{Xin[14]}},Xin,3'd0};                                    //*8
assign XMult_1={{9{Xin_1[14]}},Xin_1,3'd0} + {{10{Xin_1[14]}},Xin_1,2'd0}
               + {{12{Xin_1[14]}},Xin_1};                                  //*13
assign XMult_2={{9{Xin_2[14]}},Xin_2,3'd0} + {{10{Xin_2[14]}},Xin_2,2'd0}
               + {{12{Xin_2[14]}},Xin_2};                                  //*13
assign XMult_3={{9{Xin_3[14]}},Xin_3,3'd0};                                //*8

//对滤波器系数与输入数据的乘法结果进行累加，并输出滤波后的数据
//此处增加一级寄存器，以提高系统运算速度
//wire signed[26:0] Xout;
//assign Xout = XMult_0 + XMult_1 + XMult_2 + XMult_3;
reg signed[26:0] Xout;
always @(posedge clk)
   Xout <= XMult_0 + XMult_1 + XMult_2 + XMult_3;

//极点系数的实现代码
//将输入数据依次存入寄存器中
reg signed[14:0]   Yin_1,Yin_2,Yin_3;
wire signed[14:0] Yin;
always @(posedge clk or posedge rst)
if (rst)
   //初始化寄存器值为 0
   begin
      Yin_1 <= 0;
      Yin_2 <= 0;
      Yin_3 <= 0;
   end
else
   begin
      Yin_1 <= Yin;
      Yin_2 <= Yin_1;
      Yin_3 <= Yin_2;
   end

//采用移位运算及加法运算实现乘法运算
wire signed[26:0] YMult_1,YMult_2,YMult_3;
assign YMult_1={{9{Yin_1[14]}},Yin_1,3'd0} - {{4{Yin_1[14]}},Yin_1,8'd0}
               - {{1{Yin_1[14]}},Yin_1,11'd0};                             //*-2296
assign YMult_2={{2{Yin_2[14]}},Yin_2,10'd0} + {{3{Yin_2[14]}},Yin_2,9'd0}
               + {{4{Yin_2[14]}},Yin_2,8'd0}- {{10{Yin_2[14]}},Yin_2,2'd0};    //*1788
assign YMult_3={{10{Yin_3[14]}},Yin_3,2'd0} + {{7{Yin_3[14]}},Yin_3,5'd0}
               - {{3{Yin_3[14]}},Yin_3,9'd0};                              //*-476

//将零点系数结果 Xout 与极点系数滤波后的结果相减，输出 IIR 滤波器的结果
wire signed[26:0] Ysum;
assign Ysum = Xout - YMult_1 - YMult_2 - YMult_3;
```

```
	//对 Ysum 右移 10 bit 相当于除以 1024，而后取低 15 bit 数据输出
	assign Yin = Ysum[24:10];

	//此处将 1024 倍的 Yin 作为滤波结果由寄存器输出，以提高系统运算速度
	reg signed[24:0] dout;
	always @(posedge clk)
		dout <= Ysum[24:0];
	assign Yout = dout;

endmodule
```

IIR 滤波器的 Verilog HDL 实现代码中添加了比较详细的注释语句，读者需要注意的是滤波器输出的相关代码。每完成一次完整的 IIR 滤波器运算，在计算完零点系数滤波结果 Xout 与极点系数滤波结果之间的减法运算后，还需要进行除以 1024 的运算，才能得到正确的 Yin 数据，并参加下一次 IIR 滤波器运算。为了获得更加准确的结果，减少运算误差，直接将移位前的数据 Ysum 作为 IIR 滤波器的最终输出，这相当于将滤波器的增益增加了 1024 倍。另外还需要注意的是，在计算完零点系数的滤波结果后，增加了一级寄存器，以提高运算速度。根据式（4-30）可以看出，在零点系数滤波结果后增加了寄存器，仅相当于对输入数据进行了 1 个时钟周期的延时，不会对 IIR 滤波器结果造成任何影响。

为何要在计算 Xout 时添加寄存器呢？我们知道，对于一个 FPGA 时序电路来讲，决定整个电路运算速度的是单个时钟周期内逻辑运算最多的环节[4]。因此，在设计时序电路时，需要尽量合理安排每个时钟周期内的运算量，使得每个时钟周期内的逻辑运算量大致相同[29]。根据式（4-30），要完成一次 IIR 滤波器运算，需要完成 7 次常系数乘法运算、7 次加法运算和 10 次移位运算（除以 1024）。根据图 4-12 所示的直接型结构编写 Verilog HDL 实现代码，尽量采用并行运算，则完成一次完整的 IIR 滤波器运算需要依次进行 1 次常系数乘法运算、1 次 8 输入的加、减法运算和 1 次移位运算。由于常系数乘法运算也采用移位和加法的实现结构，因此在计算 Ysum 时，1 个时钟周期内的逻辑运算量显然太大。在计算 Xout 时增加一级寄存器，相当于对输入数据进行 1 个时钟周期的延时，不影响滤波结果，在运算速度上，相当于将原来需要 1 个时钟周期完成的运算量，采用 2 个时钟周期来完成，显然可以提高其系统时钟速度，进而提高整个载波同步环的系统时钟速度。

4.5.3 环路滤波器的 Verilog HDL 实现

根据式（4-11）所表示的数字环路滤波器系统函数可知，数字环路滤波器其实是一个一阶 IIR 滤波器。因此，完全可以采用前面设计 IIR 滤波器的方法进行 Verilog HDL 实现。需要注意的是，与前面的 IIR 滤波器不同，环路滤波器中的时钟信号是 DDS 的相位累加时钟，而不是数据采样时钟。图 4-4 给出了一种更为简单的环路滤波器结构，在锁相环中应用十分广泛。

与鉴相器中的 IIR 滤波器一样，在编写 Verilog HDL 代码实现环路滤波器之前，也需要对系数 C_1、C_2 进行量化。与前面的量化方法不同，环路滤波器中的系数直接采用小数量化。也就是说，环路滤波器中与常系数的乘法运算，是经量化后完全采用移位及加、减法运算来完成的。具体到本章工程实例来讲，根据 4.4.3 节的参数设计，$C_1 = 0.053$、$C_2 = 0.0011$。在进行 Verilog HDL 编程实现时，可进行近似处理，取 $C_1 = 0.054\,7 = 2^{-4} - 2^{-7}$、$C_2 = 0.000\,977 = 2^{-10}$。

与系数 C_1 相乘，可采用右移 4 bit 后的值减去右移 7 bit 后的值来实现；与系数 C_2 相乘，可采用右移 10 bit 的方法来实现。通过近似处理，与环路滤波器系数的乘法运算就完全转化成移位及加、减法运算。虽然工程上的近似处理会带来一定的运算误差，但只要整个系统的误差在允许范围内即可。

经过上面的分析，相信读者可以比较容易地读懂下面的环路滤波器程序代码。

```
-- LoopFilter.v 程序清单
module LoopFilter (st,clk,pd, frequency_df);
    input   rst;                                          //复位信号，高电平有效
    input   clk;                                          //FPGA 系统时钟：32 MHz
    input   signed [24:0]   pd;                           //输入数据：32 MHz
    output  signed [24:0]   frequency_df;                 //环路滤波器输出数据

    reg [2:0] count;
    reg signed [24:0] sum,loopout;
    always @(posedge clk or posedge rst)
    if (rst)
        begin
            count <=0;
            sum <= 0;
            loopout <= 0;
        end
    else
        begin
            //频率字更新周期为 8 个 clk 周期
            count <= count + 1;
            //环路滤波器中的累加器寄存器
            if (count==3'b101)
                //c2=2^(-10)
                sum<=sum+{{10{pd[24]}},pd[24:10]};
            if (count==3'b110)
                //c1=2^(-4)-2^(-7)
                loopout<=sum+{{4{pd[24]}},pd[24:4]}-{{7{pd[24]}},pd[24:7]};
        end
    assign frequency_df = loopout;

endmodule
```

由环路滤波器的 Verilog HDL 程序清单可以看出，环路滤波器的实现并不复杂。需要注意的是处理环路滤波器中积分累加时钟的方式。在时序电路设计中，整个系统尽量采用统一的时钟驱动信号，以便系统内部各运算步骤的同步及一致性。在程序设计时，首先产生了一个周期为 8 个时钟周期的计数器，通过判断计数器的值来控制积分累加时钟的周期，以及控制积分累加时刻、频率字更新时刻之间的时序关系。环路滤波器顶层元件综合后的 RTL 原理图如图 4-13 所示。

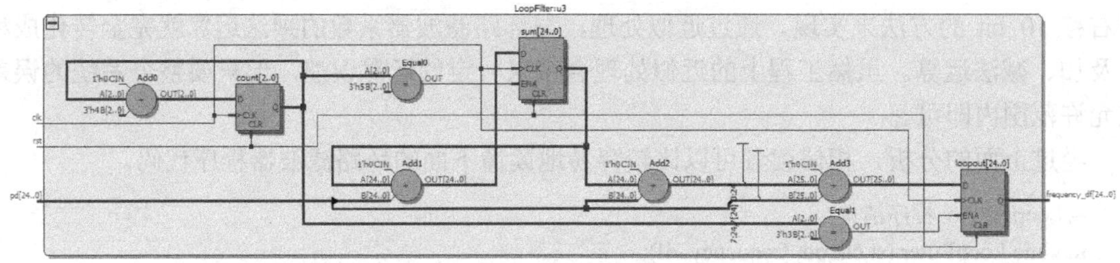

图 4-13　环路滤波器顶层文件综合后的 RTL 原理图

4.5.4　载波同步环的 FPGA 实现

根据本书前面章节所介绍的 FPGA 设计流程，在编写完载波同步环的 Verilog HDL 代码后，即可进行设计综合、功能仿真、设计实现以及时序仿真等流程。为了便于叙述，我们先对前面所设计的载波同步环 Verilog HDL 代码进行设计综合与实现，查看系统所占用的逻辑资源，以及系统是否能够满足工程所需的性能。

由于我们需要测试系统实现后系统时钟所能达到的最高速度，因此在 FPGA 实现前需要添加时序约束条件。在载波同步环中只使用了一个同步时钟信号 clk，因此只需添加 clk 的时序约束条件即可。

在 Quartus II 中完成对载波同步环工程的编译后，启动“TimeQuest Timing Analyzer”工具，并添加 clk 的时序约束（周期为 20 ns，频率为 50 MHz）。保存时序约束结果，重新对整个 FPGA 工程进行编译。

完成综合实现后，在工作过程区中自动显示整个设计所占用的器件资源情况。本章实例选用的是 Altera 公司 Cyclone-IV 系列的 EP4CE15F17C8。Logic Elements（逻辑单元）使用了 959 个，占 6%；Registers（寄存器）使用了 569 个，占 4%；Memory Bits（存储器）使用了 2304 位，占 1%；Embedded Multiplier 9-bit elements（9 bit 嵌入式硬件乘法器）使用了 1 个，占 1%。从“TimeQuest Timing Analyzer”工具中可知系统最高工作频率为 71.41 MHz，满足工程实例中要求的 32 MHz。

在进行 IIR 滤波器的 Verilog HDL 设计时，讨论过在计算 Xout 时添加寄存器可以提高系统运行速度的问题。下面我们先修改 iir_lpf.v 程序的代码，去掉计算 Xout 时添加的寄存器，再对系统进行 FPGA 实现，以对比系统速度性能的变化。

将 iir_lpf.v 程序中的代码

```
reg signed[26:0] Xout;
always @(posedge clk)
Xout <= XMult_0 + XMult_1 + XMult_2 + XMult_3;
```

改为

```
wire signed[26:0] Xout;
assign Xout = XMult_0 + XMult_1 + XMult_2 + XMult_3;
```

修改完代码后，再对载波同步环的 FPGA 工程文件进行实现，此时系统时钟的最高频率为 60.02 MHz。通过增加或减少寄存器来控制速度的前提是，必须确保系统的功能不受影响，否则就没有意义了。实际上，提高 FPGA 工程速度的方法有修改实现代码，添加时序约束、布线时的物理约束，合理利用 FPGA 结构及布线资源等。采用最少逻辑资源实现满足需求的工程设计，正是 FPGA 工程师需要不断努力来达到的最终目标。

4.6 载波同步环的仿真测试

4.6.1 测试激励的 Verilog HDL 设计

完成了 FPGA 工程的设计及实现后，还需要进行仿真测试。虽然 Quartus II 集成了仿真软件，但通常采用界面更为友好、使用更为方便的 ModelSim 软件进行仿真测试。

在进行仿真测试之前，首先需要编写测试激励文件。Quartus II 提供的测试激励文件有波形文件（Waveform）及 Verilog HDL 代码文件（TestBench）两种。前者通过编辑波形形成测试激励源，后者通过编写代码形成测试激励源。波形文件直观方便，而 Verilog HDL 代码文件更为灵活。通常来讲，波形文件适用于激励源波形较为简单的情况，对于激励源波形较为复杂的情况，只能使用编写 Verilog HDL 代码文件的方法来产生激励信号源。本书所讨论的大部分 FPGA 工程实例，在进行仿真时均使用 Verilog HDL 代码文件作为测试激励源，且大多数时候需在激励文件中导入外部文本文件（TXT）中的数据来作为仿真的输入信号，并将部分结果数据写入外部文本文件中，以便使用 MATLAB 等软件进一步分析仿真结果。

测试激励文件的程序代码十分简单，下面直接给出程序清单。在本书后续所讨论的 FPGA 工程设计实例中，测试激励文件的构成及主要作用均十分相似，本书将不再给出完整的测试激励文件代码，读者可以在本书配套资料中查阅完整的工程文件。

```
--SyncCarrier.vt 程序清单
timescale 1 ns/ 1 ns
module SyncCarrier_vlg_tst();
reg clk;
reg [7:0] din;
reg rst;
//wires
wire [24:0]   df;
wire [7:0]    sine;

//assign statements (if any)
SyncCarrier i1 (.clk(clk),.df(df),.din(din),.rst(rst),.sine(sine));

parameter clk_period=20;                         //设置时钟信号周期（频率）
parameter period_data=clk_period*1;              //数据周期
parameter clk_half_period=clk_period/2;
parameter data_half_period=period_data/2;
parameter data_num=110000;                       //仿真数据长度
parameter time_sim=data_num*period_data;         //仿真时间
```

```
initial
begin
    //设置时钟信号初值
    clk=1;
    //设置复位信号
    rst=1;
    #1000 rst=0;
    //设置仿真时间
    #time_sim $finish;
end

//产生时钟信号
always
#clk_half_period clk=~clk;

//从外部文本文件导入数据
integer Pattern;
reg [7:0] stimulus[1:data_num];
initial
begin
   //文件必须放置在“工程目录\simulation\modelsim”下
    $readmemb("Snr10dB_in.txt",stimulus);
    Pattern=0;
    repeat(data_num)
    begin
        Pattern=Pattern+1;
        din=stimulus[Pattern];
        #period_data;
    end
end

//产生写入时钟信号，复位状态时不写入数据
wire rst_write;
assign rst_write = clk & (!rst);

//将仿真数据写入外部文本文件中（df.txt）
integer file_df;
initial
begin
   //文件放置在“工程目录\simulation\modelsim”下
    file_df = $fopen("df.txt");
    if(!file_df)
    begin
        $display("could not open file!");
        $finish;
    end
```

```
end
//将 df 转换成有符号数
wire signed [24:0] s_df;
assign s_df = df;
always @(posedge rst_write)
$fdisplay(file_df,"%d",s_df);
endmodule
```

4.6.2　单载波输入信号的仿真测试

为了全面掌握 FPGA 实现的载波同步环的性能，并了解环路滤波器系数对载波同步环性能的影响，我们需要改变输入信号的信噪比、载波初始频差、环路滤波器系数，并通过仿真来测试捕获时间及捕获后的频差波动范围（稳态相差比较难以计算，可通过计算锁定后环路滤波器输出信号的波动大小来反映稳态相差的大小）等载波同步环的性能。

由于仿真测试的方法相同，因此本节只介绍单载波输入信号的信噪比为 100 dB（相当于无噪声干扰），初始频差为 93.75 kHz，环路滤波器系数 $C_1 = 0.0547 = 2^{-4} - 2^{-7}$、$C_2 = 0.000977 = 2^{-10}$ 情形的载波同步环仿真测试及分析步骤。读者可以根据本节所介绍的方法，使用本书配套资料中所提供的 FPGA 工程文件以及 MATLAB 仿真分析程序，对其他参数情况下的环路性能进行测试。

第一步：生成测试激励原始数据。修改产生输入信号的 MATLAB 程序 E4_1_SignalProduce.m 中的代码，产生信噪比为 100 dB 的单载波输入信号。将程序中的语句“snr=10;”修改为“snr=100;”，同时将文件存放路径的语句

```
fid=fopen(' D:\ SyncPrograms\Chapter_4\E4_1_DirectCarrier \Snr10dB_in.txt','w');
fid=fopen(' D:\ SyncPrograms\Chapter_4\E4_1_DirectCarrier \SamSquare10dB_in.txt','w');
fid=fopen(' D:\ SyncPrograms\Chapter_4\E4_1_DirectCarrier \SamSin10dB_in.txt','w');
```

修改为

```
fid=fopen(' D:\ SyncPrograms\Chapter_4\E4_1_DirectCarrier \Snr100dB_in.txt','w');
fid=fopen(' D:\ SyncPrograms\Chapter_4\E4_1_DirectCarrier \SamSquare100dB_in.txt','w');
fid=fopen(' D:\ SyncPrograms\Chapter_4\E4_1_DirectCarrier \SamSin100dB_in.txt','w');
```

保存并运行 E4_1_SignalProduce.m 文件，自动在指定路径下生成信噪比为 100 dB 的单载波数据文件 Snr100dB_in.txt、调制信号为正弦波的双边带调幅数据文件 SamSin100dB_in.txt，以及调制信号为方波的双边带调幅数据文件 SamSquare100dB_in.txt。

第二步：在测试激励文件中指定输入数据文件和输出数据文件并进行仿真测试。在测试激励文件 SyncCarrier.vt 中，修改输入数据文件和输出数据文件路径的相关代码，指定 Snr100dB_in.txt 为仿真测试的输入数据源文件，并将环路滤波器输出信号 df 写入 df.txt 文件中。

完成测试激励文件后，就可以采用 ModelSim 进行仿真测试了。FPGA 的仿真主要有功能仿真和布局布线后仿真（又称为后仿真或时序仿真）两种形式。由于时序仿真具有十分精确的器件延时模型，只要约束条件设计正确合理，且仿真通过了，程序下载到 FPGA 后基本不用担心会出现什么问题。但时序仿真所需要的时间相对较长，尤其是较为复杂的设计，时序仿真的时间有可能需要工程师具有极强的耐心才能看到最终的仿真结果。本书进行功能仿真，读者可

以对系统进行时序仿真，以查看功能仿真与时序仿真之间的区别。

在仿真测试之前，还需要简单修改一下载波同步环的顶层文件 SyncCarrier.v 的代码，以满足本地振荡频率与输入信号频率的初始频率差为 93.75 kHz 的条件。需要说明的是，实际工程设计中本地振荡信号的初始频率应设置为 6 MHz，输入信号与本地振荡信号的初始频差是由输入信号的频率变化引起的。本章实例中修改本地振荡信号初始频率只是为了仿真测试方便而已。根据式（4-35）容易计算出，当 DDS 输出频率为 6.09375 kHz 时，对应的 NCO 频率字为 102236160（B"00110000110000000000000000000"）。将 SyncCarrier.v 文件中的初始频率常量 carrier 设置为 6.09375 kHz，也相当于输入信号频率与本地振荡频率差为 93.75 kHz。

一切准备就绪后，就可以直接运行 ModelSim 进行载波同步环顶层文件的功能仿真了。注意在 ModelSim 的波形界面（Wave）中，右键单击输出信号名 df，在弹出的菜单中依次单击“Format→Analog（Automatic）”选项，可在波形界面中更为直观地显示环路滤波器输出信号 df 的波形变化曲线，如图 4-14 所示。同时，如果读者观察输入信号 din 与 DDS 核的输出信号 sine 的相位，可以发现两个信号在环路锁定后保持一致，即实现了相位锁定功能。

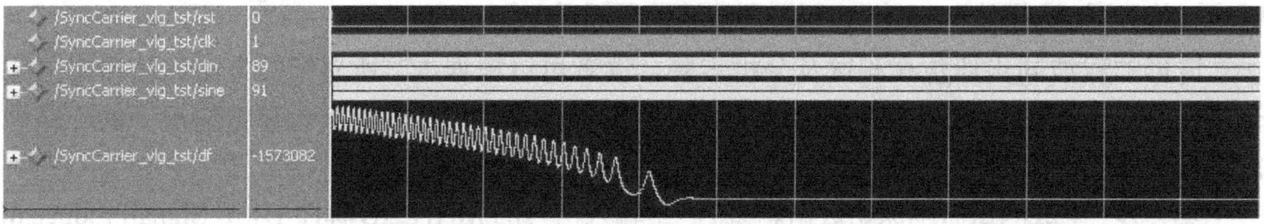

图 4-14　单载波输入信号的载波同步环顶层文件功能仿真中环路滤波器输出信号波形图

第三步：编写 MATLAB 程序，分析仿真测试数据。通过 ModelSim 提供的波形界面可以较为直观地查看载波同步环捕获过程的变化、捕获的时间，以及载波同步环锁定后环路滤波器输出信号的波动大小，但详细分析载波同步环的性能仍然不够方便。工程上通常使用 MATLAB 来对 ModelSim 的仿真数据进行更为准确的分析。本章实例工程中的 MATLAB 分析程序主要完成的功能为：从文本文件中读取仿真输出的数据；绘制环路滤波器输出信号变化曲线；计算载波同步环锁定后产生频差的平均值以及输出电压峰-峰值对应的频差。程序代码比较简单，并且添加了比较详细的注释，下面直接给出了 E4_1_SigAnalysis.m 的程序清单。

```
%E4_1_SigAnalysis.m 程序清单
%读取 FPGA 仿真出数据
%运行程序前，需要根据文件存放路径修改下面相关代码
fid=fopen('D:\SyncPrograms\Chapter_4\E4_1_DirectCarrier\SyncCarrier\simulation\modelsim\df.txt','r');
[df,N_s]=fscanf(fid,'%lg',inf);
fclose(fid);

%求载波同步环锁定后环路滤波器输出电压平均值对应的频率差
%需要根据仿真数据长度、载波同步环捕获时间来调整数据区间
mean_df=mean(df(7*N_s/8:N_s));
mean_df=mean_df*32*10^6/(2^29)

%求载波同步环锁定后环路滤波器输出电压峰-峰值对应的频率差
max_df=max(df(7*N_s/8:N_s))-min(df(7*N_s/8:N_s));
```

```
max_df=max_df*32*10^6/(2^29)

%绘制环路滤波器输出信号波形
t=1:N_s; t=t/32000;                    %设置横坐标单位为 ms
df=df*32*10^3/(2^29);                  %设置纵坐标单位为 kHz
plot(t,df);
xlabel('时间/ms');ylabel('频率/kHz');
```

保存并运行数据分析程序，从 MATLAB 的命令行窗口中可以看到，锁定后 df 的平均值为−93.75 kHz，与程序中设置的初始频差相同，输出电压峰-峰值对应的频差为 4.927 kHz，同时得到如图 4-15 所示的结果。

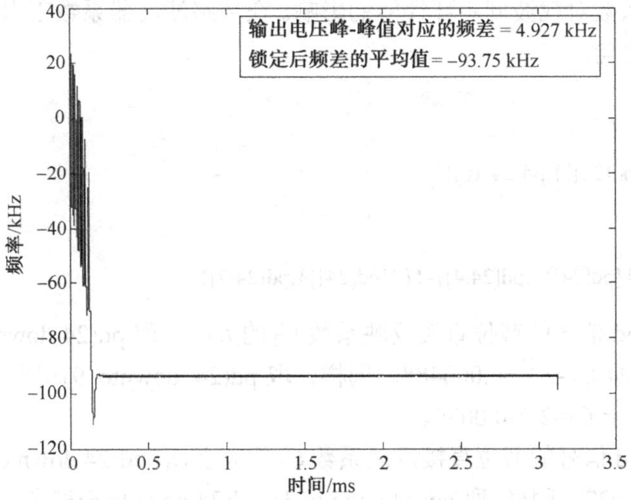

图 4-15　单载波输入信号时载波同步环仿真测试图（SNR=100 dB，df=93.75 kHz）

按照相同的步骤及方法，很容易得到信噪比为 10 dB 情况下载波同步环的仿真测试结果，如图 4-16 所示。

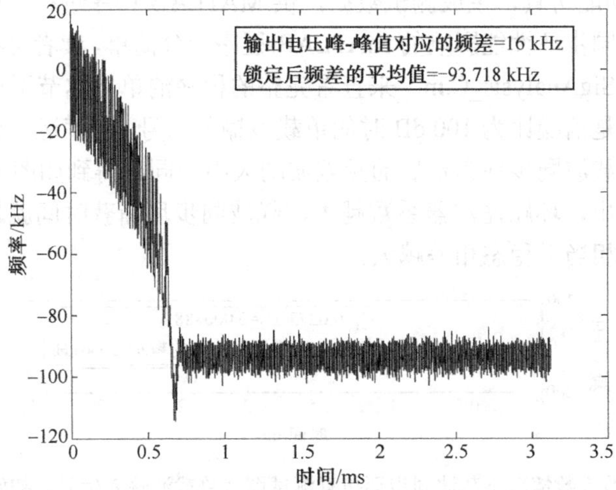

图 4-16　单载波输入信号时载波同步环仿真测试图（SNR=10 dB，df=93.718 kHz）

从图 4-15 和图 4-16 可清楚地看到，当初始频差为 93.75 kHz、信噪比为 100 dB（相当于无噪声干扰）时，环路捕获时间约为 0.2 ms，锁定后的环路滤波器输出信号对应的频差为−93.75 kHz，频差最大波动为 4.927 kHz；当信噪比降至 10 dB 时，载波同步环仍能够捕获锁定，但捕获时间延长到了 0.7 ms，锁定后的环路滤波器输出信号对应的频差接近−93.718 kHz，频差最大波动增加到 16 kHz。

仔细观察 ModelSim 仿真波形中输入信号 din 与 DDS 核的输出信号 sine 的相位，无论信噪比为 100 dB 还是 10 dB，可以发现两个信号在载波同步环锁定后均保持一致，即实现了相位锁定功能。

前面通过改变输入信号的信噪比测试了不同信噪比条件下的载波同步环性能。接下来测试一下环路滤波器系数对载波同步环性能的影响。在环路滤波器系数工程文件 LoopFilter.v 文件中修改下面几条语句：

```
if (count==3'b101)
//c2=2^(-10)
sum<=sum+{{10{pd[24]}},pd[24:10]};
if (count==3'b110)
//c1=2^(-4)-2^(-7)
loopout<=sum+{{4{pd[24]}},pd[24:4]}-{{7{pd[24]}},pd[24:7]};
```

第三条语句中 pd 信号的截位直接反映系数 C_2 的大小，取 pd(24 downto 11)相当于 PD 信号向右移了 11 位，即 $C_2=2^{-11}=0.000488$。同样，取 pd(24 downto 9)相当于 $C_2=2^{-9}=0.002$，取 pd(24 downto 8)相当于 $C_2=2^{-8}=0.0039$。

第六条语句中 pd 信号的截位直接反映系数 C_1 的大小，取 pd(24 downto 5)−pd(24 downto 8)相当于 $C_1=2^{-5}-2^{-8}=0.0273$；同样，取 pd(24 downto 3)−pd(24 downto 6)相当于 $C_1=2^{-3}-2^{-6}=0.1094$，取 pd(24 downto 2)−pd(24 downto 5)相当于 $C_1=2^{-2}-2^{-5}=0.2188$。

第二条语句和第五条语句是注释语句，用于说明系数的大小。

每次修改环路滤波器参数，以及测试激励文件中输出文件名的相关代码后，重新运行 ModelSim 软件进行功能仿真，生成测试数据，供 MATLAB 程序进行分析处理。分析不同环路滤波器系数对载波同步环性能影响的 MATLAB 程序十分简单，读者可参见本书配套资料中的“Chapter_4\E4_1_SigAnalysis_C.m”来查看完整的程序清单，本节不再列出。

仿真测试数据均是信噪比为 100 dB 时的单载波输入信号。程序运行后，可以在 MATLAB 的命令行窗口中读取载波同步环锁定后的频差波动大小，同时得到如图 4-17 所示的波形图。从图中可以明显地看出，环路滤波器系数越大，载波同步环捕获时间就越短，但锁定后的频差波动范围也越大，相当于稳态相差越大。

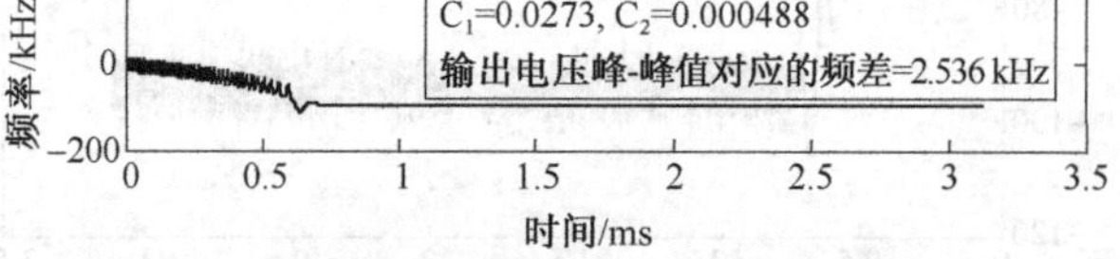

图 4-17　不同环路滤波系数情况下载波同步环仿真测试图（单载波输入信号，初始频差为 93.75 kHz）

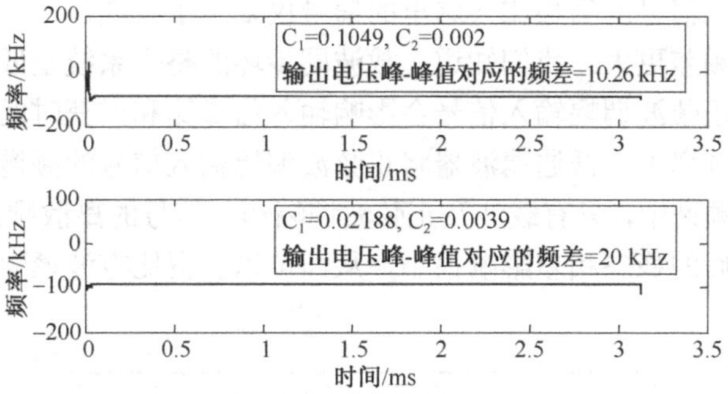

图 4-17　不同环路滤波系数情况下载波同步环仿真测试图（单载波输入信号，初始频差为 93.75 kHz）（续）

4.6.3　调幅输入信号的仿真测试

为了全面掌握 FPGA 实现的载波同步环的性能，4.3.2 节设计了两种输入信号模型：单载波输入信号和调幅输入信号(包括正弦波信号调制及方波信号调制)。前面已经对不同信噪比，不同环路滤波器系数情况下的单载波输入信号进行了仿真测试，接下来对调幅输入信号进行仿真测试。

仿真测试的步骤、方法与 4.6.2 节相同，只需将仿真测试激励文件改为调幅输入信号即可。仿真测试信号的信噪比 SNR 为 100 dB，初始频差 df 为 93.75 kHz，C_1=0.0547，C_2=0.000977，仿真测试文件分别为由 E4_1_SignalProduce.m 程序生成的 SamSin100dB_in.txt（正弦波调幅输入信号）和 SamSquare100dB_in.txt（方波调幅输入信号），用于 MATLAB 分析 ModelSim 仿真输出数据的程序文件为 E4_1_SigAnalysis.m。需要注意的是，在运行分析程序之前，需要修改读取文件路径的相关代码。

图 4-18 为正弦波调幅输入信号情形下载波同步环顶层文件的 ModelSim 仿真波形图，从图中可以看出，载波同步环能够正确捕获锁定。图 4-19 和图 4-20 分别为正弦波调幅调入信号和方波调幅输入信号情形下，载波同步环的性能仿真测试图。

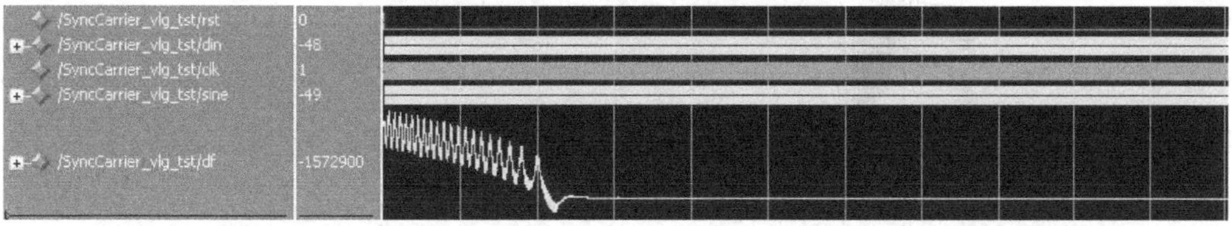

图 4-18　正弦波调幅输入信号情况下的载波同步环顶层文件的 ModelSim 仿真波形图

比较图 4-19 和图 4-20 可以看出，对于两种调幅输入信号，载波同步环的捕获时间几乎相同，锁定后输入和输出载波相位完全同步，但方波调幅输入信号锁定后的稳态频差比正弦波调幅输入信号稍大。比较图 4-15、图 4-19 和图 4-20 可知，在相同的条件下，单载波输入信号的捕获时间明显短于调幅输入信号的捕获时间。这是什么原因呢？我们可以简单地查看一下输入信号的频谱。对于载波同步环，所关注的仅仅是输入信号的载波频谱分量。对于双边带调幅输入信号，其频谱比单载波输入信号频谱宽得多，而除去载波频谱分量后的其他频谱分量，在载波同步环中均被看成噪声来进行处理。因此，对于载波同步环，相对于单载波输入信号来说，调幅输入信号的信噪比（这里的信号仅限定于载波信号）更低，因此捕获时间更长，锁定后的稳态频差更大。我们知道，载波同步环的整个系统呈低通特性，当载波同步环处在捕获状态时，正弦波调幅输入信号会影响输入信噪比和捕获时间。当载波同步环锁定后，由于锁定在载波频率上，低通滤波器将正弦波调幅输入信号的频谱分量已完全滤除（正弦波调幅输入信号的频谱中，只有载波及正弦波调幅输入信号的离散频谱分量），因此正弦波调幅输入信号对锁定后的稳态相差影响很小，从而可以获得比方波调幅输入信号更好的稳态频差及相差。

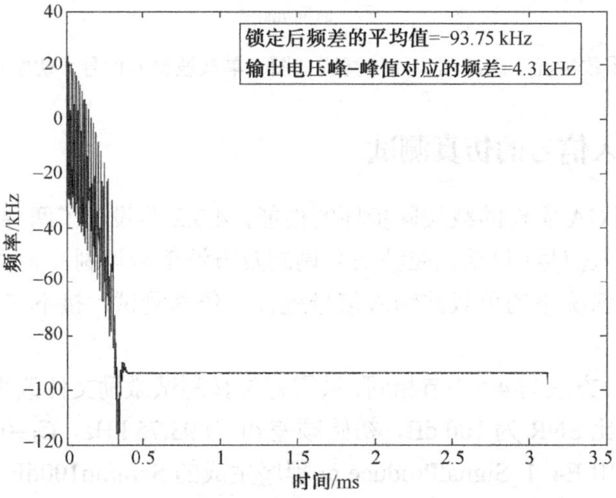

图 4-19　正弦波调幅输入信号情形下载波同步环仿真测试图

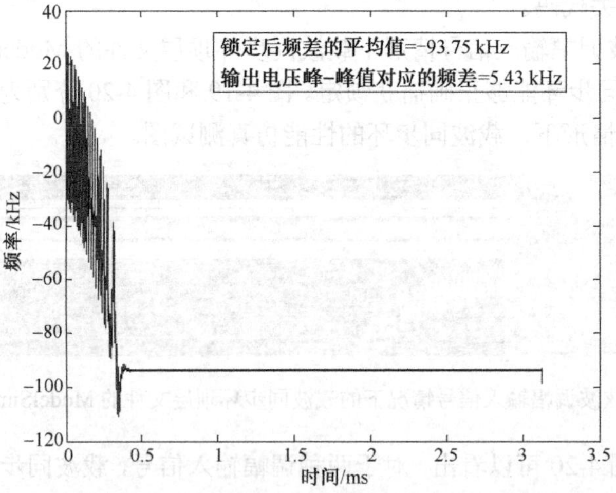

图 4-20　方波调幅输入信号情形下载波同步环仿真测试图

下面通过改变载波同步环的初始频差，继续测试初始频差大小对载波同步环性能的影响。为便于比较，统一设定输入信号信噪比 SNR=100 dB，环路滤波器系数 C_1=0.0547、C_2=0.000977，输入信号为正弦波调幅信号。通过改变 LoopFilter.v 文件中常量 starf 的值来设定不同的初始频差条件，其中

```
carrier = 29'd101449728;          --表示 93.75 kHz 频差
carrier = 29'd101449728;          --表示 46.875 kHz 频差
carrier = 29'd100860000;          --表示 11.7188 kHz 频差
```

在每次修改环路滤波器参数，以及测试激励文件中输出文件名的相关代码后，都需要重新运行 ModelSim 进行功能仿真，并生成仿真测试数据供 MATLAB 进行分析处理。分析不同环路滤波器系数对载波同步环性能影响的 MATLAB 程序十分简单，读者可参见本书配套资料中的“Chapter_4\E4_1_SigAnalysis_C.m”的程序清单，本节不再列出。

程序运行后，可以在 MATLAB 的命令行窗口中读取载波同步环锁定后的频差波动大小，同时得到如图 4-21 所示的波形图。从图中可以明显地看出，初始频差越大，捕获时间就越长，但锁定后的频差波动范围相差不大，相当于稳态相差相近。也就是说，初始频差的大小只影响载波同步环捕获时间的长短，而对锁定后的稳态相差无影响。

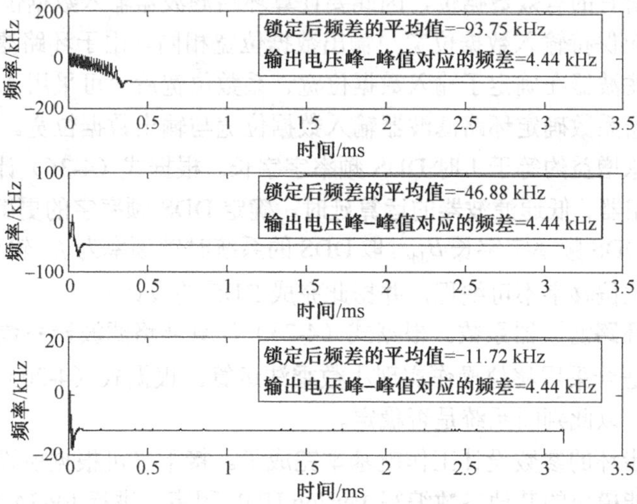

图 4-21　不同初始频差情况下载波同步环仿真测试图

通过前面的仿真测试可大致知道环路滤波器系数、输入信噪比、初始频差等参数对载波同步环性能的影响。载波同步系统的设计比较复杂，在设计时需要确定诸如数据位宽、DDS 频率分辨率、增益、环路滤波器过渡带等参数。为了方便读者全面理解载波同步环，也就是锁相环的设计方法、步骤，以及各种参数对设计后系统性能的影响，接下来对前面的设计及仿真测试过程进行总结，给出一些具有指导性的结论和建议，供设计人员参考。

4.6.4　关于载波同步环参数的讨论

1．载波同步环的一般设计步骤

显然，环路滤波器各参数的设计有先有后，且需要对部分参数进行不断调整，以满足最终的设计需求。为了使读者更好地掌握载波同步环的设计方法，下面对前面的叙述进行整理，并结合例 4-1 的工程实例设计，给出一个更为容易操作的设计步骤。

第一步：明确基本的设计参数及需求。在设计一个载波同步环时，首先需要明确的几个基本参数有输入数据位宽 B_{data}、数据采样时钟频率 f_s、环路快捕带宽 $\Delta\omega_L$、中频输入信号的信噪比 $(S/N)_i$ 和中频信号带宽 B_i。

第二步：设计环路自然角频率 ω_n。根据 4.4.1 节所述的方法设计合适的环路滤波器自然角频率 ω_n。对于载波同步环，最重要的参数有自然角频率 ω_n、阻尼系数 ξ、总增益 K。在工程设计中 ξ 通常取 0.707，K 通常取接近于 1 的值，因此需要根据实际需求设计自然角频率 ω_n。

第三步：使用 MATLAB 仿真环路滤波器系数。数字鉴相器一般采用乘法器级联低通滤波器的结构来实现。数字鉴相器中的低通滤波器起着重要的作用，关键在于设计低通滤波器的过渡带频率。根据 4.4.2 节所述的方法，根据低通滤波器指标设计出满足需求的滤波器系数，并对其进行量化，量化位宽通常取 10～12。低通滤波器主要有 FIR 滤波器和 IIR 滤波器两种形式，如果仅关注载波信号，则可以采用 IIR 滤波器来实现，以节约硬件资源。

第四步：计算环路滤波器输出有效数据位宽。在数字鉴相器中的乘法运算、低通滤波器运算过程通常保留所有的有效数据位，因此要计算环路滤波器输入数据位宽 B_{loop}。在进行环路滤波器设计时，应保持输入数据位宽与输出数据位宽相同。由于环路滤波器不改变有效数据位宽，因此低通滤波器在确定了输入数据位宽、系数位宽后，可采用 4.4.2 节所述的方法，根据量化后的滤波器系数确定环路滤波器输入数据位宽与输出数据位宽。

第五步：计算总增益约等于 1 时 DDS 频率字字长。根据式（4-36）计算载波同步环的总增益。根据数字鉴相器、低通滤波器的运算延时，确定 DDS 频率字的更新周期。计算当总增益 K 约等于 1 时的 DDS 频率字字长 B_{dds}。取 DDS 的系统时钟频率为 f_s，输出数据位宽为 B_{data}，频率字可编程、相位偏移字不可编程，并据此完成 DDS 的设计。

第六步：设计环路滤波器系数。根据式（4-23）计算环路滤波器系数 C_1、C_2，并对系数进行近似处理，以适合采用移位操作实现小数乘法运算。根据式（4-20）验证系统函数的极点是否在单位圆内，以此判断系统是否稳定。

到此，载波同步环的参数设计工作就基本完成了。接下来可根据所设计的载波同步环性能参数，以及各功能模块的其他参数编写 Verilog HDL 程序，进行 FPGA 实现。

2. 载波同步环参数设计的几点讨论

（1）在设计载波同步环的自然角频率时，必须满足 $\omega_n T \ll 1$ 这一前提条件，否则将影响环路滤波器系数的设计误差，进而影响载波同步环的准确性。显然，ω_n 的值越小，则载波同步环的抗噪声性能越好，即更容易在恶劣的条件下锁定，且锁定后的稳态相差越小；ω_n 的值越大，则载波同步环快捕带越宽，捕获越迅速。因此，ω_n 的设计需要兼顾稳态相差及快捕带宽。

（2）输入信号的质量越好（信噪比越高），则载波同步环的捕获时间就越短，锁定后的稳态相差就越小。

（3）初始频差越小，载波同步环的捕获时间就越短，锁定后的稳态相差与初始频差无关。

（4）可以增加环路滤波器系数量化位宽、DDS 输出数据位宽来增加环路滤波器输出数据位宽，进而增加载波同步环的总增益；可以通过增加 DDS 频率字字长来降低载波同步环总增益。DDS 频率字字长直接决定频率分辨率，工程上通常需要频率分辨率小于 1 Hz。在硬件资源允许的情况下，可尽量增加环路滤波器系数量化位宽和频率字字长，以提高运算精度。

（5）在其他参数不变的情况下，增加 C_1、C_2 等同于增加快捕带 $\Delta\omega_L$、加快锁定速度，但同时也会增加锁定后的稳态相差、降低信噪比 $\left(\frac{S}{N}\right)_L$、降低解调信噪比、增加误码率；降低 C_1、C_2 则刚好起相反的作用。因此，在一些要求比较严格的工程设计中，在载波同步环未锁定前加大 C_1、C_2 的值，以增加锁定速度；在锁定后降低 C_1、C_2 的值，以减小稳态相差。

（6）载波同步环的捕获带不是无限大的，它受限于环路滤波器的输出数据位宽，以及 DDS 的频率字字长。要增加捕获带，在 DDS 频率字字长不变的情况下，就要增加环路滤波器有效数据位宽，相当于增加载波同步环的总增益；或者在环路滤波器输出数据位宽不变的情况下，减少 DDS 频率字字长，仍然相当于增加载波同步环的总增益。因此，载波同步环的捕获带带宽在很大程度上由载波同步环的总增益决定，且 K 越大，捕获带越宽，反之越窄。

（7）增加载波同步环捕获带带宽，并加快捕获速度的另一种方案是采用自动频率控制（Automatic Frequence Control，AFC）环或载波频率预先估计算法来预先设置载波初始频率值，相关内容将在第 6 章中详细讨论。

4.7 载波同步环的板载测试

4.7.1 硬件接口电路

本次板载测试的目的在于验证载波同步环的工作情况，即验证顶层文件 sync_carrier.v 程序是否能够完成对载波信号的同步功能。读者可以在本书配套资料“Chapter_4\SyncCarrier_BoardTst”下查看完整的 FPGA 工程文件。

CRD500 开发板配置有 2 路独立的 DA 通道、1 路 AD 通道、2 个独立的晶振。为了尽量真实地模拟通信中的载波同步过程，采用晶振 X2（gclk2）作为驱动时钟，产生 6 MHz 的正弦波信号，经 DA2 通道输出；DA2 通道输出的模拟信号通过开发板上的 P5 跳线端子（引脚 1、2 短接）连接至 AD 通道，送入 FPGA 进行处理；本地同步后的载波信号经处理后，由 DA1 通道输出；DA1 和 AD 通道的驱动时钟由 X1（gclk1）提供，即板载测试中的收、发两端的时钟完全独立。程序下载到开发板后，通过示波器同时观察 DA1、DA2 通道的信号波形，即可判断收、发两端信号的载波同步情况。板载测试的 FPGA 接口信号定义如表 4-1 所示。

表 4-1 载波同步环板载测试的 FPGA 接口信号定义

信号名称	引脚定义	传输方向	功能说明
rst	P14	→FPGA	复位信号，高电平有效
gclk1	M1	→FPGA	50 MHz 时钟信号，接收端驱动时钟
gclk2	E1	→FPGA	50 MHz 时钟信号，发送端驱动时钟
key1	T10	→FPGA	按键信号，按下为高电平；按下时 AD 通道输入为全 0 信号，否则为 DA2 通道产生的信号

续表

信号名称	引脚定义	传输方向	功能说明
ad_clk	K15	FPGA→	A/D 采样时钟信号，32 MHz
ad_din[7:0]	G15、G16、F15、F16、F14、D15、D16、C14	→FPGA	A/D 采样输入信号，8 bit
da1_clk	T15	FPGA→	DA1 通道转换时钟信号，64 MHz
da1_out[7:0]	L16、L15、N15、N16、N14、P16、P15、R16	FPGA→	DA1 通道转换信号，本地同步后的信号
da2_clk	D12	FPGA→	DA2 通道转换时钟信号，50 MHz
da2_out[7:0]	A13、B13、A14、B14、A15、C15、B16、C16	FPGA→	DA2 通道转换信号，模拟的测试信号，6 MHz 正弦波

4.7.2 板载测试程序

根据前面的分析可知，板载测试程序需要设计时钟产生模块（clk_produce.v）来产生所需的各种时钟信号；设计测试数据生成模块（testdata_produce.v）来产生 6 MHz 的正弦波信号；为了便于通过示波器观察到更平滑的波形，将本地同步信号（6 MHz）插值成 64 MHz，供 DA2 通道转换输出。板载测试程序（BoardTst.v）顶层文件综合后的 RTL 原理图如图 4-22 所示。

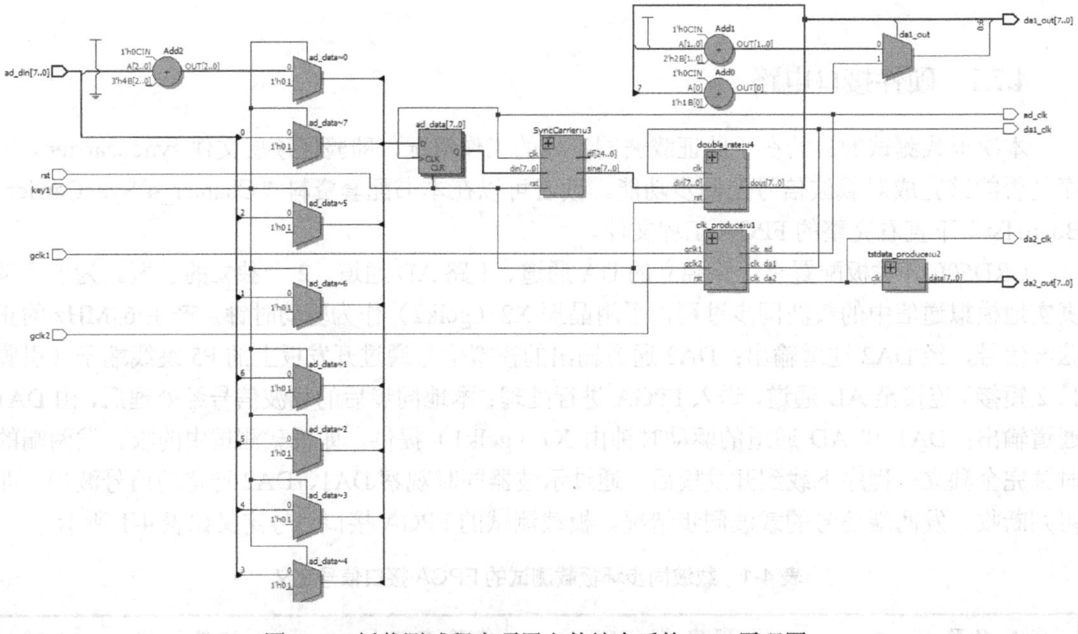

图 4-22　板载测试程序顶层文件综合后的 RTL 原理图

```
//BoardTst.v 文件的程序清单
module BoardTst(gclk1,gclk2,rst,key1,ad_din,da1_clk,da1_out,da2_clk,da2_out,ad_clk);

    input  gclk1;     //板载时钟，接收处理信号的驱动时钟，50 MHz
    input  gclk2;     //板载时钟，测试输入信号的驱动时钟，50 MHz
    input  rst;       //复位信号，高电平有效

    input  key1;      //按下按键时 AD 通道输入为 0，未按下按键时输入 DA2 通道产生的信号
```

```
//2 路 DA 通道
//测试用的单频信号、数据及时钟
output   da2_clk;                    //50 MHz
output   [7:0] da2_out;              //DA2 通道信号输出
//本地同步后的载波信号，驱动时钟及数据
output   da1_clk;                    //64 MHz
output   signed [7:0] da1_out;       //DA1 通道信号输出

//1 路 AD 通道
output   ad_clk;                     //A/D 采样时钟：32MHz
input    signed [7:0] ad_din;        //A/D 采样信号输入

wire clk_da1;
wire clk_ad;
wire clk_da2;

reg signed [11:0] ad_data;
wire signed [7:0] oc,yout;

assign da2_clk = clk_da2;
assign da1_clk = clk_da1;
assign ad_clk = clk_ad;

//将同步后的本地载波信号转换为无符号数并送至 DA1 通道
assign da1_out = (yout[7])? (yout+8'd128): (yout-8'd128);

//将 A/D 采样输入数据转换成二进制数的补码形式
always @(posedge rst or posedge clk_ad)
if (rst) ad_data <= 8'd0;
else
    //按键按下时无输入，否则输入采样信号
    if (key1)
        ad_data <=0;
    else
        ad_data <= ad_din - 8'd128;

//时钟产生模块
clk_produce u1 (.rst (rst),.gclk1 (gclk1),.clk_ad (clk_ad),.clk_da1 (clk_da1),.
                                          gclk2 (gclk2),.clk_da2 (clk_da2));

//测试数据生成模块
tstdata_produce u2 (.clk (clk_da2),.data (da2_out));

//载波同步模块
 SyncCarrier u3 (.rst(rst),.clk(clk_ad),.din(ad_data),.sine(oc),.df());
```

```
    //插值滤波模块
    double_rate u4(.rst(rst),.clk(clk_da1),.din(oc),.dout(yout));
endmodule
```

时钟产生模块（u1）内包括 1 个时钟管理 IP 核，由板载的 X1 晶振驱动产生 32 MHz 的 A/D 采样及 SyncCarrier 模块的处理时钟信号，以及插值模块使用的 64 MHz 时钟信号，系统时钟直接调用 ISE 中的 Clocking Wizard 核（View by Name→Clocking Wizard）生成即可。X2 晶振时钟信号直接将 50 MHz 信号输出至 DA2 通道和测试数据生成模块。

测试数据生成模块（u2）直接调用 Quartus 中的 NCO 核生成即可。数据速率转换模块（u4）首先对 32 MHz 的本地载波信号进行 2 倍插值，然后通过内插滤波器转换成 64 MHz 的采样信号，处理后的正弦波信号在示波器上显示得更为平滑。关于内插滤波器的原理请读者参考《数字滤波器的 MATLAB 与 FPGA 实现——Altera/Verilog 版（第 2 版）》，本书不再详述。下面给出 double_rate.v 的程序清单。

```
//double_rate.v 文件的程序清单
module double_rate(rst,clk,din,dout);

    input rst;
    input clk;
    input [7:0] din;
    output [7:0] dout;

    reg div2=0;
    reg [7:0] data_inter;

    //对输入信号进行 2 倍插值处理
    always @(posedge clk or posedge rst)
    if (rst) begin
        div2 <= 0;
        data_inter <= 0;
    end
    else begin
        div2 <= !div2;
        if (div2)
            data_inter <= din;
        else
            data_inter <= 0;
        end

    //实例化低通滤波器核
    wire signed [20:0] lpfout;
    wire ast_sink_valid,ast_source_ready;
    wire [1:0] ast_sink_error;
    assign ast_sink_valid = 1'b1;
    assign ast_source_ready = 1'b1;
    assign ast_sink_error=2'b00;
```

```
    lpf_inter u3 (
        .clk (clk),
        .reset_n (!rst),
        .ast_sink_data(data_inter),
        .ast_sink_valid(ast_sink_valid),
        .ast_source_ready(ast_source_ready),
        .ast_sink_error(ast_sink_error),
        .ast_source_data(lpfout),
        .ast_sink_ready(),
        .ast_source_valid(),
        .ast_source_error());

    assign dout = lpfout[19:12];
endmodule
```

4.7.3　板载测试验证

设计好板载测试程序并完成 FPGA 实现后，可以将程序下载至 CRD500 进行板载测试。板载测试的硬件连接如图 4-23 所示。

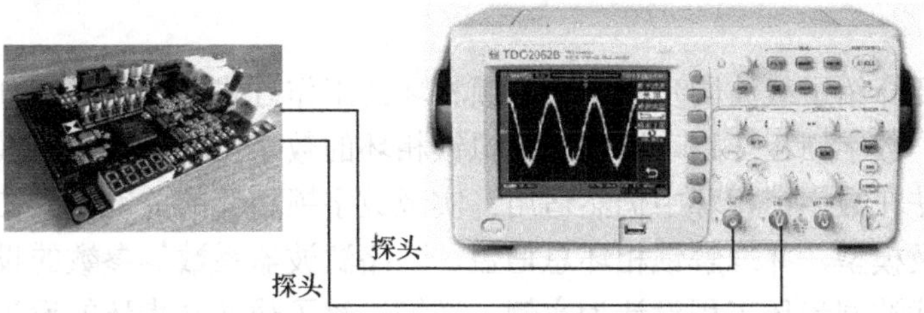

图 4-23　板载测试的硬件连接

板载测试需要采用双通道示波器，将示波器通道 1 连接 DA1 通道，观察接收端本地同步后的载波信号；示波器通道 2 连接 DA2 通道，观察发送端输出的载波信号。由于信号频率较高，建议采用专用示波器探头进行测试。

将板载测试程序下载到 CRD500 后，合理设置示波器参数，可以看到两个通道的正弦波信号频率相同，且相差固定，两路波形均能稳定显示，如图 4-24 所示。也就是说，本地载波能够与输入信号保持同步，载波同步环能够正常工作。从图 4-24 可以看出，两路波形存在一定的相差，这是由于本地载波信号经过了一次插值滤波，以及两路信号测试通道的不同延时造成的，属于正常情况。

接下来测试载波同步环失锁到重新同步的过程。按下 KEY1 键，使 A/D 采样信号为零，相当于切断发送端的输入信号，此时可以看到示波器通道 2 的波形剧烈晃动，无法与通道 1 的波形保持同步；如果按下 RST 键，则两路波形均处于零值，松开 RST 键后两路波形均能迅速保持同步。读者还可以发现，每次信号同步的状态是一致的，即两路波形的相对相差始终不变，也就是说本地载波能够快速将相位锁定在输入信号上。

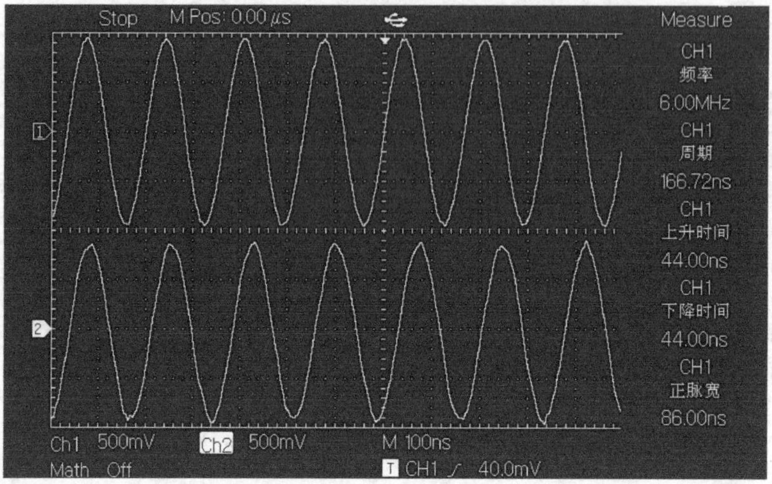

图 4-24　载波同步环板载测试波形图（同步状态）

4.8 小结

本章首先简要介绍了载波同步的概念和锁相环的工作方式，接着详细分析和讨论了锁相环的数字化模型。数字锁相环路可以看成模拟锁相环的数字化版本，很多模拟锁相环中的公式及参数设计方法在数字锁相环中仍然适用。实现数字锁相环的关键步骤在于构造可实现的数字化实现结构及模型，并理解锁相环总增益、环路滤波器系数等参数的设计方法。最后本章以一个完整的载波同步环工程设计为实例，详细讲解了载波同步环的设计步骤、方法，并进行了比较全面的性能仿真测试。

载波同步环的数字化设计与实现比较复杂，初学者往往难以理解数字化模型与模拟电路之间的对应关系，数字化实现方法中各组成部件、参数的设计比较灵活。本章对载波同步环的一般设计步骤、环路参数对系统性能的影响进行了归纳整理，读者可以按照本章所讨论的流程进行系统的设计及仿真，并以此理解并掌握载波同步环的 FPGA 实现方法。在本章讨论的工程实例中，建立了一种双边带调幅信号模型，采用载波同步环提取出相干载波后，根据第 3 章所介绍的调幅信号解调器结构可以很容易实现相干解调功能，读者可以自行完成调幅信号解调的相关 Verilog HDL 程序设计。

第5章

抑制载波同步的 FPGA 实现

第 4 章详细讨论了插入导频法载波同步系统的原理、FPGA 实现步骤及仿真测试过程。有了第 3 章的理论基础及第 4 章讲述的 FPGA 实现方法，相信读者在理解并掌握本章讨论的抑制载波同步系统时，会感觉相对容易一些。为了有效利用频率资源，并尽可能使空间发送的无线电波中携带有用信息，发送端通常不会发送专门用于同步的载波信息。因此，相对于插入导频法而言，直接提取法载波同步技术的应用更为广泛。直接提取法载波同步技术是指在接收到的信号中没有携带载波频率分量的情况下，通过某种变换直接提取接收信号中的相干载波的技术，通常也称为抑制载波同步技术。本章以详细讲解工程实例的形式，分别讨论平方环法、同相正交环法和判决反馈环法等同步技术的 FPGA 设计、实现及仿真测试过程。

5.1 抑制载波同步的原理

对于接收信号中含有载波频率分量的情况，可以通过普通锁相环实现载波的提取。但在数字通信中，常用的是抑制载波的调制方式，如 M-PSK、M-QAM 等，信号功率谱中不含有显著的载波频率分量，使用前面章节所介绍的普通锁相环无法实现相干载波信号的提取。因此，需要设计特殊的锁相环，即本章接下来要讨论的抑制载波同步环。目前工程上最常用的有平方环、同相正交环和判决反馈环三种类型。在详细讨论抑制载波同步环的 FPGA 实现之前，需要首先了解它们的工作原理。

5.1.1 平方环的工作原理

在抑制载波的调制信号中，虽然接收信号本身没有载波频率分量，但信号中仍然含有载波频率信息，只要经过非线性变换就可产生载波的倍频分量。例如，最典型的 BPSK（Binary Phase Shift Keying）信号：

$$s(t)=m(t)\cos[\omega_c t+\theta_1(t)]=[\sum_n a_n g(t-nT_s)]\cos[\omega_c t+\theta_1(t)] \tag{5-1}$$

式中，$m(t)$ 为不含直流分量的调制信号，对于 BPSK 来讲，$m(t)=\pm1$；ω_c 为载波频率。显然，已调信号 $s(t)$ 中不含有载波频率 ω_c 分量。如果对接收到的信号进行平方变换，则可以得到：

$$y(t)=m(t)^2\cos^2[\omega_c t+\theta_1(t)]=\frac{1}{2}m(t)^2+\frac{1}{2}m(t)^2\cos[2\omega_c t+2\theta_1(t)] \tag{5-2}$$

当$m(t)=\pm 1$时，式（5-2）可以简化为：

$$y(t)=\frac{1}{2}+\frac{1}{2}\cos[2\omega_c t+2\theta_1(t)] \tag{5-3}$$

从式（5-3）可以看出，经过平方变换后的接收信号中，包含了 2 倍频的载波频率分量。因此，可以采用普通锁相环对 2 倍频的载波频率分量进行提取，而后通过 2 分频器得到所需的相干载波信号。这种抑制载波信号提取的方法称为平方环载波提取方法。图 5-1 为利用平方环提取载波的原理图。

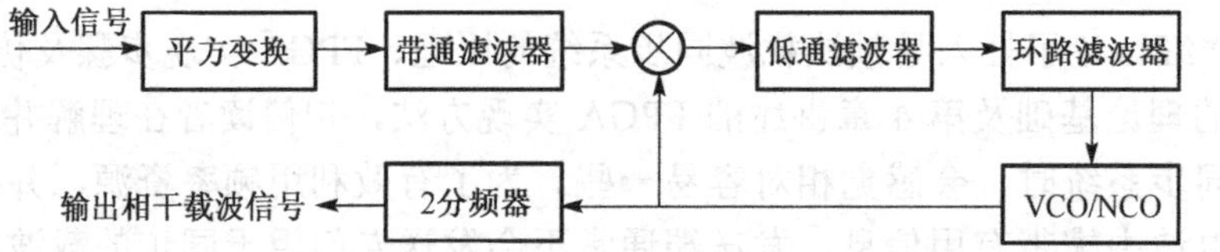

图 5-1　利用平方环提取载波的原理图

前面的公式推导没有考虑噪声的影响，在实际工程应用中，加性高斯白噪声是无法避免的。为了有效滤除噪声，提高进入锁相环的信噪比，通常会在平方变换后增加带通滤波器。

通过以上分析可知，对于提取 2 倍频载波频率分量的锁相环，从锁相环动态方程、系统函数、FPGA 实现结构等方面来讲，与第 4 章所讨论的载波同步环没有任何区别。最大的不同在于进入锁相环之前增加了平方变换及带通滤波器，以及对锁相环本地振荡器输出信号进行的 2 分频处理。

如果从整个平方环的系统角度来考察环路的性能，即输入端为接收信号，输出端为锁相环输出分频后的信号，则鉴相器的输入、输出相位分别为$2\theta_1(t)$、$2\theta_2(t)$，误差相位为$2\theta_e(t)$，容易得出鉴相器的鉴相特性为：

$$u_d(t)=\frac{1}{2}K_m U_i U_o \sin[2\theta_1(t)-2\theta_2(t)]=U_d\sin 2\theta_e(t) \tag{5-4}$$

也就是说，平方环的相位模型与普通锁相环的相位模型在形式上仍然是一致的，只是平方环的鉴相特性线性范围是普通锁相环 1/2，且鉴相器工作在 0 点和 π 点时的特性是一样的，因此，输出相干载波存在 180° 的相位不确定性。对于 BPSK 调制信号来讲，通常采用差分编码的方法，即工程上广泛应用的 DPSK（Differential Phase-Shift Keying）调制解调技术来解决相位的不确定性。

5.1.2　同相正交环的工作原理

同相正交环又称为科斯塔斯（Costas）环。J. P. Costas 在 1956 年首先提出了采用同相正交环来恢复载波信号[39]，随后 Riter 证明了跟踪低信噪比的抑制载波信号的最佳装置是 Costas 环及平方环[40]。Costas 环也是工程上应用最为广泛的一种抑制载波同步环。

Costas 环的组成原理如图 5-2 所示，它是由输入信号分别乘以同相和正交两路载波信号而得名的。输入信号经上、下支路分别乘以同相和正交载波信号，并通过低通滤波器后再相乘，完成鉴相功能，最后经环路滤波器输出控制本地振荡器的电压。

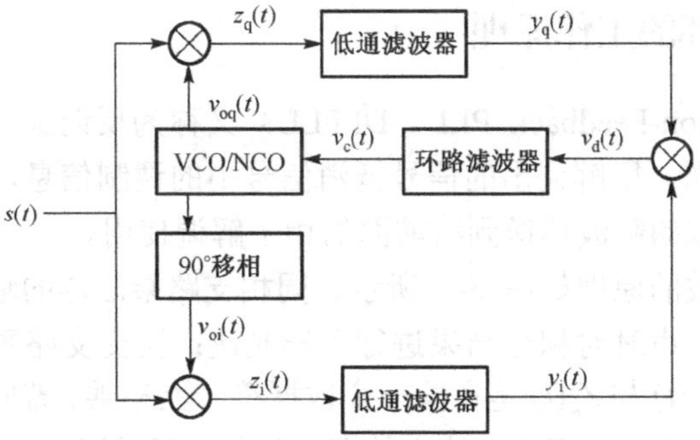

图 5-2　同相正交环提取载波的原理图

设输入 BPSK 调制信号为：

$$s(t)=m(t)\sin[\omega_c t+\theta_1(t)]=[\sum_n a_n g(t-nT_s)]\sin[\omega_c t+\theta_1(t)] \tag{5-5}$$

式中，$m(t)$ 为数据调制信号；ω_c 为输入载波角频率。本地 VCO（或 NCO）的同相与正交支路中乘法器的输入分别为：

$$\begin{aligned} v_{oi}(t)&=\sin[\omega_c t+\theta_2(t)] \\ v_{oq}(t)&=\cos[\omega_c t+\theta_2(t)] \end{aligned} \tag{5-6}$$

式中，$\theta_2(t)$ 为本地 VCO/NCO 信号以输入载波信号 $\omega_c t$ 为参考相位的瞬时相位，则同相、正交支路中乘法器的输出分别为：

$$\begin{aligned} z_i(t)&=K_{p1}[\sum_n a_n g(t-nT_s)]\sin[\omega_c t+\theta_1(t)]\sin[\omega_c t+\theta_2(t)] \\ z_q(t)&=K_{p2}[\sum_n a_n g(t-nT_s)]\sin[\omega_c t+\theta_1(t)]\cos[\omega_c t+\theta_2(t)] \end{aligned} \tag{5-7}$$

令 $\theta_e(t)=\theta_1(t)-\theta_2(t)$，$K_{p1}$、$K_{p2}$ 为乘法器的系数，经过低通滤波后可得到：

$$\begin{aligned} y_i(t)&=\frac{1}{2}K_{p1}K_{l1}[\sum_n a_n g(t-nT_s)]\cos[\theta_e(t)] \\ y_q(t)&=\frac{1}{2}K_{p2}K_{l2}[\sum_n a_n g(t-nT_s)]\sin[\theta_e(t)] \end{aligned} \tag{5-8}$$

式中，K_{l1}、K_{l2} 为低通滤波器系数。经滤波后的同相、正交支路经过乘法器、鉴相器以及环路滤波器后的输出为：

$$v_c(t)=\frac{1}{8}K_p K_{p1}K_{p2}K_{l1}K_{l2}\sin[2\theta_e(t)]=K_d\sin[2\theta_e(t)] \tag{5-9}$$

式中，K_p 为鉴相器增益；K_d 为锁相环增益。式(5-9)表明，VCO/NCO 的输入受 $\theta_e(t)=\theta_1(t)-\theta_2(t)$ 控制，环路滤波器输出为跟踪 $\theta_e(t)$ 提供了所需的控制电压。

对比式（5-4）和式（5-9）可知，同相正交环与平方环的鉴相特性在形式上完全相同，只是鉴相器增益系数不同。由第 4 章分析可知，锁相环的增益可以通过调整输入数据位宽、低通滤波器量化位宽等方式进行调整，因此，在进行 FPGA 实现时，同相正交环与平方环可以完全等效。与平方环一样，同相正交环提取出的相干载波信号也存在 180° 的相位不确定性。从 FPGA 实现结构、复杂度的角度来讲，同相正交环不需要对接收信号进行平方变换，也不需要对锁相环中本地振荡器输出的载波信号进行 2 倍频处理，因此，实现难度更小，所需的硬件资源也更少。

5.1.3 判决反馈环的工作原理

判决反馈环（Decision-Feedback PLL，DFPLL）又称为反调制环，其工作原理是首先对接收信号进行相干预解调，用解调出的信号抵消信号中的调制信息，由得到的误差电压来实现载波提取，并将所提取的载波传送到给前面的相干解调使用。

判决反馈环提取载波的原理如图 5-3 所示。同相支路乘法器的输出信号在一个数据符号宽度 T 内积分，在符号结束时对积分结果进行采样判决；正交支路乘法器的输出信号延迟一个符号宽度 T，以保证 $Z_c(t)$ 与 $Z_s(t)$ 是在同一个数据符号上相乘。若同相支路乘法器输出信号的积分采样判决正确，则能抵消正交支路中的调制信号（即反调制），使误差电压 $v_d(t)$ 中不含调制信息；$v_d(t)$ 通过环路滤波器后，输出控制电压 $v_c(t)$；$v_c(t)$ 用于调整 VCO/NCO 的频率和相位，使判决反馈环锁定。

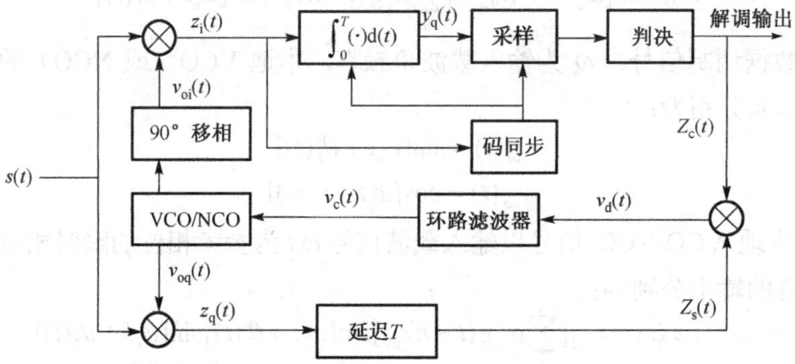

图 5-3 判决反馈环提取载波的原理

设输入为式（5-5）所示的 BPSK 信号 $s(t)$，同相支路判决输出 $Z_c(t)=\hat{m}(t)$，当采样判决正确时，有 $\hat{m}(t)=m(t-T)$，T 为一个数据符号宽度；当采样判决错误时，有 $\hat{m}(t)=-m(t-T)$。假设出现采样判决错误的概率为 P_e，则正确的概率为 $P[\hat{m}(t)=m(t-T)]=1-P_e$。因此，$\hat{m}(t)m(t-T)$ 的均值（即直流信号）为：

$$\begin{aligned}E[\hat{m}(t)m(t-T)]&=P[\hat{m}(t)=m(t-T)]m^2(t-T)-P[\hat{m}(t)-m(t-T)]m^2(t-T)\\&=1-2P_e\end{aligned} \tag{5-10}$$

容易得出正交支路输出为：

$$\begin{aligned}Z_s(t)&=K_{p2}m(t-T)\sin[\omega_c t+\theta_1(t)]\cos[\omega_c t+\theta_2(t)]\\&=\frac{1}{2}K_{p2}m(t-T)\sin\theta_e(t)+\frac{1}{2}K_{p2}m(t-T)\sin[2\omega_c t+\theta_1(t)+\theta_2(t)]\end{aligned} \tag{5-11}$$

同相及正交支路的信号相乘，得到的环路滤波器输入信号为：

$$\begin{aligned}v_d(t)&=Z_c(t)Z_s(t)\\&=\frac{1}{2}K_{p2}m(t-T)\hat{m}(t-T)\sin\theta_e(t)\\&\quad+\frac{1}{2}K_{p2}m(t-T)\hat{m}(t-T)\sin[2\omega_c t+\theta_1(t)+\theta_2(t)]\end{aligned} \tag{5-12}$$

显然，环路滤波器具有低通特性，且通带很窄，因此相当于取出 $v_d(t)$ 中的直流信号分量，因此环路滤波器的输出信号可近似为：

$$v_c(t)=E[v_d(t)]=E[Z_c(t)Z_s(t)]=\frac{1}{2}K_{p2}(1-2P_e)\sin\theta_e(t) \tag{5-13}$$

式（5-13）为判决反馈环的等效鉴相特性，式中 P_e 是载波相位差 θ_e 的函数，对于 BPSK 信号来讲，有：

$$P_e(\theta_e)=\frac{1}{2}\mathrm{erfc}\left(\sqrt{\frac{E_b}{N_0}}\cos\theta_e\right) \tag{5-14}$$

式中，$\mathrm{erfc}(\cdot)$ 表示标准误差函数；E_b/N_0 为每比特信噪比。判决反馈环的鉴相特性以 π 为周期，与平方环及同相正交环一样，都存在 180° 的相位不确定问题。

5.2 输入信号建模与仿真

5.2.1 工程实例需求

为了更好地讲解抑制载波同步技术的 FPGA 实现过程、步骤及设计方法，本节先对工程实例需求进行说明。同时，为了更好地比较三种抑制载波同步技术的性能，本章后续所讨论的实例均采用统一的设计需求及信号模型。

与第 4 章采用的工程实例相似，本章的工程实例要求输入信号的中心频率 f_0=70 MHz，输入数据为 8 bit 量化后的数字信号。由于 DPSK 信号是最常用的典型抑制载波调制信号，因此在本章的工程实例中输入信号均为 DPSK 信号。根据数字通信原理可知，对于 DPSK 信号来讲，输入信噪比通常需要大于 8 dB，才能满足一定的解调误码率要求（理论上 $(S/N)_i=8.8\,\text{dB}$ 时，误码率为 10^{-4}），因此，考虑一定的裕量，FPGA 实现的锁相环要求 $(S/N)_i<6\,\text{dB}$ 时能够正常锁定，且快捕带 $\Delta\omega_L>100\,\text{kHz}$。对于数字调制来讲，另一个最为重要的参数是数据速率，本实例中数据速率 R_s 为 4 MHz。

为测试工程实例最终的性能，需要利用 MATLAB 仿真输入 FPGA 的数字信号。也就是说，需要仿真中频采样后的 DPSK 已调信号。在编写仿真程序之前，需要先了解 DPSK 信号的调制及传输模型。

5.2.2 DPSK 信号的调制原理及特征

DPSK 是为了克服 PSK 的相位模糊问题而提出的一种调制手段。由于 PSK 是用载波的绝对相位来判断调制数据的，在信号传输过程及解调过程中，容易出现相位翻转，这会使解调端无法准确判断原始数据。例如，在 2PSK 系统中，调制数据的 0° 相位代表数据 0，180° 相位代表数据 1，在解调端发生相位翻转时将导致数据错误。DPSK 是根据前后数据之间的相差来判断数据信息的，即使在接收解调端发生相位翻转，由于数据之间的相对相位不会发生改变，因此可以有效解决相位翻转带来的问题。与 PSK 相比，DPSK 只需在发送端将绝对码转换成相对码，在解调端再将相对码转换成绝对码即可。

设输入到调制器的二进制比特流为 $\{b_n, n\in(-\infty,\infty)\}$，2PSK 的输出信号为：

$$s(t)=\begin{cases}A\cos(\omega_c t+\phi), & b_n=0\\ -A\cos(\omega_c t+\phi), & b_n=1\end{cases}\quad nT_b\leqslant t\leqslant(n+1)T_b \tag{5-15}$$

由式（5-15）可以看出，可以将输入信号看成幅度为±1 的方波信号，调制即原始信号与载波信号直接相乘。图 5-4 所示为 DPSK 的调制过程信号波形，其中，clk 为原始数据时钟，s 为绝对码，ds 为相对码，ms 为已调信号。

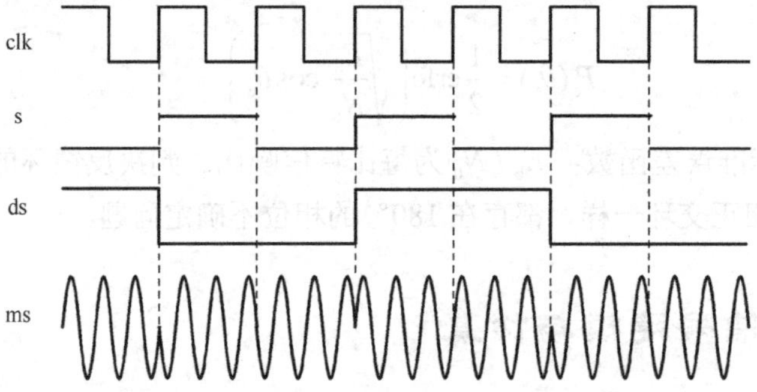

图 5-4　DPSK 调制过程信号波形

图 5-4 表示的是 DPSK 的波形，信号的频谱特性往往更能体现信号的特征。信号带宽是最为重要的一个频谱特性。信号的带宽有多种定义，一个常用的定义为信号能量或功率的主要部分的频率范围。信号的绝对带宽定义为信号的非零值功率在频域上所占的范围。常用的带宽度量方法是使用 3 dB 带宽（也称为半功率带宽）来刻画频谱的分散程度。3 dB 带宽是指比峰值低 3 dB 的频率范围。此外，频谱主瓣宽度的概念使用也很频繁，即零点带宽。

在 DPSK 中，虽然原始信号的带宽无限大，但 90%的能量均集中在主瓣带宽内，因此，为了提高发送端的功率利用率、降低噪声的影响，通常需要在调制之前对原始信号进行成形滤波，以滤除主瓣外的信号及噪声。根据奈奎斯特第一准则，如果信号经传输后整个波形发生了变化，但只要其特征点的采样值保持不变，那么采用再次插值滤波的方法，仍然可以准确无误地恢复原始信号。满足奈奎斯特第一准则的滤波器有很多种，在数字通信中应用最为广泛的是幅频响应均具有奇对称升余弦形状过渡带的一类滤波器，通常称为升余弦滚降滤波器。升余弦滚降滤波器本身是一种有限脉冲响应滤波器，其传递函数的表达式为：

$$X(f)=\begin{cases} T_s, & 0\leqslant |f|\leqslant \dfrac{1-\alpha}{2T_s} \\ \dfrac{T_s}{2}\left\{1+\cos\left[\dfrac{\pi T_s}{\alpha}\left(|f|-\dfrac{1-\alpha}{2T_s}\right)\right]\right\}, & \dfrac{1-\alpha}{2T_s}<|f|\leqslant \dfrac{1+\alpha}{2T_s} \\ 0, & |f|>\dfrac{1+\alpha}{2T_s} \end{cases} \tag{5-16}$$

式中，α 为大于 0 且小于或等于 1 的滚降因子；T_s 为码元周期，且 $T_s=1/R_s$。当 α =0 时，滤波器的带宽为 $R_s/2$，称为奈奎斯特带宽；当 α =1 时，滤波器的截止频率为 $(1+\alpha)R_s/2=R_s$。在本章的工程实例中，α =0.8，滤波器的截止频率为 $(1+\alpha)R_s/2=0.9R_s=3.6$ MHz，由此可知中频信号处理带宽 B_i =7.2 MHz。

5.2.3 DPSK 信号传输模型及仿真

根据 DPSK 信号的调制原理，需要先将原始二进制数据转换成相对二进制数据，为提高发送端的功率利用率并降低噪声的影响，需要对相对二进制数据进行成形滤波，滤波后的数据通过乘法器与载波信号相乘来完成调制过程。载波频率一般比较高，以利于无线传输。在接收端则需要通过下变频器，将射频信号变换成标准的 70 MHz 中频信号，最后进行 A/D 转换变成数字信号，传送至 FPGA 处理。

众所周知，DPSK 的调制、下变频运算，其实是一个简单的频谱搬移过程，调制信号的频谱形状并不发生变化。需要注意的是，A/D 转换过程也是对被采样信号的频谱搬移过程。对中频信号的直接采样，涉及三个问题：采样速率、采样位数，以及采样后频谱搬移的情况。DPSK 信号传输及变换至 70 MHz 中频信号的过程，与例 4-1 中所述调幅信号的传输过程相同，本节不再详细讨论。MATLAB 产生 DPSK 信号的模型框图如图 5-5 所示。

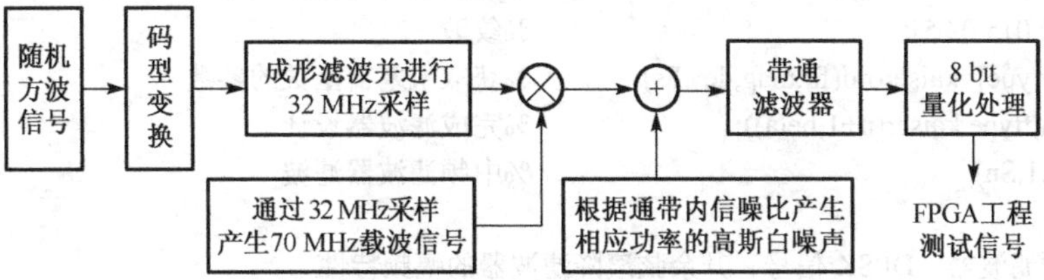

图 5-5　MATLAB 产生 DPSK 信号的模型框图

根据图 5-5 所示的模型，就可以动手编写产生 DPSK 信号的 MATLAB 程序了。为了节约篇幅，下面只给出仿真程序的主要代码、绘图显示、数据量化，而将数据写入外部 TXT 文件的相关代码不再给出，读者可以在本书配套资料中的“Chapter_5\E5_DPSKSignalProduce.m”查看完整的程序清单。

```
%E5_DPSKSignalProduce.m 程序清单
ps=4*10^6;                          %码元速率为 4 MHz
a=0.8;                              %成形滤波器系数为 0.8
B=(1+a)*ps;                         %中频信号处理带宽
Fs=32*10^6;                         %采样速率为 32 MHz
fc=70*10^6;                         %载波频率为 70 MHz
snr=100;                            %信噪比，单位为 dB
N=8000;                             %仿真数据位宽
t=0:1/Fs:(N*Fs/ps-1)/Fs;            %产生长度为 N、频率为 Fs 的时间序列
s=randn(1,N)>0;                     %产生随机数据作为原始数据，并将绝对码变换为相对码
%s=ones(1,N);
ds=ones(1,N);
for i=2:N
    if s(i)==0
        ds(i)=ds(i-1);
    else
        ds(i)=-ds(i-1);
    end
```

```
end
%进行升余弦滤波，且滤波后进行Fs频率采样
rcos=rcosflt(ds,ps,Fs,'fir',0.8);
rcosf=rcos(1:length(t));
f0=cos(2*pi*fc*t);                              %产生70 MHz的载波频率信号
dpsk=sqrt(2)*rcosf'.*f0;                        %产生DPSK信号，功率为0 dBW
%产生通带内功率为0 dBW的高斯白噪声序列
Noise=sqrt(Fs/2/B)*randn(1,length(t));
%产生通带内信噪比为SNR的调制信号
A_s=sqrt(10^(snr/10));
Sn=A_s*dpsk+Noise;

%仿真产生中频抗混叠滤波器，带外抑制约为38 dB
fd=[800000 2400000 9600000 11200000];           %过渡带
mag=[0 1 0];                                    %窗函数的理想滤波器幅度
dev=[0.05 0.015 0.05];                          %纹波
[n,wn,beta,ftype]=kaiserord(fd,mag,dev,Fs)      %获取凯塞窗函数的参数
b=fir1(n,wn,ftype,kaiser(n+1,beta));            %完成滤波器设计
f_s=filter(b,1,Sn);                             %中频滤波器滤波

%绘制中频滤波器、DPSK信号、升余弦滚降滤波器的幅频特性
%8 bit量化中频采样仿真数据，并写入外部文本文件中
%将载波信号经中频滤波后，写入外部文本文件中，供FPGA仿真后测试分析使用
```

程序运行结果如图5-6所示，图中的信噪比为100 dB，相当于无噪声的信号。读者可以通过更改程序中的SNR值来生成不同信噪比的DPSK信号。本实例中，量化位宽为8，中频采样速率为32 MHz。

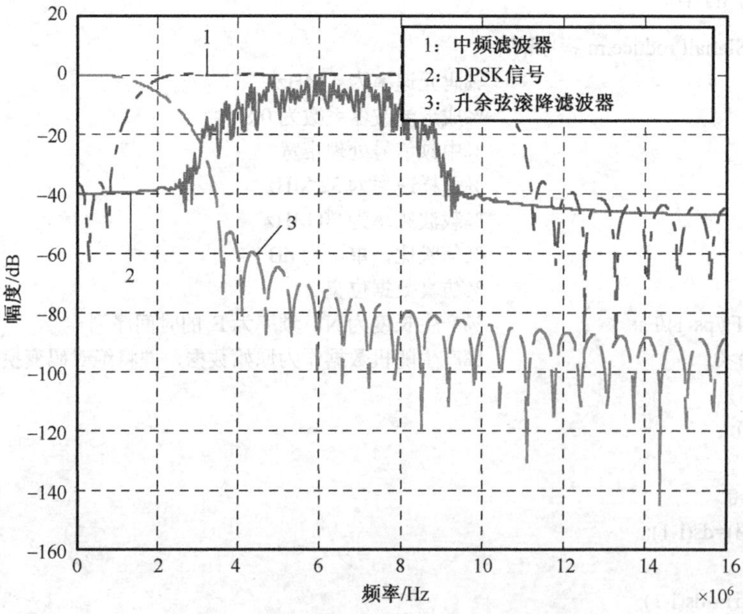

图5-6　DPSK信号的频谱（SNR=100 dB）

5.3 平方环的 FPGA 实现

5.3.1 改进的平方环原理

根据前面介绍的平方环工作原理，锁相环直接提取 2 倍频的载波信号分量。为了得到与接收信号同频同相的载波信号，还需要在锁相环后端增加分频器。对于 FPGA 实现来讲，对方波信号进行分频十分简单，而要对正弦波信号进行 2 分频处理，且得到确定相位的相干载波信号，还需要进行一系列运算处理，这需要耗费大量的逻辑资源。

为了解决 2 分频电路实现难度大的问题，文献[44]提出了一种有效的解决方法，可以避免 FPGA 实现过程中的 2 分频处理。该方法的基本思想是利用 VCO/NCO 同时产生两路相互正交的正弦波信号，将两路正弦波信号相乘，产生 2 倍频的载波频率分量，再将倍频分量与平方变换后的信号进行鉴相处理，而环路滤波器输出的电压直接控制 VCO/NCO，VCO/NCO 输出的信号就是所需要的相干载波信号。这种改进的平方环省去了 2 分频电路，改进的平方环提取载波的原理如图 5-7 所示。

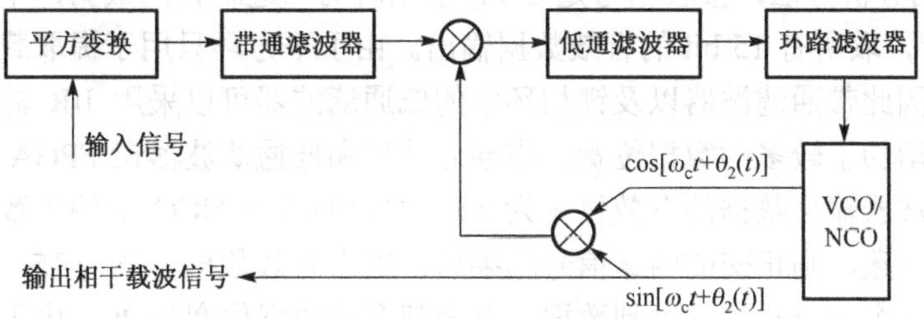

图 5-7　改进的平方环提取载波的原理

根据三角函数乘法运算规则，有：

$$\sin[\omega_c t + \theta_2(t)] \times \cos[\omega_c t + \theta_2(t)] = \frac{1}{2}\sin[2\omega_c t + 2\theta_2(t)] \tag{5-17}$$

进入改进的平方环鉴相器的本振信号仍然是 2 倍频的载波频率信号，也就是说，改进后的平方环与原平方环的鉴相特性相同，通过调整锁相环的增益，可以使改进的平方环与原平方环、同相正交环完全等效。只是在 FPGA 实现时，相对于原平方环来讲，虽然增加了一级乘法器，但减少了运算更为复杂、消耗资源更多的 2 分频电路。还需要注意的是，由于相互正交的两路信号的乘法运算会带来一个 1/2 的乘法因子，因此在计算平方环总增益时，需要在式（4-33）的基础上再乘以 1/2。改进的平方环总增益为：

$$K = \frac{1}{2} \times \frac{2\pi f_s}{2^N} T_{dds}(2^{B_{lp}-2}) \tag{5-18}$$

5.3.2 改进的平方环性能参数设计

平方环总体性能参数的设计方法与例 4-1 完全相同，具体的设计思路本章不再讨论，下面直接给出参数设计步骤。

对于理想二阶锁相环来讲，阻尼系数 ξ 通常设为 0.707，关键是需要确定锁相环的自然角

频率 ω_n。根据快捕带 $\Delta\omega_L$>100 kHz 的要求，可通过 $\omega_n=\Delta\omega_L/(2\xi)$ 计算得出 ω_n>70.72 kHz。根据信噪比 $(S/N)_L\geqslant 6$ dB，以及式（3-79）、式（3-83），得知自然角频率 ω_n 的取值范围为：

$$\omega_n<\frac{8\xi(S/N)_i B_i}{(S/N)_L}<2\pi\times 40.72\times 10^3\ \text{rad/s}$$

需要注意的是，为了使数字化的锁相环模型更加逼近模拟锁相环模型，同时还需要满足 $\omega_n T<<0.1$，其中 T 为数据采样周期。取 $\omega_n T<0.1$，则有 $\omega_n<2\pi\times 3200$ rad/s=509.3 kHz，因此，自然角频率 ω_n 的最终取值范围为：

$$70.72\ \text{kHz}<\omega_n<509.3\ \text{kHz}$$

从上面的分析可知，自然角频率 ω_n 的取值范围是比较大的。根据 4.4.6 节的讨论可知，ω_n 越小，则锁相环锁定时的信噪比越低，即锁相环更容易在恶劣的条件下锁定，且锁定后的稳态相差越小；ω_n 越大，则锁相环快捕带越宽，捕获越迅速。工程设计中通常需要同时兼顾稳态相差及快捕带宽性能，本工程实例与例 4-1 中的性能参数相同，仍然选择 ω_n=150 kHz=$2\pi\times 150\times 10^3$ rad/s。

接下来需要确定环路滤波器输出的有效数据位宽，进而设计 NCO 的频率字字长，以及环路滤波器的总增益 K，环路滤波器系数 C_1、C_2。

根据 4.4.2 的分析方法，接收信号是 8 bit 量化后的二进制补码数据，平方变换也就是两个 8 bit 数据相乘，取所有 15 bit 的有效数据输出。由于平方环只用于提取载波信号，不直接提取数据信息，因此带通滤波器以及锁相环中的低通滤波器可以采用 IIR 滤波器实现。考虑到平方变换已经增加了较多的数据位宽，带通滤波器和低通滤波器在 FPGA 设计时均不再增加位宽，带通滤波器输出数据的有效位宽为 15。本地振荡器 NCO 的输出数据位宽仍设置成与输入数据位宽一致，则正交的两路信号相乘后，输出有效数据位宽为 15。进入鉴相器中乘法运算的数据为 2 个 15 bit 的二进制数据，取全部有效数据位宽为 29。由于低通滤波器的环路滤波器均不再增加数据位宽，因此环路滤波器的输出有效数据位宽 B_{loop}=29。取 NCO 频率字更新频率 T_{dds} 为 8 个数据采样周期，则根据式（5-18）可以计算出当 NCO 频率字位宽 $N=32$ 时锁相环的总增益，即：

$$K=\frac{1}{2}\times\frac{2\pi f_s}{2^N}T_{\text{dds}}(2^{B_{\text{lp}}-2})=0.7854$$

再根据式（4-23）可以得出环路滤波器系数，即：

$$C_1=0.053,\qquad C_2=0.0011$$

根据环路滤波器系统函数，即式（4-20），可以得出系统函数的极点为 $0.9792\pm 0.0204\text{i}$，显然极点在单位圆内，因此环路滤波器是稳定的。读者可以在本书配套资料“Chapter_5\E5_1\E5_1_LoopDesign.m”中查看完整的环路滤波器的参数设计 MATLAB 程序清单。

5.3.3 带通滤波器设计

在平方环中，需要分别设计平方变换后的带通滤波器，以及鉴相器中的低通滤波器。低通滤波器的过渡带、阻带衰减等性能与例 4-1 中的低通滤波器完全相同，因此可以直接采用例 4-1 中的低通滤波器系数。本节主要讨论带通滤波器的设计。带通滤波器的中心频率为载波频率的 2 倍。70 MHz 载波信号经 32 MHz 采样，以及中频滤波处理后，中心频率已变为 6 MHz，因此 2 倍的载波频率实际上变成了 12 MHz。也就是说，带通滤波器的中心频率为 12

MHz。过渡带的设计需要考虑环路的捕获带，由于平方变换的影响，带通滤波器的通带带宽必须大于 2 倍的捕获带带宽。综合考虑硬件资源、滤波器性能等因素，本实例的通带范围为 11～13 MHz，采用切比雪夫 II 型函数设计带通滤波器。文献[29]对滤波器的 MATLAB 及 FPGA 实现进行了详细的讨论，读者可以参考相关的内容来了解滤波器设计的详细方法。下面直接给出带通滤波器的 MATLAB 设计程序，程序对滤波器系数进行了量化处理，方便在 FPGA 设计时直接使用。

```
%E5_1_Bandpass.m
N=3;                                %滤波器阶数
R=40;                               %阻带衰减
Fs=32;                              %采样速率（32 MHz）
Wn=[9*2/Fs 14*2/Fs];                %通带截止频率
[b,a] = cheby2(N,R,Wn);             %切比雪夫 II 型函数设计带通滤波器
%绘图
Imp=impz(b,a,1024);                 %获取单位采样响应
[h,f]=freqz(b,a,1024,32);           %获取滤波器的频率响应
mag=10*log10(abs(h));               %将幅值单位转换成 dB
ph=angle(h)*180/pi;                 %相位值转换
%绘制频率响应
subplot(211);plot(f,mag);grid;
axis([0 16 -60 10]);                %调整绘图显示
xlabel('频率/Hz');ylabel('幅度/dB');
subplot(212);plot(f,ph);grid;
xlabel('频率/Hz');ylabel('相位/rad');

%系数量化处理
m=max(max(abs(a),abs(b)));          %获取滤波器系数向量中绝对值最大的数
Qm=floor(log2(m/a(1)));             %取系数中最大值与 a(1)的整数倍
if Qm<log2(m/a(1))
    Qm=Qm+1;
end
Qm=2^Qm;                            %获取量化基准值
Qb=round(b/Qm*(2^(13-1)))           %四舍五入截尾，在命令行窗口输出系数
Qa=round(a/Qm*(2^(13-1)))           %四舍五入截尾，在命令行窗口输出系数
```

程序运行后，在 MATLAB 的命令行窗口中直接输出量化处理后的 IIR 滤波器系数。带通滤波器的频率响应曲线如图 5-8 所示。

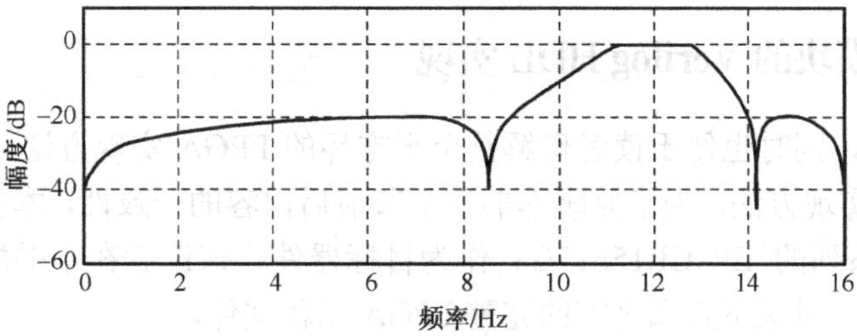

图 5-8 带通滤波器的频率响应曲线

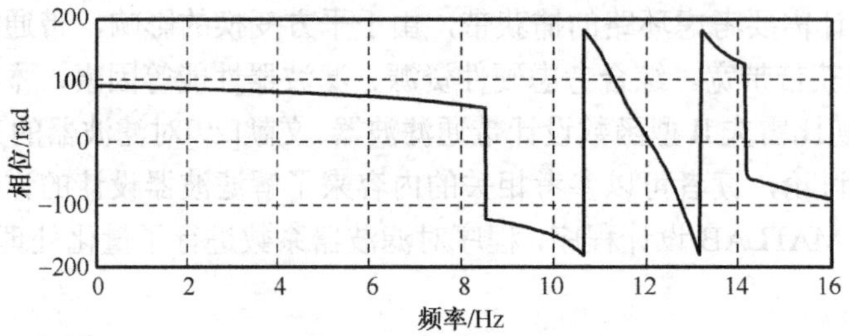

图 5-8　带通滤波器的频率响应曲线（续）

```
Qb =[ 8      17      11       0      −11     −17     −8]
Qa =[512   1948   3660   4085   2881   1206   250]
```

从带通滤波器的频率响应曲线可以看出，带通滤波器的阻带衰减只有 20 dB，上、下截止频率分别为 8.5 MHz 和 14.2 MHz。带通滤波器的性能与阶数直接相关，读者可以调整程序中的带通滤波器阶数、阻带衰减量等参数，通过仿真查看不同参数情况下的带通滤波器性能。

为了方便阅读，下面直接给出了鉴相器中的低通滤波器的频率响应曲线（见图 5-9）及滤波器系数。

```
Qb=[ 8           13          13           8]
Qa=[ 1024    −2296    1788    −476]
```

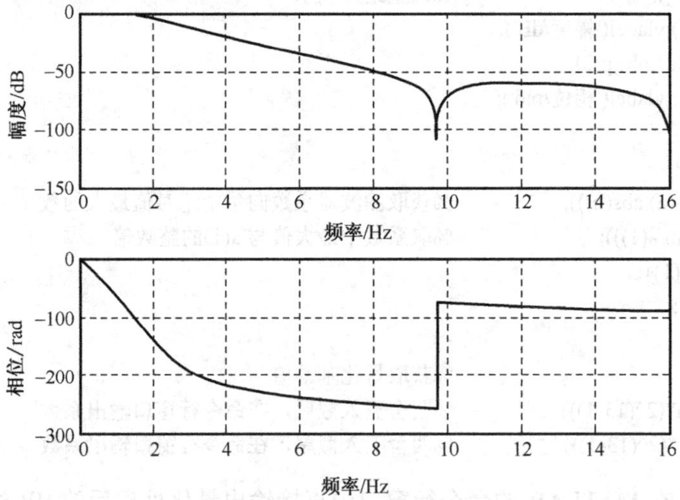

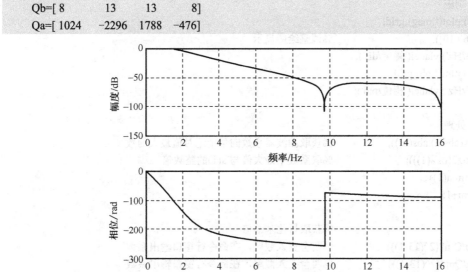

图 5-9　低通滤波器的频率响应曲线

5.3.4　顶层模块的 Verilog HDL 实现

为了讲述方便，同时也便于读者理解整个平方环的 FPGA 实现方法，本节首先给出平方环的 Verilog HDL 实现方法。为了兼顾本书各章节前后内容的一致性，本实例仍然选用 Altera 公司 Cyclone-IV 系列的 EP4CE15F17C8 作为目标器件。请读者在本书配套资料“Chapter_5\E5_1\SquareLoop”目录下查阅平方的完整 FPGA 工程文件。

平方环的顶层文件综合后的 RTL 原理图如图 5-10 所示，从图中可以清楚地看出，载波同步环由 1 个 nco 模块（u0），2 个 8×8 bit 的乘法器模块 mult8_8（u1 完成 nco 模块输出正交信号的乘法运算，u2 完成输入信号的平方变换），1 个 15×15 bit 的乘法器模块 mult15_15（u4），1 个带通滤波器模块 bandpass（u3），1 个低通滤波器模块 iir_lpf（u5），以及 1 个环路滤波器模块 LoopFilter（u6）组成。读者可以将图 5-10 与图 5-7 对照起来阅读，以加深对各功能模块设计思想的理解。

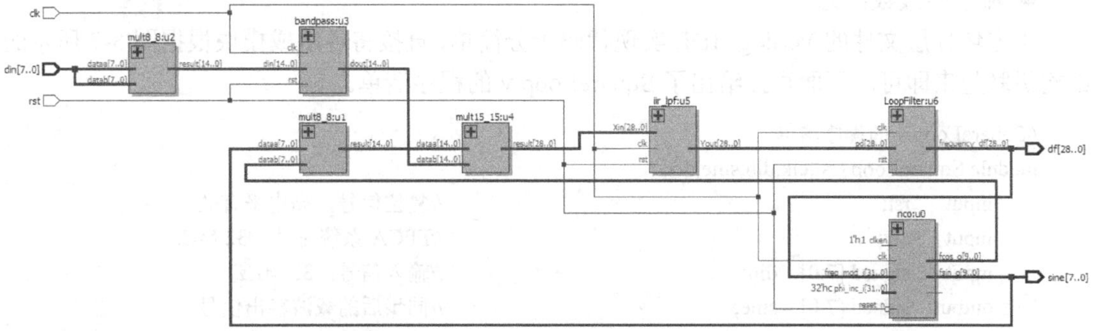

图 5-10　平方环的顶层文件综合后的 RTL 原理图

图 5-10 中的 nco 模块及乘法器模块均直接由 Quartus II 提供的 IP 核产生，而带通滤波器模块、低通滤波器模块和环路滤波器模块均需要手动编写 Verilog HDL 代码来实现。在 IP 核生成界面中依次单击“DSP→Signal Gerneration→NCO”可产生 NCO 核，依次单击“Arithmetic→LPM MULT”可产生乘法器 IP 核。经过 5.3.2 节对平方环总体性能参数的设计，乘法器 IP 核及 NCO 核的设计就变得比较简单了。程序中使用到的 IP 核主要参数如下所示。

NCO 核的部分参数如下：

- NCO 生成算法方式：small ROM。
- 相位累加器精度（Phase Accumulator Precision）：32。
- 角度分辨率（Angular Resolution）：10。
- 幅度精度（Magnitude Precision）：10。
- 驱动时钟频率（Clock Rate）：32 MHz。
- 期望输出频率（Desired Output Frequency）：6 MHz。
- 频率调制输入（Frequency Modulation Input）：选中。
- 调制器分辨率（Modulation Resolution）：32。
- 调制器流水线级数（Modulator Pipeline Level）：1。
- 相位调制输入（Phase Modulation Input）：不选。
- 输出数据通道（Outputs）：双通道（Dual Output）。
- 多通道 NCO（Multi-Channel NCO）：1。
- 频率跳变波特率（Frequency Hopping Number of Bauds）：1。

mult15_15 模块的部分参数如下：

- 输入数据位宽：15。
- 输出数据位宽：29。
- 输入数据类型：有符号数。

- 流水线级数：无。

mult8_8 模块的部分参数如下：

- 输入数据位宽：8。
- 输出数据位宽：15。
- 输入数据类型：有符号数。
- 流水线级数：无。

平方环顶层文件的 Verilog HDL 实现代码十分简单，直接将各组成模块根据图 5-7 所示的结构级联起来即可。下面直接给出了 SquareLoop.v 的程序清单。

```
//SquareLoop.v 的程序清单
module SquareLoop (rst,clk,din,sine,df);
    input   rst;                                  //复位信号，高电平有效
    input   clk;                                  //FPGA 系统时钟：32 MHz
    input   signed [7:0]  din;                    //输入信号：32 MHz
    output  signed [7:0]  sine;                   //同步后的载波输出信号
    output  signed [28:0] df;                     //环路滤波器输出信号

    //实例化 NCO 核所需的接口信号
    wire reset_n,out_valid,clken;
    wire [31:0] carrier;
    wire signed [9:0] sin,cosine ;
    wire signed [31:0] frequency_df;
    wire signed [28:0] Loopout;
    assign reset_n = !rst;
    assign clken = 1'b1;
    assign carrier=32'd805306368;                 //6 MHz
    //assign carrier=32'd808450000;               //6.02344 MHz

    assign frequency_df={{3{Loopout[28]}},Loopout};    //根据 NCO 核接口，扩展为 32 bit

    //实例化 NCO 核
    //NCO 核输出数据最小位宽为 10，根据环路设计需求，只取高 8 bit 参与后续运算
    nco u0 (.phi_inc_i (carrier),.clk (clk),.reset_n (reset_n),.clken (clken),.freq_mod_i (frequency_df),
                .fsin_o (sin),.fcos_o (cosine),.out_valid (out_valid));
    assign sine = sin[9:2];

    //实例化 NCO 同相正交支路乘法器 IP 核
    wire signed [14:0] oc_out;
    mult8_8 u1 (.dataa (sin[9:2]),.datab (cosine[9:2]),.result (oc_out));

    //实例化平方变换乘法器 IP 核
    wire signed [14:0] square_out;
    mult8_8 u2 (.dataa (din),.datab (din),.result (square_out));

    //实例化带通滤波器核
    wire signed [14:0] pass_out;
```

```
        bandpass u3 (.rst (rst),.clk (clk), .din (square_out),.dout (pass_out));

        //实例化鉴相器乘法器 IP 核
        wire signed [28:0] mult_out;
        mult15_15 u4 (.dataa (oc_out),.datab (pass_out),.result (mult_out));

        //实例化低通滤波器核
        wire signed [28:0] pd;
        iir_lpf u5 (.rst (rst),.clk (clk),.Xin (mult_out),.Yout (pd));

        //实例化环路滤波器核
        LoopFilter u6(.rst (rst),.clk (clk),.pd (pd),.frequency_df(Loopout));

        //将环路滤波器数据发送至输出端口查看
        assign df = Loopout;
endmodule
```

5.3.5　带通滤波器的 Verilog HDL 实现

1. 顶层文件的 Verilog HDL 实现

前文采用 MATLAB 对带通滤波器的系数进行了设计，接下来就可以编写 Verilog HDL 代码来进行 FPGA 实现了。为了节约资源，考虑到平方环只提取载波信号，因此采用 IIR 滤波器来实现带通滤波器。4.5.2 节对 IIR 滤波器的 FPGA 实现已进行了详细的讨论。对于 FPGA 实现方法及过程来讲，只要是 IIR 滤波器，带通滤波器与低通滤波器的实现并没有什么区别，仅是滤波器的阶数不同而已。

本实例中设计的带通滤波器系数位宽为 7，因为其反馈结构，可将滤波器分为 3 个文件来设计：顶层文件 bandpass.v 对零点系数及极点系数的乘加运算进行组合，实现带通滤波器的反馈运算；零点系数文件 zeroparallel.v 完成零点系数的乘加运算；极点系数文件 poleparallel.v 完成极点系数的乘加运算。为了便于读者清楚地了解带通滤波器的总体实现结构，下面给出了带通滤波器顶层文件 bandpass.v 的程序代码及其综合后的 RTL 原理图，如图 5-11 所示。

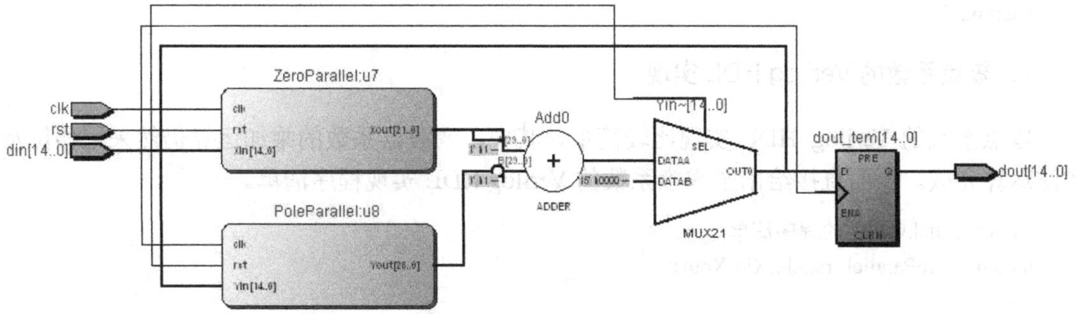

图 5-11　带通滤波器的顶层文件综合后的 RTL 原理图

```
//顶层文件 bandpass.v 的程序清单
module bandpass (rst,clk,din,dout);

    input    rst;                                 //复位信号，高电平有效
    input    clk;                                 //FPGA 系统时钟
    input    signed [14:0]    din;                //输入信号
    output   signed [14:0]    dout;               //滤波后的输出信号

    //实例化零点系数及极点系数的运算模块
    wire signed [21:0] Xout;
    ZeroParallel u7 (.rst (rst),.clk (clk),.Xin (din),.Xout (Xout));

    wire signed [14:0] Yin;
    wire signed [28:0] Yout;
    PoleParallel u8 (.rst (rst),.clk (clk),.Yin (Yin),.Yout (Yout));

    wire signed [28:0] Ysum;
    assign Ysum = {{7{Xout[21]}},Xout} - Yout;

    //因为滤波器系数中 a(0)=512，因此需将加法结果除以 512，可采用右移 9 bit 的方法实现除法运算
    wire signed [28:0] Ydiv;
    assign Ydiv = {{9{Ysum[28]}},Ysum[25:9]};

    //根据仿真结果可知，滤波器的输出范围与输入数据范围相同，因此可直接进行截尾输出
    assign Yin = (rst ? 15'd0 : Ydiv[14:0]);

    //增加一级寄存器输出，用于提高系统运行速度
    reg signed [14:0] dout_tem;
    always @(posedge clk)
    dout_tem <= Yin;
    assign dout = dout_tem;

endmodule
```

2. 零点系数的 Verilog HDL 实现

零点系数的 Verilog HDL 实现比较简单，其中，滤波器系数的乘加运算仍然采用移位及加法运算完成。下面直接给出了零点系数的 Verilog HDL 实现程序清单。

```
//zeroparallel.v 文件的程序清单
module ZeroParallel (rst,clk,Xin,Xout);

    input    rst;                                 //复位信号，高电平有效
    input    clk;                                 //FPGA 系统时钟
    input    signed [14:0]    Xin;                //输入信号
```

```
output   signed [21:0]      Xout;                        //滤波后的输出信号

//将数据存入寄存器 Xin_Reg 中
reg signed[14:0] Xin_Reg[5:0];
reg [3:0] i,j;
always @(posedge clk or posedge rst)
if (rst)
    //初始化寄存器值为 0
    begin
        for (i=0; i<6; i=i+1)
        Xin_Reg[i]=14'd0;
    end
else
    begin
        for (j=0; j<5; j=j+1)
        Xin_Reg[j+1] <= Xin_Reg[j];
        Xin_Reg[0] <= Xin;
    end

//将系数对称的输入数据相加
wire signed [15:0] Add_Reg[2:0];
assign Add_Reg[0]={Xin[14],Xin} - {Xin_Reg[5][14],Xin_Reg[5]};
assign Add_Reg[1]={Xin_Reg[0][14],Xin_Reg[0]} - {Xin_Reg[4][14],Xin_Reg[4]};
assign Add_Reg[2]={Xin_Reg[1][14],Xin_Reg[1]} + {Xin_Reg[3][14],Xin_Reg[3]};

//采用移位及加法运算实现乘法运算
wire signed [21:0] Mult_Reg[2:0];
assign Mult_Reg[0]={{3{Add_Reg[0][15]}},Add_Reg[0],3'd0};                  //*8
assign Mult_Reg[1]={{2{Add_Reg[1][15]}},Add_Reg[1],4'd0} +
                   {{6{Add_Reg[1][15]}},Add_Reg[1]};                        //*17
assign Mult_Reg[2]={{3{Add_Reg[2][15]}},Add_Reg[2],3'd0} +
        {{5{Add_Reg[2][15]}},Add_Reg[2],1'd0} + {{6{Add_Reg[2][15]}},Add_Reg[2]};   //*11

//对滤波器系数与输入数据的相乘结果进行累加，并输出滤波后的数据
assign Xout = Mult_Reg[0] + Mult_Reg[1] + Mult_Reg[2];

endmodule
```

3．极点系数的 Verilog HDL 实现

极点系数的 Verilog HDL 实现结构与零点系数相同。为了提供给读者更多的参考设计，极点系数的乘法运算采用 IP 核的方式实现。需要注意的是，对于一个乘数为常量的乘法运算，在采用 Quartus II 生成的 IP 核时可以采用 LUT 的结构来实现，而不需要占用乘法器 IP 核资源，且运算速度较快。由于每个系数的值不同，因此需要为每个系数生成专用的常系数乘法器 IP 核。下面只给出第 1 个系数的乘法器 IP 核，以及极点系数 Verilog HDL 实现文件 poleparallel.v 的程序清单，其他乘法器 IP 核的参数只是常量的值及输出数据位宽不同而已。

mult1948 核部分参数如下：
输入数据 dataa 位宽：15。
输入数据 datab 位宽：14。
输出数据位宽：29。
输入数据类型：有符号数。
输入数据 datab 的值：1948。
流水线级数：无。

```
//poleparallel.v 文件的程序清单
module PoleParallel (rst,clk,Yin,Yout);

    input    rst;                                    //复位信号，高电平有效
    input    clk;                                    //FPGA 系统时钟
    input    signed [14:0]  Yin;                     //输入信号
    output   signed [28:0]  Yout;                    //滤波后的输出信号

    //将数据存入寄存器 Yin_Reg 中
    reg signed[14:0] Yin_Reg[5:0];
    reg [3:0] i,j;
    always @(posedge clk or posedge rst)
    if (rst)
        //初始化寄存器值为 0
        begin
            for (i=0; i<6; i=i+1)
            Yin_Reg[i]=14'd0;
        end
    else
        begin
            //与串行结构不同，此处不需要判断计数器的状态
            for (j=0; j<5; j=j+1)
            Yin_Reg[j+1] <= Yin_Reg[j];
            Yin_Reg[0] <= Yin;
        end

    //实例化有符号数乘法器 IP 核 mult
    wire signed[28:0] Mult_Reg[5:0];
    mult1948   u9 (.dataa (Yin_Reg[0]),.result (Mult_Reg[0]));
    mult3660   u10 (.dataa (Yin_Reg[1]),.result (Mult_Reg[1]));
    mult4085   u11 (.dataa (Yin_Reg[2]),.result (Mult_Reg[2]));
    mult2881   u12 (.dataa (Yin_Reg[3]),.result (Mult_Reg[3]));
    mult1206   u13 (.dataa (Yin_Reg[4]),.result (Mult_Reg[4]));
    mult250    u14 (.dataa (Yin_Reg[5]),.result (Mult_Reg[5]));

    //对滤波器系数与输入数据的相乘结果进行累加，并输出滤波后的数据
    assign Yout = Mult_Reg[0]+ Mult_Reg[1]+ Mult_Reg[2] + Mult_Reg[3] + Mult_Reg[4] + Mult_Reg[5];
endmodule
```

5.3.6 低通滤波器的 Verilog HDL 实现

在本节所讨论的实例中，锁相环中的低通滤波器系数和环路滤波器系数与例 4-1 完全相同，因此完全可以借用例 4-1 中的 iir_lpf 及 LoopFilter 模块。

对于环路滤波器来说，与例 4-1 不同的是其输入数据位宽由 25 bit 增加到了 29 bit，程序中的相应信号变量的数据位宽需要相应增加 4 bit。

由于环路滤波器的 Verilog HDL 实现代码与例 4-1 中的代码相比只有少许改动，因此本节不再给出完整的程序清单，读者可以在本书配套资料“Chapter_5\E5_1\SquareLoop”中查阅平方环的完整 FPGA 工程文件。

对于低通滤波器来说，与例 4-1 不同的是其输入数据位宽由 15 bit 增加到了 29 bit，因此程序中的相应信号变量的数据位宽需要相应增加 14 bit。由于本实例设计中要求低通滤波器的输出不扩展有效数据位宽，因此低通滤波器输出的数据是 Yin 信号，而不是 1024 倍的 Yin 信号。下面直接给出了低通滤波器模块的程序代码。

```
//iir_lpf.v 文件的程序清单
module iir_lpf (rst,clk,Xin,Yout);
    input   rst;                                    //复位信号，高电平有效
    input   clk;                                    //FPGA 系统时钟，频率为 32 MHz
    input   signed [28:0]     Xin;                  //输入信号，频率为 2 kHz
    output  signed [28:0]     Yout;                 //滤波后的输出信号

    //零点系数实现代码
    //将输入数据依次存入寄存器中
    reg signed[28:0] Xin_1,Xin_2,Xin_3;
    always @(posedge clk or posedge rst)
    if (rst)
        //初始化寄存器值为 0
        begin
            Xin_1 <= 0;
            Xin_2 <= 0;
            Xin_3 <= 0;
        end
    else
        begin
            Xin_1 <= Xin;
            Xin_2 <= Xin_1;
            Xin_3 <= Xin_2;
        end

    //采用移位及加法运算实现乘法运算
    wire signed[40:0] XMult_0,XMult_1,XMult_2,XMult_3;
    assign XMult_0={{9{Xin[28]}},Xin,3'd0};                              //*8
    assign XMult_1={{9{Xin_1[28]}},Xin_1,3'd0} + {{10{Xin_1[28]}},Xin_1,2'd0}
              + {{12{Xin_1[28]}},Xin_1}; //*13
    assign XMult_2={{9{Xin_2[28]}},Xin_2,3'd0} + {{10{Xin_2[28]}},Xin_2,2'd0}
```

```
              + {{12{Xin_2[28]}},Xin_2}; //*13
assign XMult_3={{9{Xin_3[28]}},Xin_3,3'd0};                                //*8

//对滤波器系数与输入数据的相乘结果进行累加，并输出滤波后的数据
//此处增加一级寄存器，以提高系统运算速度
reg signed[40:0] Xout;
always @(posedge clk)
    Xout <= XMult_0 + XMult_1 + XMult_2 + XMult_3;

//极点系数的实现代码
//将输入数据依次存入寄存器中
reg signed[28:0]   Yin_1,Yin_2,Yin_3;
wire signed[28:0] Yin;
always @(posedge clk or posedge rst)
if (rst)
    //初始化寄存器值为 0
    begin
        Yin_1 <= 0;
        Yin_2 <= 0;
        Yin_3 <= 0;
    end
else
    begin
        Yin_1 <= Yin;
        Yin_2 <= Yin_1;
        Yin_3 <= Yin_2;
    end

//采用移位及加法运算实现乘法运算
wire signed[40:0] YMult_1,YMult_2,YMult_3;
 assign YMult_1={{9{Yin_1[28]}},Yin_1,3'd0} - {{4{Yin_1[28]}},Yin_1,8'd0}
           - {{1{Yin_1[28]}},Yin_1,11'd0};                                        //*-2296
 assign YMult_2={{2{Yin_2[28]}},Yin_2,10'd0} + {{3{Yin_2[28]}},Yin_2,9'd0}
           + {{4{Yin_2[28]}},Yin_2,8'd0}- {{10{Yin_2[28]}},Yin_2,2'd0};          //*1788
assign YMult_3={{10{Yin_3[28]}},Yin_3,2'd0} + {{7{Yin_3[28]}},Yin_3,5'd0}
            - {{3{Yin_3[28]}},Yin_3,9'd0};                                        //*-476

//将零点系数结果 Xout 与极点系数滤波后的结果相减，输出 IIR 滤波器结果
wire signed[40:0] Ysum;
assign Ysum = Xout - YMult_1 - YMult_2 - YMult_3;

//将 Ysum 右移 10 bit 相当于除以 1024，而后取低 28 bit 的数据输出
assign Yin = Ysum[38:10];

//此处滤波结果由寄存器输出，以提高系统运算速度
reg signed[28:0] dout;
always @(posedge clk)
```

```
        dout <= Ysum[38:10];
        assign Yout = dout;

endmodule
```

5.3.7 FPGA 实现后的仿真测试

编写完平方环的 Verilog HDL 实现代码后，就可以进行 FPGA 实现了。由于需要测试系统实现后所能达到的最高速度，因此在 FPGA 实现前需要添加时序约束条件。平方环中只使用了一个时钟信号 clk，因此只需添加时钟信号 clk 的时序约束条件即可。

在 Quartus II 中完成对平方环工程文件的编译后，启动“TimeQuest Timing Analyzer”工具，并对时钟信号 clk 添加时序约束（周期为 20 ns，频率为 50 MHz）。保存时序约束后重新对整个 FPGA 工程进行编译实现。

完成综合实现后，在工作过程区中会自动显示整个设计所占用的器件资源情况。本实例选用的目标器件是 Altera 公司 Cyclone-IV 系列的 EP4CE15F17C8。Logic Elements（逻辑单元）使用了 2102 个，占 14%；Registers（寄存器）使用了 856 个，占 64%；Memory Bits（存储器）使用了 2304 位，占 1%；Embedded Multiplier 9-bit elements（9 bit 嵌入式硬件乘法器）使用了 4 个，占 4%。从“TimeQuest Timing Analyzer”工具中可以查看到系统的最高工作频率为 54.09 MHz，显然满足工程实例中要求的 32 MHz。

进行平方环的 FPGA 测试之前，首先需要编写测试激励文件代码，测试激励文件的功能主要有产生 32 MHz 的系统时钟信号 clk，产生复位信号 rst，并通过读取由 E5_DPSKSignalProduce.m 程序生成的外部测试数据文件，产生输入信号 din。然后将平方环中的频差信号 df、NCO 输出的正弦波信号 sine 转换成十进制数据后，写入外部文本文件中，供 MATLAB 分析程序 E5_1_SigAnalysis.m 来分析处理。

本工程实例中的测试激励文件结构及代码与例 4-1 中的测试激励文件十分相似，这里不再给出程序清单，读者可以在本书配套资料中查阅完整的 FPGA 工程文件。

编写好测试激励文件后，直接运行 ModelSim 即可进行行为仿真或时序仿真。由于测试激励文件已将系统的频差信号 df 以及 NCO 输出的正弦波信号 sine 写入外部 TXT 文件中，因此可以通过 MATLAB 对 ModelSim 仿真的数据进行分析处理。

MATLAB 分析处理程序的功能与例 4-1 相似，主要包括：从外部文件中读取 ModelSim 仿真的数据文件，以及 E5_DPSKSignalProduce.m 产生的载波数据文件 E5_carrier.txt，并对 FPGA 仿真产生的频差数据绘图；计算出锁定后的平均频差；计算锁定后频差的最大波动范围；绘图比较载波信号及 NCO 输出正弦波信号的相位关系。读者可以在本书配套的资料中查看“Chapter_5/E5_1/E5_1_SigAnalysis.m”的程序清单。图 5-12 和图 5-13 分别是信噪比为 100 dB 和 6 dB 时的平方环仿真分析图。

从仿真测试图可以看出，信噪比为 6 dB 时平方环仍能够正常捕获并最终锁定。信噪比越低，捕获时间就越长，且锁定后的频差就越大，稳态相差就越大。从图 5-12 和图 5-13 可以看出，提取出的载波信号与输入的载波信号之间存在 180° 的反相，这正是平方环自身所无法克服的 180° 相位不确定性现象。同时，本地载波信号与输入的载波信号之间还有一个微小的固定相差，并不是完全同步的。这个固定相差是如何产生的呢？分析一下 MATLAB

程序可知，输入的载波信号是直接经过发送端中频滤波后的信号。在平方环中，输入的载波信号经过平方变换、带通滤波，在这些处理过程中产生了相应的延时，因此 NCO 输出的正弦波信号与输入的载波信号有一定的延时。这个延时是可以预测的，因此在进行 FPGA 实现时，为了提取完全同频同相的相干载波，在信号解调时，需要根据延时对输入信号进行相应的延时处理。

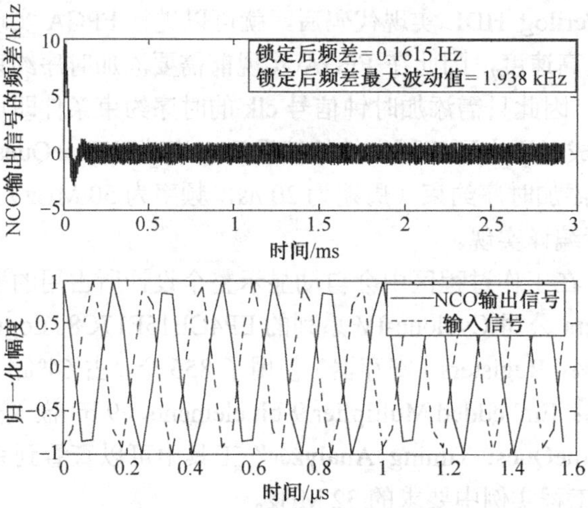

图 5-12　信噪比为 100 dB 时的平方环仿真分析图

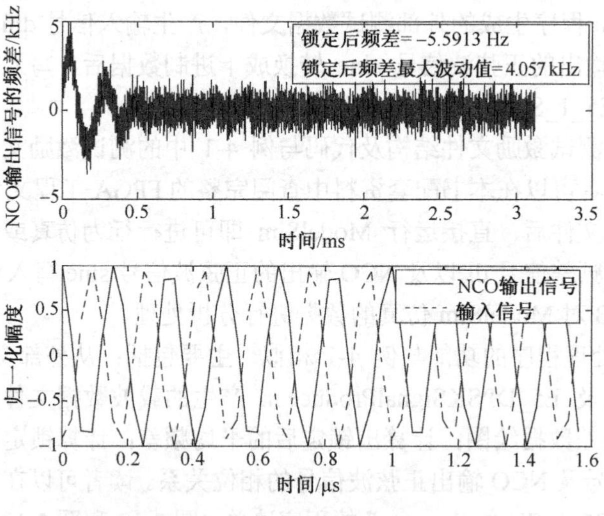

图 5-13 信噪比为 6 dB 时的平方环仿真分析图

如前所述，改进的平方环避免了对本振信号的 2 分频处理，从而可以节约硬件资源。由于平方环只能提取相干载波，并不能直接实现信号解调，因此需要在提取相干载波后，再通过与输入信号相乘，以及滤波处理来完成信号的解调。接下来我们要讨论的同相正交环，则可以在提取相干载波的同时完成信号的解调，从而可以进一步节约硬件资源。

5.4 同相正交环的 FPGA 实现

5.4.1 同相正交环性能参数设计

同相正交环（也称为 Costas 环）的自然角频率 ω_n、阻尼系数 ξ 与平方环完全相同，即 $\omega_n = 150\ \text{kHz} = 2\pi \times 150 \times 10^3\ \text{rad/s}$，$\xi = 0.707$。接下来需要确定环路滤波器输出的有效数据位宽，进而设计 NCO 的频率字字长，以及总增益 K 和环路滤波器系数 C_1、C_2。

根据 4.4.2 节的分析方法，接收信号是 8 bit 量化后的二进制补码数据，NCO 同样输出 8 bit 的二进制补码数据，则乘法运算输出 15 bit 的有效数据。接下来需要确定低通滤波器输出的有效数据位宽。5.4.2 节将对低通滤波器的设计进行详细讨论，这里直接给出低通滤波器的有效数据位宽为 28，延时为 9 个时钟周期。根据图 5-2 所示的原理图，两条支路的数据经低通滤波器后，需要再进行乘法运算，而后进入环路滤波器。两个 28 bit 的数据乘法运算需要产生 55 bit 的有效输出数据，同时需要 4 个 18 bit×18 bit 的乘法器 IP 核。这样不仅需要耗费大量的乘法器及逻辑资源，而且系统的运算速度也会受到一定影响。文献[11]提出了一种简单有效的实现结构，在工程上可以近似代替 Costas 环中经低通滤波处理后的乘法运算，为了便于叙述，我们可以称其为符号判决法，其原理如图 5-14 所示。

根据 Costas 环的工作原理，低通滤波器输出的信号分别为同相支路和正交支路，同相支路其实就是经过相干解调后的信号。对于 DPSK 信号来讲，解调后的信号可以近似为±1 的方波信号。图 5-14 中采用同相支路的符号位作为判决信号，根据同相支路的符号位，输出正交数据（当符号位为 0 时）或者输出正交数据的负值（当符号位为 1 时），可以近似为同相、正交支路的乘法运算。

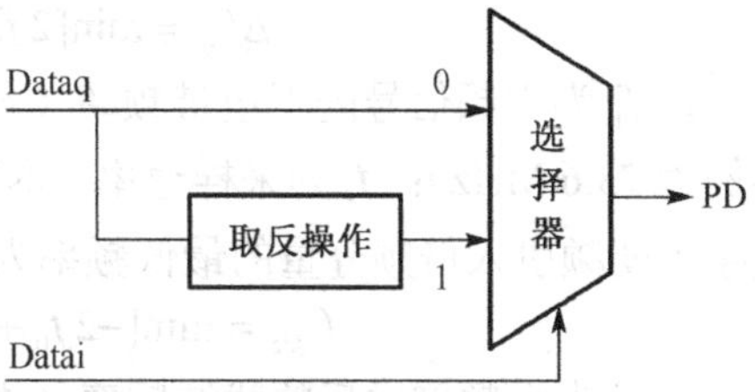

图 5-14　符号判决法的原理

采用图 5-14 所示的结构，不仅运算十分简单，而且不需要使用任何乘法器资源，因此具有很强的工程实用性。根据图 5-14 所示的结构，输出数据位宽与正交支路数据位宽相同，不会产生类似于式（5-17）中的乘数因子 1/2，因此整个同相正交环的增益为：

$$K_{\rm d} = \frac{1}{4} K_{\rm p} K_{\rm p1} K_{\rm p2} K_{\rm l1} K_{\rm l2} \tag{5-19}$$

再根据锁相环的增益计算公式，可知 Costas 环的增益为：

$$K = \frac{2\pi f_{\rm s}}{2^N} T_{\rm dds} (2^{B_{\rm lp}-2}) \tag{5-20}$$

由于环路滤波器不改变输入数据位宽，因此环路滤波器输出有效数据位宽 $B_{\rm 1p}=28$。综合考虑乘法器、低通滤波器、环路滤波器各部件的运算延时，取 NCO 频率字更新周期为 8 个时钟周期，即 $T_{\rm dds} = 8 / f_{\rm s}$。根据式（5-20）容易计算得出，当 NCO 频率字字长 $N = 32$ 时，K=0.7854，再根据式（4-23）可以得出环路滤波器系数，即：

$$C_1 = 0.053, \qquad C_2 = 0.0011$$

根据环路滤波器系统函数，可以得出系统函数的极点为 $0.9792 \pm 0.0204\text{i}$，显然在单位圆内，因此系统是稳定的。读者可以在本书配套资料“\Chapter_5\E5_1\E5_1_LoopDesign.m”中查看完整的环路滤波器的参数设计 MATLAB 程序清单。

5.4.2 低通滤波器的 Verilog HDL 实现

与平方环不同，同相正交环在提取抑制载波信号的同时，同相支路输出的是相干解调信号。因此，相对而言，同相正交环具有更高的实现效率，可节约相干解调部分电路资源。根据数字滤波器原理[29]，当滤波器通带内含有需要处理的信号时，需要采用通带内具有线性相位特性的 FIR 滤波器。

在讨论平方环时，其中的低通滤波器带宽需要考虑捕获带的带宽。在第 4 章中讨论的插入导频法载波提取电路中，其中的低通滤波器带宽在满足捕获带的前提下越小越好。对于同相正交环来讲，低通滤波器的带宽的设置原则是使有用信号尽量通过，其次再考虑滤除下变频分量，以及 A/D 镜像频率分量的问题。

低通滤波器参数的设计是同相正交环中的一个重点，关键在于如何确定滤波器的过渡带及截止频率。滤波器的通带截止频率应当与信号带宽一致，为了确保不损失有用信号，本实例取 3.6 MHz。因此，接下来的关键问题是选择通带截止频率。

通带截止频率的选择原则及方法与 4.4.2 节中介绍的完全一致：一是必须确保滤除相邻的 A/D 镜像频率分量；二是需要滤除数字下变频引入的倍频分量[23]。根据带通采样定理，容易推导出相邻 A/D 镜像频率的最小间隔，即：

$$\Delta f_{\mathrm{ad}} = \min[2f_{\mathrm{L}} - kf_{\mathrm{s}}, (k+1)f_{\mathrm{s}} - 2f_{\mathrm{H}}] \tag{5-21}$$

式中，f_{L} 为中频信号的下边带频率（本实例为 66.4 MHz）；f_{H} 为中频信号的上边带频率（本实例为 73.6 MHz）；f_{s} 为采样速率（本实例为 32 MHz）；k 为整数。容易求出 $\Delta f_{\mathrm{ad}} = 4.8\ \mathrm{MHz}$。数字下变频引入倍频分量的最低频率为：

$$f_{\mathrm{cddc}} = \min[-2f_0 + (m+1)f_{\mathrm{s}}, 2f_0 - mf_{\mathrm{s}}] - B_{\mathrm{f}}/2 \tag{5-22}$$

式中，f_0 为中频采样后的载波频率（本实例为 6 MHz）；B_{f} 为中频信号处理带宽（本实例为 7.2 MHz）；m 为整数。容易求出 $f_{\mathrm{cddc}} = 8.4\ \mathrm{MHz}$。

再根据前面所述的通带截止频率的选择原则，可知低通滤波器的截止频率为：

$$f_{\mathrm{c}} = \min[f_{\mathrm{cddc}}, B_{\mathrm{f}}/2 + \Delta f_{\mathrm{ad}}] \tag{5-23}$$

容易求出低通滤波器的通带截止频率 $f_{\mathrm{c}} = 8.4\ \mathrm{MHz}$。在此前提下，若硬件资源允许，通带纹波的衰减应尽可能小，阻带衰减应尽可能大。

确定了低通滤波器的通带截止频率等参数后，就可以采用 MATLAB 提供的滤波器函数设计低通滤波器系数了。本实例采用凯塞窗函数来设计低通滤波器，具体设计方法可参考文献[29]的相关内容。在 FPGA 实现中，还需要对低通滤波器系数进行量化处理。显然，量化位宽越大，精度就越高，同时占用的硬件资源也越多。同时，量化位宽的大小也会对整个同相正交环的增益产生影响，因为系数的量化位宽直接影响 FPGA 实现后低通滤波器输出数据位宽，本实例选用 12 bit 的量化。读者可参见本书配套资料“Chapter_5\E5_2\E5_2_LPF.m”查看详细设计代码。低通滤波器的频率特性如图 5-15 所示，量化前后的低通滤波器系数如下。

量化前的低通滤波器系数为：

0.0035	0.0131	0.0047	-0.0337	-0.0545	0.0211	0.1958	0.3501

0.3501 0.1958 0.0211 -0.0545 -0.0337 0.0047 0.0131 0.0035

量化后的低通滤波器系数为：

h_pm=[20, 77, 28, 197, 319, 123, 1145, 2047, 2047, 1145, 123, 319, 197, 28, 77, 20]

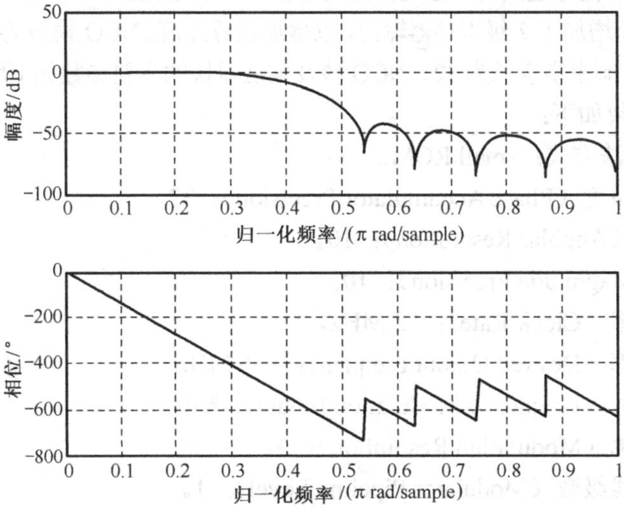

图 5-15 低通滤波器的频率特性

另外一个参数是低通滤波器的系统时钟频率。一般来说，系统时钟频率越高，则芯片内部的时序要求也更严格，芯片功耗也会越大。这个参数可以根据硬件资源、芯片规模、数据速率等情况灵活选择，本实例设置为数据采样速率。低通滤波器可以采用 FIR 核实现，低通滤波器输入数据为乘法器输出的 15 bit 数据，输出取全部有效数据，共 28 bit。

设计好低通滤波器系数，以及低通滤波器的时钟频率、输入/输出数据位宽等参数后，可直接在 Quartus II 的 IP 核生成界面中依次单击“DSP→Filters→FIR Compiler”来产生 FIR 核。其部分参数设置为：

- 滤波器系数的位宽（Bit Width）：12。
- 输入数据的位宽（Bit Width）：15。
- 输出数据位宽（Output Width）：28。
- 滤波器系数文件（Imported Coefficient Set）：“D:\SyncPrograms\Chapter_5\E5_2\E5_2_lpf.txt”。
- 流水线级数（Pipline Level）：1。
- 滤波器结构（Structure）：Variable/Fixed Coefficient: Multi-Cycle。
- 数据存储部件（Data Storage）：Logic Cells。
- 系数存储部件（Coefficient Storage）：Logic Cells。
- 乘法器结构（Multiplier Implementation）：DSP Blocks。
- 输入数据类型（Input Number System）：有符号二进制数。

5.4.3 其他模块的 Verilog HDL 实现

根据图 5-2 所示的同相正交环提取载波的原理，除了低通滤波器，在 Costas 环（同相正交环）中还需要手动编写 Verilog HDL 代码来实现环路滤波器。NCO 及其输入信号的乘法运算均可直接使用 Quartus II 提供的 IP 核，低通滤波器输出的同相、正交支路的乘法运算采用图 5-11 所示的结构实现。

输入信号与 NCO 信号之间的乘法运算采用 8 bit×8 bit 的乘法器 IP 核，IP 核的参数与平方环中的 mult8_8 核相比，增加了 2 级寄存器输出，以增加运算速度。NCO 模块的系统时钟为 32 MHz，输出数据位宽为 10，频率字字长为 32。NCO 核及乘法器核的主要参数如下所示。

NCO 核部分参数如下：

- NCO 生成算法方式：small ROM。
- 相位累加器精度（Phase Accumulator Precision）：32。
- 角度分辨率（Angular Resolution）：10。
- 幅度精度（Magnitude Precision）：10。
- 驱动时钟频率（Clock Rate）：32 MHz。
- 期望输出频率（Desired Output Frequency）：6 MHz。
- 频率调制输入（Frequency Modulation Input）：选中。
- 调制器分辨率（Modulation Resolution）：32。
- 调制器流水线级数（Modulator Pipeline Level）：1。
- 相位调制输入（Phase Modulation Input）：不选。
- 输出数据通道（Outputs）：双通道（Dual Output）。
- 多通道 NCO（Multi-Channel NCO）：1。
- 频率跳变波特率（Frequency Hopping Number of Bauds）：1。

mult8_8 核部分参数如下：

- 输入数据位宽：8。
- 输出数据位宽：15。
- 输入数据类型：有符号数。
- 流水线级数：2。

需要手动编写 Verilog HDL 代码来实现环路滤波器，与平方环中的环路滤波器模块相比，只需将输入数据位宽及环路滤波器输出数据位宽由 27 修改为 28，其余参数保持不变即可。读者可以参见本书配套资料中的 CostasLoop 工程文件查看完整的程序清单。

5.4.4 顶层模块的 Verilog HDL 实现

经过前面对同相正交环性能参数的分析，以及各部件结构、参数的设计，顶层文件的设计就变得十分容易了。下面先直接给出了顶层文件 CostasLoop.v 的完整程序清单。

```
//CostasLoop.v 文件的程序清单
module CostasLoop (rst,clk,din,sine,cosine,di,dq,df);

    input   rst;                                    //复位信号，高电平有效
    input   clk;                                    //FPGA 系统时钟：32 MHz
    input    signed [7:0]    din;                   //输入数据：32 MHz
    output   signed [7:0]    sine;                  //同步后的载波输出信号（同相支路）
    output   signed [7:0]    cosine;                //同步后的载波输出信号（正交支路）
```

```
output   signed [27:0]      di;                          //同步后的输出信号（同相支路）
output   signed [27:0]      dq;                          //同步后的输出信号（正交支路）
output   signed [27:0]      df;                          //环路滤波器输出数据

//实例化 NCO 核所需的接口信号
wire reset_n,out_valid,clken;
wire [31:0] carrier;
wire signed [9:0] sin,cos ;
wire signed [31:0] frequency_df;
wire signed [27:0] Loopout;
assign reset_n = !rst;
assign clken = 1'b1;
assign carrier=32'd805306368;//6MHz

assign frequency_df={{4{Loopout[27]}},Loopout};           //根据 NCO 核接口，扩展为 32 bit

//实例化 NCO 核，Quartus II 提供的 NCO 核输出数据最小位宽为 10，根据环路设计需求，
//只取高 8 bit 参与后续运算
nco u0 (
        .phi_inc_i (carrier),
        .clk (clk),
        .reset_n (reset_n),
        .clken (clken),
        .freq_mod_i (frequency_df),
        .fsin_o (sin),
        .fcos_o (cos),
        .out_valid (out_valid));
assign sine    = sin[9:2];
assign cosine = cos[9:2];

//实例化 NCO 同相支路乘法器 IP 核
wire signed [14:0] zi;
mult8_8 u1 (
      .clock (clk),
      .dataa (sin[9:2]),
      .datab (din),
      .result (zi));

//实例化 NCO 正交支路乘法器 IP 核
wire signed [14:0] zq;
mult8_8 u2 (
        .clock (clk),
        .dataa (cos[9:2]),
        .datab (din),
        .result (zq));

//实例化鉴相器同相支路低通滤波器核
```

```
wire ast_sink_valid,ast_source_ready;
wire [1:0] ast_source_error;
wire [1:0] ast_sink_error;
assign ast_sink_valid=1'b1;
assign ast_source_ready=1'b1;
assign ast_sink_error=2'd0;
wire sink_readyi,source_validi;
wire [1:0] source_errori;
wire signed [27:0] yi;
fir_lpf u3(
    .clk (clk),
    .reset_n (reset_n),
    .ast_sink_data (zi),
    .ast_sink_valid (ast_sink_valid),
    .ast_source_ready (ast_source_ready),
    .ast_sink_error (ast_sink_error),
    .ast_source_data (yi),
    .ast_sink_ready (sink_readyi),
    .ast_source_valid (source_validi),
    .ast_source_error (source_errori));

//实例化鉴相器正交支路低通滤波器核
wire sink_readyq,source_validq;
wire [1:0] source_errorq;
wire signed [27:0] yq;
fir_lpf u4(
    .clk (clk),
    .reset_n (reset_n),
    .ast_sink_data (zq),
    .ast_sink_valid (ast_sink_valid),
    .ast_source_ready (ast_source_ready),
    .ast_sink_error (ast_sink_error),
    .ast_source_data (yq),
    .ast_sink_ready (sink_readyq),
    .ast_source_valid (source_validq),
    .ast_source_error (source_erroriq));

//根据同相支路的符号位，取正交支路数据（或取反）作为鉴相器的输出
reg signed [27:0] pd;
always @(posedge clk or posedge rst)
if (rst)
    pd <= 0;
else
    if (yi[27]==1'b1)
        pd <= -yq;
    else
        pd <= yq;
```

```
    //实例化环路滤波器核
    LoopFilter u5(
        .rst (rst),
        .clk (clk),
        .pd  (pd),
        .frequency_df(Loopout));

    //将环路滤波器数据发送至输出端口
    assign df = Loopout;
    assign di = yi;
    assign dq = yq;
endmodule
```

由于采用符号判决法实现的乘法运算十分简单，因此将这部分功能电路在顶层文件中直接实现。同相正交环顶层文件综合后的 RTL 原理图如图 5-16 所示，读者可以与图 5-2 对照起来学习，以加深对 FPGA 实现同相正交环的理解。程序在符号判决法的乘法运算后添加了一级寄存器，其目的是提高系统的运行速度。

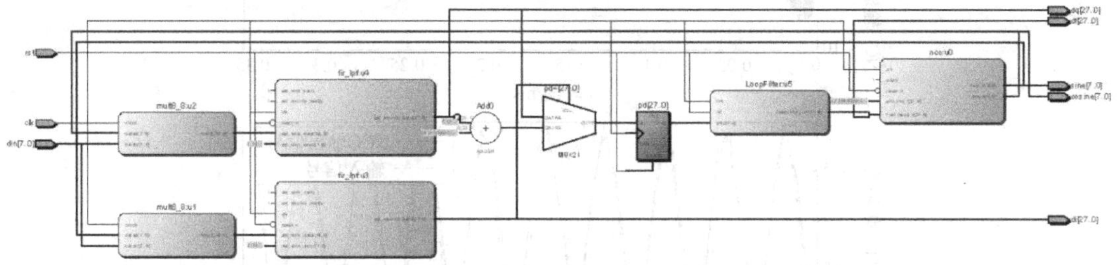

图 5-16　同相正交环顶层文件综合后的 RTL 原理图

5.4.5　FPGA 实现后的仿真测试

编写完成整个同相正交环的 Verilog HDL 实现代码后，就可以进行 FPGA 实现了。在 Quartus II 中完成同相正交环工程的编译后，启动“TimeQuest Timing Analyzer”工具，并对时钟信号 clk 添加时序约束（周期为 20 ns，频率为 50 MHz）。保存时序约束后，重新对整个 FPGA 工程进行编译。

完成综合实现后，工作过程区中会自动显示整个设计所占用的器件资源情况。本实例选用的目标器件是 Altera 公司 Cyclone-IV 系列的 EP4CE15F17C8。Logic Elements（逻辑单元）使用了 3702 个，占 24%；Registers（寄存器）使用了 2371 个，占 15%；Memory Bits（存储器）使用了 2544 bit，占 1%；Embedded Multiplier 9-bit elements（9 bit 嵌入式硬件乘法器）使用了 2 个，占 1%。从“TimeQuest Timing Analyzer”工具中可以查看到系统的最高工作频率为 93.14 MHz，可满足工程实例中要求的 32 MHz。

本工程实例中的测试激励文件结构及代码与平方环十分相似，本节不再给出程序清单，读者可以在本书配套资料中查阅完整的 FPGA 工程文件。

编写好测试激励文件后，直接运行 ModelSim 即可进行行为仿真或时序仿真。由于测试激励文件已将系统的频差信号 df 和 NCO 输出的正弦波信号 sine 写入外部 TXT 文件中，因此可以采用MATLAB对ModelSim仿真出的数据进行分析处理。本实例的MATLAB分析处理程序请查看本书配套资料中的E5_2_SigAnalysis.m。

MATLAB分析处理程序的功能与平方环中的分析处理程序相似，主要包括从外部TXT文件中读取ModelSim仿真出的数据，以及程序E5_DPSKSignalProduce.m产生的载波数据（在文件E5_carrier.txt中），并根据FPGA仿真产生的频差数据进行绘图，计算出锁定后的平均频差以及频差的最大波动范围，绘图比较载波信号及NCO输出信号的相位关系。

图5-17和图5-18分别是信噪比为100 dB和6 dB时MATLAB对FPGA仿真数据的分析处理结果。从图中可以看出，信噪比为6 dB时同相正交环仍能够正常捕获并最终锁定，信噪比越低，则捕获时间越长，且锁定后的频差越大，稳态相差越大；信噪比为6 dB时，同相正交环锁定后的频差波动范围约为11 kHz，信噪比为100 dB时，同相正交环锁定后的频差波动范围约为189.133 Hz。

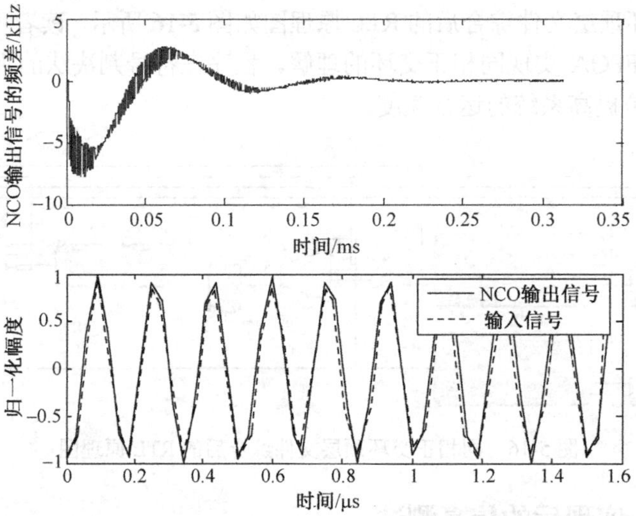

图5-17　信噪比为100 dB时MATLAB对FPGA仿真数据的分析处理结果

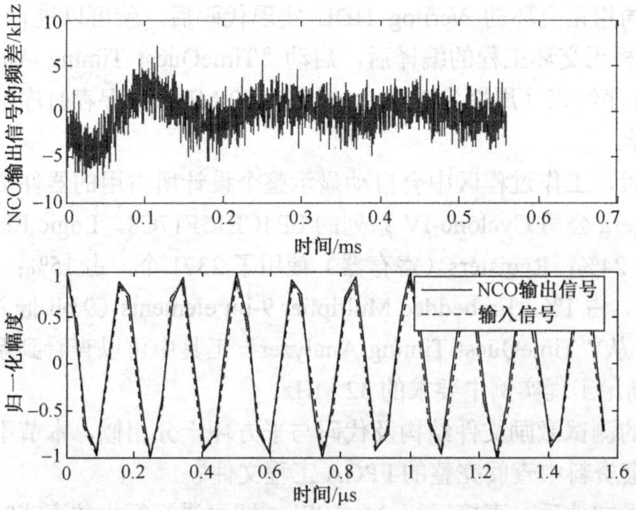

图5-18　信噪比为6 dB时MATLAB对FPGA仿真数据的分析处理结果

从图 5-17 和图 5-18 还可以看出，提取出的载波信号与输入载波信号完全同步。再回想一下平方环的仿真结果，存在 180° 的相位反转。需要说明的是，平方环和同相正交环均存在 180° 的相位不确定性。通过在发送端的相对码，并在接收端通过码形变换获得绝对码即可克服 180° 相位不确定性现象带来的影响，因此，在同相正交环路中提取相干载波的同时，同相支路的输出即解调后的信号，而不必再另外增加乘法器、低通滤波器等运算部件。当然，对解调出的信号还需要设计位同步电路，提取出位同步信号，并根据位同步信号对解调出的信号进行定时判决，并最终完成数据解调。有关位同步电路的设计将在第 7 章进行详细讨论。

5.4.6 同相支路的判决及码型变换

1. 同相支路的判决

根据同相正交环的工作原理，在同相正交环锁定后，同相支路的输出即解调后的信号。作者在工作实践中经常会碰到询问如何判断同相支路的问题。归纳起来有以下几个疑问：对于本地 NCO 输出信号而言，同相支路输出的是正弦波信号还是余弦波信号？当同相正交环锁定时，是否正弦波信号或余弦波信号都有可能是同相支路的输出，也就是说同相、正交支路只是相对的？当同相正交环锁定后，是否还需要额外增加电路对同相支路信号进行判决，比如由于同相支路的信号功率显然大于正交支路，可以通过估算功率来判决同相支路吗？要正确回答上面的几个问题，我们需要对同相正交环的系统模型有清楚的理解。

在 5.1.2 节分析同相正交环路的工作原理时，假设输入信号是正弦波信号，再根据同相正交环的工作原理，推导出同相支路输出的是本地 NCO 的输出，即正弦波信号。现在我们假设输入信号为余弦波信号，再根据同相正交环工作原理，推导同相正交环锁定时同相支路输出的信号波形。

设输入 BPSK 调制信号为：

$$s(t)=m(t)\cos[\omega_c t+\theta_1(t)]=[\sum_n a_n g(t-nT_s)]\cos[\omega_c t+\theta_1(t)] \tag{5-24}$$

式中，$m(t)$ 为数据调制信号；ω_c 为输入载波角频率。本地 NCO 的同相支路与正交支路乘法器输出分别为：

$$\begin{aligned} v_{oi}(t)&=\sin[\omega_c t+\theta_2(t)] \\ v_{oq}(t)&=\cos[\omega_c t+\theta_2(t)] \end{aligned} \tag{5-25}$$

式中，$\theta_2(t)$ 为本地 NCO 信号以输入载波信号 $\omega_c t$ 为参考相位的瞬时相位，则同相、正交支路中乘法器的输出分别为：

$$\begin{aligned} Z_i(t)&=K_{p1}[\sum_n a_n g(t-nT_s)]\cos[\omega_c t+\theta_1(t)]\sin[\omega_c t+\theta_2(t)] \\ Z_q(t)&=K_{p2}[\sum_n a_n g(t-nT_s)]\cos[\omega_c t+\theta_1(t)]\cos[\omega_c t+\theta_2(t)] \end{aligned} \tag{5-26}$$

式中，K_{p1}、K_{p2} 为乘法器的系数。经过低通滤波后可得到：

$$\begin{aligned} y_i(t)&=-\frac{1}{2}K_{p1}K_{l1}[\sum_n a_n g(t-nT_s)]\sin[\theta_e(t)] \\ y_q(t)&=\frac{1}{2}K_{p2}K_{l2}[\sum_n a_n g(t-nT_s)]\cos[\theta_e(t)] \end{aligned} \tag{5-27}$$

式中，$\theta_e(t)=\theta_1(t)-\theta_2(t)$，$K_{l1}$、$K_{l2}$ 为低通滤波器系数。需要注意的是，式（5-27）与式（5-8）相比，$y_i(t)$ 的表达式中增加了一个负号。滤波后的同相、正交支路经过乘法器、鉴相器及环路滤波器后，可得：

$$v_c(t)=-\frac{1}{8}K_pK_{p1}K_{p2}K_{l1}K_{l2}\sin[2\theta_e(t)]=-K_d\sin[2\theta_e(t)] \tag{5-28}$$

式（5-28）与式（5-9）相比，环路滤波器的输出表达式中也增加了一个负号，这是什么意思呢？由于锁相环是一个负反馈系统，根据其线性相位表达式，当锁相环锁定时，其中鉴相器的增益必须是正值，否则锁相环就变成了一个正反馈系统，无法得到稳定的系统。反过来讲，要使锁相环锁定后是一个稳定的负反馈系统，则鉴相器的增益一定是正值。因此，当输入信号取采取式（5-5）的形式时，需要对本地振荡器 NCO 输出信号的初始参考相位进行调整。

重新设定本地振荡器 NCO 输出信号的初始相位，设

$$\theta_2'(t)=\theta_2(t)+\pi/2 \tag{5-29}$$

则式（5-25）变换为：

$$\begin{aligned} v_{oi}(t)&=\sin[\omega_c t+\theta_2'(t)-\pi/2]=-\cos[\omega_c t+\theta_2'(t)] \\ v_{oq}(t)&=\cos[\omega_c t+\theta_2'(t)-\pi/2]=\sin[\omega_c t+\theta_2'(t)] \end{aligned} \tag{5-30}$$

式（5-27）和式（5-28）分别变换为：

$$\begin{aligned} y_i(t)&=-\frac{1}{2}K_{p1}K_{l1}[\sum_n a_n g(t-nT_s)]\cos[\theta_e'(t)] \\ y_q(t)&=-\frac{1}{2}K_{p2}K_{l2}[\sum_n a_n g(t-nT_s)]\cos[\theta_e'(t)] \end{aligned} \tag{5-31}$$

$$v_c(t)=\frac{1}{8}K_pK_{p1}K_{p2}K_{l1}K_{l2}\sin[2\theta_e(t)]=K_d\sin[2\theta_e'(t)] \tag{5-32}$$

式中，$\theta_e'(t)=\theta_1(t)-\theta_2'(t)$。显然，式（5-32）满足锁相环为负反馈的鉴相特性条件。当锁相环锁定时，$\theta_e'(t)\approx 0$，$\theta_1(t)\approx\theta_2'(t)$，$y_i(t)$ 支路（也就是本地 NCO 输出正弦波信号的支路）仍然是同相支路。我们再分析一下式（5-25），将其进行变换可得到：

$$\begin{aligned} v_{oi}(t)&=\sin[\omega_c t+\theta_2(t)] \\ v_{oq}(t)&=\cos[\omega_c t+\theta_2(t)]=\sin[\omega_c t+\theta_2(t)+\pi/2] \end{aligned} \tag{5-33}$$

从式（5-33）可以看出，本地 NCO 输出的同相支路和正交支路信号，正弦波形信号恰好比余弦波形信号延迟 $\pi/2$ 的相位。正是两者之间的相位关系，才导致同相正交环最终一定会锁定在 NCO 输出的正弦波信号上。

根据上面的分析我们可以确定地回答：对于同相正交环来讲，当其锁定时，同相支路输出的一定是本地 NCO 输出的正弦波信号。解调信号直接取正弦波信号对应的低通滤波器输出即可，不再需要进行同相支路和正交支路的信号判决。同时，我们也可以看到，掌握锁相环的分析方法至关重要，前面之所以提出几点疑问，实际上仍然是对锁相环的工作原理掌握得不够透彻。虽然本书重点是讲解数字通信同步技术的 FPGA 实现，但一些原理性的知识仍然至关重要。另一方面，我们也可以通过工程应用及一些设计实例，反过来更好地帮助读者理解数字通信同步技术的工作原理。

2. 码型变换

为了克服 PSK 信号在传输、接收、解调过程中产生的 180° 相位不确定性问题，发送端通常会将绝对码变换成相对码后再进行数据调制，即用相位反转表示数据 1，相位不反转表示数据 0。在接收端，完成相干载波提取及解调后，还需要将接收到的相对码转换成绝对码，才能恢复出原始的调制信号。

相对码和绝对码的变码原理十分简单，当前后码元有跳变时（由 0 变为 1 或由 1 变为 0）表示数据 1，前后码元没有跳变时表示数据 0。据此，可以画出码型变换的原理图，如图 5-19 所示。

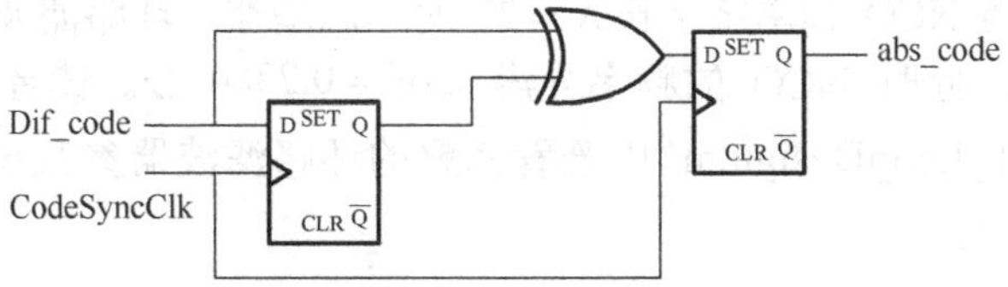

图 5-19　码型变换的原理图

由图 5-19 可以很容易编写码型转换 Verilog HDL 程序。这段代码的实现十分简单，请读者自行完成，本章不再给出 Verilog HDL 实现代码。

5.5 判决反馈环的 FPGA 实现

5.5.1 判决反馈环的性能参数设计

判决反馈环的总体性能参数设计方法与例 4-1 完全相同，本工程实例与例 4-1 中的性能参数相同，仍然选择 $\xi=0.707$，$\omega_n = 150\ \text{kHz} = 2\pi\times150\times10^3\ \text{rad/s}$。

接下来需要确定环路滤波器输出的有效数据位宽，进而设计 NCO 的频率字字长，以及总增益 K 和环路滤波器系数 C_1、C_2。

根据 4.4.2 节的分析方法，接收信号是 8 bit 量化后的二进制补码数据，在平方环及同相正交环中，本地 NCO 输出的数据位宽均与接收信号数据位宽相同。在判决反馈环中，先设定本地 NCO 输出数据位宽也与输入数据位宽相同，相乘后的 $Z_s(t)$ 有效数据位宽为 15。根据判决反馈环的工作原理，$Z_c(t)$ 是判决输出的解调信号只有一位数据，$v_d(t)$ 的位宽显然与 $Z_s(t)$ 相同，因此环路滤波器不增加有效数据位宽，环路滤波器输出有效数据位宽 $B_{loop}=15$。取 NCO 频率字更新频率 T_{dds} 为 8 个数据采样周期，根据式(4-33)可以计算出当 NCO 频率字位宽 $N=19$ 时，总增益为：

$$K = \frac{2\pi f_s}{2^N} T_{dds}(2^{B_{lp}-2}) = 0.7854$$

再根据式（4-23）可以得出环路滤波器系数，即：

$$C_1 = 0.053, \qquad C_2 = 0.0011$$

根据环路滤波器系统函数，即式（4-20），可以得出系统函数的极点为 $0.9792\pm0.0204i$，显然是在单位圆内，因此系统是稳定的。需要注意的是，虽然环路滤波器系数的值满足系统稳定的条件，但由于 NCO 频率字字长较小，此时 NCO 的频率分辨率 $\Delta f = 61.0352$ 。也就是说，NCO 频率字的调整步进为 61.0352 Hz，这么大的步进值显然会使得判决反馈环锁定后的稳态相差较大，严重影响判决反馈环的性能。

为了增加 NCO 的频率分辨率，需要增加 NCO 频率字字长，进而需要增加环路滤波器输出数据的有效位宽。由于输入信号位宽由前端的 A/D 采样决定，一般不做调整，一个可行的方法是通过增加 NCO 输出数据的有效位宽来达到增加 NCO 频率字字长的目的。根据 ISE 提供的产生 NCO 的 DDS 核[32]可知，DDS 输出的最大数据位宽为 16。设置本地 NCO 输出数据的有效位宽为 16，则环路滤波器的有效数据位宽为 23。重新计算判决反馈环的增益及环路滤波器系数，容易得到当 NCO 频率字字长 $N = 27$ 时，总增益、环路滤波器系数、环路系统函数的零极点保持不变，此时 NCO 的频率分辨率 $\Delta f = 0.2384$ Hz。读者可以在本书配套资料“Chapter_5\E5_1\E5_1_LoopDesign.m”中查看完整的环路滤波器参数设计的 MATLAB 程序清单。

5.5.2 顶层模块的 Verilog HDL 实现

经过前文对判决反馈环性能参数的分析，以及各部件结构、参数的设计，顶层文件的设计就变得十分容易了。为兼顾本书各章节前后内容的一致性，本实例仍然选用 Altera 公司 Cyclone-IV 系列的 EP4CE15F17C8 作为目标器件。请读者在本书配套资料“\Chapter_5\E5_3\dfpll”目录下查看判决反馈环的完整 FPGA 工程文件。

判决反馈环顶层文件综合后的 RTL 原理图如图 5-20 所示。由图 5-20 中可以清楚地看出，判决反馈环由 1 个 NCO 模块（u0）、2 个 8 bit×16 bit 的乘法器模块 mult8_16（u1、u2）、1 个 15×15 bit 的乘法器模块 mult15_15（u4）、1 个积分判决模块 IntSamJudge（u3）、1 个环路滤波器模块 LoopFilter（u4），以及 1 个码同步模块 CodeSync（u5）组成。读者可以将图 5-20 与图 5-3 对照起来阅读，以加深对各功能模块设计的理解。

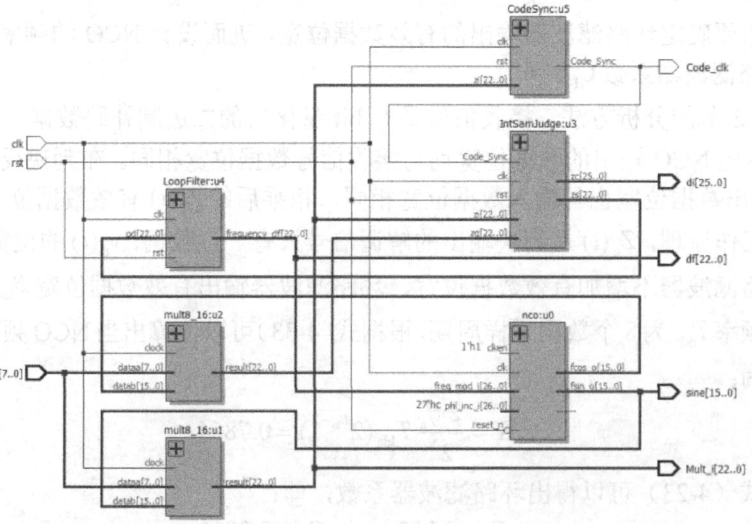

图 5-20 判决反馈环顶层文件综合后的 RTL 原理图

图 5-20 中的 NCO 模块及乘法器模块均由 Quartus II 提供的 IP 核直接产生，而积分判决模块、码同步模块和环路滤波器模块需要手动编写 Verilog HDL 代码来实现。经过对判决反馈环总体性能参数的设计，乘法器 IP 核及 NCO 核的设计就比较简单了。程序中使用到的模块的主要参数如下所示。

NCO 模块的参数如下：

- NCO 生成算法方式：small ROM。
- 相位累加器精度（Phase Accumulator Precision）：27。
- 角度分辨率（Angular Resolution）：10。
- 幅度精度（Magnitude Precision）：16。
- 驱动时钟频率（Clock Rate）：32 MHz。
- 期望输出频率（Desired Output Frequency）：6 MHz。
- 频率调制输入（Frequency Modulation Input）：选中。
- 调制器分辨率（Modulation Resolution）：27。
- 调制器流水线级数（Modulator Pipeline Level）：1。
- 相位调制输入（Phase Modulation Input）：不选。
- 输出数据通道（Outputs）：双通道（Dual Output）。
- 多通道 NCO（Multi-Channel NCO）：1。
- 频率跳变波特率（Frequency Hopping Number of Bauds）：1。

乘法器模块（mult8_16）的参数如下：

- 输入数据 dataa 位宽：8。
- 输入数据 datab 位宽：16。
- 输出数据位宽：23。
- 输入数据类型：有符号数。
- 流水线级数：1。

判决反馈环顶层文件的 Verilog HDL 实现代码十分简单，直接将各组成模块根据图 5-20 所示的 RTL 原理图级联起来即可。下面直接给出了顶层文件 dfpll.v 的完整程序清单。

```
//顶层文件 dfpll.v 的程序清单
module dfpll (rst,clk,din,sine,di,Mult_i,Code_clk,df);
    input   rst;                                    //复位信号，高电平有效
    input   clk;                                    //FPGA 系统时钟：32 MHz
    input   signed [7:0]    din;                    //输入数据：32 MHz
    output  signed [15:0]   sine;                   //同步后的载波输出信号
    output  signed [25:0]   di;                     //同相支路积分输出信号
    output  signed [22:0]   Mult_i;                 //同相支路乘法器输出信号，用于仿真调试
    output  Code_clk;                               //码同步脉冲，与每比特数据的起始时刻同步
    output  signed [22:0]   df;                     //环路滤波器的输出信号

    //实例化 NCO 模块所需的接口信号
    wire reset_n,out_valid,clken;
    wire [26:0] carrier;
    wire signed [15:0] sin,cos ;
```

```
    wire signed [26:0] frequency_df;
    wire signed [22:0] Loopout;
    assign reset_n = !rst;
    assign clken = 1'b1;
    assign carrier=27'd25165824;                              //6 MHz

    assign frequency_df={{4{Loopout[22]}},Loopout};        //根据 NCO 模块接口，扩展为 32 bit

    //实例化 NCO 模块
      nco u0 (.phi_inc_i (carrier),.clk (clk),.reset_n (reset_n),.clken (clken),.freq_mod_i (frequency_df),
                        .fsin_o (sin),.fcos_o (cos),.out_valid (out_valid));
    assign sine    = sin;

    //实例化 NCO 同相支路乘法器模块
    wire signed [22:0] zi;
    mult8_16 u1 (.clock (clk),.dataa (din),.datab (sin),.result (zi));

    //实例化 NCO 正交支路乘法器模块
    wire signed [22:0] zq;
    mult8_16 u2 (.clock (clk),.dataa (din),.datab (cos),.result (zq));

    //实例化积分判决模块
    wire Code_Sync;
    wire signed [22:0] pd;
    wire signed [25:0] zc;
    IntSamJudge u3(.rst (rst),.clk (clk),.zi (zi),.zq (zq),.Code_Sync (Code_Sync),.zs (pd),.zc (zc));

    //实例化环路滤波器模块
    LoopFilter u4(.rst (rst),.clk (clk),.pd    (pd),.frequency_df(Loopout));

    //实例化码同步模块
    CodeSync u5(.rst (rst),.clk (clk),.zi (zi),.Code_Sync(Code_Sync));

    //将环路滤波器输出的信号发送至输出端口
    assign df = Loopout;
    assign Code_clk = Code_Sync;
    assign di = zc;
    assign Mult_i = zi;

endmodule
```

判决反馈环中环路滤波器的 Verilog HDL 程序与平方环、同相正交环中的环路滤波器十分相似，只需要将鉴相器输入数据 PD 的位宽改为 23、环路滤波器输出数据 df 位宽修改为 23 即可。本章不再给出环路滤波器模块 LoopFilter.v 文件和程序代码。接下来重点讨论积分判决模块的 Verilog HDL 实现。

5.5.3 积分判决模块的 Verilog HDL 实现

积分判决模块 IntSamJudge 主要完成同相支路的积分运算、采样及判决功能，以及正交支路的延时处理，并完成同相支路解调信号与正交支路信号的乘法运算，产生 $v_d(t)$ 作为环路滤波器的输出信号。显然，IntSamJudge 模块是判决反馈环中的核心部件。

根据判决反馈环的工作原理，在进行同相支路的积分、采样及判决时，需要获取位同步信号，以确保在同一个码元周期内进行积分运算。也就是说，判决反馈环正常工作的条件之一是获取正确的位同步信号，而平方环及同相正交环则不需要预先获取位同步信号。要获取正确的位同步信号，就必须保证载波的同步及正确解调。因此，判决反馈环路的正确工作，需要载波同步环与位同步环相互配合，二者互相以对方正确工作为前提条件。判决反馈环相当于载波同步环与位同步环组成了一个更大的闭环控制系统。正因为如此，也导致整个判决反馈环的建立时间更长，且锁定条件相对于前两种锁相环更为苛刻。

有关位同步环的 FPGA 实现将在第 7 章中详细讨论。为完成判决反馈环的仿真测试，本实例中编写了一个位同步模块 CodeSync，根据输入数据的波形变换，采用计数器的方式直接产生位同步信号 Code_Sync。第 7 章完成位同步环路设计后，再将相应的模块文件替换成完整的位同步环路程序文件，即可最终完成完整的判决反馈环路设计。CodeSync 模块产生周期为 8 个 clk 周期，与中频信号相位反转时刻同步（调制数据起始时刻）的脉冲信号。由于本实例中的 CodeSync 模块只是一个模拟产生位同步信号的 Verilog HDL 程序，实现十分简单，本节不再给出程序清单。

在动手编写 IntSamJudge 模块的 Verilog HDL 实现代码之前，我们先讨论一下积分器所需进行积分运算的点数。根据输入信号产生模型，采样速率（与系统时钟频率相同）是基带调制数据速率的 8 倍，也就是说，每个调制数据采样 8 个点。当位同步信号刚好与数据反转时刻对齐时，为了完成一个调制数据周期内的积分运算，需要进行 8 个采样数据的累加运算，且可以保证积分运算均在同一个码元周期内完成。需要注意的是，一般来讲，位同步环与载波同步环都是一个动态稳定系统，锁定后会存在一定的稳态相差。因此，为确保每次积分运算都在同一个码元周期内进行，可以对码同步脉冲后第 2 个采样点至第 7 个采样点进行积分运算，前后留一个采样点的裕量，以增加系统的稳定性。为进一步说明积分判决模块的时序关系，下面先给出了判决反馈环的 ModelSim 仿真波形图，如图 5-21 所示。请读者先对照图 5-21 理解积分判决模块的时序关系，以便理清该模块的 Verilog HDL 实现思路。

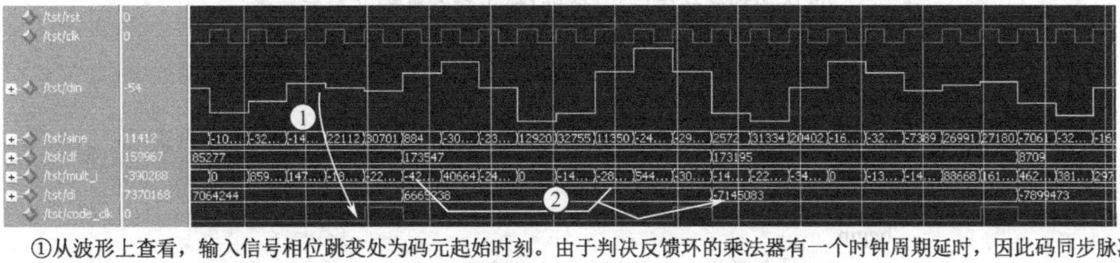

①从波形上查看，输入信号相位跳变处为码元起始时刻。由于判决反馈环的乘法器有一个时钟周期延时，因此码同步脉冲、输入信号相位跳变有 1 个码元周期的延时。

②为确保在同一个码元周期内进行积分，只对码同步脉冲中间 6 个采样点进行积分运算。

图 5-21 判决反馈环路的 ModelSim 仿真波形图

下面直接给出了积分判决模块 IntSamJudge 的 Verilog HDL 程序清单，程序中添加了较为详细的注释。读者在理解了该模块的时序关系后，不难理解积分判决模块 IntSamJudge 的 Verilog HDL 实现代码。

```
//IntSamJudge.v 文件的程序清单
module IntSamJudge (rst,clk,zi,zq,Code_Sync,zs,zc);
    input   rst;                          //复位信号，高电平有效
    input   clk;                          //FPGA 系统时钟：32 MHz
    input   signed [22:0]  zi;
    input   signed [22:0]  zq;
    input   Code_Sync;
    output  signed [22:0]  zs;            //送至环路滤波器的数据
    output  signed [25:0]  zc;            //同相支路积分运算结果数据

    reg [3:0] c;
    reg signed [25:0] sum;
    reg signed [25:0] Integrated;
    reg signed [22:0] zz;
    reg signed [22:0] zd;
    always @(posedge clk or posedge rst)
    if (rst)
        begin
            Integrated <= 0;
            zd <= 0;
            zz <= 0;
            sum = 0;
            c = 0;
        end
    else
        begin
            //当检测到码同步脉冲时开始对中间的 6 个采样点进行积分
            if (Code_Sync == 1'b1)
                begin
                    zz <= zq;
                    zd <= zz;
                    //当检测到新的码同步脉冲时输出积分数据并重新清零
                    Integrated <= sum;
                    sum = 0;
                    c = 0;
                end
            else
                begin
                    //对 6 个采样点进行积分累加运算
                    if (c<6)
                        begin
                            sum = sum + zi;
                            c = c + 1;
```

```
                    end
                end
            end
        assign zc = Integrated;

        //根据同相积分数据的符号位，直接取正交支路数据或取反，作为环路滤波器的输入信号
        //同相积分数据是判决解调数据
        reg signed [22:0] zst;
        always @ (posedge clk or posedge rst)
        if (rst)
            zst <= 0;
        else
            begin
                if (Integrated[25]==1'b1)
                    zst <= -zd;
                else
                    zst <= zd;
            end
        assign zs = zst;
    endmodule
```

5.5.4 FPGA 实现后的仿真测试

编写完成判决反馈环的 Verilog HDL 实现代码之后，就可以进行 FPGA 实现了。在 Quartus II 中完成对判决反馈环工程的编译后，启动“TimeQuest Timing Analyzer”工具，并对时钟信号 clk 添加时序约束（周期为 20 ns，频率为 50 MHz）。保存时序约束后，重新对整个 FPGA 工程进行编译。

完成综合实现后，工作过程区中会自动显示整个设计所占用的器件资源情况。本实例选用的目标器件是 Altera 公司 Cyclone-IV 系列的 EP4CE15F17C8。Logic Elements（逻辑单元）使用了 839 个，占 5%；Registers（寄存器）使用了 604 个，占 4%；Memory Bits（存储器）使用了 3840 bit，占 1%；Embedded Multiplier 9-bit elements（9 bit 嵌入式硬件乘法器）使用了 4 个，占 4%。从“TimeQuest Timing Analyzer”工具中可以查看到系统的最高工作频率为 99.27 MHz，可满足工程实例中要求的 32 MHz。

本工程实例中的测试激励文件结构及代码与平方环的测试激励文件十分相似，本章不再给出程序清单，读者可以在本书配套资料中查阅完整的 FPGA 工程文件。

编写好测试激励文件后，直接运行 ModelSim 即可进行行为仿真或时序仿真。由于测试激励文件已将系统的频差信号 df 和 NCO 输出的正弦波信号 sine 写入外部 TXT 文件中，因此可以采用 MATLAB 对 ModelSim 仿真出的数据进行分析处理。对本实例的 MATLAB 分析处理程序请查看本书配套资料中的 E5_3_SigAnalysis.m。

判决反馈环的 MATLAB 分析处理程序的功能与平方环相似，主要包括从外部 TXT 文件中读取 ModelSim 仿真出的数据，以及 E5_DPSKSignalProduce.m 产生的载波信号数据（在文件 E5_carrier.txt 中），并根据 FPGA 仿真产生的频差数据进行绘图，计算锁定后的平均频差和频差的最大波动范围，最后绘图比较载波信号及 NCO 输出正弦波信号的相位关系。图 5-22

和图 5-23 分别为信噪比为 100 dB 和 6 dB 时 MATLAB 对 FPGA 仿真数据的分析处理结果。

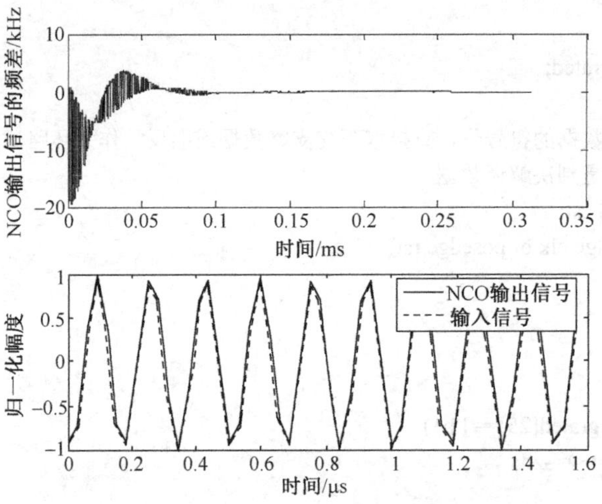

图 5-22　信噪比为 100 dB 时 MATLAB 对 FPGA 仿真数据的分析处理结果

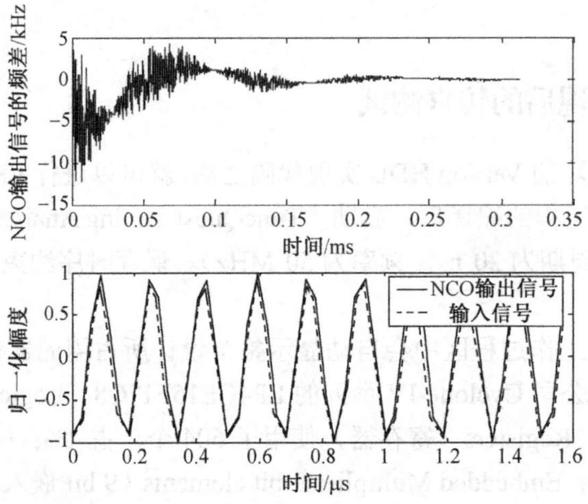

图 5-23　信噪比为 6 dB 时 MATLAB 对 FPGA 仿真数据的分析处理结果

从仿真测试图中可以看出，信噪比为 6 dB 时判决反馈环仍能够正常捕获并最终锁定，信噪比越低，则捕获时间越长，且锁定后的频差越大，稳态相差越大。当信噪比为 100 dB 时，判决反馈环的锁定时间约为 0.1 ms，锁定后频差波动范围约为±153 Hz；当信噪比为 10 dB 时，判决反馈环锁定时间约为 0.23 ms，锁定后频差波动范围约为±434 Hz。从图中可以看出，与平方环及同相正交环相比，判决反馈环锁定后的稳态相差要更好些，这主要是由于判决反馈环的抗噪声性能更好。关于三种锁相环的噪声性能分析请参考文献[1]。还需要注意的是，本实例中的位同步信号是模拟产生的，在实际工程应用中还需要专门设计锁相环（位同步环）来获取位同步信号。判决反馈环正确工作的前提是获取正确的位同步信号，由于位同步环也存在一定的相位抖动，将会导致整个判决反馈环锁定后的稳态性能比本实例的仿真结果有所降低。

5.6 平方环的板载测试

5.6.1 硬件接口电路

本次板载测试的目的在于验证平方环的工作情况，即验证平方环顶层文件 SquareLoop.v 是否能够完成对输入载波信号的同步功能。读者可以在本书配套资料“Chapter_5\SquareLoop_BoardTst”下查看完整的 FPGA 工程文件。

CRD500 开发板配置有 2 路独立的 DA 通道、1 路 AD 通道、2 个独立的晶振。为尽量真实地模拟通信中的载波同步过程，采用晶振 X2（gclk2）作为驱动时钟，产生 6 MHz 的正弦波信号，经 DA2 通道输出；DA2 通道输出的模拟信号通过电路板上的 P5 跳线端子（引脚 1、2 短接）物理连接至 AD 通道，送入 FPGA 进行处理；本地同步后的载波信号经处理后，由 DA1 通道输出；DA1 通道和 AD 通道的驱动时钟由 X1（gclk1）提供，即板载测试中的收、发两端的时钟完全独立。程序下载到 CRD500 开发板后，可通过示波器同时观察 DA1 通道、DA2 通道的输出信号波形，即可判断收、发两端信号的载波同步情况。平方环板载测试 FPGA 接口信号定义如表 5-1 所示。

表 5-1 平方环板载测试 FPGA 接口信号定义表

信号名称	引脚定义	传输方向	功能说明
rst	P14	→FPGA	复位信号，高电平有效
gclk1	M1	→FPGA	50 MHz 的时钟信号，接收模块驱动时钟
gclk2	E1	→FPGA	50 MHz 的时钟信号，发送模块驱动时钟
key1	T10	→FPGA	按键信号，按下为高电平，此时 AD 通道输入为全 0 信号，否则输入 DA2 通道产生的信号
ad_clk	K15	FPGA→	A/D 采样时钟信号，32 MHz
ad_din[7:0]	G15、G16、F15、F16、F14、D15、D16、C14	→FPGA	A/D 采样输入信号，8 bit
da1_clk	T15	FPGA→	DA1 通道转换时钟信号，64 MHz
da1_out[7:0]	L16、L15、N15、N16、N14、P16、P15、R16	FPGA→	DA1 通道转换信号，本地同步后的信号
da2_clk	D12	FPGA→	DA2 通道转换时钟信号，50 MHz
da2_out[7:0]	A13、B13、A14、B14、A15、C15、B16、C16	FPGA→	DA2 通道转换信号，模拟的测试信号，6 MHz 的正弦波信号

5.6.2 板载测试程序

根据前面的分析，板载测试程序需要设计时钟产生模块（clk_produce.v）来产生所需的各种时钟信号；设计测试数据生成模块（testdata_produce.v）来产生 6 MHz 的正弦波信号；为了便于通过示波器观察到更平滑的波形，将 32 MHz 的本地同步信号（6 MHz）插值成 64 MHz，供 DA1 通道转换输出。平方环板载测试程序（BoardTst.v）顶层文件综合后的 RTL 原理图如图 5-24 所示。

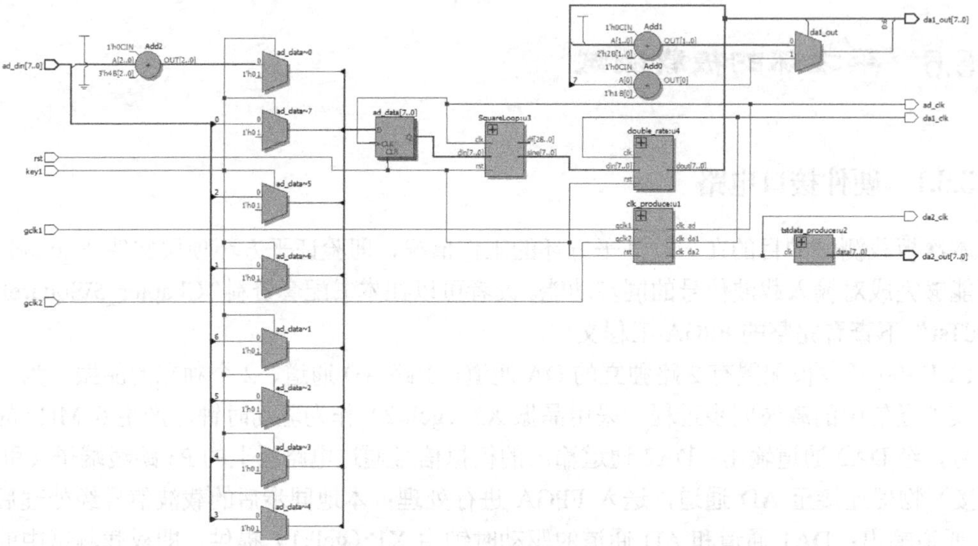

图 5-24　平方环板载测试程序顶层文件综合后的 RTL 原理图

顶层文件主要由平方环 SquareLoop 模块、时钟产生模块 clk_produce 和插值滤波模块 double_rate 及少量逻辑电路组成。

时钟产生模块包括 1 个时钟管理 IP 核，由板载的 X1 晶振驱动产生 32 MHz 的 A/D 采样及平方环 SquareLoop 模块的处理时钟信号，以及插值滤波模块使用的 64 MHz 时钟信号，系统时钟直接调用 Quartus II 中的 PLL 核即可生成时钟产生模块。X2 晶振时钟信号直接将 50 MHz 信号作为 DA2 通道转换时钟，以及测试数据生成模块的驱动时钟。

测试数据生成模块（u2）直接调用 Quartus II 中的 NCO 核生成即可。数据速率转换模块（u4）首先对 32 MHz 的本地载波信号进行 2 倍插值，然后通过内插及滤波处理后转换成 64 MHz 的采样信号，处理后的正弦波信号在示波器上显示得更为平滑。关于插值及滤波器处理的原理请读者参考《数字滤波器的 MATLAB 与 FPGA 实现——Altera/Verilog 版（第 2 版）》，本书不再详述。测试数据生成模块程序（tstdata_produce.v）代码与第 4 章的载波同步环板载测试程序相同。

5.6.3　板载测试验证

设计好板载测试程序并完成 FPGA 实现后，可以将程序下载至 CRD500 开发板进行板载测试。平方环板载测试的硬件连接如图 5-25 所示。

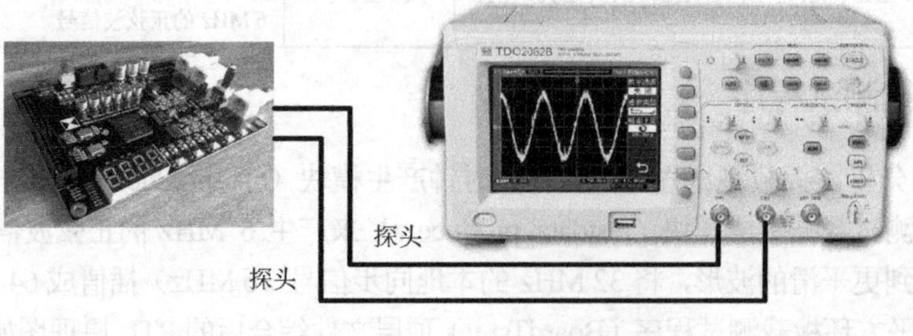

图 5-25　平方环板载测试硬件连接

板载测试采用双通道示波器，将示波器通道 1 连接 CRD500 开发板 DA1 通道的输出，观察接收端本地同步后的载波信号；示波器通道 2 连接 CRD500 开发板 DA2 通道的输出，观察发送端输出的载波信号。由于信号频率较高，建议采用专用示波器探头进行测试。

将板载测试程序下载到 CRD500 开发板上后，合理设置示波器参数，可以看到两个通道的正弦波频率相同，且相位差固定，两路信号均能稳定显示，如图 5-26 所示。也就是说从示波器来看，本地载波能够与输入信号保持同步，载波同步电路能够正确工作。从图 5-26 可以看出，两路信号存在一定的相位差，这是由于本地载波信号经过了一次插值滤波，以及两路信号测试通道的不同延时造成的，属于正常情况。

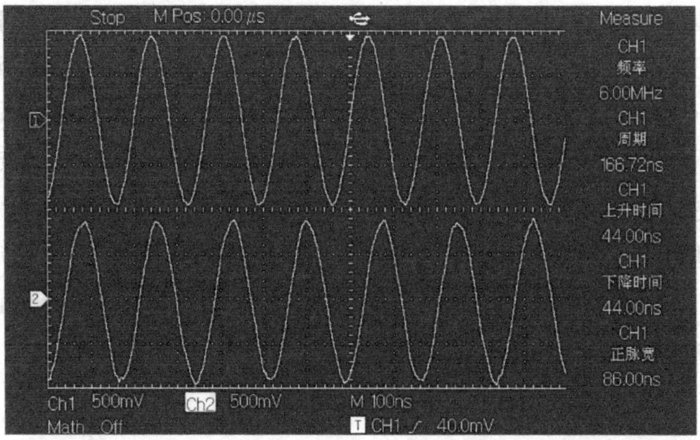

图 5-26　平方环信号板载测试波形图（同步状态）

接下来我们测试载波失锁到重新同步的过程。按下 KEY1 键，使 A/D 采样信号为零，相当于切断发送端的输入信号，此时可以看到通道 2 的信号波形剧烈晃动，无法与通道 1 信号保持同步；如果按下 RST 键，则两路信号波形均处于零值，松开 RST 键后两路信号波形均能迅速保持同步。细心的读者还可以发现，每次信号同步的状态都是一致的，即两路信号波形的相对相差始终不变，也就是说本地载波能够快速将相位锁定在输入信号上。

5.7 小结

本章首先简要介绍了三种抑制载波同步环的工作原理，随后对这三种同步环的 FPGA 设计方法、结构、仿真测试过程进行了详细的讨论。从抑制载波环的 FPGA 实现过程可以看出，三种同步环设计所采用的模型、参数设计方式均十分相似，其中的环路滤波器只需简单修改即可通用。平方环与同相正交环的性能是等价的，但同相正交环在解调 BPSK 等抑制载波调制信号时更具优势。判决反馈环比其他两种同步环的噪声性能更好，锁定后的稳态相差更低，但判决反馈环需要以位同步作为前提条件，从而影响了判决反馈环的稳定性。因此，对于抑制载波调制信号来讲，工程上通常采用同相正交环来实现信号的载波同步及数据解调。

第 6 章

自动频率控制的 FPGA 实现

第 4 章和第 5 章详细讨论了利用锁相环实现载波同步系统的原理及 FPGA 实现技术。根据锁相环理论及 FPGA 实现后的仿真测试结果，当初始频差较大时，锁相环的捕获时间较长，且捕获带宽会受到一定的限制，因此仅采用锁相环无法满足快速捕获及同步的需要。一个可行的方法是在锁相环前增加一级频率捕获电路，将锁相环的初始频差限定在一个较小的范围内，这正是本章所要讨论的自动频率控制技术。第 4 章从理论上分析了采用锁相环实现调频信号的解调技术，但对于常用的 FSK 信号来讲，由于锁相环的捕获及锁定时间较长，普通锁相环无法实现解调。本章将详细讨论采用自动频率控制（Automatic Frequency Control，AFC）技术实现 FSK 信号解调的原理及 FPGA 实现方法。

6.1 自动频率控制的概念

在数字通信系统中，只有在本地载波的频率和相位严格与接收信号保持同步时，才能实现信号的相干解调。当接收端无法准确地恢复出相干载波时，显然无法实现相干解调。对于频率调制信号来讲，载波信号的频率与调制信号成线性关系，如果能通过某种控制环使本地载波信号的频率与接收信号的频率保持同步，则可以有效地对频率调制信号进行解调。自动频率控制技术是指使本地振荡器的输出频率与输入信号频率保持确定关系的一种自动控制方法，实现这种功能的电路称为 AFC 环。

根据锁相环理论，以及前两章采用 FPGA 实现锁相环后的仿真测试可知，锁相环的捕获时间与初始频差直接相关，且初始频差越大，捕获时间越长。同时，由于本地振荡器的控制范围，以及锁相环参数的影响，锁相环的捕获带宽较小。当接收到的信号载波频率无法确定或频差较大时，锁相环将无法有效捕获锁定。因此，有必要在锁相环前增加一级载波频率捕获电路，通过对载波频差的估计，使进入锁相环的接收信号与本地振荡器的频率之差（频差，也称为频偏）保持在一个较小的范围内，便于锁相环快速捕获。

在某些通信环境中，采用锁相环实现信号之间的相位同步十分困难，如在高速移动的环境下，通信载体之间存在的多普勒现象将造成收、发两端本振频率的不规则偏移；又如地面复杂环境信号传播过程中引起的信号多径衰落，这些随机频差和信号衰落使得所接收信号的相位产生随机变化，在接收端进行相位实时闭环跟踪很困难。在类似第二代移动通信网（GSM）、基于 TDMA 方式的多点通信系统中，基站要在每个用户分配的突发时隙内实时完成上行信息接收，在存在多谱勒频移的情况下实现对突发通信信号的相干解调，也需要在每个用户突发时隙开始的很短时间内完成载波同步与符号同步。采用锁相环这种闭环结构往往不能适应突发通信中的快速载波同步，因此，许多开环载波提取结构被提出，并得到越来越广泛的应用。

本章将要讨论的自动频率控制主要涉及两个方面：对接收信号载波频差的估计，以及主要用于调频信号解调的 AFC 环。载波频差的估计方式和调频信号的解调方法很多，接下来在介绍几种常用的频差估计和 AFC 环工作原理的基础上，重点对最大似然（Maximum Likelihood）频差估计技术的 MATLAB 仿真、快速傅里叶变换的载波频率估计技术和相乘微分型 AFC 环的 MATLAB 仿真及 FPGA 实现方法进行详细讨论。

6.2 最大似然频差估计的 FPGA 实现

6.2.1 最大似然频差估计的原理[1]

设接收到的未调制信号为：

$$r(t)=\sin(\omega_{\mathrm{i}}t+\theta_{\mathrm{i}})+n(t) \tag{6-1}$$

在突发通信中，通常上述信号是指发送端给出的前导训练信号序列。接收到未调制信号后，经接收端正交下变频处理，将接收信号分别与本地正交振荡器输出信号

$$v_{\mathrm{oq}}(t)=\cos(\omega_0 t+\theta_0),\qquad v_{\mathrm{oi}}(t)=\sin(\omega_0 t+\theta_0) \tag{6-2}$$

相乘，滤除倍频分量后可得到含有载波频差和相差的 I、Q 两路正交信号，即：

$$I(t)=\cos(\Delta\omega t+\theta)+n_{\mathrm{i}}(t),\qquad Q(t)=\sin(\Delta\omega t+\theta)+n_{\mathrm{q}}(t) \tag{6-3}$$

式中，$\Delta\omega=\omega_{\mathrm{i}}-\omega_0=2\pi\Delta f$；$\theta=\theta_{\mathrm{i}}-\theta_0$；$\Delta f$ 和 θ 分别表示接收端的残余频差和相差。通过数字采样获得长度为 N 的数字信号序列，即：

$$I_k=\cos(2\pi\Delta fkT_{\mathrm{s}}+\theta)+n_k,\qquad Q_k=\sin(2\pi\Delta fkT_{\mathrm{s}}+\theta)+n_k \tag{6-4}$$

该序列包含 N 个采样数据，T_{s} 是采样周期，n_k 是均值为零、方差为 σ^2 的离散高斯白噪声。在一定信噪比条件下（大于 10 dB），该序列的离散相位信息在 $-\pi$～π 内，可以分段表示为：

$$\tilde{x}_k=\begin{cases}\arctan(Q_k/I_k), & I_k>0\\ \arctan(Q_k/I_k)-\pi, & Q_k<0, I_k\leqslant 0\\ \arctan(Q_k/I_k)+\pi, & Q_k>0, I_k\leqslant 0\end{cases} \tag{6-5}$$

获得序列的离散相位信息 $\tilde{x}_k$ 后，还需要获取从初始采样点的相位值 $\tilde{x}_0$ 开始的各采样点的绝对相位 x_k。此时的 x_k 不再局限在一个 2π 周期内，而是以相位值 $\tilde{x}_0$ 开始的一个完全连续的相位序列。x_k 可表示为：

$$x_k=x_{k-1}+\begin{cases}\tilde{x}_k-\tilde{x}_{k-1}, & |\tilde{x}_k-\tilde{x}_{k-1}|<\pi\\ \tilde{x}_k-\tilde{x}_{k-1}+2\pi, & \tilde{x}_k-\tilde{x}_{k-1}<-\pi\\ \tilde{x}_k-\tilde{x}_{k-1}-2\pi, & \tilde{x}_k-\tilde{x}_{k-1}>\pi\end{cases} \tag{6-6}$$

式（6-6）中的后两种情况是对前后两个采样点跨越正切函数一个周期的修正。采样序列相位关于残余频差、相差的线性递归表达式可以写为：

$$x_k = 2\pi k T_s \Delta f + \theta + v_k, \quad k = 0,1,\cdots,N-1 \tag{6-7}$$

式中，v_k 表示由高斯白噪声引入的等效相位噪声。当信噪比大于 10 dB 时，v_k 统计特性可近似均值为零、方差为 σ^2 的高斯分布[45]。将式（6-7）写成向量形式，即：

$$\boldsymbol{X} = \Delta f \boldsymbol{a} + \theta \boldsymbol{\beta} + \boldsymbol{V} \tag{6-8}$$

式中，

$$\boldsymbol{X} = \begin{bmatrix} x_0 \\ x_1 \\ \vdots \\ x_{N-1} \end{bmatrix}, \quad \boldsymbol{a} = 2\pi T_s \begin{bmatrix} 0 \\ 1 \\ \vdots \\ N-1 \end{bmatrix}, \quad \boldsymbol{\beta} = \begin{bmatrix} 1 \\ 1 \\ \vdots \\ N-1 \end{bmatrix}, \quad \boldsymbol{V} = \begin{bmatrix} v_0 \\ v_1 \\ \vdots \\ v_{N-1} \end{bmatrix} \tag{6-9}$$

式中，$\boldsymbol{X}$ 是服从高斯分布的随机向量，其概率密度可表示为：

$$f_x(\boldsymbol{X}) = \frac{1}{\sqrt{2\pi\sigma^N}} \mathrm{e}^{-\frac{1}{2\sigma^2}} \left\| \boldsymbol{X} - \Delta f \boldsymbol{a} - \theta \boldsymbol{\beta} \right\|^2 \tag{6-10}$$

式中，$\|\cdot\|^2$ 的定义为 $\|\boldsymbol{X}\|^2 = \boldsymbol{X}^\mathrm{T}\boldsymbol{X}$。

对于剩余频差 Δf 和剩余相差 θ 的最大似然估计 $\Delta\hat{f}(\boldsymbol{X})$ 和 $\hat{\theta}(\boldsymbol{X})$，是使式（6-7）的对数概率密度关于 Δf 和 θ 的梯度 $\nabla_{\Delta f,\theta} \log f_x(\boldsymbol{X})$ 为零，获得的二元线性方程组的解为：

$$\Delta\hat{f}(\boldsymbol{X}) = \frac{12}{2\pi T_s (N-1) N (N+1)} \boldsymbol{F}^\mathrm{T} \boldsymbol{X} \tag{6-11}$$

$$\hat{\theta}(\boldsymbol{X}) = \frac{6}{N(N+1)} \boldsymbol{\Theta}^\mathrm{T} \boldsymbol{X} \tag{6-12}$$

式中，

$$\boldsymbol{F} = \begin{bmatrix} -\dfrac{N-1}{2} \\ -\dfrac{N-1}{2}+1 \\ \vdots \\ \dfrac{N-1}{2}-1 \\ \dfrac{N-1}{2} \end{bmatrix}, \quad \boldsymbol{\Theta} = \begin{bmatrix} \dfrac{2N-1}{3} \\ \dfrac{2N-1}{3}-1 \\ \dfrac{2N-1}{3}-2 \\ \vdots \\ \dfrac{2N-1}{3}-(N-1) \end{bmatrix} \tag{6-13}$$

文献[45]中已证明，该估计算法属于逼近克拉默拉·奥界（Caramer · Rao Bound）的最小无差估计，估计的频差方差 $\sigma_{\Delta f}^2$ 和相差方差 σ_θ^2 分别为：

$$\sigma_{\Delta f}^2 = \frac{12\sigma^2}{(2\pi T_s)^2 N (N^2-1)}, \quad \sigma_\theta^2 = 2\sigma^2 \frac{2N-1}{N(N+1)} \tag{6-14}$$

由式（6-14）可知，频差估计的采样点数 N 越大，采样周期 T_s 越长，频差估计就越准确。

6.2.2　最大似然频差估计的 MATLAB 仿真

例 6-1　最大似然频差估计算法的 MATLAB 仿真

本实例分别仿真信噪比为 100 dB、20 dB、10 dB，采样点长度 $N=8$ 时的最大似然频差估计算法结果；频差估计中的低通滤波器采用 16 阶 FIR 滤波器；绘图显示不同信噪比的仿真结果。

了解了最大似然频差估计的工作原理后，接下来我们采用 MATLAB 对该算法进行仿真验证。从上面介绍的原理可知，最大似然频差估计算法的关键在于获取每个采样序列的绝对相位序列。下面直接给出了 MATLAB 仿真的程序清单，程序中添加了详细的注释，请读者仔细阅读代码，了解最大似然频差估计的算法原理。

```
%E6_1_MLFreEstimate.m 程序清单
fs=32*10^6;                          %采样速率为 32 MHz
f_rs=6*10^6;                         %接收信号的载波频率为 6 MHz
M=100;                               %数据采样长度
N=8;                                 %频差及相差估计的数据长度

%产生频差估计所需的矩阵 F 的数据
x=0:N/2-1;
x=-(N-1)/2+x;
y=0:N/2-1;
y=N/2-1-y;
y=(N-1)/2-y;
F=[x,y]
%根据采样速率，产生长度为 M 的时间序列
t=0:1/fs:(M-1)/fs;
%产生阶数为 16 的低通滤波器
b=fir1(16,0.4);
%产生本地载波频率信号
ro=sin(2*pi*f_rs.*t)+cos(2*pi*f_rs.*t)*sqrt(-1);

%%%%%%%%%%%频差估计仿真%%%%%%%%%%%%%%%
%仿真 SNR=100 dB 时的频差估计
SNR=100;
for q=-199:500
    df=q*fs/1000;
    f0=f_rs+df;
    %产生接收到的载波频率信号
    ts=sqrt(2)*sin(2*pi*f0.*t);
    %产生信噪比为 SNR 的接收信号
    rs = awgn(ts,SNR,0);
    %本地振荡器信号与接收信号进行正交下变频处理
    ds=rs.*ro;
    fds=filter(b,1,ds);
```

```
        c_ds=(fds+conj(fds))/2;
        s_ds=(fds-conj(fds))/2/sqrt(-1);
        %求取[-pi,pi]范围内，每个下变频后采样点的相位估计值
        % CORDIC 核中，通过 atan 函数计算直接得出[-pi,pi]的角度值
        %MATLAB 中的 atan 函数只能计算得出[-pi/2,pi/2]的角度值，因此需要进行转换
        for K=1:M;
            if (s_ds(K)<0 & c_ds(K)<=0)
                thea(K)=atan(s_ds(K)./c_ds(K))-pi;
            elseif (s_ds(K)>0 & c_ds(K)<=0)
                 thea(K)=atan(s_ds(K)./c_ds(K))+pi;
            else
                thea(K)=atan(s_ds(K)./c_ds(K));
            end
        end

        %对 N 个采样点进行频差估计
        dx=thea(M-N+1:M);
        %根据前后两个采样点的相差，计算这两个采样点相位跨越正切函数一个周期的修正值
        vx=zeros(1,N);
        for k=2:N
            if (dx(k)-dx(k-1))<-pi
                vx(k)=2*pi;
            elseif (dx(k)-dx(k-1))>pi
                vx(k)=-2*pi;
            end
        end
        %根据绝对相位递归关系，计算每个采样点的绝对相位值
        X=zeros(1,N);
        X(1)=dx(1);
        for k=2:N
            X(k)=X(k-1)+dx(k)-dx(k-1)+vx(k);
        end
        %根据频差估计公式，计算频差估计值
        dm=2*pi*(N-1)*N*(N+1);
        dm=12*fs/dm;
        dfv_100(q+200)=dm*F*X';
    end

    %仿真 SNR=20 dB 时的频差估计，并将结果存放在 dfv_20 中
    …
    %仿真 SNR=10 dB 时的频差估计，并将结果存放在 dfv_10 中
    …
    %绘图
    xf=-199:500;xf=xf*fs/1000;
    subplot(311);plot(xf,dfv_100);grid on;
    xlabel('实际频差/Hz'); ylabel('估计频差/Hz');legend('SNR=100 dB');
    subplot(312);plot(xf,dfv_20);grid on;
```

```
xlabel('实际频差/Hz'); ylabel('估计频差/Hz');legend('SNR=20 dB');
subplot(313);plot(xf,dfv_10);grid on;
xlabel('实际频差/Hz'); ylabel('估计频差/Hz');legend('SNR=10 dB');
%将低通滤波器系数进行 12 bit 量化后写入 FPGA 设计使用的 COE 文件中
%绘制量化后的低通滤波器频率响应图
…
```

由于不同信噪比值的频差估计代码完全相同，只需改变 SNR 的值即可，因此在程序清单中略去了 SNR=20 dB 及 SNR=10 dB 时的频差估计代码，读者可以在本书配套资料“Chapter_6\E6_1_MLFreEstimate.m”中查看完整的代码。

图 6-1 为 E6_1_MLFreEstimate.m 程序的仿真运行结果，从图中可以看出，在无噪声的情况下，频差估计范围近似为采样速率的−10%～20%；信噪比为 20 dB 时，频差估计的范围大于−10%～10%；信噪比越小，则频差估计的范围越小，且估计的偏差越大。

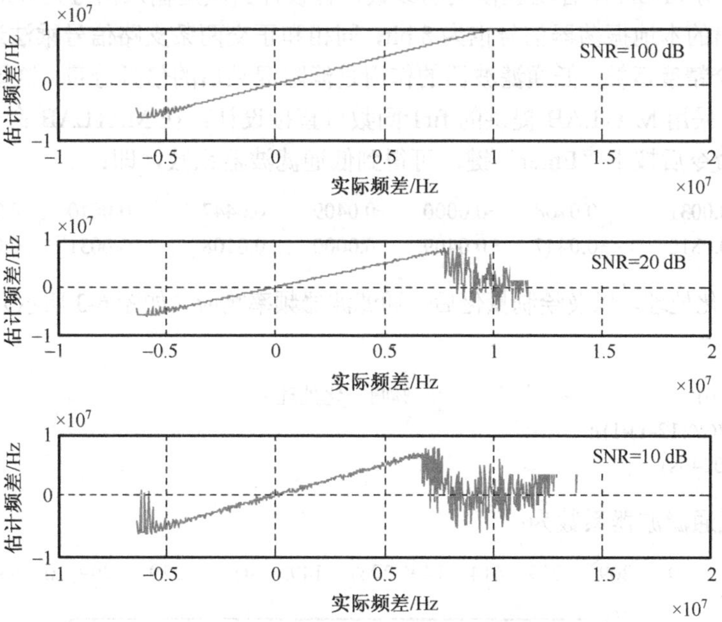

图 6-1　最大似然频差估计仿真结果

6.2.3　最大似然频差估计的 FPGA 实现方法

根据最大似然频差估计的工作原理，以及 MATLAB 的仿真过程，比较容易设计 FPGA 实现算法的基本原理框图，如图 6-2 所示。

图 6-2 所示的结构并不复杂，其中的 NCO、低通滤波器均可以采用 Quartus II 中的现成 IP 核来实现。Xilinx 公司的 ISE 开发环境提供了免费的可用于反正切运算的 CORDIC 核，因此，编写实现算法的难点在于相位转换及频差估计的矩阵运算。Altera 公司的 Quartus II 没有提供免费的 CORDIC 核，因此还需要手动编写反正切运算的程序模块，或下载其他工程师编写好的模块。

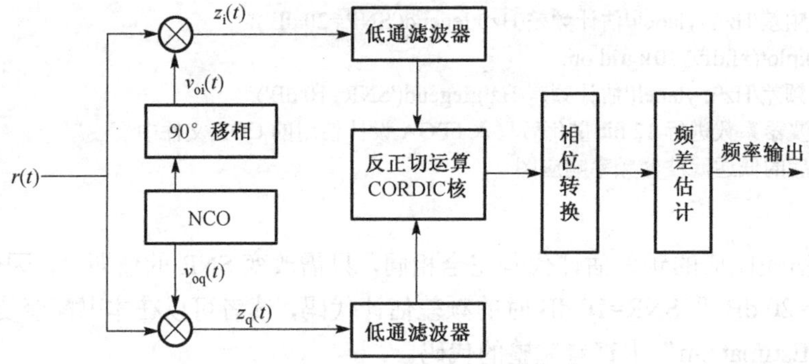

图 6-2　最大似然频差估计的 FPGA 实现结构

根据前面章节讨论的载波同步环 FPGA 实现的方法步骤，在动手编写 Verilog HDL 实现代码之前，还需对 FPGA 中各功能模块的参数进行设计。假定输入信号为 8 bit 的二进制补码数据，NCO 输出的本地振荡器信号也为 8 bit，同相和正交两条支路信号乘法运算，可采用 15 bit 的数据完成全精度运算。低通滤波器的作用是滤除混频后的倍频分量，这里采用 16 阶 FIR 滤波器来实现。采用 MATLAB 提供的 fir1 函数可直接设计，在 MATLAB 命令行窗口中输入 b=fir1(16,0.4) 命令后按下“Enter”键，可得到低通滤波器系数，即：

```
-0.0019   0.0031    0.0108   -0.0000   -0.0409   -0.0447    0.0810    0.2924    0.4003
 0.2924   0.0810   -0.0447   -0.0409   -0.0000    0.0108    0.0031   -0.0019
```

对系数的量化处理，以及绘制量化后低通滤波器频率响应（如图 6-3 所示）的 MATLAB 命令为：

```
b=b/max(abs(b));                          %归一化处理
Q_s=round(b*(2^(12-1)-1));
freqz(Q_s,1,1024,fs);
```

量化后的低通滤波器系数为：

```
-10  16  55   0  -209  -229  414  1495 2047  1495  414  -229  -209  0  55  16  -10
```

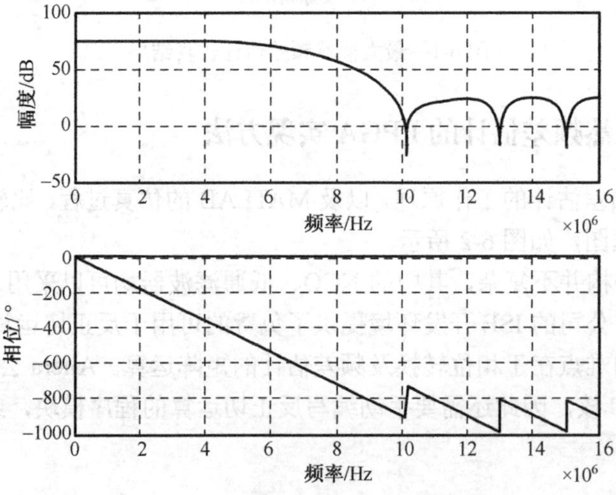

图 6-3　量化后低通滤波器的频率响应

经过正交下变频及低通滤波处理后，需要求取每个采样点的相位值。根据最大似然频差估计的原理，采样点相位值的求取实际上是一个反正切运算过程。由于 FPGA 的结构特点，采用硬件电路实现乘、除运算已十分困难且耗费资源，直接进行三角函数运算显然是不现实的。一个可行的方案是采用查找表的方式来解决三角函数的运算。例如，利用 Quaruts II 提供的 NCO 核产生正、余弦波信号的过程，实际上是预先将正、余弦波信号的值存入相应的寄存器中，产生信号波形的过程其实就是在输入时钟的驱动下，依次输出寄存器中的数值而已。ISE 还提供了一个更好的 IP 核来解决三角函数的运算问题，即 CORDIC 核。

采用 CORDIC 核获取的相位点在$-\pi\sim\pi$内，也就是说，参与运算的所有相位点无法保证是连续的。根据最大似然频差估计的原理，需要获取以起始采样点相位值为初值的，所有参与运算的采样点的绝对相位值，需要保证所有采样点的相位值是连续的，也就是说，需要根据式（6-6）对 CORDIC 核获取的相位值进行相位转换。图 6-2 中的相位转换模块即完成这一功能，这也是最大似然频差估计算法的关键步骤。

完成相位转换后，可根据式（6-7）进行最大似然频差估计运算，其实是对采样点的连续相位序列 $\boldsymbol{X}$ 与 $\boldsymbol{F}$ 序列的乘加运算。$\boldsymbol{F}$ 序列只与最大似然频差估计运算的采样点长度 N 有关。当 N 越大时，估计的频差越小，但同时 FPGA 实现时所需耗费的硬件资源也越大。假设选取 $N=8$，很容易根据 $\boldsymbol{F}$ 的定义得到：

$$\boldsymbol{F}=[-3.5,-2.5,-1.5,-0.5,0.5,1.5,2.5,3.5]^{\mathrm{T}}$$

计算完 $\boldsymbol{X}$ 与 $\boldsymbol{F}$ 序列的乘加运算后，再乘以一个常系数即可获得所需的频差估计值。对于本实例来讲，采样速率 f_s=32 MHz，采样点长度 N=8，计算频差的常系数为：

$$\mathrm{dm}=\frac{12}{2\pi T_s(N-1)N(N+1)}=121\,260.909$$

6.3 基于 FFT 载波频率估计的 FPGA 实现

基于 FFT 载波频率估计的原理十分简单，只需要对输入信号进行 FFT，而后根据变换后的信号频谱找出载波的谱线位置即可确定载波频率。因此，基于 FFT 频差估计算法的 FPGA 实现的关键是在 FPGA 中实现 FFT 算法。幸运的是，Quartus II 提供了在大部分 FPGA 芯片中均支持的 FFT 核，因此可以直接调用 IP 核来实现 FFT。为更好地理解 FFT 的实现细节，接下来先对离散傅里叶变换（DFT）、FFT 基本思想进行简单介绍，并通过仿真实例的讲解，使读者能够更加全面地掌握采用 FFT 来实现载波频差估计的方法。

6.3.1 离散傅里叶变换

1. 离散傅里叶变换的原理

对于设计工程师来说，详细了解 FFT/IFFT 的实现结构是一件十分烦琐的事，如果自己动手采用 Verilog HDL 来搭建一个 FFT/IFFT 模块，又不知要耗费多少汗水和心血。通常，如果某个 FPGA 工程设计中需要用到 FFT/IFFT 模块，则会用到比较高端的 FPGA，而高端 FPGA 内大多都可以使用现成的 FFT/IFFT 核。绕了这么些圈子，想要说明的是，对于使用 FFT 的 FPGA 工程师来说，所需要了解的知识是 DFT 的原理、使用 FFT 需要注意的加窗函数及栅栏效应等设计问题、FFT/IFFT 核的使用方法，而不是 FFT/IFFT 的实现结构及原理。

我们知道，FFT 并不是一种新的变换，而是离散傅里叶变换（Discrete Fourier Transform，DFT）的一种高效算法。在讨论 DFT 之前，我们需要先建立信号处理中的一个基本概念：如果信号在频域是离散的，则该信号在时域就表现为周期性的时间函数；相反，如果信号在时域上是离散的，则该信号在频域必然表现为周期性的频率函数。不难设想，如果信号在时域不仅是离散的，而且是周期的，那么其频谱必是周期的；又由于信号在时域是周期的，相应的频谱必是离散的。换句话说，一个离散周期时间序列，它一定具有既是周期又是离散的频谱。我们还可以得出一个结论：一个域的离散必然造成另一个域的周期延拓，这种离散变换，本质上都是周期的。

DFT 的详细推导请参见文献[31]，定义有限长序列 $x(n)$ 和 $X(k)$ 之间 DFT 的关系为：

$$X(k)=\tilde{X}(k)R_N(k)=\sum_{n=0}^{N-1}x(n)W_N^{kn},\qquad 0\leqslant k\leqslant N-1 \tag{6-15}$$

$$x(n)=\tilde{x}(n)R_N(n)=(1/N)\sum_{k=0}^{N-1}X(k)W_N^{-kn},\qquad 0\leqslant n\leqslant N-1 \tag{6-16}$$

式（6-15）为离散傅里叶正变换，式（6-16）为离散傅里叶反变换，式中，$W_N^{kn}=\mathrm{e}^{-\mathrm{j}(2\pi/N)kn}$。时域采样实现了信号时域的离散化，使我们能用数字技术在时域对信号进行处理。DFT 实现了频域离散化，开辟了用数字技术在频域处理信号的新途径，从而推进了信号的频谱分析技术向更深、更广的领域发展。

2. 栅栏效应及频谱泄漏

DFT 是分析信号频谱的有力工具，在应用 DFT 分析连续信号的频谱时，会涉及频率分辨率、序列补零、混叠失真、频谱泄漏和栅栏效应等问题。下面分别进行简要介绍，以便在工程设计时加以注意。

（1）栅栏效应。用 DFT 计算频谱，只能给出频谱的 $\omega_k=2\pi k/N$ 的频率分量，即频谱的采样值，而不可能得到连续的频谱函数。就好像通过一个“栅栏”看信号频谱，只能在离散点上看到信号频谱。这种现象被称为栅栏效应。

在 DFT 过程中，如果序列长度为 N 个点，则只要计算 N 个点的 DFT 即可。这意味着对序列 $x(n)$ 的傅里叶变换在（0, 2π）区间只计算 N 个点的值，其频率采样间隔为 $2\pi/N$。如果序列长度较小，频率采样间隔 $\omega_s=2\pi/N$ 可能太大，则不能直观地说明信号的频谱特性。有一种非常简单的方法能解决这一问题，这种方法能对序列的傅里叶变换以足够小的间隔进行采样。设数字频率间隔 $\Delta\omega_k=2\pi/L$，其中，L 是 DFT 的点数。显然，要提高数字频率间隔，只需增加 L 即可。当序列长度 N 较小时，可采用在序列后面增加 $L-N$ 个零的办法对 L 点序列进行 DFT，以满足所需的频率采样间隔。这样做可以在保持原来频谱形状不变的情况下，增加谱线及频域采样点数，从而使原来看不到的频谱分量变得可以看到。

需要指出的是，补零可以改变频谱密度，但不能改变窗函数的宽度。也就是说，必须按照数据记录的有效长度选择窗函数，而不能按补零值后的长度来选择窗函数。关于窗函数的概念请参考文献[29]，而关于在 DFT 中加窗处理的问题，正是接下来要讨论的频谱泄漏。

（2）频谱泄漏与混叠失真。在对信号进行 DFT 时，首先必须使其变成时宽有限的信号，

方法是将序列 $x(n)$ 与时宽有限的窗函数 $\omega(n)$ 相乘。例如，选用矩形窗函数来截短信号，在频域中则相当于信号的频谱与窗函数频谱的周期卷积。卷积会造成频谱失真，这种失真主要表现在原频谱的扩展，这种现象称为频谱泄漏。频谱泄漏将导致频谱扩展，从而使信号的最高频率可能超过采样速率的一半，造成混叠失真。

在进行 DFT 时，时域截短是必然的，因此频谱泄漏是不可避免的。为尽量减小频谱泄漏的影响，可采用适当形状的窗函数，如海明窗、汉宁窗等。虽然窗函数可以改善频谱泄漏的情况，但同时也会给截短的边带数据带来衰减。如果需要将频谱处理后的数据再反变换至时域，还需对数据进行重叠处理以补偿窗函数边带处对数据的衰减[51]。对于频差估计来讲，将数据变换至频域进行处理，其目的仅在于获取载波频差，并不需要将频域数据再反变换至时域，因此不需要进行重叠处理。

（3）频率分辨率与序列补零。在对信号进行 DFT，分析信号的频谱特征时，通常采用频率分辨率来表征在频率轴上所能得到的最小频率间隔。对于长度（采样点）为 N 的 DFT，其频率分辨率 $\Delta f = f_s / N$，其中 f_s 为时域信号的采样速率。需要注意的是，这里的数据长度 N 必须是数据的有效长度。如果在 $x(n)$ 中有两个频率分别为 f_1、f_2 的信号，当用矩形窗截短 $x(n)$ 时，要分辨这两个频率，必须满足：

$$2f_s / N < | f_1 - f_2 | \tag{6-17}$$

在进行 DFT 时的序列补零没有增加序列的有效长度，所以并不能提高分辨率。但序列补零可以使数据 N 为 2 的整数次幂，以便使用 FFT 算法。序列补零对原来的 $X(k)$ 起插值作用，一方面可以克服栅栏效应，平滑频谱的外观；另一方面，由于数据截短引起的频域泄漏，有可能在频谱中出现一些难以确认的谱峰，序列补零后有可能消除这种现象。

6.3.2 FFT 算法原理及 MATLAB 仿真

1. FFT 算法的原理

在介绍 FFT/IFFT 算法的原理之前，我们先讨论一下 DFT 算法的运算量问题，算法的运算量直接影响算法的实时性、所需硬件资源及运算速度。根据式（6-16）可知，DFT 算法与 IDFT 算法的运算量十分相近，因此只讨论 DFT 算法的运算量即可。通常 $x(n)$、$X(k)$ 和 W_N^{nk} 都是复数，因此每计算一个 $X(k)$ 的值，需要进行 N 次复数乘法和 $N-1$ 次复数加法。而 $X(k)$ 共有 N 个值（$0 \leqslant k \leqslant N-1$），所以完成全部 DFT 要进行 N^2 次复数乘法和 $N(N-1)$ 次复数加法。我们知道，乘法运算比加法运算复杂，且运算时间更长，所需的硬件资源也更多，因此可以用乘法运算量来衡量一个算法的运算量。由于复数乘法最终还得通过实数乘法运算来完成，而每个复数乘法运算需要 4 个实数乘法运算，因此完成全部 DFT 需要进行 $4N^2$ 次实数乘法运算。

直接进行 DFT 时，乘法次数与 N^2 成正比，随着 N 的增大，乘法次数迅速增加。例如，当 $N=8$ 时，需要 64 次复数乘法运算；当 $N=1024$ 时，则要 1048576 次复数乘法运算，即 100 多万次复数乘法运算。如果信号处理要求实时进行，对计算速度的要求实在是太高了。正是由于直接进行 DFT 的计算量太大，才极大地限制了 DFT 的应用。

然而，我们仔细观察 DFT 和 IDFT 的运算，会发现系数 W_N^{nk} 具有对称性和周期性，即：

$$
\begin{aligned}
&(W_N^{nk})^* = W_N^{-nk} \\
&W_N^{n(N+k)} = W_N^{k(N+n)} = W_N^{kn} \\
&W_N^{-nk} = W_N^{b(N-k)} = W_N^{k(N-n)} \\
&W_N^{N/2} = -1,\text{则} W_N^{(k+N/2)} = -W_N^k
\end{aligned}
\tag{6-18}
$$

利用系数 W_N^{nk} 的周期性，在 DFT 中有些项目可以合并，从而减少运算量。又由于 DFT 的运算量与 N^2 成正比，因此 N 越小越有利，可以利用对称性和周期性将大点数的 DFT 分解成很多小点数的 DFT。FFT 算法正是基于这种思路提出的。为了能不断地进行分解，FFT 算法要求 DFT 的运算点数 $N = 2^M$，M 为正整数。这种 N 为 2 的整数幂的 FFT，称为基 2-FFT。

FFT 算法可分为两大类：按时间抽取（Decimation-In-Time，DIT）和按频率抽取（Decimation-In-Frequency，DIF）。为了提高运算速度，需要将 DFT 的计算逐次分解成较小点数的 DFT。如果算法是通过逐次分解时间序列 $x(n)$ 得到的，则这种算法称为按时间抽取的 FFT 算法；如果算法是通过逐次分解频域序列 $X(k)$ 得到的，则这种算法称为按频域抽取的 FFT 算法。

FFT 算法是由库利（J. W. Cooly）和图基（J. W. Tukey）等学者提出并完善的，这种算法使 DFT 大大简化，其运算量约为 $(N/2)\log_2 N$ 次复数乘法运算，当 N 较大时，运算速度相比 DFT 将大大提高。例如，当 $N=1024$ 时，FFT 算法只需 5120 次复数乘法，相比之下，只相当于 DFT 算法的 0.5%左右。限于篇幅，详细的 FFT 算法结构不再另行介绍，MATLAB 提供了现成的 FFT/IFFT 函数，Quartus II 也提供了大多数 FPGA 支持的 FFT/IFFT 核，有兴趣的读者可参考文献[31]以了解 FFT/IFFT 的实现结构。

2. FFT 算法的 MATLAB 仿真

例 6-2　采用 FFT 算法分析信号频谱的 MATLAB 仿真

本实例仿真 FFT 参数对采用 FFT 算法分析信号频谱的影响。产生频率分别为 f_1=2 Hz、f_2=2.05 Hz 的正弦波合成信号，采样速率 f_s = 10 Hz。由式（6-17）可知，要分辨两个单频信号，DFT 的序列长度必须满足 $N > 400$。下面分别仿真以下 3 种情况的 FFT。

（1）取 $x(n)$ 的 128 点的数据，计算 FFT。

（2）将 128 点的 $x(n)$ 以补零的方式加长到 512 点，计算 FFT。

（3）取 512 点 $x(n)$，计算 FFT。

本实例的 MATLAB 程序并不复杂，下面直接给出了程序清单。

```
%E6_2_FFTSim.m 程序清单
f1=2; f2=2.05;                                   %正弦波信号的频率
fs=10;                                           %采样速率
%对 128 点时域序列进行 FFT 分析
N=128;                                           %FFT 的点数
n=0:N-1;
xn1=sin(2*pi*f1*n/fs)+sin(2*pi*f2*n/fs);         %产生 128 点时域信号序列
XK1=fft(xn1);                                    %进行傅里叶变换，并进行归一化处理
MXK1=abs(XK1(1:N/2));
%对补零后的 512 点时域序列进行 FFT 分析
```

```
M=512;
xn2=[xn1 zeros(1,M-N)];                              %在时域信号序列后补零
XK2=fft(xn2);                                        %进行傅里叶变换，并进行归一化处理
MXK2=abs(XK2(1:M/2));
%对 512 点时域序列进行 FFT 分析
n=0:M-1;
xn3=sin(2*pi*f1*n/fs)+sin(2*pi*f2*n/fs);             %产生 128 点时域信号序列
XK3=fft(xn3);                                        %进行傅里叶变换，并进行归一化处理
MXK3=abs(XK3(1:M/2));
%绘图
subplot(321);   x1=0:N-1;
plot(x1,xn1);xlabel('n','fontsize',8);title('128 点 x(n)','fontsize',8);
subplot(322);   k1=(0:N/2-1)*fs/N;
plot(k1,MXK1);xlabel('f(Hz)','fontsize',8);title('128 点 xn 的 FFT','fontsize',8);
subplot(323);   x2=0:M-1;
plot(x2,xn2);xlabel('n','fontsize',8);title('512 点补零 x(n)','fontsize',8);
subplot(324);   k2=(0:M/2-1)*fs/M;
plot(k2,MXK2);xlabel('f(Hz)','fontsize',8);title('512 点补零 xn 的 FFT','fontsize',8);
subplot(325);   plot(x2,xn3);xlabel('n','fontsize',8);title('512 点 x(n)','fontsize',8);
subplot(326);   plot(k2,MXK3);xlabel('f(Hz)','fontsize',8);title('512 点 xn 的 FFT','fontsize',8);
```

程序运行结果如图 6-4 所示，从 128 点 $x(n)$ 的时域及频谱图可以看出，由于采样点数不满足式（6-17）的要求，所以从图中无法区分出序列中的两种频率成分；从 512 点补零 $x(n)$ 的时域及频谱图可以看出，补零对频率分辨率没有影响，只是对频谱起到了平滑作用；从 512 点 $x(n)$ 的时域及频谱图可以看出，由于采样点数满足式（6-17）的要求，所以序列中的两个频率成分可以明显地区分出来。

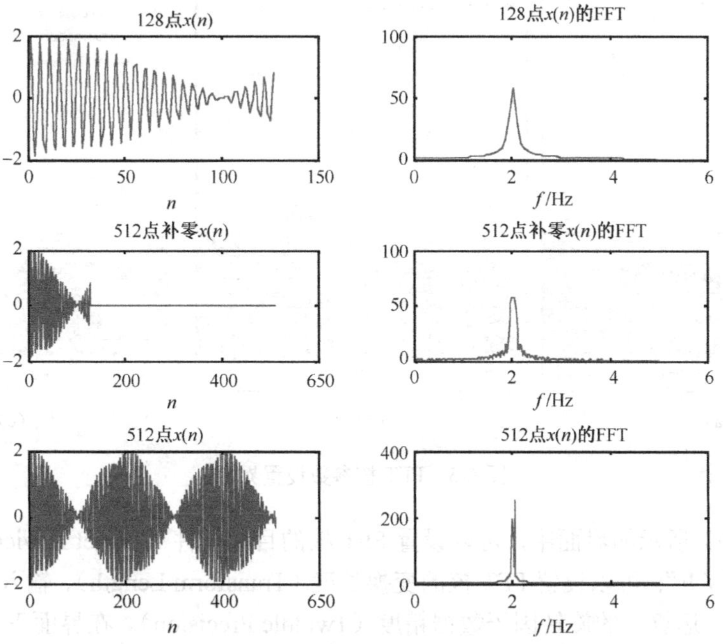

图 6-4　不同参数的 FFT 算法的 MATLAB 仿真

6.3.3 FFT 核的使用

1. FFT 核简介[52]

Quartus II 提供了性能优良的 FFT 运算 IP 核（FFT 核），接下来我们介绍 FFT 核的使用方法。启动 MegaWizard Plug-In Manager 工具后，依次选中“DSP→Transforms→FFT”后即进入 FFT 核的设置界面，分别单击“About this Core”（查看 FFT 核的产品信息）、“Documentation”（查看 FFT 核的数据手册）、“Step1:Parameterize”（设置 FFT 核的相关参数）、“Step2:Set Up Simulation”（建立 FFT 核的仿真模型）、“Step3:Generate”（生成 FFT 核）按钮查看 FFT 核的相关信息、完成 FFT 核的参数设置并生成所需的 FFT 核。

Quartus II 提供的 FFT 核适用于 Altera 公司的 Arria-II GX、Arria-II GZ、ArriaV、Arria-V GZ、Cyclone-III、Cyclone-III LS、Cyclone-IV GX、Cyclone-V、Stratix-III、Stratix-IV、StraixII GX、Stratix-V 等系列 FPGA。

在 FFT 核设置界面中单击“Step1: Parameterize”进入 FFT 核参数设置界面，如图 6-5 所示。分别单击图上部的“Parameters”“Architecture”“Implementation Options”选项可进入相应设置界面，分别如图 6-5（a）、图 6-5（b）和图 6-5（c）所示。

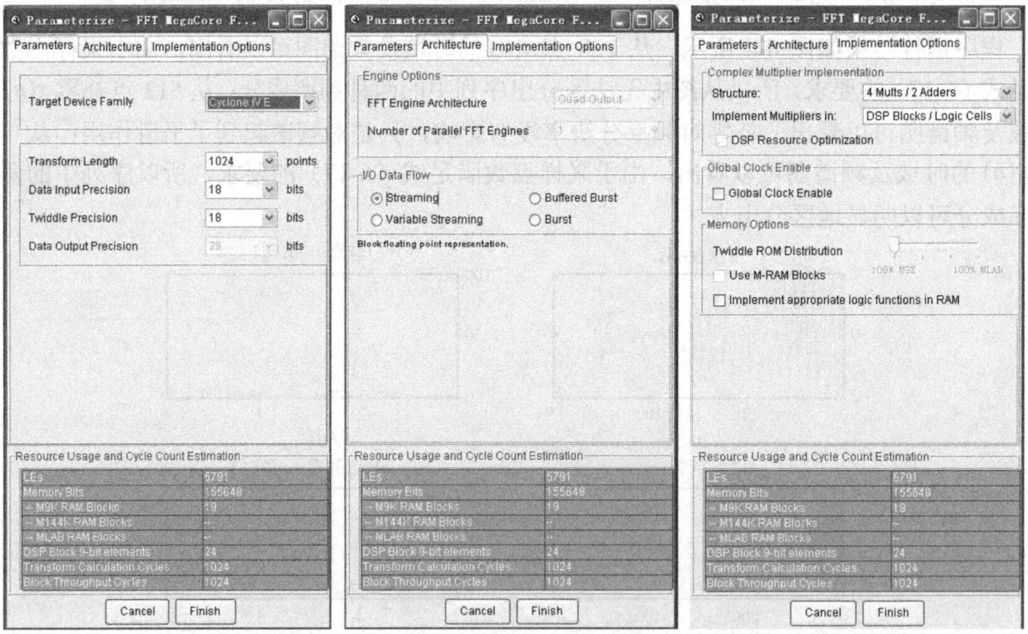

（a）　（b）　（c）

图 6-5　FFT 核参数设置界面

在图 6-5（a）所示的界面中，可以设置 FFT 核的目标器件（Traget Device Family），如设置为“Cyclone IV E”；可以设置 FFT 核的变换长度（Transform Length）、输入数据精度（Data Input Precision）、运算中的旋转因子数据精度（Twiddle Precision）。在界面下方会根据设置的不同参数实时显示逻辑资源占用情况的统计信息。FFT 核可以实现点数 $N=2^m$（m=6～16）的

FFT/IFFT，输入数据位宽范围为 8～24。

在图 6-5（b）所示的界面中，可以设置 FFT 核的实现结构，实现结构决定了输入数据的载入方式。FFT 核提供 4 种实现结构，可方便用户根据运算速度及硬件资源情况进行选择使用。按运算速度从高到低（资源占用从多到少）的顺序排列，这 4 种实现结构分别是 Streaming、Variable Streaming、Buffered Burst、Burst。其中，Streaming 可进行连续输入数据的 FFT/IFFT；Variable Streaming 可处理浮点数格式的输入数据，选中该结构后，界面中会显示输入数据格式的设置选项；Burst 与 Buffered Burst 类似，但进行蝶形运算的单元更少，因此可以在牺牲运算速度的前提下进一步节约硬件资源。

在图 6-5（c）所示的界面中，可以设置 FFT 核所采用的硬件资源种类，例如采用“4 Mults/2 Adders”结构来实现复数乘法运算；又如采用“DSP Blocks/Logic Cells”来实现乘法运算。用户可以根据硬件资源及设计要求合理选择这些参数，实现速度与逻辑资源面积的最优设计。

2. FFT 核的接口及时序

FFT 核提供了丰富的接口控制信号，如下所述。

- clk：时钟信号。
- reset_n：重置端口信号，低电平时有效。
- sink_sop：1 帧数据起始标志信号，高电平表示 1 帧数据载入开始。
- sink_eop：1 帧数据结束标志信号，高电平表示 1 帧数据载入结束。
- sink_valid：输入数据有效信号，当 sink_valid 和 sink_ready 同时有效时，开始进行 FFT。
- sink_error：表示载入数据状态，一般置 0 即可。
- clk_cna：时钟信号使能，高电平有效，可选。
- sink_imag、sink_real：输入数据的实部及虚部，二进制补码数据。
- sink_ready：输出信号，表示可以接收新的输入数据。
- source_eop：输出信号，1 帧数据转换结束标志信号，高电平表示 1 帧数据转换结束。
- source_sop：输出信号，1 帧数据转换开始标志信号，高电平表示 1 帧数据转换开始。
- source_error：输出信号，表示 FFT 出现错误。
- source_imag、source_real：输出信号，输出数据的实部及虚部，二进制补码数据。
- source_ready：表示可以接收新的输入数据。
- source_valid：输出信号，表示输出数据有效。
- fftpts_out：输出信号，表示每帧输出数据的序号。
- inverse：FFT 设置信号，当该信号为 1 时进行 IFFT，该信号为 0 时进行 FFT。

FFT 核的运算时序相对比较复杂，不同 FFT 的运算结构均对应着不同的运算时序，掌握并清楚 FFT 核的运算时序是正确使用 FFT 核的前提。由于本章后续实例采用 Burst 模式，下面重点对这种实现结构进行介绍，有兴趣的读者可参考文献[64]来了解其他的实现结构。

Burst 模式可分两个进程：输入数据及输出数据进程和 FFT 进程，且这两个进程不是同时进行处理的。当启动 FFT 时，输入数据首先在时钟的控制下同步输入 FFT 核内部的存储器内，当一帧数据输入完成后才开始 FFT，数据在完成 FFT 后输出到相应的端口。在 FFT 过程中不能进行数据的输入或输出。图 6-6 为 Burst 模式的 FFT 实现结构（单数据流输出模式）。

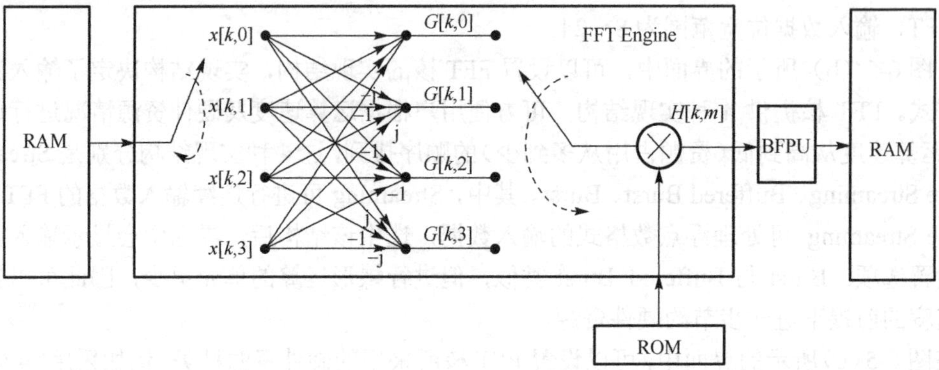

图 6-6　Burst 模式的 FFT 实现结构

图 6-7 为 Burst 模式的 FFT 时序图，从图中可以清楚地看出，该模式中的输入数据流是不连续的，且输入数据与 FFT 及数据输出是分时进行的。一般来讲，工程设计中的输入数据均是连续的，因此在进行 FFT 时，需要根据 FFT 的时序对输入数据和输出数据进行调整，以满足 FFT 时序的要求。

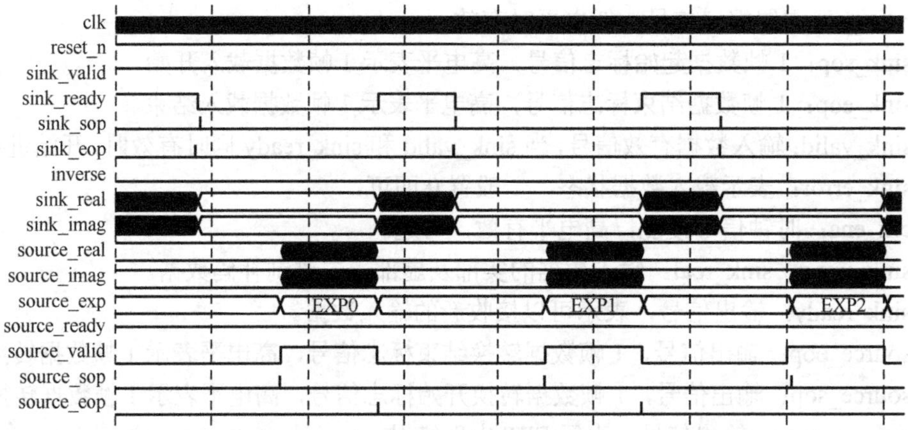

图 6-7　Burst 模式的 FFT 时序图

6.3.4　输入信号建模与 MATLAB 仿真

采用 FFT 来实现载波的频差估计时，一个基本的前提条件是可以从信号的频谱中明显地分辨出载波谱线。对于输入信号是单载波信号来讲，显然可以直接对输入信号进行 FFT，然后在数字频谱中判断最大谱线值的位置即可。但对于调幅信号来讲，其频谱中并没有明显的载波谱线，还需要对信号频谱进行滤波等分析处理，从而判断出载波谱线。对于本书第 5 章中讨论的抑制载波调制信号，如 PSK 信号，调制信号的频谱中根本不含载波谱线，因此无法直接对其进行 FFT 来实现载波频差估计。然而，根据平方环的工作原理，我们可以对 PSK 信号进行平方处理，平方后的信号含有 2 倍载波频率分量，这样就可以采用 FFT 来实现载波频差估计了。

例 6-3　DPSK 信号的 MATLAB 仿真

用 MATLAB 仿真生成 DPSK 信号，信噪比为 10 dB，数据速率为 4 MHz，采样速率为 32 MHz，载波频率为 70 MHz。将数据进行 8 bit 量化，并写入文本 TXT 文件 E6_3_sig.txt 中。对 DPSK 信号进行平方处理，然后对平方后的数据进行 512 点 FFT，并绘制形成的频谱。

仿真程序的代码比较简单，本节不再给出程序清单，读者可以在本书配套资料“Chapter_6\E6_3\E6_3_PSKSignalProduce.m”中查看完整的仿真程序。

由于采样速率为 32 MHz，FFT 的点数为 512，因此频率分辨率为 62.5 kHz。根据带通采样定理，用 32 MHz 的频率对 70 MHz 载波进行采样，载波频率实际搬移到了 6 MHz。

图 6-8 为仿真程序的运行结果。从图中可以清楚地看出，在信噪比为 10 dB 时，FFT 后的数据在第 1 个变换点、193 个变换点和 321 个变换点出现明显的谱线。第 1 个变换点的谱线表示直流信号，第 193 个变换点和 321 个变换点分别表示相对于半数变换点 257 对称的两条载波频率谱线。根据数字信号处理原理，实信号的频谱均是相对于零点对称的。对于 MATLAB 的 FFT 函数来讲，零点即对应于半数变换点，也对应于采样速率的一半。因此，第 193 个变换点的频率相当于(193−1)×32 MHz/512=12 MHz。由于平方后对载波信号频率实际上进行了倍频处理，因此估计的实际载波频率为 6 MHz。

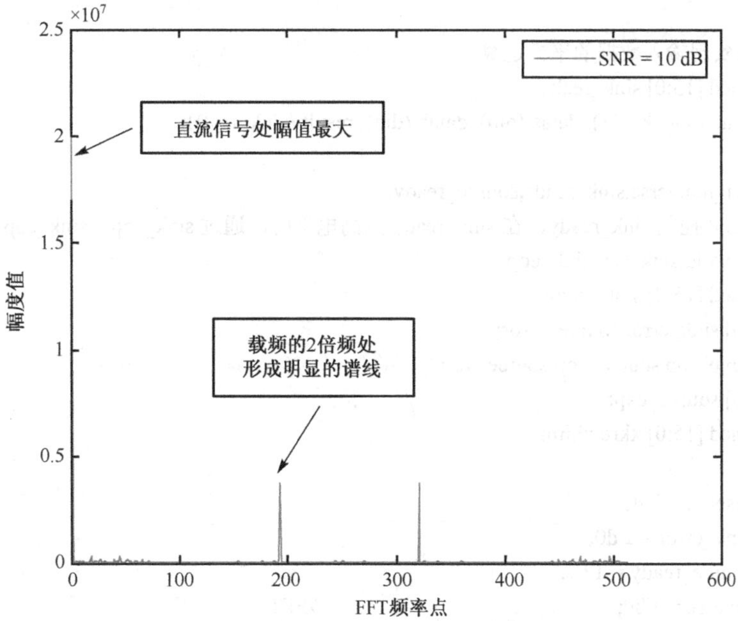

图 6-8　DPSK 信号平方变换后频谱图

6.3.5　基于 FFT 频差估计的 Verilog HDL 实现

例 6-4　采用 Verilog HDL 实现基于 FFT 的频差估计算法

采用 Verilog HDL 实现基于 FFT 的频差估计并不复杂。根据 6.3.1 节的介绍，首先需要对输入信号采用乘法器 IP 核实现平方运算，然后对平方后的数据进行 FFT。关键步骤是根据 FFT

后的结果求取最大谱线值的位置，并以此确定载波频率。

为节约硬件资源，FFT核采用Burst模式，则根据图6-7所示的FFT时序关系，我们可以根据变换后的source_valid信号来确定谱线的时间段。在FFT后，对输出的频谱复信号进行求模运算。需要注意的是，其中采用的乘法器及加法器共产生了2个时钟周期延时。根据source_valid信号的状态，判断FFT后前256个采样点的最大谱线值，并将最大谱线值所对应的采样点值通过number信号输出，2倍频载波信号所对应的频率为number×32 MHz/512=number×62.5 kHz，据此得出载波频率f_c=number×31.25 kHz。

与最大似然频差估计方法相似，如果采用NCO来产生本地载波信号，则可根据NCO的频率字字长、NCO驱动时钟频率，将载波信号换算成NCO频率字。下面直接给出了基于FFT载差估计的Verilog HDL程序清单，程序中添加了详细的注释，有利于读者理解程序的编写思路。

```
//FFTEstimate.v 文件的程序代码
module FFTEstimate (rst,clk,din,number);
    input   rst;                                    //复位信号，高电平有效
    input   clk;                                    //FPGA 系统时钟
    input   signed [7:0]    din;                    //输入信号
    output [8:0]    number;                         //最大谱线值的位置

    //乘法器实现输入数据的平方运算
    wire signed [15:0] sink_real;
    mult8_8 u0 (.clock (clk),.dataa (din),.datab (din),.result (sink_real));

    wire reset_n,inverse,sink_ready,source_ready;
    //sink_valid 控制 sink_ready，在 sink_ready 为高电平时，通过 sink_sop、sink_eop 控制输入信号
    reg sink_valid,sink_sop,sink_eop;
    wire signed [15:0] sink_imag;
    wire [1:0] sink_error,source_error;
    wire source_sop,source_eop,source_valid;
    wire [5:0] source_exp;
    wire signed [15:0] xkre,xkim;

    assign reset_n = !rst;
    assign sink_error = 2'd0;
    assign source_ready = 1'b1;
    assign inverse = 1'b0;                  //FFT
    assign sink_imag = 16'd0;

    //设置 FFT 起始脉冲，sink_eop 和 sink_sop 为高电平后开始输入信号
    //由于在 Burst 模式下，FFT 的延时不超过 2048 个时钟周期，因此每 2048 个周期进行一次 FFT
    reg [10:0] count;
    always @(posedge clk or posedge rst)
    if (rst)
        begin
            sink_eop <= 0;
```

```
                sink_sop <= 0;
                sink_valid <= 0;
                count <= 0;
            end
        else
            begin
                count <= count + 1;
                if (count==1)
                    sink_sop <= 1'b1;
                else
                    sink_sop <= 1'b0;
                if (count==512)
                    sink_eop <= 1'b1;
                else
                    sink_eop <= 1'b0;
                if ((count>=1) & (count<=512))
                    sink_valid <= 1'b1;
                else
                    sink_valid <= 1'b0;
                end

//FFT 核，实现 512 点的 FFT，在 sink_valid、sink_sop 和 sink_eop 的控制下，
//每 2048 个点进行一次 FFT
fft512   u1(
    .clk (clk),
    .reset_n (reset_n),
    .inverse (inverse),
    .sink_valid (sink_valid),
    .sink_sop (sink_sop),
    .sink_eop (sink_eop),
    .sink_real (sink_real),
    .sink_imag (sink_imag),
    .sink_error (sink_error),
    .source_ready (source_ready),
    .sink_ready (sink_ready),
    .source_error (source_error),
    .source_sop (source_sop),
    .source_eop (source_eop),
    .source_valid (source_valid),
    .source_exp (source_exp),
    .source_real (xkre),
    .source_imag (xkim));

//求变换后的谱线值
//平方和乘法运算，1 个时钟周期延时
wire signed [31:0] xkre_square,xkim_square;
mult16_16 u2 (.clock (clk),.dataa (xkre),.datab (xkre),.result (xkre_square));
```

```
        mult16_16 u3 (.clock (clk),.dataa (xkim),.datab (xkim),.result (xkim_square));

        reg [31:0] amp;
        always @(posedge clk)
             amp <= xkre_square + xkim_square;

        //当 source_valid 为高电平时，搜寻第一个变换点之后的最大谱线值
        //并将谱线的位置通过 position 信号输出
        reg [8:0] addr,pos,position;
        reg [31:0] max;
        always @(posedge clk or posedge rst)
            if (rst)
                begin
                    addr <= 0;
                    max <= 0;
                    pos <= 0;
                    position <= 0;
                end
            else
                begin
                    if (source_valid==1'b1)
                        begin
                            addr <= addr + 1;
                            //下面采用符号判决，由于实信号的谱线是对称的，因此输出最
                            //大谱线值的在 FFT 的前半段位置
                            //由于对原始数据平方后会产生直流信号，因此在判决谱线时，对零
                            //频谱线不进行判决
                            if ((max < amp) && (addr > 2))
                                begin
                                    max <= amp;
                                    pos <= addr;
                                end
                        end
                    else
                        begin
                            addr <= 0;
                            max <= 0;
                            //考虑到求谱线值平方、加法运算会产生 2 个时钟周期的延时，因此输出的谱线
                            //位置需要减去 2 个时钟周期的延时
                            position <= pos - 2;
                        end
                end
        assign number = position;
    endmodule
```

程序中用到的 mult8_8 乘法器 IP 核，设置其运算流水线为 1；设置 mult16_16 乘法器 IP 核的运算流水线为 1，其他参数设置与前面实例中的乘法器 IP 核相似。这里只给出 FFT 核的

部分参数。

fft512 部分参数如下：

- 变换数据长度（Transform Length）：512 点。
- 输入数据精度（Data Input Precision）：16 bit。
- 旋转因子精度（Twiddle Precision）：16 bit。
- FFT 引擎结构（FFT Engine Architecture）：单路输出（Single Output）。
- 并行运算的引擎数量（Number of Parallel FFT Engines）：1。
- I/O 数据流方式（I/O Data Flow）：突发（Burst）模式。
- 复数乘法器结构（Complex Multiplier Sturcture）：3 个乘法器/5 个加法器结构（3 Mults/5 Adders）。
- 乘法器实现方式（Implement Multipliers in）：DSP/逻辑单元模式（DSP Blocks/Logic Cells）。
- 时钟允许信号：不选。

6.3.6 FPGA 实现及仿真测试

编写完成频差估计的 Verilog HDL 实现代码之后，就可以进行 FPGA 实现了。在 Quartus II 中完成对工程的编译后，启动“TimeQuest Timing Analyzer”工具，并对时钟信号 clk 添加时序约束（周期为 20 ns，频率为 50 MHz）。保存时序约束后重新对整个 FPGA 工程进行编译。

完成综合实现后，在工作过程区中会自动显示整个设计所占用的器件资源情况。本实例选用的目标器件是 Altera 公司 Cyclone-IV 系列的 EP4CE15F17C8。Logic Elements（逻辑单元）使用了 2407 个，占 16%；Registers（寄存器）使用了 1914 个，占 12%；Memory Bits（存储器）使用了 18688 bit，占 4%；Embedded Multiplier 9-bit elements（9 bit 嵌入式硬件乘法器）使用了 11 个，占 10%。从“TimeQuest Timing Analyzer”工具中可以查看到系统最高工作频率为 114.42 MHz，可满足工程实例中要求的 32 MHz。

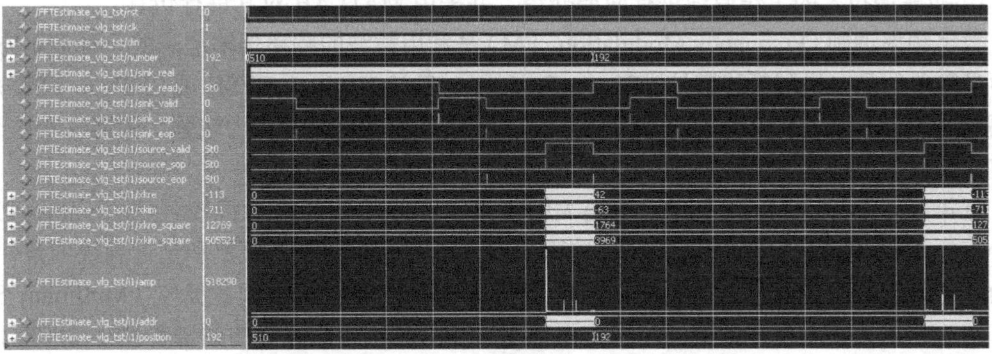

图 6-9　FFT 载波估计系统 ModelSim 仿真波形图

进行系统的 FPGA 测试之前，首先需要编写测试激励文件，测试激励文件的功能主要包括产生 32 MHz 的时钟信号 clk，产生复位信号 rst，并通过读取由 E6_3_PSKSignalProduce.m 程序生成的外部 TXT 文件 E6_3_sig.txt 来产生输入信号 din。本工程实例中的测试激励文件结构及代码与例 4-1 中的测试激励文件十分相似，本节不再给出程序清单，读者可以在本书配套资料“Chapter_6\E6_4\”中查阅完整的 FPGA 工程文件。

编写完测试激励文件后，可以运行 ModelSim 进行仿真测试。仿真测试十分简单，只需读取顶层文件输出的 FFT 最大谱线置的 number 值即可，如图 6-9 所示。从图 6-9 所示的仿真波形可以看出，FFT 后的谱线在零值（直流分量）最大，然后在一个变换周期内出现两条幅值相同的谱线，与 MATLAB 仿真结果相同。在仿真波形中，number 的值在起始段为 510（对应于零频谱线附近），这是因为 FFT 的起始信号还没有起作用，FFT 有效信号 source_valid 也是无效状态，因此，此时的值无效。当 FFT 的起始信号起作用后，number 值稳定在 192，且 source_valid 有效。

由于输入信号载波频率为 70 MHz，采样速率为 32 MHz，则采样后的载波频率被搬移至 6 MHz。FFT 的点数为 512，从仿真波形很容易读出 number 为 192，则根据 FFT 的原理，可以计算出 192 点对应的频率 f_c=number×31.25 kHz=6 MHz，与输入信号的载波频率相同。读者可以试着修改 E6_3_PSKSignalProduce.m 程序中输入信号的载波频率，然后运行 FPGA 的仿真程序，测试仿真程序运行后的结果是否与输入信号载波相同。FPGA 中通常采用 NCO 核来产生本地载波信号，假设本地 NCO 核产生的 NCO 频率字字长为 30，系统时钟仍为 32 MHz，则 number 转换成 NCO 频率字的关系为：

$$F_{\text{nco}} = f_{\text{out}} \times 2^{B_{\text{nco}}} / f_{\text{s}} = \text{number} \times 2^{(B_{\text{nco}}-10)} = \text{number} \times 2^{20}$$

采用 Verilog HDL 实现时，可以采用左移 20 bit 的方法来实现上述乘法，且不会出现任何误差。当 number=192 时，转换成 NCO 频率字为 201326592，对应的二进制数据为 00_1100_0000_0000_0000_0000_0000_0000。

6.4 FSK 信号调制/解调原理

为了更好地理解 AFC 环在 FSK 信号解调中的应用，我们首先对数字通信系统中常用的频率调制/解调技术的工作原理进行简要介绍，并采用 MATLAB 对其进行仿真。

数字频率调制（Frequency Modulation，FM）是利用载波的频率传输信息的一种调制方式，其中最简单的是二进制频移键控（Binary Frequency Shift Keying，BFSK 或 2FSK）。FSK 是继振幅键控（ASK）之后出现的一种调制方式。由于 FSK 的抗衰落能力较强，因而在一些衰落信道的传输中得到了广泛应用。

近年来，数字 FM 技术有了相当大的发展。连续相位的频移键控（Continuous Phase Frequency Shift Keying，CPFSK）在调制指数 h=0.715 以及采用相干检测和延迟判决的条件下，在功率与频带利用方面可以达到比 2PSK 好 1 dB 的水平。最小频率键控（Minimum Shift Keying，MSK）在功率与频带的利用方面都与 4PSK 相当，而且它的频谱特性比 2PSK 信号优越，已在数字卫星通信系统中被广泛采用。此外，为了进一步提高频带利用率，又出现了高斯最小频移键控（Gaussian Minimum Shift Keying，GMSK）等调制方式。本章将重点讨论采用 AFC 环来实现 2FSK 信号解调的方法。

6.4.1 数字频率调制

1．频移键控信号的时域表示

FSK 信号的产生方法一般有两种：频率选择法和载波调频法。前者产生的是非连接相位的 FSK 信号，后者产生的是连续相位的 FSK 信号。

在非连续相位的 2FSK 信号波形中，波形 $A\cos(2\pi f_1 t+\varphi_1)$ 和 $A\cos(2\pi f_2 t+\varphi_2)$ 分别用来传输数字 1 和 0。这样，信号可看成载波频率为 f_1 和 f_2 的两个振幅键控信号的合成，2FSK 信号可表示为：

$$s(t)=m_1(t)A\cos(2\pi f_1 t+\varphi_1)+m_2(t)A\cos(2\pi f_2 t+\varphi_2) \tag{6-19}$$

式中，

$$m_1(t)=\sum_{n=-\infty}^{\infty} b_n g(t-nT_{\rm b}),\qquad m_2(t)=\sum_{n=-\infty}^{\infty} \bar{b}_n g(t-nT_{\rm b}) \tag{6-20}$$

式中，A 是载波的振幅；$T_{\rm b}$ 为数字码元的周期；$\{b_n\}$ 为所传输的数字序列；$\bar{b}_n$ 为 b_n 的反码。

连续相位的 FSK 信号是利用基带信号对振荡器进行频率调制而产生的，在码元转换时相位是连续的。在理想情况下，振荡器的频率随基带信号线性变化，此时，调频信号可写为：

$$s(t)=A\cos\left[2\pi f_{\rm c}t+2\pi\Delta f_{\rm d}\int_{-\infty}^{t} m(t'){\rm d}t'+\theta_{\rm c}\right] \tag{6-21}$$

式中，$f_{\rm c}$ 是未调载波的频率；$\theta_{\rm c}$ 是载波的初始相位；$\Delta f_{\rm d}$ 是频差因子。当 $m(t)$ 为归一化基带信号时，$\Delta f_{\rm d}$ 称为峰值频差。令

$$h=2\Delta f_{\rm d}T_{\rm b}=(f_2-f_1)T_{\rm b} \tag{6-22}$$

式中，h 称为调制指数或频移指数。

2．频移键控信号的相关系数

根据 FSK 信号的时域表示可知，2FSK 信号实际上是在不同的时间段内用两个不同的单频信号分别表示数字 0 或 1 的。这两个单频信号的频率间隔有什么要求呢？或者说需要依据什么准则来确定离散的频率值呢？这正是我们接下来需要讨论的相关系数问题。

设 2FSK 信号在一个码元期间内的波形为：

$$s(t)=\begin{cases} s_1(t)=A\cos\omega_1 t, & 0\leqslant t\leqslant T_{\rm b}\\ \text{或} & \\ s_2(t)=A\cos\omega_2 t, & 0\leqslant t\leqslant T_{\rm b}\end{cases} \tag{6-23}$$

这两个信号波形的相关系数定义为：

$$\rho=\frac{1}{E_{\rm b}}\int_0^{T_{\rm b}} s_1(t)s_2(t){\rm d}t \tag{6-24}$$

式中，$E_{\rm b}=\int_0^{T_{\rm b}} s_1^2(t){\rm d}t=\int_0^{T_{\rm b}} s_2^2(t){\rm d}t$ 为一个码元的信号能量。将式（6-23）代入式（6-24），可得

$$\rho=\frac{\sin(\omega_2-\omega_1)T_{\rm b}}{(\omega_2-\omega_1)T_{\rm b}}+\frac{\sin(\omega_2+\omega_1)T_{\rm b}}{(\omega_2+\omega_1)T_{\rm b}}=\frac{\sin(\omega_2-\omega_1)T_{\rm b}}{(\omega_2-\omega_1)T_{\rm b}}+\frac{\sin 2\omega_{\rm c}T_{\rm b}}{2\omega_{\rm c}T_{\rm b}} \tag{6-25}$$

通常选择 $2\omega_{\rm c}T\gg 1$ 或 $2\omega_{\rm c}T=k\pi$，这时相关系数可以简化为：

$$\rho=\frac{\sin(\omega_2-\omega_1)T_b}{(\omega_2-\omega_1)T_b} \tag{6-26}$$

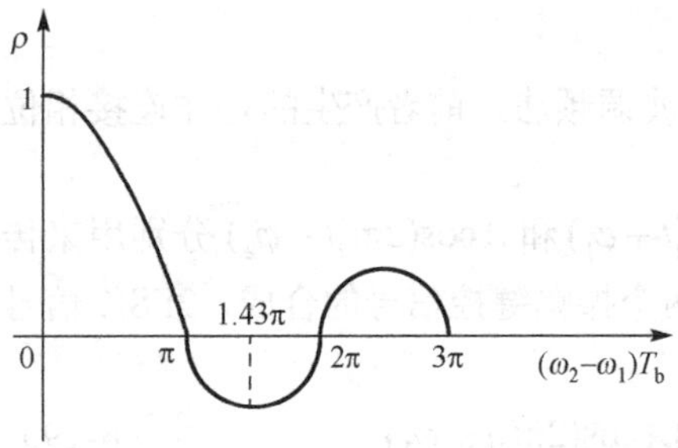

图 6-10 相关系数随$(\omega_2-\omega_1)T_b$的变化

相关系数随$(\omega_2-\omega_1)T_b$情形变化的如图 6-10 所示。从图中可以看出，当$(\omega_2-\omega_1)T_b=k\pi$（$k\geqslant1$）时，两个信号的相关系数为零，也就是说它们具有正交特性。接收端利用这一特性很容易把两个信号区分开。其中，当$k=1$ 时，相应的 $h=0.5$，是满足正交条件的最小调制指数。按此 h 值配置的信号频率所占据的带宽最小，或者说，在频带限制下比特传输速率最高。因此，$h=0.5$ 的频移键控称为最小频移键控（MSK）。

当$(\omega_2-\omega_1)T_b=1.43\pi$ 时，有 $h=0.715$，这时两个信号的相关系数最小，其值为$\rho=-2/3\pi$，即两信号之间具有超正交特性。对这样的信号进行相干解调时，在误码率一定的条件下，所需要的信号能量比 $\rho=0$ 时的正交信号还小。由此可见，$h=0.715$ 的 2FSK 是一种性能比较好的调制方式。有读者可能要问，为什么相关系数越小，相干解调时的解调性能就越好呢？读者可以先自己根据相关系数的定义理解一下，在 6.4.3 节中讨论 2FSK 信号的相干解调原理时将进一步说明。

在有些系统中，还可以选择$(\omega_2-\omega_1)T_b>>1$，这时两个频率信号之间也具有近似的正交特性（$\rho\approx0$）。由于两个频率的间隔很大，很容易通过分路滤波器把两个信号分开，从而简化解调电路，但当数据速率较大时，调制信号所占用的频谱宽度将随之增加。

6.4.2 FSK 信号的 MATLAB 仿真

例 6-5 用 MATLAB 仿真连续相位及非连续相位的 2FSK 信号

为了更好地理解 2FSK 信号的波形及频谱特性，本节用 MATLAB 对连续相位及非连续相位的 2FSK 信号进行仿真，并绘出信号的波形及频谱，同时将生成的数据写入外部 TXT 文件中，供本章后续的 FPGA 程序实例使用。

MATLAB 提供了现成的产生 FSK 信号函数 fskmod()，可以方便地产生指定采样速率、频差等参数的 FSK 信号。其完整函数表达式为：

```
y = fskmod(x,M,freq_sep,nsamp,Fs,phase_cont);
```

其中，x 为需要进行调制的原始信号序列，取值范围限制在 0～M-1 之间的整数；M 为 FSK 信号的频率数量，如 M=2 则表示 2FSK，同时 x=0 时对应第 1 个频率，x=1 则对应第 2 个频率；freq_sep 用于设置频率间隔；nsamp 用于设置每个原始信号采样的点数；Fs 为信号采样速率；phase_cont 取 cont 表示产生连续相位的 FSK 信号，取 discont 则表示产生非连续相位的 FSK 信号，函数默认为产生连续相位的 FSK 信号。

在了解 fskmod 函数的作用及用法后，读者就容易理解 2FSK 仿真程序的代码了。为了节约篇幅，下面的程序中没有列出绘图以及将仿真数据写入外部 TXT 文件的相关代码，读者可以在本书配套资料“Chapter_6\E6_5\E6_5_FSKSignalProduce.m”中查看完整的 MATLAB 程序清单。

```
%E6_5_FSKSignalProduce.m 程序部分清单
ps=4*10^6;                                       %码元速率为 4 MHz
m=0.715;                                         %调制指数为 0.715
Fs=32*10^6;                                      %采样速率为 32 MHz
fc=70*10^6;                                      %载波频率为 70 MHz
snr=100;                                         %信噪比，单位为 dB
f1=fc-m*ps/2;                                    %2FSK 信号中两种码元所代表的频率
f2=fc+m*ps/2;

N=1000;                                          %信号码元个数
Len=N*Fs/ps;                                     %仿真信号的长度
freqsep=m*ps;                                    %在 2FSK 信号中，两个频率之间的间隔
nsamp=Fs/ps;                                     %每个码元的采样点数
x = randint(N,1,2);                              %产生随机信号作为信号码元
ContData = fskmod(x,2,freqsep,nsamp,Fs,'cont');  %产生连续相位的 2FSK 调制信号的复数形式
DisContData = fskmod(x,2,freqsep,nsamp,Fs,'discont'); %产生非连续相位的 2FSK 调制信号的复数形式
%将基带 2FSK 信号正交上变频至 70 MHz 中频
t=0:1/Fs:(Len-1)/Fs;
f0=cos(2*pi*fc.*t)-sin(2*pi*fc.*t)*sqrt(-1);
Contfsk=ContData.*f0';
DisContfsk=DisContData.*f0';

%产生通带内功率为 0 dB 的高斯白噪声序列
B=6.6*10^6;                                      %中频带宽设为 6.6 MHz
Noise=sqrt(Fs/2/B)*randn(1,Len);
%产生通带内信噪比为 snr 的 2FSK 信号
A_s=sqrt(10^(snr/10));
Contfsk=A_s*sqrt(2)*Contfsk+Noise';
DisContfsk=A_s*sqrt(2)*DisContfsk+Noise';

%fskmod 函数产生的是复包络形式的 2FSK 信号，实际输入的为实信号
%取虚部数据作为 2FSK 测试信号
Contfsk=(Contfsk-conj(Contfsk))/2/sqrt(-1);
DisContfsk=(DisContfsk-conj(DisContfsk))/2/sqrt(-1);

%仿真产生中频抗混叠滤波器，带外抑制约为 38 dB，处理带为 6-3.3 MHz～6+3.3 MHz
fd=[1000000 2700000 9300000 11000000];           %过渡带
mag=[0 1 0];                                     %窗函数的理想滤波器幅度
dev=[0.05 0.015 0.05];                           %纹波
[n,wn,beta,ftype]=kaiserord(fd,mag,dev,Fs)       %获取凯塞窗参数
b=fir1(n,wn,ftype,kaiser(n+1,beta));             %完成滤波器设计
%中频滤波器滤波处理
Contfsk=filter(b,1,Contfsk);
DisContfsk=filter(b,1,DisContfsk);

%绘图
%将仿真数据写入外部 TXT 文件中
```

图 6-11 和图 6-12 分别是程序运行后产生的非连续相位及连续相位的 2FSK 信号波形及频

谱图。读者可以修改程序中的调制指数、数据速率等参数，以产生不同形式的 2FSK 信号。从图 6-12 可以看出，在码元转换时刻，2FSK 信号的相位出现了阶跃变化，而图 6-12 所示的相位始终是连续的。显然，相位的不连续会带来频谱的扩散，导致信号占用频带较宽，这也是连续相位的 2FSK 信号应用更为广泛、性能更好的原因。从信号的频谱可以看出，虽然调制指数相同，均为 0.715，但两者的频谱形状明显不同。读者可以尝试更改调制指数，以便查看不同调制指数的信号频谱形状。

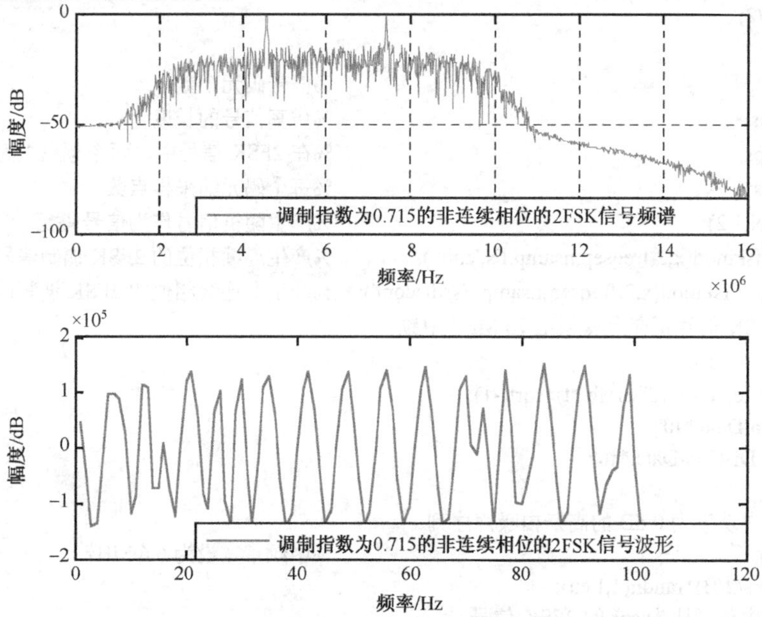

图 6-11　非连续相位的 2FSK 信号波形及频谱

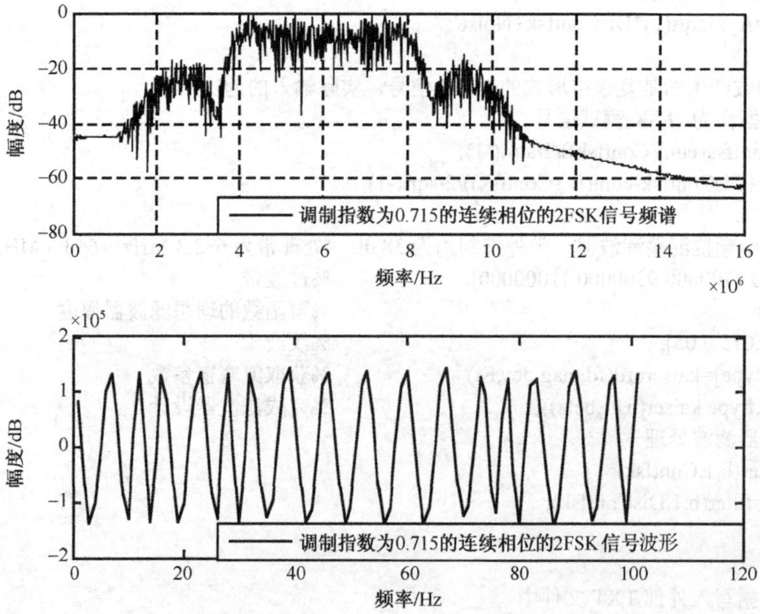

图 6-12　连续相位的 2FSK 信号波形及频谱

6.4.3　FSK 信号的相干解调原理

FSK 信号的解调方法很多，总体来讲，可以分为相干解调法和非相干解调法两类。相干解调法是指需要获取与输入载波信号同频同相的本地载波信号的解调方法，非相干解调法则不需在解调前获取相干载波。从抗干扰性能看，相干解调法是最佳的，但从 FSK 信号中提取相干载波比较困难，实现技术相对较为复杂，所需硬件资源也较多，故目前多采用非相干解调法。

为了便于读者全面理解 FSK 信号的解调方法，接下来将首先介绍 2FSK 信号相干解调的原理，并对 FPGA 实现相干解调法的方法进行说明。然后对一种更为简单适用的非相干解调法——相乘微分型 AFC 环的工作原理进行讨论。最后对采用 AFC 环解调 2FSK 信号进行 FPGA 实现的工程应用实例进行详细讨论。

假设解调器的输入是信号与噪声的混合波形，可表示为：

$$y(t)=s(t)+n(t) \tag{6-27}$$

通常情况下，噪声可以看成具有平稳统计特性的高斯白噪声，其单边功率谱密度为 N_0。根据最佳接收理论[30, 53]，最佳解调器应按如下准则进行解调判决。若

$$\int_0^{T_b} y(t)s_1(t)\mathrm{d}t-\int_0^{T_b} y(t)s_2(t)\mathrm{d}t>\gamma \tag{6-28}$$

则判定发送信号为 $s_1(t)$，解调器输出数字为 1；否则，判定发送信号为 $s_2(t)$，解调器输出数字为 0。式（6-28）中的 γ 称为判决门限，其值为：

$$\gamma=\frac{N_0}{2}\ln\frac{1-p}{p} \tag{6-29}$$

式中，p 为 $s_1(t)$ 出现的概率，$1-p$ 为 $s_2(t)$ 出现的概率。当 $p=1/2$ 时，$\gamma=0$。讲到这里，我们回顾一下 6.4.1 节提出的相关系数与解调性能关系的问题。对比相关系数的定义及式(6-28)可知，两个频率信号的相关系数越小，$\int_0^{T_b} y(t)s_1(t)\mathrm{d}t-\int_0^{T_b} y(t)s_2(t)\mathrm{d}t$ 的取值就越大，正确判决的概率就越大，因此解调性能就越好。

相应的最佳解调器结构如图 6-13 所示。由图 6-13 可知，在接收端产生两个已知信号 $s_1(t)$ 和 $s_2(t)$ 的波形，分别将其与输入波形 $y(t)$ 相乘，然后在 $0\leqslant t<T_b$ 时间内积分。在 $t=T_b$ 时，对两个积分器积分的结果进行采样，并比较判决。因为解调器是逐个对接收码元进行处理的，故在每个码元的终止时刻，在采样之后要将积分器清零，以便处理下一个码元。在这种解调器中，接收端必须掌握 $s_1(t)$ 和 $s_2(t)$ 的全部波形参数，也就是说，必须在接收端产生与发送端同频同相的相干载波，故称这种解调方法为相干解调法。同时，还需要获取精确的位同步时钟，用于提供积分器中的清洗脉冲信号及取样器中的采样脉冲信号。相干载波 $s_1(t)$ 和 $s_2(t)$ 可以通过第 4 章讨论的载波同步锁相环（载波同步环）提取，位同步信号则需要采用专门的位同步锁相环（位同步环）提取，有关位同步环的内容将在第 7 章讨论。需要说明的是，根据图 6-13 所示的结构，位同步环的正确锁定显然与 2FSK 信号的相干解调环的锁定是相互关联的，也就是说，2FSK 信号相干解调环与位同步环互为前提，2FSK 信号的相干解调环与位同步环整个构成了一个闭环系统。而提取相干载波的锁相环则不以 2FSK 信号的相干解调环及位同步环的锁定为前提条件。采用 FPGA 实现 2FSK 信号的相干解调法，需要采用两个载波

同步环，同时由于2FSK信号的相干解调环与位同步环形成了一个更大的闭环系统，因此难以获得良好的环路稳定性能及捕获跟踪性能。

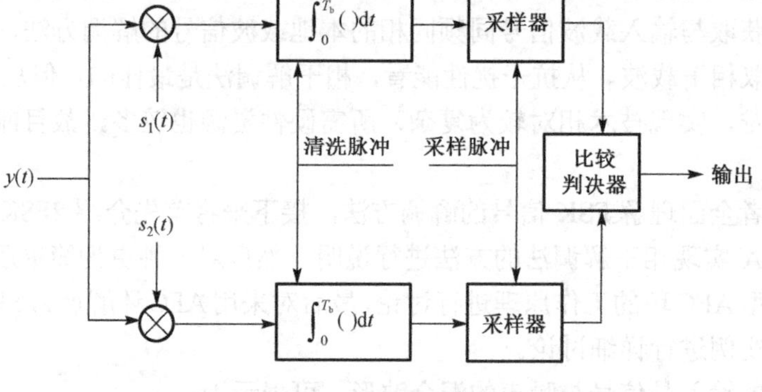

图6-13　FSK信号的最佳解调器结构原理图

6.4.4 AFC环解调FSK信号的原理

由于在FSK信号中提取相干载波相对比较困难，因此在实际工程应用中多采用非相干解调法。文献[2]给出了一种最佳非相干解调器结构，在相同误码率的条件下，非相干解调法所需的信噪比只比相干解调法高1～2 dB。非相干解调法的种类很多，如FFT的频谱分析法[54,55]、基于自适应滤波的解调法[56]、差分检波算法[57]，以及本节所要讨论的AFC环解调法[1,58]等。

1. 相乘微分型AFC环

AFC环是一个负反馈系统，从电路结构上看，AFC环主要有三种结构形式[1]：相乘微分型、延迟叉积型及离散傅里叶变换型。本节只讨论应用比较广泛的相乘微分型AFC环。

相乘微分型AFC环的结构如图6-14所示。如果接收信号与本振信号存在频差，则在一定时间间隔内必然存在相差，将鉴相器输出的相差信号微分后，可得到反映频差的信号，此信号经环路滤波器平滑处理后，控制VCO/NCO的振荡频率向输入信号频率靠近，最终使得频差近似为零。

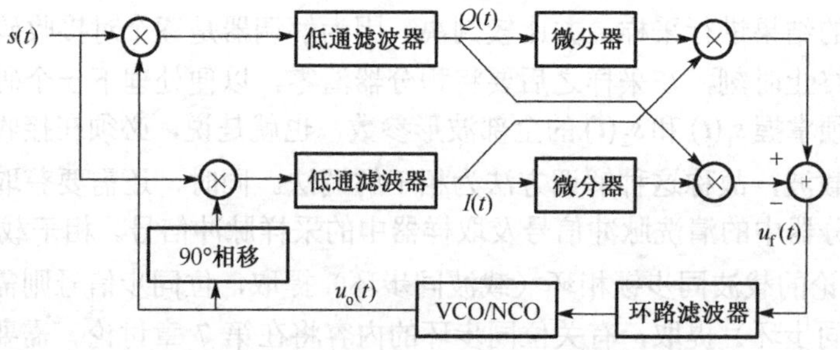

图6-14　相乘微分型AFC环的结构

设输入信号为：

$$s(t)=A\sin[\omega_{\rm i}t+\theta_{\rm i}(t)] \tag{6-30}$$

VCO/NCO的输出信号为：

$$u_o(t) = 2\cos[\omega_v t + \theta_0] \tag{6-31}$$

由图 6-14 可知：

$$Q(t) = A\sin[\Delta\omega t + \theta_i(t) - \theta_0], \quad I(t) = A\cos[\Delta\omega t + \theta_i(t) - \theta_0] \tag{6-32}$$

式中，$\Delta\omega = \omega_i - \omega_v$。显然有：

$$u_f(t) = A^2[\Delta\omega + \mathrm{d}\theta_i(t)/\mathrm{d}t] \tag{6-33}$$

当输入信号为单载波信号时，$\mathrm{d}\theta_i(t)/\mathrm{d}t = 0$，故有：

$$u_f(t) = A^2\Delta\omega \tag{6-34}$$

因此，$u_f(t)$ 反映了输入信号和 VCO/NCO 输出信号的频差。对于 FSK 信号来讲，$u_f(t)$ 即调制信号，对其进行滤波判决，即可完成 FSK 信号的解调。

2．普通锁相环无法解调 FSK 信号的原因

第 3 章对锁相环的工作原理及性能分析进行了比较详细的介绍，第 4、5 章讨论了采用锁相环路来实现载波跟踪或信号解调。是否可以采用普通锁相环来实现 FSK 信号的解调呢？下面我们简单讨论一下不能采用普通锁相环解调 FSK 信号的原因。

根据 3.4.1 节及 3.4.4 节的讨论可知，FSK 信号可以看成典型的频率阶跃信号。根据理想二阶锁相环的非线性跟踪性能的分析，锁相环能够正常锁定的条件是，FSK 信号的频差量小于锁相环的最大频率阶跃量，即 $(\omega_2 - \omega_1) < \Delta\omega_{po}$。根据式（3-70），当 $\xi = 0.707$ 时，$\Delta\omega_{po} = 3.7026\omega_n$。从这个条件看，理想二阶锁相环的最大频率阶跃量还是比较大的。但是，我们还需要考虑锁相环的捕获及锁定时间。对于 FSK 信号来讲，频率变换的速率就是码元的变化速率，因此，当调制信号的频率发生变化时，锁相环锁定时间必须小于码元的变化速率。从第 4 章及第 5 章所讨论的锁相环工程实例的仿真测试结果看，锁相环的锁定时间通常都在毫秒级，也就是说每个码元的时间也必须在毫秒级。因此，对于数据速率较大的 FSK 信号来讲，锁相环的捕获及锁定时间无法满足要求。

根据 3.5.2 节的讨论，当锁相环工作在调制跟踪状态时，可以作为调频解调器。是否可以采用这种方式来实现 FSK 信号的解调呢？要回答这个问题，我们需要再次确认锁相环工作在调制跟踪状态的条件。

当锁相环工作在调制跟踪状态时，输入信号的相位 $\theta_1(t)$ 频谱全部落在闭环频率响应的通带内，输出相位完全跟踪输入相位的变化，$\theta_2(t) \approx \theta_1(t)$，$\theta_e(t) = 0$。此时，环路滤波器的输出电压 $u_c(t)$ 可作为解调信号输出。对于锁相环的工程应用来讲，闭环频率响应的通带通常取锁相环的快捕带 $\Delta\omega_L$。对于数字调频信号，$\Delta\omega_L$ 显然远小于码元速率，对于模拟调频信号来讲，当调频信号的带宽小于快捕带时，可以采用锁相环来实现调频信号的解调。

式（3-87）为调频信号的时域表达形式，容易写出 FSK 信号的另一种表达形式，即：

$$s(t) = A\sin[\omega_0 t + m(t)\Delta\omega] \tag{6-35}$$

式中，$m(t)$ 为原始的码元序列，则 $\theta_1(t) = m(t)\Delta\omega$。显然 $\theta_1(t)$ 的频谱为基带信号的频谱、带宽为基带信号速率。因此，对于 FSK 信号来讲，锁相环无法稳定地工作在调制跟踪状态，也就无法采用普通锁相环来实现 FSK 信号的解调。

3. AFC 环的数学模型分析

采用第 3 章介绍的锁相环数学模型，可以得到图 6-15 所示的 AFC 环的数学模型。需要注意的是，锁相环是一个相位负反馈系统，是基于相差的控制模型；而 AFC 环是一个频率负反馈模型，是基于频差的控制模型。根据 6.4.3 节对 AFC 环的分析，鉴频器的输出电压与频率误差信号成正比。与锁相环不同的是，VCO/NCO 的输出信号和相位信号之间为积分关系，压控振荡器是锁相环中的固有积分环节；而在 AFC 环中，VCO/NCO 的输出信号与信号频率成正比，不再具有积分环节。因此，整个 AFC 环不再如同锁相环那样是一个二阶线性系统，而成为一个更为简单的一阶线性系统。

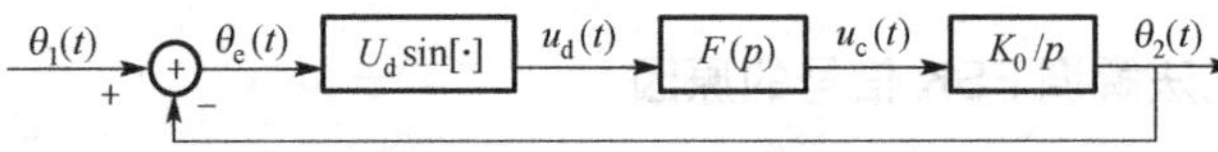

图 6-15 AFC 环的数学模型

AFC 环的工作过程可以采用通用的一阶线性系统来进行分析。根据一阶线性系统的工作原理可知[13]，锁相环锁定的条件是其增益 K 必须大于固有频差 $\Delta\omega$，且增益越大，则捕获及锁定时间越短。锁相环增益由鉴频器、滤波器、VCO/NCO 等的增益组成，控制增益的方法比较灵活，可以通过增加锁相环中任何一个环节的增益来提高锁相环的增益。

6.5 AFC 环的 FPGA 实现

例 6-6 在 FPGA 中采用 Verilog HDL 实现 2FSK 信号的解调并进行仿真测试

输入 FPGA 中的数据为例 6-5 产生的测试数据，量化位宽为 8，数据速率为 4 MHz，采样速率为 32 MHz，FPGA 系统时钟速率 f_{clk} 为 32 MHz。下面先对 AFC 环的参数进行设计，然后依次介绍相乘微分型 AFC 环中各模块的 Verilog HDL 实现及仿真测试过程。

6.5.1 AFC 环参数设计

1. 滤波器参数设计

由图 6-14 可知，AFC 环中有 3 个滤波器，其中两条支路的低通滤波器完全相同，用于滤除前级混频后的高频分量；环路滤波器用于滤除鉴频器（由微分器及乘法器组成）产生的高频分量，输出 VCO/NCO 的控制信号。低通滤波器的设计原则及方法与 5.4.2 节所讨论的滤波器完全相同，在此不再重述。根据 AFC 环的工作原理，鉴频器的输出信号反映了原始调频信号的变化情况。为了进一步简化解调器结构，可以将环路滤波器也设计成 FIR 低通滤波器，这样就可以直接从环路滤波器的输出信号中获取解调信号。环路滤波器的带宽、过渡带等参数可以与混频器的低通滤波器保持一致。

为了便于叙述，这里将低通滤波器的频率特性示于图 6-16，并直接给出了 13 bit 量化后的滤波器系数。

h_pm=[20,77,28,　197,　319,123,1145,2047,2047,1145,123,　319,　197,28,77,20]

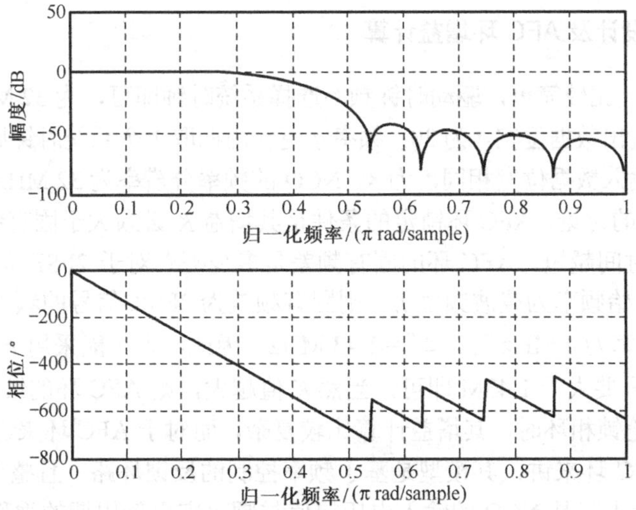

图 6-16　低通滤波器的频率特性

由于中频信号的采样位宽为 8，本地 VCO/NCO 的输出载波信号也选用 8 bit 输出。根据二进制数乘法规则，考虑节约寄存器字长，同时保留全部有效数据，AFC 环前端的混频乘法器为 8 bit×8 bit 的乘法器，则取低 15 bit 作为输出数据。与 5.4.2 节所讨论的低通滤波器完全相同，混频器的低通滤波器取全部的 28 bit 有效位作为输出数据。环路滤波器的系数与混频器中的低通滤波器完全相同，但输入数据与输出数据位宽不同，输入数据位宽由积分器及加法器决定。本实例中，环路滤波器输入有效数据位宽取 17，取全部的 30 bit 作为输出数据。

2. 微分器参数设计

采用 FPGA 进行数学意义上的微分运算十分困难，但根据微分的运算规则，可以采用一种简单的近似处理方法，即通过求取前后两个数据之差来代替微分运算。前后两个数据之间的时间间隔为 1 个系统时钟周期，则有：

$$\begin{aligned} Q(t-T_{\mathrm{clk}})-Q(t)=\mathrm{d}Q(t)/\mathrm{d}t/f_{\mathrm{clk}}=T_{\mathrm{clk}}\cdot \mathrm{d}Q(t)/\mathrm{d}t \\ I(t-T_{\mathrm{clk}})-I(t)=\mathrm{d}I(t)/\mathrm{d}t/f_{\mathrm{clk}}=T_{\mathrm{clk}}\cdot \mathrm{d}I(t)/\mathrm{d}t \end{aligned} \tag{6-36}$$

根据式（6-36）可知，采用前后两个数据之差来代替微分运算，相当于数学上的微分运算乘以系统时钟速率，反映在整个 AFC 环上，则相当于 AFC 环的增益乘以一个常数。

由图 6-14 所示，微分运算后还需要进行乘加运算，考虑到 FPGA 中集成的硬件乘法器 IP 核大多数都是 18 bit×18 bit 的，综合考虑运算速度、硬件资源及运算精度，微分器后面直接采用 18 bit×18 bit 的乘法器，且取 36 bit 作为输出数据，这样乘法器后面的加法运算不再需要进行符号位扩展，可直接相加。

根据上面的分析，环路滤波器的输入数据位宽为 36。如果采用 36 bit 的数据作为环路滤波器输入，则所需耗费的硬件资源较为巨大，环路滤波器输出数据位宽也将达到 49。这么多的数据位宽虽然可以获得极高的运算精度，但所需的代价是硬件资源的成倍增加，以及运算速度的降低。综合考虑硬件资源、运算速度、运算精度等因素，该实例采用 17 bit 的有效数据作为环路滤波器的输入，这样环路滤波器的有效输出数据位宽为 30。

3. NCO 参数设计及 AFC 环增益计算

NCO 的参数设计比较简单，驱动时钟频率选择系统时钟即可，为 32 MHz；频率字字长取环路滤波器的有效输出数据位宽，为 30；频率字更新周期取 1 个系统时钟周期；输出的本地载波信号数据位宽与输入数据位宽相同，为 8。NCO 的频率分辨率为 $32\ \text{MHz}/2^{30}=0.0298\ \text{Hz}$。

根据对 AFC 环的讨论，AFC 环锁定的条件是其增益 K 必须大于固有频差 $\Delta\omega$，且增益越大，则捕获及锁定时间越短。AFC 环的固有频差是多少呢？对于 2FSK 信号来讲，通常可以设置本地 NCO 的初始频率为载波频率 f_c，则固有频差为 2FSK 信号的频差值 $\pm\Delta f$。当调制指数为 0.715、码元速率为 4 MHz 时，$\Delta f = 1.43\ \text{MHz}$。因此，为了能采用 AFC 环对 2FSK 信号进行解调，增益 K 只要大于 1.43M 即可，当然 K 值越大，则 AFC 环的锁定速度就越快。

在前面章节讨论锁相环时，其增益计算比较复杂，而对于 AFC 环来讲，其增益的计算则简单得多。对于 AFC 环来讲，其模型是基于频率控制的反馈环路，且整个 AFC 环为线性一阶系统，其增益实际上就是 NCO 的输入电压幅值与频率字更新周期的乘积。考虑到微分运算对 AFC 环增益的影响，由于 NCO 有效输出数据的位宽为 32，则增益 $K=2^{30-1}\times f_{\text{clk}}\times T_{\text{clk}}>>1.43\times 10^6$。因此，AFC 环能够稳定跟踪 FSK 信号的变化，从而解调出原始信号。

6.5.2 顶层模块的 Verilog HDL 实现

为了讲述方便，同时也便于读者理解相乘微分型 AFC 环的 FPGA 实现思路，本节首先给出了 AFC 环解调系统的 Verilog HDL 实现方法，读者可在本书配套资料“Chapter_6\E6_5\ AFC”下查看该系统的完整 FPGA 工程文件。

AFC 环顶层文件综合后的 RTL 原理图如图 6-17 所示。由图 6-17 可以清楚地看出，系统由 1 个 NCO 模块（u0）、2 个 8 bit×8 bit 的乘法器模块 mult8_8（u1 和 u2）、2 个低通滤波器模块 fir_lpf（u3 和 u4）、1 个环路滤波器模块 fir_loopfilter（u5）、1 个鉴频器模块 FrequencyD（u6），以及少量逻辑电路组成。读者可以将图 6-17 与图 6-14 对照起来阅读，以加深对各功能模块的理解。

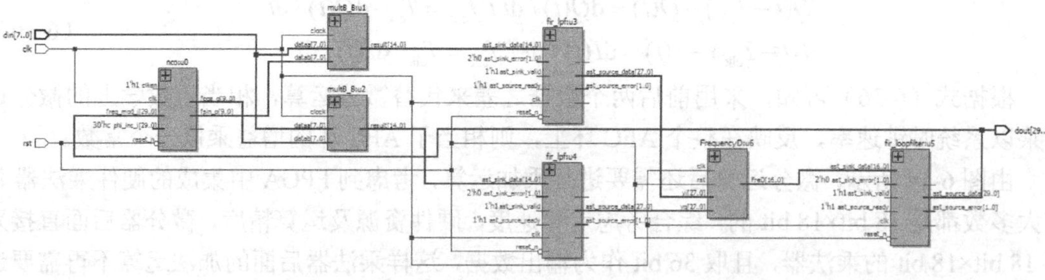

图 6-17　AFC 环顶层文件综合后的 RTL 原理图

图 6-17 中的 NCO 模块、乘法器模块、低通滤波器模块、环路滤波器模块均由 Quartus II 提供的 IP 核直接产生，只有鉴频器模块需要手动编写 Verilog HDL 代码来实现。下面给出了各 IP 核的主要配置参数。

NCO 核部分参数如下：

- NCO 生成算法方式：small ROM。
- 相位累加器精度（Phase Accumulator Precision）：30 bit。
- 角度分辨率（Angular Resolution）：10 bit。
- 幅度精度（Magnitude Precision）：10 bit。
- 驱动时钟频率（Clock Rate）：32 MHz。
- 期望输出频率（Desired Output Frequency）：6 MHz。
- 频率调制输入（Frequency Modulation Input）：选中。
- 调制器分辨率（Modulation Resolution）：30 bit。
- 调制器流水线级数（Modulator Pipeline Level）：1。
- 相位调制输入（Phase Modulation Input）：不选。
- 输出数据通道（Outputs）：双通道（Dual Output）。
- 多通道 NCO（Multi-Channel NCO）：1。
- 频率跳变波特率（Frequency Hopping Number of Bauds）：1。

mult8_8 核部分参数如下：

- 输入数据位宽：8。
- 输出数据位宽：15。
- 输入数据类型：有符号数。
- 流水线级数：2。

fir_lpf 部分参数如下：

- 滤波器系数的位宽（Bit Width）：12。
- 输入数据的位宽（Bit Width）：15。
- 输出数据位宽（Output Specification）：28。
- 滤波器系数文件（Imported Coefficient Set）：D:\SyncPrograms\Chapter_5\E5_2\E5_2_lpf.txt。
- 流水线级数（Pipline Level）：1
- 滤波器结构（Structure）：Variable/Fixed Coefficient: Multi-Cycle。
- 数据存储部件（Data Storage）：Logic Cells。
- 系数存储部件（Coefficient Storage）：Logic Cells。
- 乘法器结构（Multiplier Implementation）：DSP Blocks。
- 输入数据类型（Input Number System）：Signed Binary（有符号二进制数）。

fir_loopfilter 核部分参数如下：

- 滤波器系数的位宽（Bit Width）：12。
- 输入数据的位宽（Bit Width）：17。
- 输出数据位宽（Output Specification）：30。
- 滤波器系数文件（Imported Coefficient Set）：D:\SyncPrograms\Chapter_5\E5_2\E5_2_lpf.txt。
- 流水线级数（Pipline Level）：1。
- 滤波器结构（Structure）：Variable/Fixed Coefficient: Multi-Cycle。

● 数据存储部件（Data Storage）：Logic Cells。
● 系数存储部件（Coefficient Storage）：Logic Cells。
● 乘法器结构（Multiplier Implementation）：DSP Blocks。
● 输入数据类型（Input Number System）：Signed Binary（有符号二进制数）。

AFC 环顶层文件的 Verilog HDL 实现代码并不复杂，大部分代码的作用是直接将各组成模块按照图 6-17 所示的结构进行级联。为了简化 AFC 环 Verilog HDL 程序的层次结构，NCO 的频率字更新代码在顶层文件中完成。下面直接给出了 AFC.v 的程序清单。

```
//AFC.v 的程序清单
module AFC (rst,clk,din,dout);

    input    rst;                              //复位信号，高电平有效
    input    clk;                              //FPGA 系统时钟
    input    signed [7:0]    din;              //输入信号
    output   signed [29:0]   dout;             //AFC 环解调出的信号

    //实例化 NCO 核所需的接口信号
    wire reset_n,out_valid,clken;
    wire [29:0] carrier;
    wire signed [9:0] sin,cos ;
    wire signed [29:0] frequency;
    assign reset_n = !rst;
    assign clken = 1'b1;
    assign carrier=30'd201326592;//6MHz

    //实例化 NCO 核
    //Quartus II 提供的 NCO 核输出数据最小位宽为 10，根据 AFC 环设计的需求，只取
    //高 8 bit 参与后续运算
    nco u0 (.phi_inc_i (carrier),.clk (clk),.reset_n (reset_n),.clken (clken),
        .freq_mod_i (frequency),.fsin_o (sin),.fcos_o (cos),.out_valid (out_valid));

    //实例比两个乘法器核
    wire signed [14:0] zi,zq;
    mult8_8 u1 (.clock (clk),.dataa (din),.datab (sin[9:2]),.result (zi));

    mult8_8 u2 (.clock (clk),.dataa (din),.datab (cos[9:2]),.result (zq));

    //实例化同相支路低通滤波器核
    wire ast_sink_valid,ast_source_ready;
    wire [1:0] ast_source_error;
    wire [1:0] ast_sink_error;
    assign ast_sink_valid=1'b1;
    assign ast_source_ready=1'b1;
    assign ast_sink_error=2'd0;
    wire sink_readyi,source_validi;
    wire [1:0] source_errori;
```

```
    wire signed [27:0] yi;
    fir_lpf u3(.clk (clk),.reset_n (reset_n),.ast_sink_data (zi),.ast_sink_valid (ast_sink_valid),
         .ast_source_ready (ast_source_ready),.ast_sink_error (ast_sink_error),
         .ast_source_data (yi),.ast_sink_ready (sink_readyi),
         .ast_source_valid (source_validi),.ast_source_error (source_errori));

    //实例化正交支路低通滤波器核
    wire sink_readyq,source_validq;
    wire [1:0] source_errorq;
    wire signed [27:0] yq;
    fir_lpf u4(.clk (clk),.reset_n (reset_n),.ast_sink_data (zq),.ast_sink_valid (ast_sink_valid),
         .ast_source_ready (ast_source_ready),.ast_sink_error (ast_sink_error),
         .ast_source_data (yq),.ast_sink_ready (sink_readyq),
         .ast_source_valid (source_validq),.ast_source_error (source_erroriq));

    //实例化环路滤波器核
    wire sink_readylp,source_validlp;
    wire [1:0] source_errorlp;
    wire signed [16:0] FreD;
    //wire signed [29:0] df;
    fir_loopfilter u5(.clk (clk),.reset_n (reset_n),.ast_sink_data (FreD),
         .ast_sink_valid (ast_sink_valid),.ast_source_ready (ast_source_ready),
         .ast_sink_error (ast_sink_error),.ast_source_data (frequency),
         .ast_sink_ready (sink_readylp),.ast_source_valid (source_validlp),
         .ast_source_error (source_errorlp));

    //实例化鉴频器核
    FrequencyD u6(.rst (rst),.clk (clk),.yi (yi),.yq (yq),.FreD (FreD));
    assign dout = frequency;
endmodule
```

6.5.3　鉴频器模块的 Verilog HDL 实现

在图 6-14 中，鉴频器由 2 个微分器、2 个乘法器和 1 个加法器组成，微分器采用前后两个数据相减的方法实现。鉴频器的 Verilog HDL 实现也十分简单。需要注意的是，由于考虑到减少程序所占用的硬件资源，尤其是乘法器资源，微分器输出信号和鉴频器输出信号均进行了截取高位的运算。鉴频器模块的程序清单如下：

```
//FrequencyD.v 的程序清单
module FrequencyD (rst,clk,yi,yq,FreD);
    input   rst;                                  //复位信号，高电平有效
    input   clk;                                  //FPGA 系统时钟
    input   signed [27:0]    yi;                  //输入同相支路信号
    input   signed [27:0]    yq;                  //输入正交支路信号
    output signed [16:0]     FreD;                //鉴频器输出信号

    reg signed [27:0] yit,yqt,di,dq;
```

```
    always @(posedge clk or posedge rst)
    if (rst)
        begin
            yit <= 0;
            yqt <= 0;
            di <= 0;
            dq <= 0;
        end
    else
        begin
            yit <= yi;
            yqt <= yq;
            di <= yi - yit;
            dq <= yq - yqt;
        end

    //由于乘法器输入数据位宽为 18，取微分后的高 18 bit 数据进行乘法运算
    wire signed [35:0] mi,mq,fi;
    mult18_18 u0 (
        .clock (clk),
        .dataa (yi[27:10]),
        .datab (dq[27:10]),
        .result (mi));

    mult18_18 u1 (.clock (clk),.dataa (yq[27:10]),.datab (di[27:10]),.result (mq));
    assign fi = mi - mq;

    //由于环路滤波器输入数据位宽为 17，取 17 bit 的有效数据输出
    assign FreD = fi[35:19];
endmodule
```

6.5.4 FPGA 实现及仿真测试

编写完成整个频差估计系统的 Verilog HDL 代码之后，经编译后就可以进行 FPGA 实现了。在 Quartus II 中完成对工程的编译后，启动“TimeQuest Timing Analyzer”工具，并对时钟信号 clk 添加时序约束（周期为 20 ns，频率为 50 MHz）。保存时序约束后，重新对整个 FPGA 工程进行编译。

完成综合实现后，在工作过程区中会自动显示整个设计所占用的器件资源情况。本实例选用的目标器件是 Altera 公司 Cyclone-IV 系列的 EP4CE15F17C8。Logic Elements（逻辑单元）使用了 4857 个，占 32%；Registers（寄存器）使用了 3232 个，占 21%；Memory Bits（存储器）使用了 2424 bit，占 1%；Embedded Multiplier 9-bit elements（9 bit 嵌入式硬件乘法器）使用了 20 个，占 20%。从“TimeQuest Timing Analyzer”工具中可以查看到系统最高工作频率为 108.89 MHz，可满足工程实例中要求的 32 MHz。

从系统所占用的资源来看，普通逻辑资源占用得较少，乘法器资源占用得较多，乘法器资源主要用于滤波器等乘法运算。

进行系统的 FPGA 测试之前，首先需要编写测试激励文件代码，测试激励文件的功能主要包括产生 32 MHz 的系统时钟信号 clk，产生复位信号 rst，并通过读取由 E6_5_FSKSignalProduce.m 生成的外部测试数据文件（E6_5_ConsFSK.txt 为连续相位的 2FSK 信号，E6_5_DisConsFSK.txt 为非连续相位的 2FSK 信号）来产生输入信号 din。本工程实例中的测试激励文件结构及代码与例 4-1 中的测试激励文件十分相似，本节不再给出程序清单，读者可以在本书配套资料"Chapter_6\E6_5\AFC"中查看完整的 FPGA 工程文件。

编写完测试激励文件后，就可以进行 ModelSim 仿真了，图 6-18 和图 6-19 为相乘微分型 AFC 环的 ModelSim 仿真波形图。

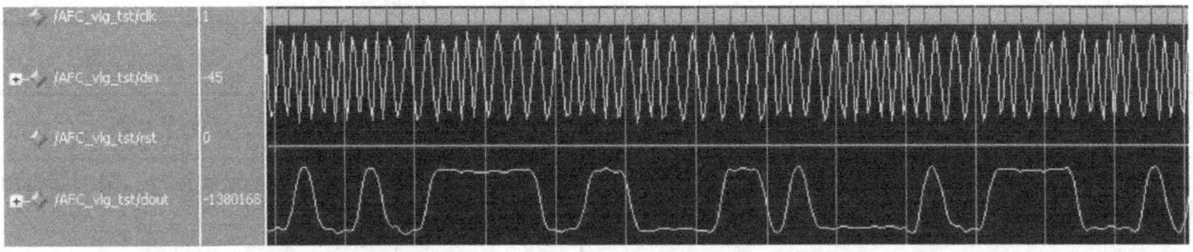

图 6-18　相乘微分型 AFC 环的 ModelSim 仿真波形图（连续相位的 2FSK 信号）

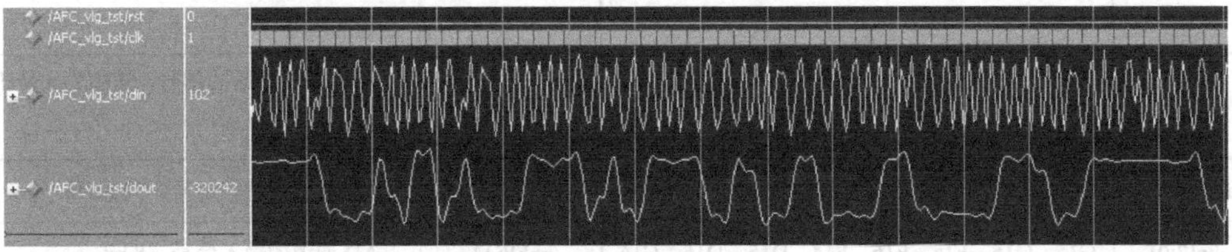

图 6-19　相乘微分型 AFC 环的 ModelSim 仿真波形图（非连续相位的 2FSK 信号）

从仿真图中可以清楚地看出环路滤波器的输出信号（即 2FSK 的解调信号 dout）呈现规则波形，只需对解调信号进行采样判决即可完成 2FSK 信号的解调。显然，采样判决时刻需要采用位同步电路来提取，以确保在信噪比最大的时刻对信号进行判决，以便获取正确的解调信号。有关位同步电路的内容将在第 7 章中进行详细讨论。

6.6　AFC 环的板载测试

6.6.1　硬件接口电路

本板载测试的目的在于验证 AFC 环的工作情况，即验证顶层文件 AFC.v 是否能够完成对输入 2FSK 信号的解调。读者可以在本书配套资料"Chapter_6\AFC_BoardTst"下查看完整的 FPGA 工程文件。

CRD500 开发板配置有 2 路独立的 DA 通道、1 路 AD 通道、2 个独立的晶振。AFC 环工作在 32 MHz，产生 2FSK 信号及解调信号需要采用 64 MHz、32 MHz 时钟信号。由于 Cyclone-IV 系列的 FPGA 不支持两路时钟输入信号独立实例化 PLL 核，因此本实例收、发两端的驱动时钟均由 CRD500 开发板上的 X1（gclk1）驱动产生。

采用晶振 X1（gclk1）作为驱动时钟，产生中心频率为 6 MHz、调制指数为 0.715、码元速率为 4 MHz 的 2FSK 信号，经 DA2 通道输出；DA2 通道输出的模拟信号通过 CRD500 开发板上的 P5 跳线端子（引脚 1、2 短接）物理连接至 AD 通道，送入 FPGA 进行处理；FPGA 接收到 A/D 采样的 2FSK 信号后，采用 AFC 环进行解调，解调后信号由 CRD500 开发板的 40 针扩展接口（ext9）输出。程序下载到 CRD500 开发板后，通过示波器同时观察 DA2 通道、ext9 接口的信号波形，即可判断收、发信号的调制/解调情况。AFC 环板载测试 FPGA 接口信号定义如表 6-1 所示。

表 6-1　AFC 环板载测试 FPGA 接口信号定义表

信号名称	引脚定义	传输方向	功能说明
rst	P14	→FPGA	复位信号，高电平有效
gclk1	M1	→FPGA	50 MHz 的时钟信号，用于接收模块驱动时钟
key1	T10	→FPGA	按键信号，当按键按下时为高电平，此时 AD 通道的输入为全 0 信号；否则为 DA2 通道的信号
ext9	N3	FPGA→	AFC 环解调后的信号，速率为 4 MHz 的方波信号
ad_clk	K15	FPGA→	AD 通道的时钟信号，32 MHz
ad_din[7:0]	G15、G16、F15、F16、F14、D15、D16、C14	→FPGA	AD 通道的输入信号，8 bit
da2_clk	D12	FPGA→	DA2 通道的转换信号，64 MHz
da2_out[7:0]	A13、B13、A14、B14、A15、C15、B16、C16	FPGA→	DA2 通道的转换信号，用于模拟测试信号即 FSK 信号

6.6.2　板载测试程序

根据前面的分析，板载测试程序需要设计时钟产生模块（clk_produce.v）来产生所需的各种时钟信号；设计测试数据生成模块（testdata_produce.v）来产生 2FSK 信号。AFC 环板载测试程序顶层文件综合后的 RTL 原理图如图 6-20 所示。

时钟产生模块包括 1 个时钟管理 IP 核。板载的 X1（gclk1）晶振用于产生收、发两端的系统时钟，系统时钟可直接调用 Quartus II 中的 PLL 核生成。时钟产生模块程序（clock_produce.v）的代码比较简单，读者可在本书配套资料中查看完整的代码。

接下来我们讨论一下测试数据生成模块的设计方法。调用 Quartus II 中的 NCO 核可方便地产生 2FSK 信号。为了简化测试过程，可以将基带信号设置成方波信号，这样在用示波器检测 AFC 环工作情况时，只需查看解调后的输出信号是否为方波信号即可。下面是测试数据生成模块的程序代码，该模块综合后的 RTL 原理图如图 6-21 所示。

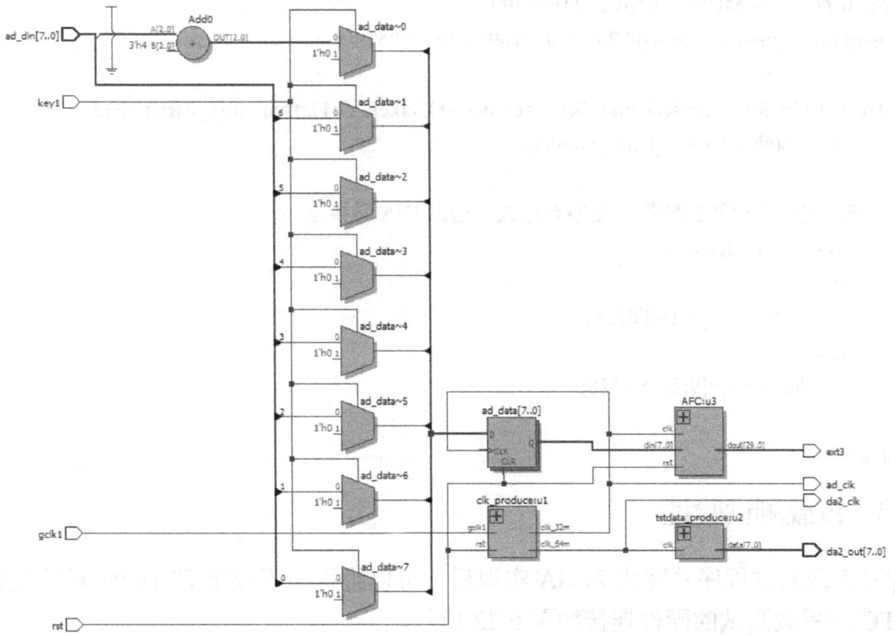

图 6-20　AFC 环板载测试程序顶层文件综合后的 RTL 原理图

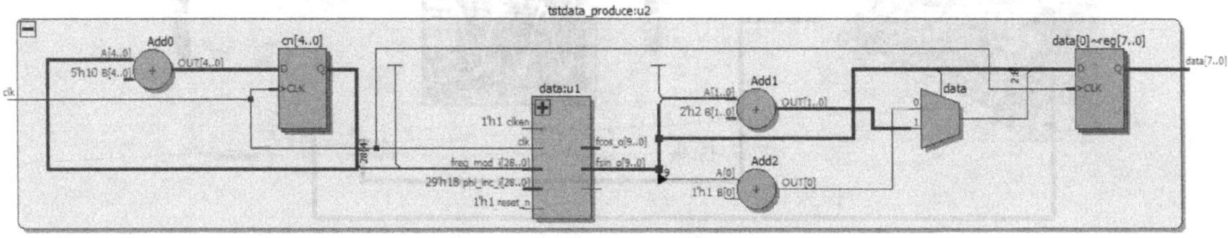

图 6-21　AFC 环板载程序的测试数据生成模块综合后的 RTL 原理图

```
//testdata_produce.v 的程序清单
module tstdata_produce(
    clk,   //50 MHz
    data);

    input    clk;                           //时钟，50 MHz
    output   reg signed [7:0] data;         //产生的测试信号输出，频率为 3 MHz

    wire [29:0] carrier,freq_mod_i;
    wire [9:0] sin;
    wire din;
    reg [4:0] cn=0;

    always @(posedge clk)
        cn <= cn + 1;

    assign carrier = 29'd50331648;          //6 MHz
```

```
        //h=0.715,ps=4 MHz,df=h*ps/2=11995709
        assign freq_mod_i= (cn[4])? 29'd11995709:-29'd11995709;

        data u1(.phi_inc_i(carrier),.clk(clk),.reset_n(1'b1),.clken(1'b1),.freq_mod_i(freq_mod_i),
             .fsin_o(sin),.fcos_o(),.out_valid());

         //将二进制补码数据转换为正整数形式后送入 D/A 转换器
         always @(posedge clk)
             if (sin[9])
                  data <= sin[9:2]-8'd128;
             else
                  data <= sin[9:2]+8'd128;

endmodule
```

6.6.3 板载测试验证

设计好板载测试程序并完成 FPGA 实现后，可以将程序下载至 CRD500 开发板进行板载测试。AFC 环板载测试的硬件连接如图 6-22 所示。

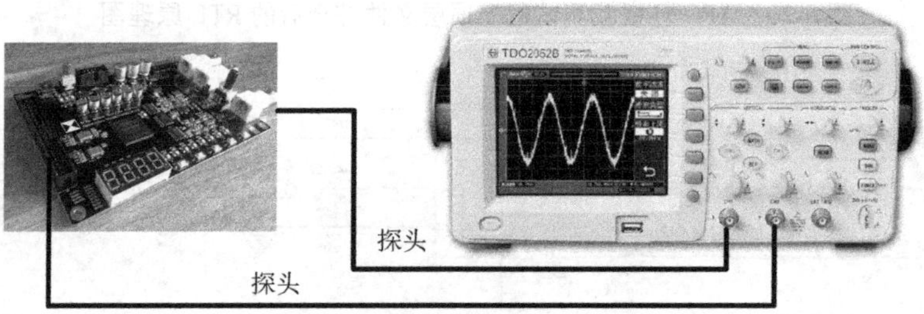

图 6-22　AFC 环板载测试的硬件连接

板载测试需要采用双通道示波器，示波器通道 1 连接 CRD500 开发板 DA2 通道，观察发送端的 2FSK 信号；示波器的通道 2 用示波器探头连接至 CRD500 开发板的扩展接口 ext9，调整示波器参数，可以看到示波器通道 2 输出的是频率为 2 MHz 的近似方波信号，如图 6-23 所示，说明 AFC 环工作正常。按下 KEY1 按键后，示波器通道 2 不能正确检测到解调出的方波信号。

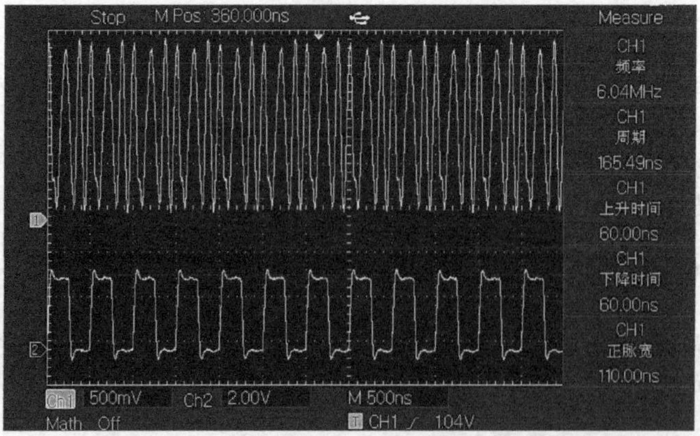

图 6-23　AFC 环板载测试 2FSK 信号的波形图

6.7 小结

本章首先介绍了自动频率控制（AFC）的基本概念，然后分别对最大似然频差估计及 FFT 频差估计两种算法的原理、MATLAB 仿真、FPGA 实现方法进行了详细的讨论。FSK 是数字通信中常用的一种调制方式，本章对数字频率调制的原理及信号特征进行了介绍，并采用 MATLAB 对 FSK 信号进行了仿真。FSK 信号的解调方法很多，非相干解调法因为实现简单、性能优良而得到了更为广泛的应用。为了进一步便于读者理解锁相环与 AFC 环的差别，本章对普通锁相环无法实现 FSK 信号解调的原因进行了分析，并采用与锁相环类似的分析方法，对 AFC 环的模型进行了讨论。这也进一步说明，读者在进行 FPGA 工程设计之前，只有充分理解系统的工作原理等理论知识，才能更好地把握 FPGA 实现过程中的参数设计、数据截位、时序控制等工程设计细节。本章最后详细阐述了采用相乘微分型 AFC 环实现 FSK 信号解调的原理、方法、步骤及仿真测试过程。

第 7 章

数字锁相法位同步技术的 FPGA 实现

前面章节所讨论的主要是如何利用锁相环或 AFC 环实现调制信号的解调，并最终产生解调信号或基带信号。获取解调信号后还需要对信号进行采样判决，从而恢复发送端的原始。在进行信号采样判决时，接收端必须确定采样判决的频率及时刻，这正是本章所要讨论的位同步技术。位同步不仅是接收端进行帧同步的前提条件，在某些载波同步技术（如第 5 章所讨论的判决反馈环）中也是整个同步环路正常工作的前提。为了提高整个接收端的稳定性，通常将载波同步、位同步、群同步设计成串行结构，因此位同步其实是接收端的中间同步环节，也是实现正常通信的必要条件。

7.1 位同步的概念及实现方法

7.1.1 位同步的概念

位同步也称为定时同步、符号同步、码元同步，它是数字通信特有的一种同步。不论基带传输还是频带传输都需要位同步。在数字通信中，为了限制信号的频谱，需要对数字信号进行成形滤波后再对载波进行调制，以实现信号的带限传输，接收端经过相干解调、采样判决后恢复出发送端的原始信号。由于信道传输的延时以及收、发两端时钟的偏差，接收端采样判决无法在最佳时刻进行，使恢复出的信号与发送信号之间存在误差。接收端为了得到最佳采样值以便恢复发送端所发送的信号，要求接收端时钟与发送端时钟同步，需要有同步措施来调整接收端的采样时钟，这个同步过程称为位同步。

位同步其实涉及两种情况，同时满足最佳判决时刻和位同步信号的要求，以及仅实现位同步信号的要求。在数字通信接收端中，经过下变频及滤波后输出的基带信号仍然是多比特的信号，也就是说，仍然相当于对基带信号采样后的信号。在设计位同步电路时，显然需要同时满足最佳采样时刻和位同步信号的功能。另一种情况是输入的信号本身已经是单比特的数据流，接收端只需要根据输入信号确定位同步信号，也就是说，只需保证对每比特数据采样一次即可，这种情况显然只需要确定位同步信号的频率，而不需关注最佳采样时刻。在本章后续的讨论中，我们可以看到，对于经过载波同步解调的基带信号来讲，首先需要经过微分、积分、过零检测等方法后变换成单比特数据流，然后采用位同步环提取出位同步信号，也可以说，对基带信号的处理过程本身就是位同步中的一个环节。

位同步环的基本组成部分也是锁相环。对位同步环的基本要求与载波同步环相似，最主要的要求是定时误差（也可称为同步误差）要小。根据信号接收理论可知[30]，定时误差会引起信号采样值的减小和码间串扰的增加。

如果基带信号中含有显著的时钟频率（或时钟导频）分量，那么就可以用窄带滤波器或锁相环直接提取。当然滤波器的带宽要足够窄，以减小噪声的影响。这种方法称为插入导频法。由于插入专门的导频信号需要占用额外的信道资源，目前基本上不采用这种方法来实现位同步。当传输随机且均值为零的信号（发送端通常将信号设计成这种形式，以利于信息传输及信号解调恢复）时，基带信号的功率谱是一个连续谱，其中不含有离散的频率及其谐波，所以不能直接提取。与第 5 章所讨论的抑制载波同步技术相对应，从这种信号中提取位定时信号的方法有两种：非线性变换滤波法与采用特殊鉴相器的锁相法。这两种方法都是基于位同步信号包含在基带信号中这一前提。本书主要讨论采用锁相环提取位同步信号的方法，即采用特殊鉴相器的锁相法，接下来首先介绍各种常用的位同步方法工作原理。

7.1.2 利用滤波法提取位同步信号

如前所述，对于不归零的随机信号，不能直接从信号中提取出位同步信号。但是，若对该信号进行某种变换，使其变成归零的信号后，则该信号中就有 $f = 1/T$ 的位同步信号，再经过一个窄带滤波器，就可以滤出位同步信号。这种方法与平方环相似。由于信号变换以及滤波处理会带来延时，因此滤出位同步信号后，还需要通过移相器调整位同步信号的相位，最后生成准确的位同步信号。这种方法的原理框图如图 7-1 所示，其特点是先形成位同步信号，再用滤波器滤出位同步信号。

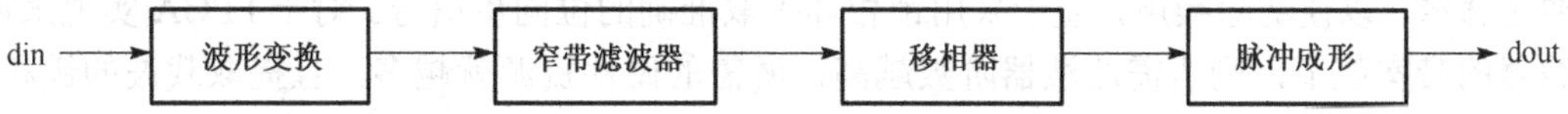

图 7-1 滤波法提取位同步信号原理图

图 7-1 中的波形变换，在实际应用中可以是微分整流电路，经微分整流后的基带信号波形如图 7-2（e）所示。对于 FPGA 来讲，微分整流只需采用高速的时钟信号（时钟速率为码元速率的 2 倍以上）对输入的基带信号进行跳变沿检测即可，每检测到数据码元的跳变就输出 1 个时钟周期的高电平脉冲，从而完成基带信号的波形变换。当输入信号是相干解调后的基带信号时（如实例 5-2 的解调信号），信号波形不是单比特数据流，而是多比特数据流。由于 FPGA 通常采用二进制补码数据进行运算，因此可以直接将解调信号的符号位作为过零点基带信号，如图 7-2（d）所示，从而将解调后的信号转换成单比特流数据。具体的 FPGA 实现方法将在 7.2 节中详细讨论。

另一种常用的波形变换方法是对带限信号进行包络检波，即对其进行低通滤波处理。在某些数字微波中继通信系统中，经常在中频上采用对频带受限的 2PSK 信号进行包络检波的方法来提取位同步信号。频带受限的 2PSK 信号波形如图 7-2（a）所示。因频带受限，在相邻码元的相位变换点附近会产生幅度的平滑陷落。经包络检波后，可得到如图 7-2（b）所示的波形。可以看出，图 7-2（b）所示波形可以看成由一个直流信号和图 7-2（c）所示波形相减形成，因此包络检波后的波形中包含了如图 7-2（c）所示的波形，而这个波形中显然已含有位同步信号，经过滤波处理后就可以提取出位同步信号。

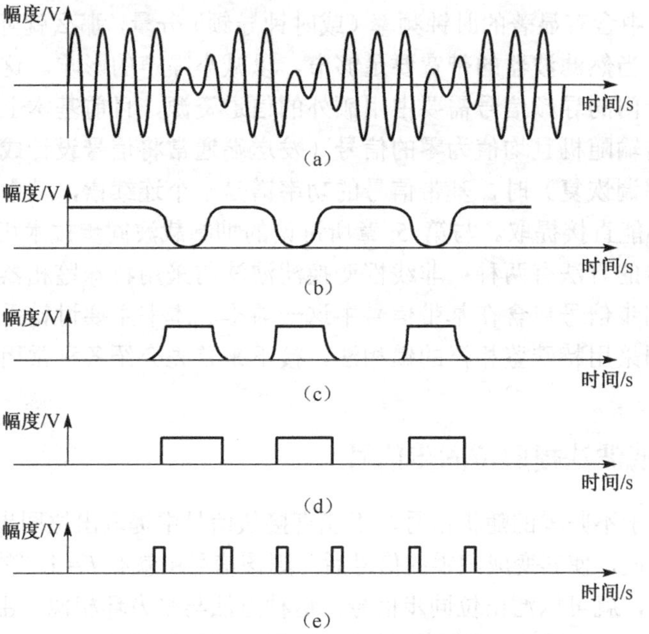

图 7-2　频带受限二相 PSK 信号的位同步信号提取

如上所述，滤波法的工作原理十分简单，其设计的关键在于窄带滤波器，且滤波器的带宽要足够窄，以便滤除噪声，便于采用锁相环提取准确的位同步信号。对于 FPGA 实现来讲，滤波器的带宽越窄，则所需滤波器阶数越高，所需的硬件资源就越多，且提取载波的锁相环本身也较为复杂。接下来介绍一种结构更为简单且更易于在 FPGA 中实现的方法——数字锁相法。

7.1.3　利用数字锁相法提取位同步信号

位同步环的基本原理和载波同步环类似，在接收端利用鉴相器比较接收信号和本地产生的位同步信号的相位，若两者相位不一致（提前或滞后），鉴相器就产生误差信号来调整位同步信号的相位，直到获得准确的位同步信号为止。通常把采用锁相环来提取位同步信号的方法称为锁相法，下面介绍在数字通信中利用锁相法提取位同步信号的原理。

数字锁相法位同步环的原理框图如图 7-3 所示，它主要由鉴相器、控制器、分频器及时钟变换电路组成。输入信号 din 是单比特数据流，鉴相器中的跳变沿检测单元用于检测输入信号中的跳变沿，当检测到一个跳变沿后，就产生 1 个时钟周期的高电平信号，提取出位同步信号。用于检测位同步信号的时钟与时钟变换电路的输入信号时钟相同，即晶振输出信号的和系统时钟一样，此信号的频率通常远高于数据速率。在 7.2 节讨论微分型位同步环的 FPGA 实现时可以看到，如果数字锁相法位同步环每次调整的相位为数据速率的 $1/N$，则检测时钟频率为数据速率的 $4N$ 倍。检测时钟（图 7-3 中为晶振输出信号，图 7-4 中为 clk32）、输入信号（图 7-3 中为 din，图 7-4 中为 datain[5]）及输入信号跳变沿（din_edge）的波形如图 7-4 所示。为了叙述方便，图 7-4 先给出了数字锁相法位同步环的 FPGA 实现后的 ModelSim 仿真波形图。

在图 7-4 中，检测时钟频率为码元速率的 32 倍，数据采样速率为码元速率的 8 倍，每次相位调整步进为 1 个数据采样周期，相当于 1/8 个码元周期。

Pd_bef、Pd_aft 为两个与门电路，完成频率相同、相位相反的两路位同步信号（clk_i、clk_q）的相位比较功能，产生提前及滞后支路信号。位同步信号是周期与码元数据相同、上升沿与码元初始相位（即基带数据过零点）对齐的周期信号。为了更好地说明数字锁相法位同步环的工作原理，我们结合图 7-4 所示的波形进行详细分析。为了简便起见，以均匀变换的数字脉冲序列作为输入信号，它与在随机的数字脉冲序列作用下数字锁相法位同步环提取位同步信号的原理是一样的。

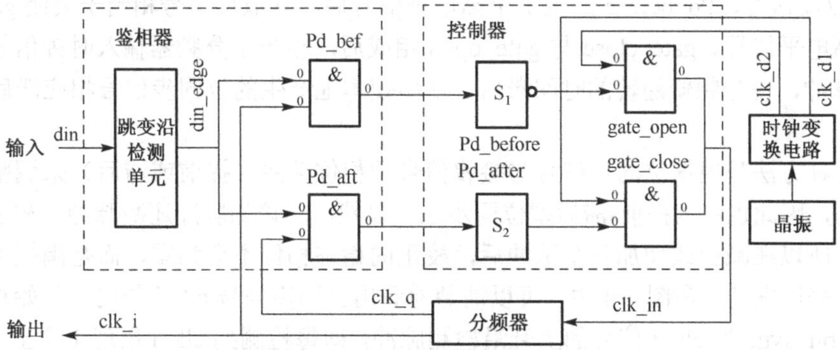

图 7-3　数字锁相法位同步环的原理框图

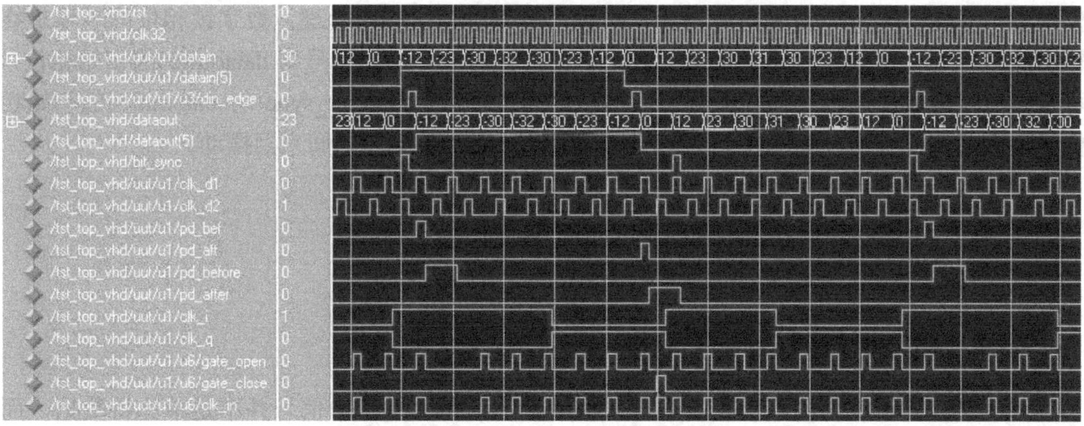

图 7-4　数字锁相法位同步环的 FPGA 实现后 ModelSim 仿真波形图

频率稳定的本地晶振输出的是频率为数据速率 32 倍的时钟信号 clk32，经变换后成为时间相互错开 1 个时钟周期、频率为数据速率 8 倍的两个脉冲序列 clk_d1、clk_d2，clk_d1、clk_d2 分别加在与门 Pd_bef、Pd_aft 上。由于分频器输出的 clk_i 和 clk_q 相位相差 180°，且周期为 1 个码元周期，因此在 1 个码元的半个周期内，Pd_aft 关闭（clk_q 为低电平）时，Pd_before 必定打开（clk_i 为高电平），反之亦然。当本地位同步信号滞后时，Pd_aft 打开，输出一个高电平信号（这个高电平信号为输入信号的跳变沿信号 din_edge），Pd_bef 关闭。控制器中的 S_1、S_2 为单稳态触发器，当检测到高电平信号时，产生 4 个（1 个码元宽度为采样点数的一半）clk32 时钟周期的高电平信号（Pd_before、Pd_after）；单稳态触发器产生的高电平信号刚好能打开或关闭一个与门，使 clk_d1 或 clk_d2 通过。Pd_after 产生一个高电平信号后，相当于打开 gate_close，输出一个高电平信号。gate_close 与 gate_open 相或后，相当于分频器输入时钟信号 clk_in 增加了一个脉冲，使分频器翻转的时间超前，从而本地产生的位同步信号相应地提前。

本地位同步信号提前的环路工作状态与滞后状态类似。当本地位同步信号提前时，Pd_bef 打开，输出 1 个码元跳变沿高电平信号，Pd_aft 关闭；当检测到高电平信号时，控制器中单稳态触发器产生 4 个 clk32 时钟周期的高电平信号（Pd_before、Pd_after）；单稳态触发器产生的高电平信号刚好能打开或关闭一个与门，使 clk_d1 或 clk_d2 通过。Pd_before 为单稳态触发器 S_1 的取反信号，Pd_before 产生 1 个高电平信号后，其取反信号相当于关闭 gate_close，减少 1 个高电平信号。gate_close 与 gate_open 相或后，相当于分频器输入时钟信号 clk_in 减少了 1 个脉冲，使分频器翻转的时间滞后，从而使本地产生的位同步信号相应滞后 1 个码元周期。

由于这种方法是根据位同步信号与接收信号的相位关系（提前或滞后）来调整位同步信号的相位的，因此也称为提前-滞后型位同步法。显然，无论加脉冲还减脉冲，相位校正总是阶跃式的，所以在减少或增加几个脉冲后，校正的稳态相位不会为零，而是围绕零点在提前与滞后之间来回摆动。在图 7-4 中，可以清楚地看出位同步信号 clk_i 与码元初始相位之间的相位关系。bit_sync 为 clk_i 信号的上升沿检测脉冲，即每检测到 clk_i 出现 1 个上升沿时，输出 1 个 clk32 时钟周期的高电平信号，通常用 bit_sync 作为最终输出的位同步信号。由于位同步信号生成过程中有处理延时，因此需要对位同步信号进行延时（移相）处理，使得码元与位同步信号保持同步。为了简化设计，对输入信号进行了移相处理，数字锁相位同步环最终输出的信号为移相处理后的 dataout 及 bit_sync。比较 bit_sync 信号与 dataout[5]的初始相位，可以更清楚地看出同步过程。在数字锁相法位同步环锁定后，bit_sync 与 dataout[5]的初始相位呈阶跃式往返跳动，bit_sync 在提前和滞后 1 个 clk_d1 周期之间来回摆动。

7.2 微分型位同步环的 FPGA 实现

7.2.1 微分型位同步环的原理

对数字通信系统来讲，接收端进行载波解调后所得到的基带信号并不是单比特数据，而是类似于对基带信号进行采样形成的数字信号。为了提取位同步信号，首先需要知道接收码元的相位信息。接收码元的相位可以从基带信号过零点提取（它代表码元的起始相位），对数字信号进行微分就可以获得过零点信息。由于数字信号的过零点的方向有正有负（即包括 0 到 1 和 1 到 0 两种情况），因此通过微分及整流处理，就可以获得接收码元所有的过零点信息。因为接收码元的相位是通过微分及整流而获得的，故这种方法也称为微分整流型数字锁相法。如上所述，微分整流型数字锁相法除了从基带信号中提取所有过零点信息的部分电路，其余功能与图 7-3 所示完全相同，且提取过零点信息的功能电路正好对应了图 7-3 中的跳变沿检测单元。所谓微分整流处理，也就是要在单比特数据流的跳变沿处（0 到 1 和 1 到 0）输出一个信号。对于 FPGA 实现来讲，我们可以比较容易地设计出跳变沿检测单元，其原理图如图 7-5 所示。

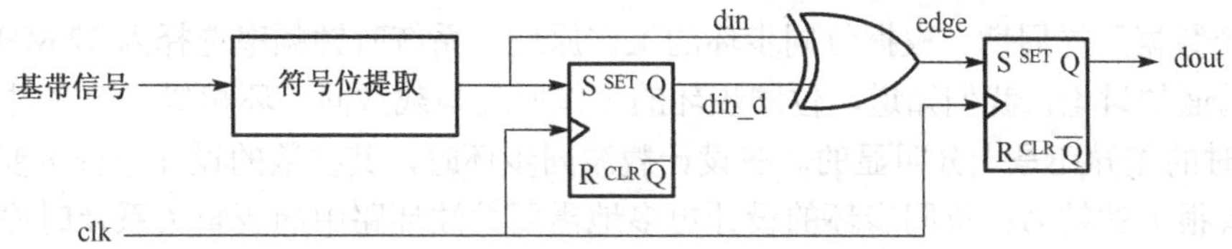

图 7-5　跳变沿检测单元的原理图

在 FPGA 进行数字信号处理时，通常使用二进制补码数据，因此可以直接用解调后基带信号的符号位作为码元的起始相位信息，形成携带码元起始相位信息的单比特数据流。将提取出的符号位送入触发器进行延时处理，其中触发器的时钟频率远高于码元速率，再将延时后的数据与提取的符号位进行异或处理，即可以在跳变沿输出一个脉冲（当延时后的数据与当前数据不相同时，输出高电平 1，否则输出 0）。为了提高系统运行速度，使检测出的跳变沿为规则的单个时钟周期的高电平信号，以增加输出信号的稳定性，还需要在异或门之后再增加一级触发器，这样跳变沿处的信号会增加 1 个时钟周期延时。为了进一步理解基带信号跳变沿检测（即对基带信号的微分整流）原理，图 7-6 给出了跳变沿检测过程中的信号波形（jd 表示基带信号）。结合图 7-5 和图 7-6 理解信号波形的变化，读者会发现这其实是一个非常简单的处理电路。

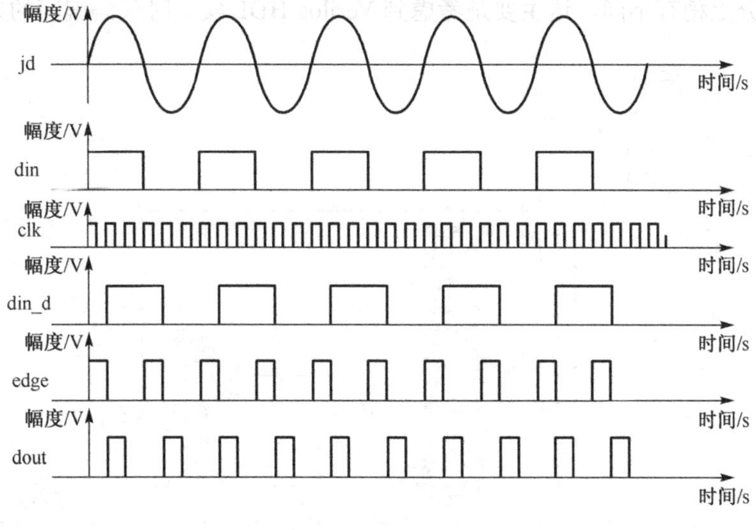

图 7-6　跳变沿检测过程中信号的波形

提取出码元初始相位后，微分型位同步环的工作原理与 7.1.3 节所述的数字锁相法位同步环相同，在此不再赘述，接下来我们详细讨论微分型位同步环的 Verilog HDL 实现。

7.2.2　顶层模块的 Verilog HDL 实现

例 7-1　采用 Verilog HDL 实现微分型位同步环

本实例采用 Verilog HDL 实现微分型位同步环，并在实现后进行仿真测试。输入基带信号的频率为 1 MHz，采样速率为 8 MHz（每个码元采样 8 个点）。位同步信号每次调整的相位为 1 个数据采样周期。根据位同步环的工作原理，系统时钟频率选择为 32 MHz。

经过前面的讨论，我们知道，位同步环的工作原理与载波同步环相似，但在进行 Verilog HDL 实现时的差异还是十分明显的。在设计载波同步环时，其参数的设计十分重要，也需要占用设计者很大的精力；位同步环的设计更多地需要关注环路中的逻辑关系及时序关系，设计者在完全掌握并理解位同步环各部件的逻辑关系及时序关系后，Verilog HDL 代码的编写就变得相对比较简单了。由于位同步环一般不需要使用乘法等较为复杂的运算，因此位同步环实现后往往可以达到很高的运算速度。

微分型位同步环的 Verilog HDL 实现代码并不长，为了便于读者更好地理解位同步环的设计思路，以及各功能模块之间的逻辑关系和时序关系，本实例的各功能模块分别用单个文件来实现。同样，为了讲述方便，我们先对位同步环顶层模块进行讨论，以便使读者从总体上对位同步环的设计先有个清楚的把握，从而更好地理解各功能模块的 Verilog HDL 实现方法。

微分型位同步环顶层文件综合后的 RTL 原理图如图 7-7 所示。由图 7-7 可以清楚地看出，整个位同步环由 1 个双相时钟模块（u2：clktrans）、1 个微分鉴相模块（u3：differpd）、2 个单稳态触发器模块（u4 和 u5：monostable）、1 个控制及分频模块（u6：controldivfreq）和 1 个位同步信号形成及移相模块（u7：syncout）组成。对比图 7-7 与图 7-3 可以发现，两者在模块的功能划分上稍有不同，这主要是考虑到 Verilog HDL 实现时代码编写的方便。

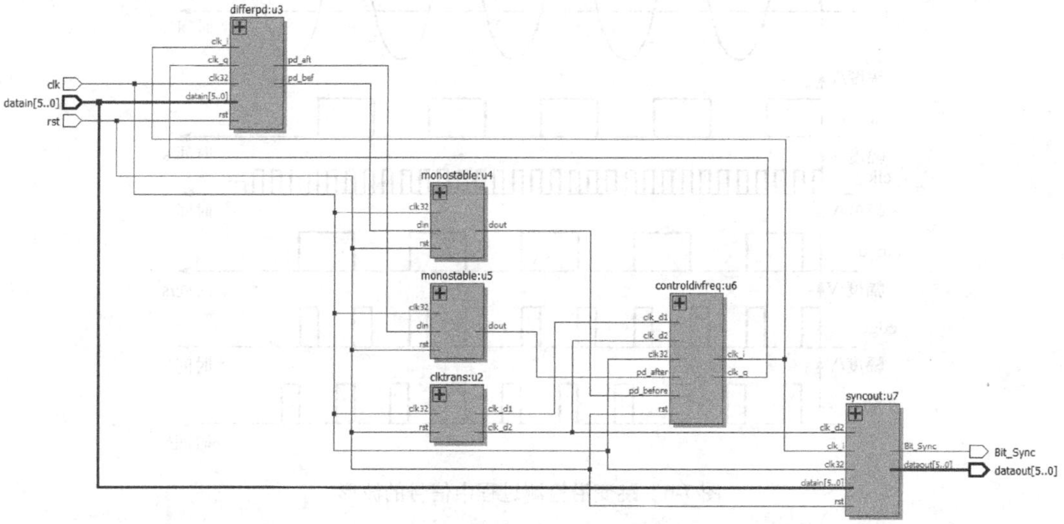

图 7-7　微分型位同步环顶层文件综合后的 RTL 原理图

微分型位同步环顶层文件的 Verilog HDL 实现代码并不复杂，主要是将各组成模块根据图 7-7 所示的结构进行级联。下面直接给出了 BitSync.v 的程序清单。

```
//BitSync.v 的程序清单
module BitSync (rst,clk,datain,dataout,Bit_Sync);

    input    rst;                          //复位信号，高电平有效
    input    clk;                          //FPGA 系统时钟：32 MHz
```

```
    input    signed [5:0]     datain;          //输入信号
    output   signed [5:0]     dataout;         //延时处理后的输出信号
    output   Bit_Sync;                         //位同步信号

    //双相时钟模块：产生频率为码元速率的 8 倍（采样速率）、占空比为 1:3 的双相时钟信号
    //两路双相时钟的相差为一个 clk32 时钟周期
    wire clk_d1,clk_d2;
    clktrans u2(.rst (rst),.clk32 (clk),.clk_d1 (clk_d1),.clk_d2 (clk_d2));

    //微分鉴相模块：对输入信号进行微分、整流，检测输入信号的跳变沿，与分频器输入的信号进行
鉴相
    wire clk_i,clk_q,pd_bef,pd_aft;
    differpd u3(.rst (rst),.clk32 (clk),.datain (datain),.clk_i (clk_i),.clk_q (clk_q),
                .pd_bef (pd_bef),.pd_aft (pd_aft));

    //单稳态触发器模块：检测到一个高电平信号后，输出 4 个 clk32 周期的高电平信号
    wire pd_before,pd_after;
    monostable u4 (.rst (rst),.clk32 (clk),.din (pd_bef),.dout (pd_before));

    monostable u5 (.rst (rst),.clk32 (clk),.din (pd_aft),.dout (pd_after));

    //控制及分频模块：对两个单稳态触发器输出信号及双相时钟信号进行处理，分频后产生
    //相差为 180° 的同步信号 clk_i 和 clk_q
    controldivfreq u6 (.rst (rst),.clk32 (clk),.clk_d1 (clk_d1),.clk_d2 (clk_d2),.pd_before (pd_before) ,
        .pd_after (pd_after),.clk_i (clk_i),.clk_q (clk_q));

    //位同步信号形成及移相模块：形成位同步信号，对输入信号进行移相处理
    syncout u7 (.rst(rst),.clk32 (clk),.clk_i(clk_i),.clk_d2 (clk_d2),.datain (datain),
        .Bit_Sync (Bit_Sync),.dataout(dataout));

endmodule
```

7.2.3　双相时钟模块的 Verilog HDL 实现

双相时钟信号由顶层文件中的双相时钟模块（u2:clktrans）产生。根据位同步环的工作原理，双相时钟模块输出信号的频率及相位不需要根据位同步环的工作状态进行调整，也就是说，不需要反馈控制环节，因此设计起来比较简单，只需要根据系统时钟产生满足相位及占空比要求的两路周期性的脉冲信号（clk_d1 和 clk_d2）而已。

双相时钟模块输出信号的频率及相位特性请参见图 7-4。两路信号的占空比均为 1 : 3，高电平信号宽度为 1 个系统时钟（clk32）周期，周期为 4 个系统时钟周期，且两路输出信号的相差为 2 个系统时钟周期。显然，如果两路信号进行或处理，则可以得到占空比为 1 : 1、周期为 2 倍系统时钟周期的信号。之所以将输出信号设计成占空比为 1 : 3 的信号，是因为在两个高电平信号之间，还可以插入一个高电平信号，从而实现加扣（增加或减少）脉冲的功能。

实现双相时钟信号的方法很多，本实例采用计数器来完成。由于信号的周期均是 4 个 clk32

时钟周期，因此可以设计一个周期为 4 的 2 位二进制计数器，再根据计数器的值分别对输出信号的高、低电平状态进行设置，从而产生所需要的双相时钟信号。下面直接给出了 clktrans.v 的程序清单，双相时钟信号的 ModelSim 仿真波形以及顶层文件综合后的 RTL 原理图分别如图 7-8 和图 7-9 所示。

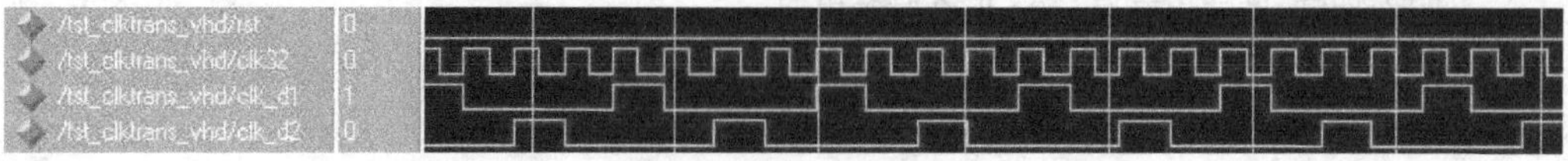

图 7-8　双相时钟信号的 ModelSim 仿真波形

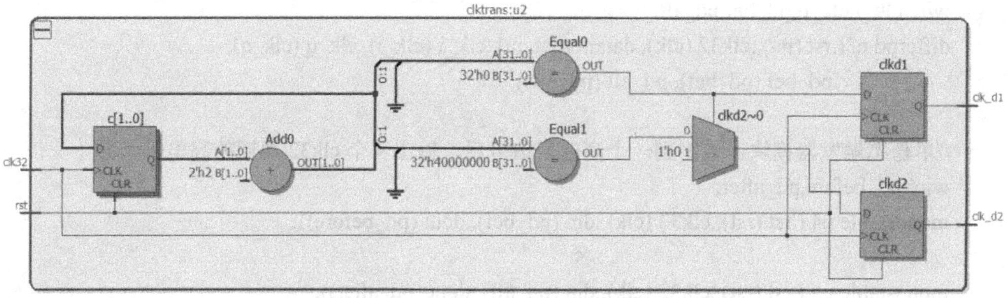

图 7-9　双相时钟模块顶层文件综合后的 RTL 原理图

```
//clktrans.v 的程序清单
module clktrans (rst,clk32,clk_d1,clk_d2);
    input    rst;                    //复位信号，高电平有效
    input    clk32;                  //FPGA 系统时钟：32 MHz
    output   clk_d1;                 //双相时钟输出信号 1
    output   clk_d2;                 //双相时钟输出信号 2，与信号 1 相互正交

    //产生周期为码元速率的 8 倍（采样速率）、占空比为 1∶3 的双相时钟信号
    //双相时钟信号的相差为 1 个 clk32 时钟周期
    //从这段程序可以看出，由于双相时钟信号 clk_d1、clk_d2 的周期为码元的采样周期，
    //产生双相时钟信号的时钟频率不能小于双相时钟信号频率的 4 倍，
    //因此，位同步环中的系统时钟频率为采样速率的 4 倍
    reg [1:0] c;
    reg clkd1,clkd2;
    always @(posedge clk32 or posedge rst)
    if (rst)
        begin
            c = 0;
            clkd1 <= 0;
            clkd2 <= 0;
        end
    else
        begin
            c = c+1'b1;
            if (c==0)
```

```
            begin
                clkd1 <= 1'b1;
                clkd2 <= 1'b0;
            end
        elseif (c==2)
            begin
                clkd1 <= 1'b0;
                clkd2 <= 1'b1;
            end
        else
        begin
            clkd1 <= 1'b0;
            clkd2 <= 1'b0;
        end
    end

    assign clk_d1 = clkd1;
    assign clk_d2 = clkd2;
endmodule
```

7.2.4 微分鉴相模块的 Verilog HDL 实现

输入信号的微分整流（跳变沿检测）以及分频器输出的两路相位相反的信号（clk_i 和 clk_q）之间的鉴相功能，由顶层文件中的微分鉴相模块（u3：differpd）完成。7.2.1 节详细介绍了输入信号的跳变沿检测方法。位同步环中的鉴相功能相要比载波同步环简单得多，如图 7-3 所示，实际上就是一个与门电路而已。如何来理解这个与门电路所实现的鉴相功能呢？这需要读者仔细体会整个位同步环的工作过程。首先我们需要知道，分频器输出的两路信号（clk_i 和 clk_q）其实就是位同步信号（bit_sync 只是对 clk_i 进行跳变沿检测的结果，两者之间有确定的逻辑关系及时序关系）。位同步环是通过调整分频器的输入信号 clk_in 的高电平信号频率（提前计满 8 个高电平信号或滞后计满 8 个高电平信号）来调整位同步信号相位的。如果没有检测到输入信号的跳变沿（如出现两个连续相同的码元），则作为鉴相器的与门（图 7-3 中的 Pd_bef 及 Pd_aft）均没有高电平信号输出，始终输出低电平信号；控制器单元中的单稳态触发器均输出低电平信号；单稳态触发器 S1 取反输出高电平信号，打开 gate_open；单稳态触发器 S2 输出低电平信号，关闭 gate_close。分频器的输入信号 clk_in 此时完全等同于一路双相时钟信号 clk_d1。这种状态也就不会对输出的位同步信号进行相位调整。当检测到输入信号有跳变沿时，作为鉴相器的与门将输出一个高电平信号，根据输入信号与位同步信号的相位关系，或者在提前的与门 Pd_bef 输出高电平信号，或者在滞后的与门 Pd_aft 输出高电平信号，从而在控制器的控制作用下实现在 clk_in 信号上的加扣脉冲操作。

微分鉴相模块的 Verilog HDL 实现代码十分简单，下面直接给出了 differpd.v 的程序清单及该文件综合后的 RTL 原理图（如图 7-10 所示）。

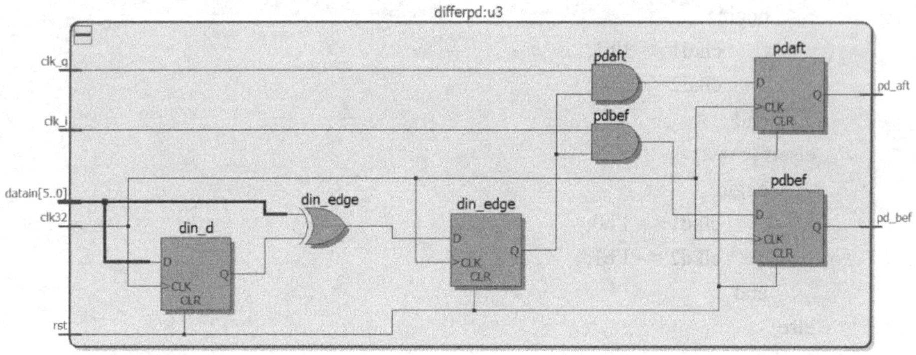

图 7-10 微分鉴相模块顶层文件综合后的 RTL 原理图

```
//differpd.v 的程序清单
module differpd (rst,clk32,datain,clk_i,clk_q,pd_bef,pd_aft);
    input   rst;               //复位信号，高电平有效
    input   clk32;             //FPGA 系统时钟：32 MHz
    input   [5:0] datain;      //输入信号
    input   clk_i;             //由控制及分频模块发送的同相同步脉冲信号（占空比为 1:1）
    input   clk_q;             //由控制及分频模块发送的正交同步脉冲信号（占空比为 1:1）
    output  pd_bef;            //输出的提前脉冲信号
    output  pd_aft;            //输出的滞后脉冲信号

    //取输入信号的符号位为零值判决后的解调信号
    wire din;
    assign din = datain[5];

    //对输入信号进行微分、整流，检测输入信号跳变沿后，产生 1 个 clk32 时钟周期的高电平信号
    reg din_d,din_edge;
    reg pdbef,pdaft;
    always @(posedge clk32 or posedge rst)
    if (rst)
        begin
            din_d <= 0;
            din_edge <= 0;
            pdbef <= 0;
            pdaft <= 0;
        end
    else
        begin
            din_d <= din;
            din_edge <= (din ^ din_d);//xor
            //完成鉴相功能
            pdbef <= (din_edge & clk_i); //and
            pdaft <= (din_edge & clk_q); //and
        end
```

```
    assign pd_bef = pdbef;
    assign pd_aft = pdaft;
endmodule
```

7.2.5　单稳态触发器模块的 Verilog HDL 实现

单稳态触发器功能由顶层文件中的单稳态触发器模块（u4 和 u5：monostable）完成。所谓单稳态触发器，就是在检测到高电平信号时，连续输出一定时间长度的高电平脉冲信号，本实例中设置输出 4 个 clk32 时钟周期的高电平信号。由于双相时钟信号 clk_d1、clk_d2 均为占空比为 1∶3 的信号，4 个 clk32 时钟周期的高电平信号可以保证只通过 1 个 clk_d1（取反后可阻止 1 个 clk_d2）信号。

下面直接给出了 monostable.v 的程序清单。

```
//monostable.v 的程序清单
module monostable(rst,clk32,din,dout);
    input   rst;                //复位信号，高电平有效
    input   clk32;              //FPGA 系统时钟：32 MHz
    input   din;                //输入信号
    output  dout;               //检测到 din 为高电平信号后，输出 4 个 clk32 时钟周期的高电平信号

    //单稳态触发器模块：检测到 1 个高电平信号后，输出 4 个 clk32 时钟周期的高电平信号
    reg [1:0] c;
    reg start,dtem;
    always @(posedge clk32 or posedge rst)
    if (rst)
        begin
            c = 0;
            start = 0;
            dtem <= 0;
         end
    else
        begin
            if (din)
                begin
                    start = 1'b1;
                    dtem <= 1'b1;
                end
            if (start)
                begin
                    dtem <= 1'b1;
                    if (c<3)
                        c = c+2'b01;
                    else
                        start = 1'b0;
                end
            else
```

```
                    begin
                        c = 0;
                        dtem <= 1'b0;
                    end
            end
        assign dout = dtem;
    endmodule
```

一般来讲，Verilog HDL 程序的设计有两种建模方法[4]（或者说两种设计思路），即结构化设计和行为级设计。Verilog HDL 是硬件描述语言，所有复杂的数字电路均由基本的数字逻辑器件组成，每种数字逻辑器件均可以在 Verilog HDL 中找到相对应的语句描述，即 Verilog HDL 中的硬件原语（Primitive）。因此，我们可以像画电路图一样，用 Verilog HDL 将所有硬件原语连接在一起，形成所需的功能电路。当然我们也可以采用最基本的逻辑门电路或加、减法等基本运算单元对所需的功能电路进行描述，这种建模方法称为结构化设计。如果所有的设计均采用结构化设计，对于复杂的设计，工作量可想而知，同时也会大大降低 Verilog HDL 的灵活性和应用范围。Verilog HDL 提供了简捷实用的语法结构，对于一个功能电路，我们可以采用 Verilog HDL 直接描述电路的功能，而不用关心具体的实现细节（这部分功能由综合工具来完成），这种建模方法称为行为级设计。可以说，正是因为大量使用了行为级设计，才极大地简化和方便了 FPGA 的设计过程。

从程序代码上可以看出，微分鉴相模块采用的是结构化设计，程序代码与 RTL 原理图可以很好地对应起来。从单稳态触发器的程序清单可以看出，在编写这段代码时并没有考虑具体的逻辑电路结构，而仅仅是从功能上按照需求采用 Verilog HDL 进行描述的，具体实现结构完全由综合工具完成，图 7-11 所示为单稳态触发器模块顶层文件综合后的 RTL 原理图。分析图 7-11 的结构，我们会发现对这个并不算复杂的电路进行清晰的分析也并不是一件容易的事。反过来讲，如果采用结构化设计，先设计好单稳态触发器的逻辑结构，再采用 Verilog HDL 对这个结构进行描述，将会给设计者带来较大的困难。因此，在进行 Verilog HDL 程序设计时，设计者需要根据具体的功能需求，灵活地选用合适的建模方法来完成所需的设计。

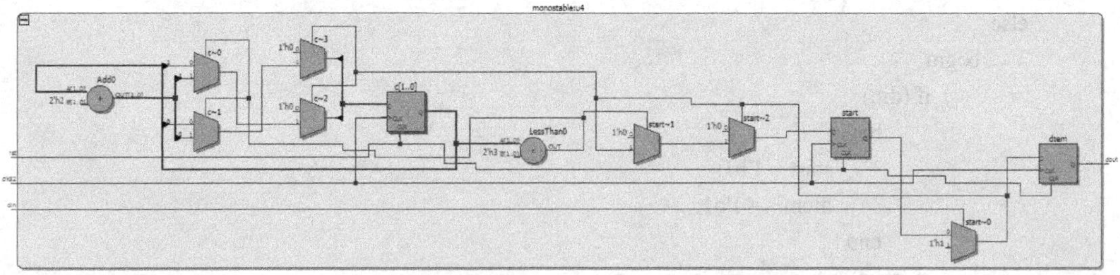

图 7-11　单稳态触发器模块顶层文件综合后的 RTL 原理图

7.2.6　控制及分频模块的 Verilog HDL 实现

控制及分频模块（u6：controldivfreq）用于完成图 7-3 中的 S1 取反、gate_open 和 gate_close 与门功能、产生 clk_in 的或门功能，以及对 clk_in 进行 8 分频输出位同步信号 clk_i 和 clk_q。下面先给出了该模块的 Verilog HDL 程序清单及顶层文件综合后的 RTL 原理图（如图 7-12 所示），然后对其进行讨论。

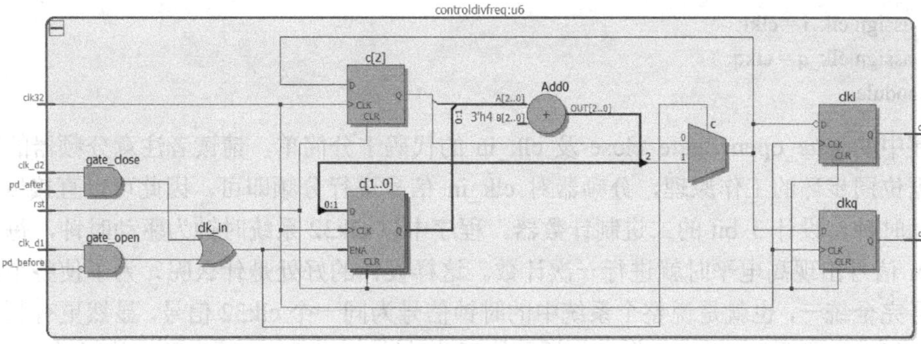

图 7-12　控制及分频模块顶层文件综合后的 RTL 原理图

```
//controldivfreq.v 文件的程序清单
module controldivfreq(rst,clk32,clk_d1,clk_d2,pd_before,pd_after,clk_i,clk_q);
    input    rst;                          //复位信号，高电平有效
    input    clk32;                        //FPGA 系统时钟：32 MHz
    input    clk_d1;
    input    clk_d2;
    input    pd_before;
    input    pd_after;
    output   clk_i;
    output   clk_q;

    wire gate_open,gate_close,clk_in;
    assign gate_open = (~ pd_before) & clk_d1;
    assign gate_close = pd_after & clk_d2;
    //对 gate_open 及 gate_close 相或后，作为分频器的驱动时钟
    assign clk_in = gate_open | gate_close;

    reg clki,clkq;
    reg [2:0] c;
    always @(posedge clk32 or posedge rst)
    if (rst)
        begin
            c = 0;
            clki <= 0;
            clkq <= 0;
        end
    else
        begin
            if (clk_in)
            c = c + 3'b001;
            clki <= ~c[2];
            clkq <= c[2];
```

```
        end

    assign clk_i = clki;
    assign clk_q = clkq;
endmodule
```

程序中的 gate_open、gate_close 及 clk_in 的代码十分简单，请读者注意分频器的设计方法。根据位同步环的工作原理，分频器对 clk_in 信号进行分频即可，因此可以直接以 clk_in 作为驱动时钟，设计 3 bit 的二进制计数器。程序中以 clk32 系统时钟为驱动时钟，每次检测到 clk_in 信号出现高电平时就进行一次计数。这样设计的好处是什么呢？为了使整个系统的时钟信号完全统一，也就是说整个系统中的时钟信号为同一个 clk32 信号，显然更有利于系统的同步运行。如果采用 clk_in 作为分频器的驱动时钟，则整个位同步环中就同时存在 clk32 及 clk_in 两个不同的时钟信号，这违反了尽量使用同一个时钟信号的 FPGA 设计原则。

7.2.7　位同步信号形成及移相模块的 Verilog HDL 实现

分频器输出的信号 clk_i 和 clk_q 是占空比为 1∶1、频率与码元速率相同的位同步信号。在位同步信号形成的过程中存在一定的处理延时，在最终输出位同步信号时，通常需要使位同步信号与输入码元数据保持同步，因此需要对产生的位同步信号进行移相处理。位同步信号形成及移相模块（u7：syncout）用于将 clk_i 信号转换成占空比为 1∶7 的脉冲信号，同时对位同步信号进行移相处理。

转换 clk_i 信号的方法其实就是对其进行上升沿检测，实现方法及原理与输入信号跳变沿检测的原理相似。根据设计需求，最后还需要对位同步信号进行移相处理，本实例对输入信号的相位进行调整。由于位同步信号具有周期性，因此调整位同步信号的相位与调整输入信号的相位是等效的。

下面直接给出了 syncout.v 的程序清单，以及该模块顶层文件综合后的 RTL 原理图（如图 7-13 所示）。

```
//syncout.v 文件的程序清单
module syncout(rst,clk32,clk_i,clk_d2,datain,Bit_Sync,dataout);
    input    rst;                         //复位信号，高电平有效
    input    clk32;                       //FPGA 系统时钟：32 MHz
    input    clk_d2;
    input    clk_i;
    input    [5:0] datain;
    output   Bit_Sync;
    output   [5:0] dataout;

    //检测分频器输出的同相支路信号，检测到上升沿时产生位同步信号
    reg clki,sync;
    always @(posedge clk32 or posedge rst)
    if (rst)
        begin
            sync <= 0;
            clki <= 0;
```

```
            end
        else
            begin
                clki <= clk_i;
                if ((clki==1'b0) & (clk_i==1'b1))
                    sync <= 1'b1;
                else
                    sync <= 1'b0;
            end
        assign Bit_Sync = sync;

        //为补偿位同步信号在运算过程中产生的延时，根据仿真结果对位同步信号进行移相处理
        //使位同步信号与接收信号同步
        reg clk_d2_d;
        reg [5:0] dtem;
        always @(posedge clk32 or posedge rst)
        if (rst)
            begin
                clk_d2_d <= 0;
                dtem <= 0;
            end
        else
            begin
                clk_d2_d <= clk_d2;
                if ((clk_d2==1'b0) & (clk_d2_d==1'b1))
                dtem <= datain;
            end
        assign dataout = dtem;
    endmodule
```

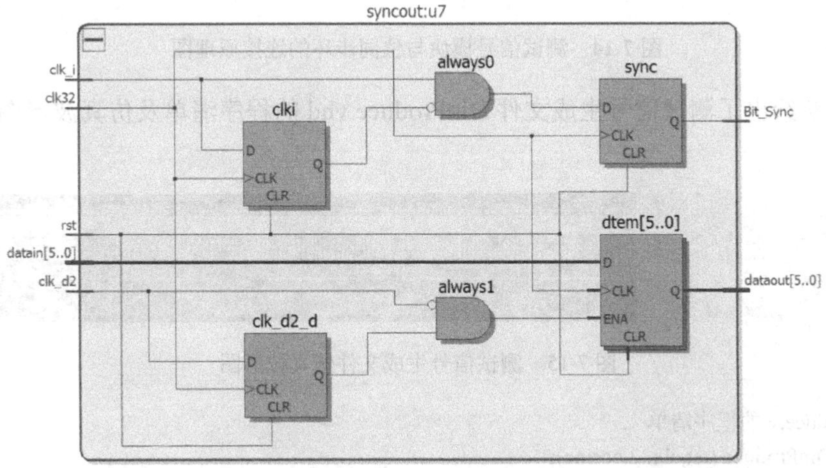

图 7-13　位同步信号形成及移相模块顶层文件综合后的 RTL 原理图

7.2.8 FPGA 实现及仿真测试

1. 测试激励文件的 Verilog HDL 实现

为了讲述方便，我们先讨论位同步环测试信号的生成方法。在实际工程应用中，输入位同步环的信号通常是多比特数据流，相当于对基带信号采样后的数据。在本实例中设定采样位数为 6。根据前面章节的仿真测试方法，可以采用 MATLAB 仿真出基带信号，并将量化后的信号写入外部 TXT 文件中，然后在测试激励文件中读取该文件来生成测试信号。为了给读者提供更多的参考，本实例采用另外一种方法来生成测试信号，即采用 Verilog HDL 工程文件的方式产生测试信号，最后将测试信号当成一个功能模块，其输出信号作为位同步环的输入测试信号。测试信号模块与位同步环的连接原理图如图 7-14 所示。测试信号模块与位同步环的连接用一个顶层文件 DifBitSnc.v 来实现，其代码十分简单，为节约篇幅，这里不给出程序清单，读者可以在本书配套资料“Chapter_7\E7_1\”中查看完整的 FPGA 工程文件。

仿真基带信号的方法有很多，一个简单的方法是用余弦波信号来代替基带信号。余弦波信号的产生可以直接采用 Quartus II 提供的 NCO 核来实现，我们需要设计的仅仅是 NCO 核的几个参数而已。根据实例要求，测试信号的采样速率为 8 MHz，则 NCO 核的驱动时钟频率为 8 MHz；由于基带信号的码元速率为 1 MHz，对于余弦信号模拟基带信号来讲，显然一个余弦波信号周期内有两个数据码元，因此需要产生频率为 0.5 MHz 的余弦波信号。又因为实例中提供的系统时钟频率为 32 MHz，因此还需要对 32 MHz 的系统时钟 clk32 进行 4 分频处理，产生 8 MHz 的 DDS 驱动时钟信号 clk8。

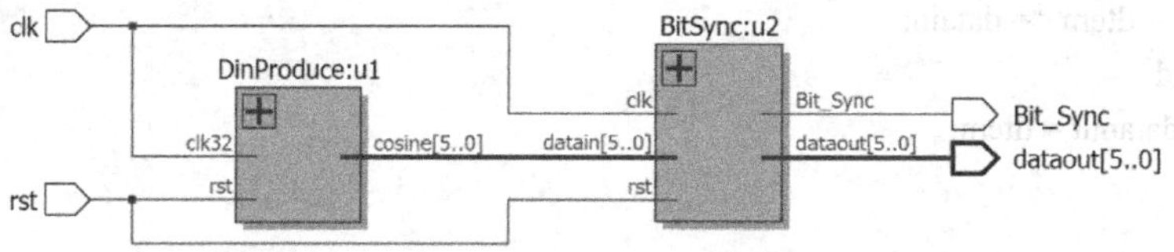

图 7-14　测试信号模块与位同步环的连接原理图

下面直接给出了测试信号生成文件 DinProduce.vhd 的程序清单及仿真波形图（如图 7-15 所示）。

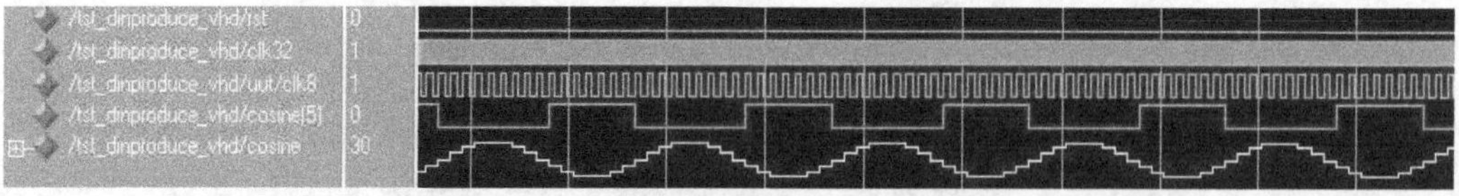

图 7-15　测试信号生成文件仿真波形图

```
//DinProduce.v 的程序清单
module DinProduce (rst,clk32,cosine);
    input  rst;                          //复位信号，高电平有效
    input  clk32;                        //FPGA 系统时钟：32 MHz
    output signed [5:0]    cosine;       //延时处理后的输出信号
```

```
        //对系统时钟进行分频处理，得到 4 分频后的时钟信号
        reg [1:0] c;
        reg clk8;
        always @(posedge clk32 or posedge rst)
        if (rst)
            begin
                c <= 0;
                clk8 <= 0;
            end
        else
            begin
                c <= c+1;
                clk8 <= c[1];
            end

        //实例化 NCO 核所需的接口信号
        wire reset_n,out_valid,clken;
        wire [29:0] carrier;
        wire signed [9:0] cos ;
        assign reset_n = !rst;
        assign clken = 1'b1;
        assign carrier=30'd67108864;                 //0.5 MHz 正弦波信号，1 MHz 码元速率

        //实例化 NCO 核
        //Quartus II 提供的 NCO 核输出数据的最小位宽为 10，根据环路设计需求，
        //只取高 8 bit 参与后续运算
        wire signed [5:0] cose;
        cos u0 (
            .phi_inc_i (carrier),
            .clk (clk8),
            .reset_n (reset_n),
            .clken (clken),
            .fsin_o (cos),
            .out_valid (out_valid));

        //对输出的正弦波信号进行处理
        reg signed [5:0] cost;
        assign cose = cos[9:4];
        always @(posedge clk32)
        if (cose==-6'd13)       cost = -6'd12;
        elseif (cose==6'd13)    cost =6'd12;
        elseif (cose==6'd22)    cost =6'd23;
        elseif (cose==6'd29)    cost =6'd30;
        else      cost = cose;
        assign cosine = cost;
    endmodule;
```

需要说明的是，在上面程序中，对 NCO 核输出的高 8 bit 数据进行的处理就是将输出数据“13、13、22、29”分别设置成“12、12、23、30”。这样设置的目的是为了使测试信号与实例完全一样。ISE 中生成的 NCO 核与 Quartus II 生成的 NCO 核的输出数据有细微的差异，但不影响程序运行的正确性。程序中使用到的 NCO 核主要参数（NCO 核部分参数）为：

- NCO 生成算法方式：small ROM。
- 相位累加器精度（Phase Accumulator Precision）：30 bit。
- 角度分辨率（Angular Resolution）：10 bit。
- 幅度精度（Magnitude Precision）：10 bit。
- 驱动时钟频率（Clock Rate）：8 MHz。
- 期望输出频率（Desired Output Frequency）：1 MHz。
- 频率调制输入（Frequency Modulation Input）：不选中。
- 相位调制输入（Phase Modulation Input）：不选。
- 输出数据通道（Outputs）：单通道（Single Output）。
- 多通道 NCO（Multi-Channel NCO）：1。
- 频率跳变波特率（Frequency Hopping Number of Bauds）：1。

2. FPGA 实现及仿真

编写完成整个系统的 Verilog HDL 代码之后，就可以进行 FPGA 实现了。在 Quartus II 中完成对位同步环工程的编译后，启动“TimeQuest Timing Analyzer”工具，并对时钟信号 clk 添加时序约束（周期为 20 ns，频率为 50 MHz）。保存时序约束后重新对整个 FPGA 工程进行编译。

完成综合实现后，在工作过程区中会自动显示整个设计所占用的器件资源情况。本实例选用的目标器件是 Altera 公司 Cyclone-IV 系列的 EP4CE15F17C8。Logic Elements（逻辑单元）使用了 30 个，占 1%；Registers（寄存器）使用了 29 个，占 1%；Memory Bits（存储器）使用了 0 bit，占 0%；Embedded Multiplier 9-bit elements（9 bit 嵌入式硬件乘法器）使用了 0 个，占 0%。从“TimeQuest Timing Analyzer”工具中可以查看到系统最高工作频率为 250 MHz，可以满足工程实例中要求的 32 MHz。

本实例的测试信号由 Verilog HDL 的完成，测试信号模块与微分型位同步环共同连接成一个顶层模块。顶层模块的输入信号只有复位信号 rst 及系统时钟信号 clk32，按照前面章节生成测试激励文件的方法，设置复位信号及系统时钟信号的波形后，就可以进行 ModelSim 仿真了。在 7.1.3 节中已经对 FPGA 仿真波形图进行了分析，这里就不再重复了。需要注意的是，由于在程序编写过程中没有将各模块的内部信号通过顶层模块输出，因此在仿真时需要在 ModelSim 仿真工具中添加所需观察的内部信号。

7.3 积分型位同步环的 FPGA 实现

7.3.1 积分型位同步环的原理

微分型位同步环是从基带信号的过零点中提取位同步信号的，当信噪比较低时，过零点受噪声的影响较大，位同步环的抗干扰性较弱。根据匹配滤波的原理，如果先对输入的基带信号进行最佳检测，则噪声的影响就会大为减弱，这样提取出的位同步信号必然会有更好的抗干扰性能。同相正交积分型数字锁相环正是基于这种思想而提出的一种位同步环，也称为积分型位同步环。

图 7-16 所示为积分型位同步环的原理框图及其工作波形，其中晶振、分频器、控制器的组成与微分型位同步环相同，所不同的是提取位同步信号的方法和鉴相器的结构。下面主要讨论这两部分的原理。

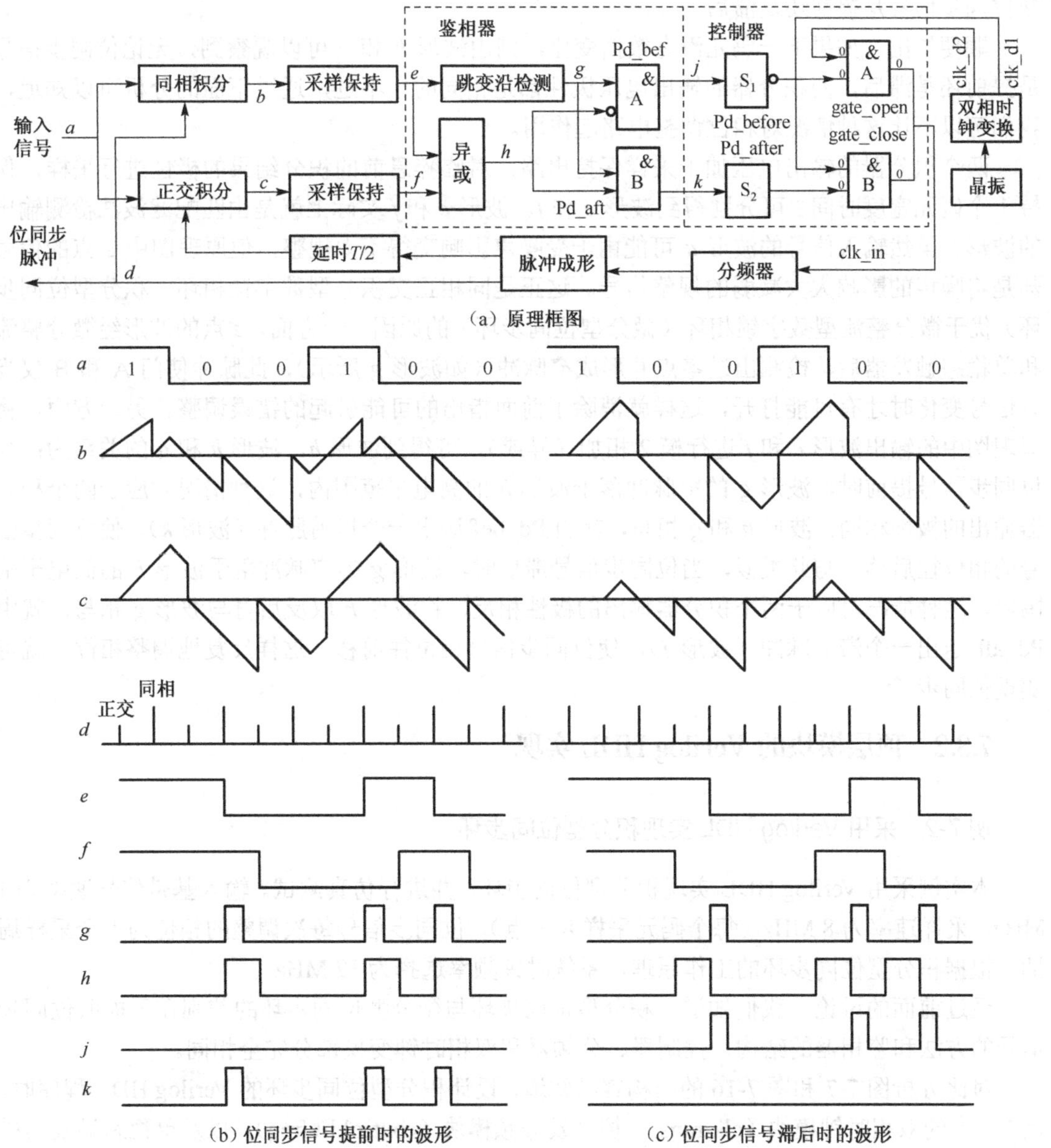

图 7-16　积分型位同步环的原理框图及工作波形

设图 7-16 所示的波形 a 为接收到的双极性不归零码元，输入信号首先送入两个并联的积分器。这两个积分器的积分时间都为码元周期T，但加入这两个积分器起猝息作用的脉冲相位相差$T/2$。这样，同相积分器的积分区间与位同步信号的区间重合，而正交积分器的积分区间正好跨在两相邻位同步信号的中点之间（这里的正交就是指两积分器的积分起止时刻相差半个码元宽度）。在考虑了波形d的猝息作用后，两个积分器的输出为波形b和c。观察波形b和c可以发现，当下一码元有数据变化时（由 0 到 1 或由 1 到 0），两个积分器在临猝息前时刻的输出电压极性有一定规律。若位同步信号的相位提前，两积分器的输出电压极性相同；而若位同步信号的相位滞后，两积分器的输出电压极性相反。利用这一规律，就可以判断位同步信号是提前还是滞后。

顺便指出，如果下一码元没有数据变化，则由波形b和c可以观察到，无论位同步信号是提前还是滞后，两积分器的输出电压极性都是相同的。不过，通过下面的分析可以知道，我们可以不让这种情况对相位调整电路起作用。

两个积分器的输出电压加于采样保持电路，对临猝息前的积分结果的极性进行采样，保持 1 个码元宽度时间T可分别得到波形e和f。波形e和f实际上就是由匹配滤波法检测输出的波形。虽然输入信号的波形a可能由于受噪声影响变得不太规整，但原理图中e点的信号却是将噪声的影响大大减弱的规整信号。这正是同相正交积分型数字锁相环（积分型位同步环）优于微分整流型数字锁相环（微分型位同步环）的原因。一方面，e点的波形经微分整流和单稳态触发器后，检测出过零点并形成窄脉冲（如波形g所示），此脉冲使门 A 和 B 仅当有信号变化时才有可能打开，这样就消除了前面指出的可能引起的错误调整。另一方面，将原理图中的输出波形e和f进行模 2 相加（异或），可得到波形h。波形h和g的关系为：当位同步信号提前时，波形g的窄脉冲落于波形h的高电平范围内，这种情况对应于两个积分器输出的极性相同，波形h和g相与，就由 Pd_bef 送出一个提前脉冲（波形k），使位同步信号的相位往后移。与此类似，当位同步信号滞后时，波形g的窄脉冲落于波形h的低电平范围内，这种情况对应于两个积分器输出的极性相反，将波形h取反后再与波形g相与，就由 Pd_aft 送出一个滞后脉冲（波形j），使位同步信号相位往前移。这样反复地调整相位，就可实现位同步。

7.3.2 顶层模块的 Verilog HDL 实现

例 7-2 采用 Verilog HDL 实现积分型位同步环

本实例采用 Verilog HDL 实现积分型位同步环，并进行仿真测试。输入基带信号速率为 1 MHz，采样速率为 8 MHz（每个码元采样 8 个点）。位同步信号每次调整的相位为 1 个采样周期。根据积分型位同步环的工作原理，系统时钟频率选择为 32 MHz。

经过前面的讨论，我们知道，积分型位同步环与微分型位同步环的差别在于提取位同步信号的方法和鉴相器的结构，控制器、分频器和双相时钟变换部分完全相同。

对比分析图 7-7 和图 7-16 的结构容易知道，设计积分型位同步环的 Verilog HDL 程序时，例 7-1 中的双相时钟模块（clktrans）、控制及分频模块（controldivfreq），以及单稳态触发器模块（monostable）可以不经任何改动，直接使用。

为了讲述方便，我们先对系统顶层模块进行讨论，以便读者从总体上对积分型位同步环的设计有清晰的把握，从而更好地理解各功能模块的 Verilog HDL 实现方法。

积分型位同步环顶层文件综合后的 RTL 原理图如图 7-17 所示。由图 7-17 可以清楚地看出，整个积分型位同步环由 1 个双相时钟模块（u2：clktrans）、1 个鉴相模块（u3：phasedetect）、2 个单稳态触发器模块（u4 和 u5：monostable）、1 个控制及分频模块（u6：controldivfreq）、1 个位同步信号形成模块（u7：syncout）和 2 个积分器模块（u8 和 u9：integrated)组成。对比图 7-16 与图 7-17 可以发现，两者在模块的功能划分上稍有不同，这主要是考虑到 Verilog HDL 实现时代码编写的方便。

积分型位同步环顶层文件的 Verilog HDL 实现代码并不复杂，主要作用是直接将各组成模块根据图 7-17 所示的结构级联起来。下面直接给出了 BitSync.v 文件的程序清单。

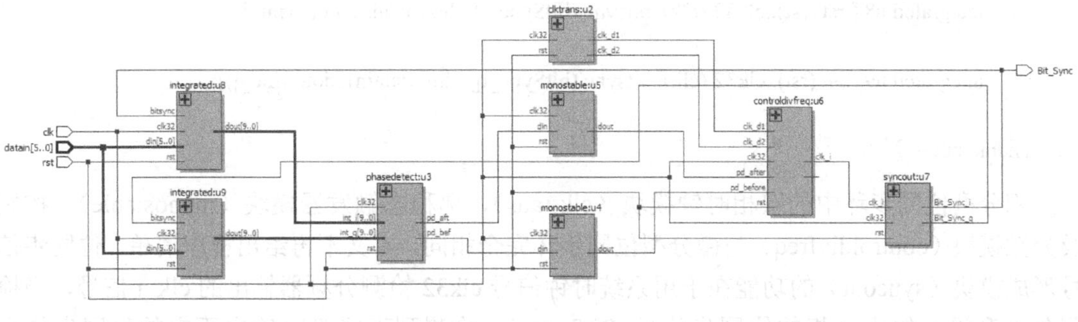

图 7-17 积分型位同步环顶层文件综合后的 RTL 原理图

```
//BitSync.v 文件的程序清单
module BitSync (rst,clk,datain,Bit_Sync);
    input   rst;                                //复位信号，高电平有效
    input   clk;                                //FPGA 系统时钟：32 MHz
    input   signed [5:0] datain;                //输入信号
    output Bit_Sync;                            //位同步信号

    //双相时钟模块：产生周期为码元速率的 8 倍（采样速率），占空比为 1:3 的双相时钟信号
    //两路双相时钟的相差为 1 个 clk32 时钟周期
    wire clk_d1,clk_d2;
    clktrans u2(.rst (rst),.clk32 (clk),.clk_d1(clk_d1),.clk_d2(clk_d2));

    //鉴相模块：对两个积分器输出的信号进行鉴相处理
    wire pd_bef,pd_aft;
    wire signed [9:0] int_i,int_q;
    phasedetect u3(.rst (rst),.clk32 (clk),.int_i (int_i),.int_q (int_q),.pd_bef (pd_bef),.pd_aft (pd_aft));

    //单稳态触发器模块：检测到一个高电平信号后，输出 4 个 clk32 周期的高电平信号
    wire pd_before,pd_after;
    monostable u4 (.rst (rst),.clk32 (clk),.din (pd_bef),.dout (pd_before));

    monostable u5 (.rst (rst),.clk32 (clk),.din (pd_aft),.dout (pd_after));

    //控制及分频模块：对两路单稳态触发器输出的信号及双相时钟信号进行处理，分频产生相差为 180° 的
    //位同步信号 clk_i、clk_q
```

```
    wire clk_i,clk_q;
    controldivfreq u6 (.rst (rst),.clk32 (clk),.clk_d1 (clk_d1),.clk_d2 (clk_d2),.pd_before (pd_before) ,
                                    pd_after (pd_after),.clk_i (clk_i),.clk_q (clk_q));

    //位同步信号形成模块：检测分频器输出的 clk_i 信号，形成位同步信号
    wire bitSync_i,bitSync_q;
    syncout u7 (.rst (rst),.clk32 (clk),.clk_i (clk_i),.Bit_Sync_i (bitSync_i),.Bit_Sync_q   (bitSync_q));
    assign Bit_Sync = bitSync_i;

    //积分器模块：根据位同步信号，对输入信号进行积分
    integrated u8 (.rst (rst),.clk32 (clk),.bitsync (bitSync_i),.din (datain),.dout (int_i));

    integrated u9 (.rst (rst),.clk32 (clk),.bitsync (bitSync_q),.din (datain),.dout (int_q));

endmodule
```

积分型位同步环中的双相时钟模块（clktrans）、单稳态触发器模块（monostable）、控制及分频模块（controldivfreq）与微分型位同步环完全相同，本文不再给出程序清单。位同步信号形成模块（syncout）的功能在于用系统时钟信号 clk32 检测分频器输出的 clk_i 信号，当检测到上升沿时输出同相的位同步信号 BitSync_i，检测到下降沿时输出正交的位同步信号 BitSync_q。在 7.2.4 节中的微分鉴相模块已有上升沿检测的代码，这里也不再给出该模块的程序清单，请读者在本书配套资料“Chapter_7\E7_2”中查看完整的 FPGA 工程文件。接下来主要讨论积分器模块及鉴相模块的 Verilog HDL 实现。

7.3.3 积分器模块的 Verilog HDL 实现

积分器模块（u8 和 u9：integrated）用于完成图 7-16（a）所示的同相积分、正交积分及采样保持的功能。下面先给出该模块的 Verilog HDL 程序清单及顶层文件综合后的 RTL 原理图（见图 7-18），而后对其进行讨论。

```
//integrated.v 文件的程序清单
module integrated(rst,clk32,bitsync,din,dout);
    input   rst;                                    //复位信号，高电平有效
    input   clk32;                                  //FPGA 系统时钟：32 MHz
    input   bitsync;                                //输入的位同步信号
    input   signed [5:0]   din;                     //6 bit 量化后的输入信号
    output signed [9:0]   dout;                     //积分器输出信号

    reg signed [9:0] sum,dtem;
    reg [1:0] c;
    always @(posedge clk32 or posedge rst)
    if (rst)
        begin
            sum = 0;
            c = 0;
            dtem <= 0;
```

```
            end
        else
            begin
                if (bitsync)
                    begin
                        dtem <= sum;
                        sum =   {din[5],din[5],din[5],din[5],din};
                        c = 0;
                    end
                else
                    begin
                        c = c+1;
                        //通过计数器 c 控制每 4 个 clk32 时钟周期（即每个数据采样点）进行一次累加运算
                        if (c==0)
                        sum = sum + din;
                    end
            end
    assign dout = dtem;
endmodule
```

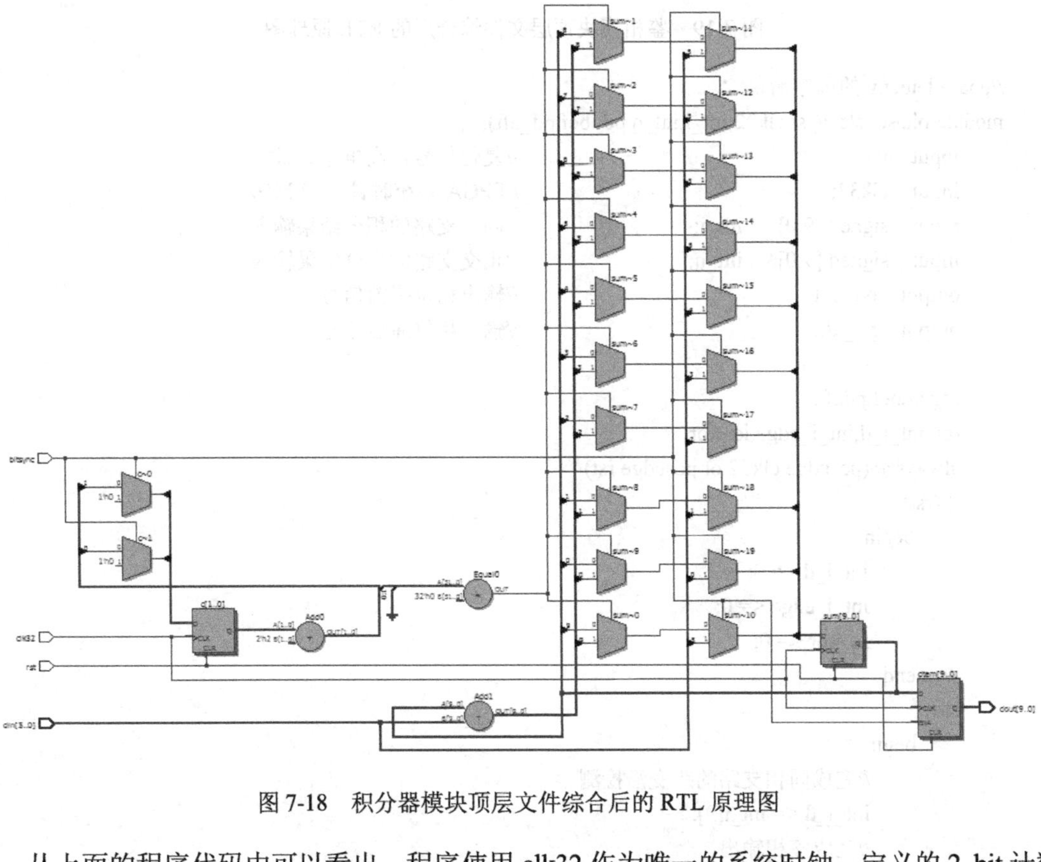

图 7-18　积分器模块顶层文件综合后的 RTL 原理图

从上面的程序代码中可以看出，程序使用 clk32 作为唯一的系统时钟，定义的 2 bit 计数器变量 c 用于保证每 4 个 clk32 时钟周期（即每个输入数据采样点）进行一次累加运算。当检测到位同步信号（猝息脉冲）时，将积分结果输出，同时积分器清零，这样就同时完成了积分及采样保持功能，即每次检测到位同步信号时输出一个积分结果。

7.3.4 鉴相模块的 Verilog HDL 实现

鉴相模块（phasedetect）的功能十分简单，用于完成同相积分支路跳变沿的检测，以及实现积分输出后的异或门及与门功能。下面直接给出了该模块的程序清单及顶层文件综合后的 RTL 原理图（见图 7-19）。

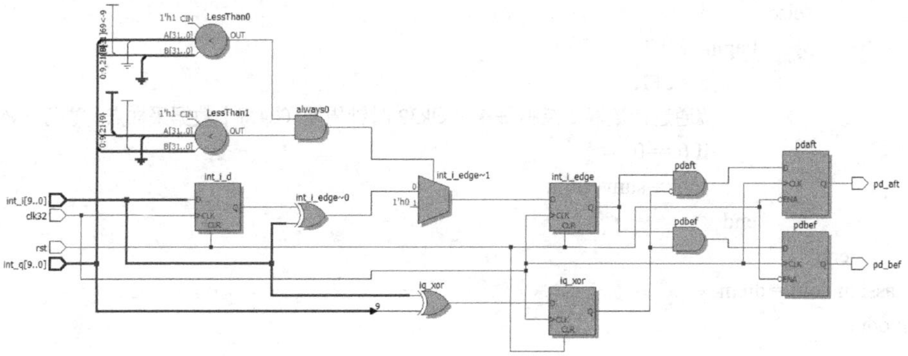

图 7-19　鉴相模块顶层文件综合后的 RTL 原理图

```
//phasedetect.v 的程序清单
module phasedetect(rst,clk32,int_i,int_q,pd_bef,pd_aft);
    input  rst;                                //复位信号，高电平有效
    input  clk32;                              //FPGA 系统时钟：32 MHz
    input  signed [9:0]   int_i;               //同相支路的积分结果输入
    input  signed [9:0]   int_q;               //正交支路的积分结果输入
    output  pd_bef;                            //输出相位提前信号
    output  pd_aft;                            //输出相位滞后信号

    reg pdbef,pdaft;
    reg int_i_d,int_i_edge,iq_xor;
    always @(posedge clk32 or posedge rst)
    if (rst)
        begin
            int_i_d <= 0;
            int_i_edge <= 0;
            iq_xor <= 0;
        end
    else
        begin
            //完成同相支路的跳变沿检测
            int_i_d <= int_i[9];
            //完成鉴相输出
            pdbef <= iq_xor && int_i_edge;
            pdaft <= (~iq_xor) && int_i_edge;
```

```
            //完成同相、正交支路信号的异或
            /*
            if ((int_q <=32) & (int_q>=-32))
                int_i_edge <= 0;
            else
            */
            int_i_edge <= int_i[9] ^ int_i_d; //xor
            iq_xor <= int_i[9] ^ int_q[9];      //xor
        end

    assign pd_bef =pdbef;
    assign pd_aft =pdaft;
endmodule
```

7.3.5 FPGA 实现及仿真测试

编写完成整个系统的 Verilog HDL 实现代码后，就可以进行 FPGA 实现了。在 Quartus II 中完成对位同步环工程的编译后，启动“TimeQuest Timing Analyzer”工具，并对时钟信号 clk 添加时序约束（周期为 20 ns，频率为 50 MHz）。保存时序约束后重新对整个 FPGA 工程进行编译。

完成综合实现后，在工作过程区中会自动显示整个设计所占用的器件资源情况。本实例选用的目标器件是 Altera 公司 Cyclone-IV 系列的 EP4CE15F17C8。Logic Elements（逻辑单元）使用了 61 个，占 1%；Registers（寄存器）使用了 54 个，占 1%；Memory Bits（存储器）使用了 0 bit，占 0%；Embedded Multiplier 9-bit clements（9 bit 嵌入式硬件乘法器）使用了 0 个，占 0%。从“TimeQuest Timing Analyzer”工具中可以查看到系统最高工作频率为 250 MHz，可以满足工程实例中要求的 32 MHz。

积分型位同步环的测试信号生成方式和仿真测试方式与微分型位同步环完全相同，在此不再赘述。下面重点对 ModelSim 的仿真测试波形进行分析说明。

与微分型位同步环相比，积分型位同步环仅在于提取鉴相信号 Pd_bef、Pd_aft 的方法不同，因此我们重点对这两个信号的提取过程进行讨论。图 7-20 中的两路相互正交的位同步信号 bitsync_i、bitsync_q 对应于图 7-16（b）中的波形 *d*。由于分频器输出的信号 clk_i 是占空比约为 1∶1 的方波信号，因此分别检测其上升沿及下降沿即可产生相差为半个码元周期（*T*/2）的位同步信号。int_i、int_q 分别对应两路积分器的输出，在检测到位同步信号的上升沿时，输出前一个码元的积分结果。积分结果的符号位 int_i[9]、int_i[9]分别对应图 7-16（b）中的波形 *e* 和 *f*。int_i[9]的跳变沿检测输出波形 int_i_edge 对应图 7-16（b）中的波形 *g*。鉴相器的输出波形 pd_bef、pd_aft 则分别与图 7-16（b）中的波形 *j* 和 *k* 相对应。对比图 7-20 及图 7-16，可以清楚地看出，pd_bef 与 pd_aft 的产生过程与 7.3.1 节的分析完全一致，证明程序的运行完全正确，满足设计需求。

从整个积分型位同步环的工作过程来看，我们发现每次需要连续调整 2 次提前或滞后信号，也就是说，整个积分型位同步环的相位抖动是 2 个采样周期，显然比实例 7-1 测试的相位抖动还要大（为 1 个采样周期）。根据积分型位同步环的工作原理，应该具有更强的抗干扰性，更小的相位抖动性能才对。为什么会出现这种仿真结果呢？是程序编写的问题吗？我们需要仔细分析输入信号的特性，并根据积分型位同步环的工作原理做出合理的解释。

我们知道，鉴相脉冲（提前脉冲及滞后脉冲）的产生决定于两路积分器的符号（当同相积分器输出发生跳变时，位同步信号之后时刻的符号）是否一致，一致则输出滞后信号，不一致则输出提前脉冲。先来考察位同步信号完全与输入信号同步的情况。此时同相积分器输出一个较大的正值（假设此时码元的值大于 0），正交积分器应当输出一个 0 值（理想的情况下，正交积分正好跨接在前后两个码元之间，因此积分为 0）。由于程序只判断积分器输出的符号位，因此实际上判断为正值，这样就会输出一个滞后信号。同样，当严格同步时，如果码元值小于 0，则仍然会输出一个提前信号，对位同步信号相位进行调整。请读者自己分析一个周期内的信号输入情况。显然，本实例所产生的输入信号在严格同步的情况下，正交积分器的输出结果不为 0 值。同时，当每次进行相位调整时，2 个位同步信号之间和积分区间有 1 个采样周期的变化，这相当于增加了 1 个采样数值的积分误差。正是由于这样的误差，导致整个积分型位同步环出现了连续进行 2 次提前信号或滞后信号的调整，因此，整个积分型位同步环的工作是正常的。对于实际工程中的应用来讲，当解调出来的基带信号受到一定干扰时，数据采样率越高，则积分型位同步环具有更好的抗干扰性能及稳定性能。

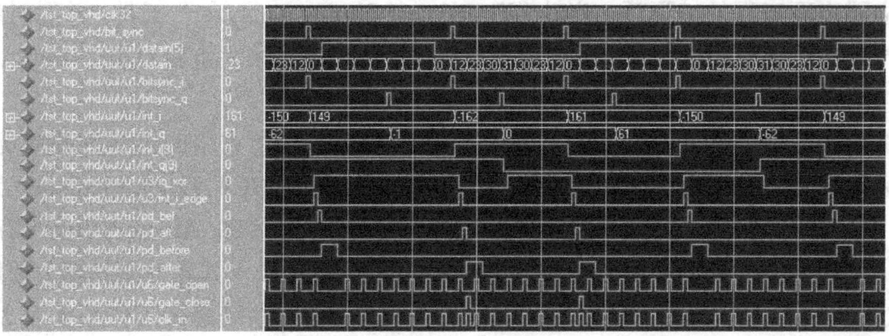

图 7-20　积分型位同步环的 ModelSim 仿真波形

7.4　改进型位同步环的 FPGA 实现

7.4.1　正交支路积分输出门限判决法

用数字锁相环提取位同步信号时，由于采取了数字电路，故实际应用时方便、可靠，也易于实现集成化。但前面介绍的方法在抗干扰性能方面还不够好。由图 7-16 及图 7-20 可见，由于干扰或波形本身的不对称性，使得图 7-16（a）中 d 点的位同步信号有时落入提前区，有时落入滞后区，锁相环就需要进行调整，这就会引起不希望出现的相位抖动。解决这一问题的方法有多种，其中最简单的方法是对正交积分器的输出结果进行判决。根据前面的分析可知，当同步信号与输入信号同步时，同相积分器输出的信号较大；而正交积分器输出的信号较小，且同步越好，则信号越小。为了减小相位抖动频率，可以对正交积分器的输出进行判断，只有积分值的绝对值大于某个门限时，才允许对相位进行调整（输出跳变沿检测脉冲，图 7-16（a）中 g 点波形），否则不进行相位调整（设置 g 点波形始终为低电平）。改进后的鉴相器原理图如图 7-21 所示。

显然，检测门限 gate 取值过大，相当于与门 Chk 常闭，位同步环无法进行相位调整；gate 取值过小，相当于与门 Chk 常开，失去检测意义。因此，关键在于合理选择 gate 的大小，使得只有在位同步环锁定时才关闭 Chk。通常，如果输入信号是满量程采样信号，可以选择检测门限为最大采样值，如量化位宽为 B，则取 gate=2^{B-1}。例如，输入信号的量化位宽为 6，则 gate=32。当然，考虑到信号中噪声的影响，可适当降低检测门限值，以确保位同步环正常锁定。

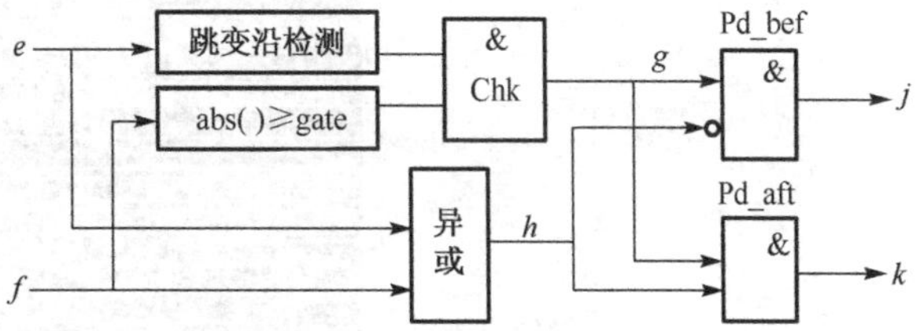

图 7-21　改进后的鉴相器原理图

对于实例 7-2 中的 Verilog HDL 程序来讲，完成正交积分器输出门限判决的实现方法也十分简单，只需在鉴相模块（phasedetect.v）中的语句“pdaft<=(～iq_xor)&&int_i_edge;”和“int_i_edge<=int_i[9]^int_i_d;”之间增加 3 条语句即可，如下所示。

```
pdaft <= (～iq_xor) && int_i_edge;
//完成同相积分器和正交积分器结果的异或
/*
if ((int_q <=32) & (int_q>=-32))
    int_i_edge <= 0;
else
*/
int_i_edge <= int_i[9] ^ int_i_d; //xor
```

上面的一段语句表示，只有当正交积分器输出的绝对值大于 32 时，才输出跳变沿检测脉冲 int_i_edge，然后对位同步信号的相位进行调整；否则直接设置 int_i_edge 为低电平，不对位同步信号相位进行调整。

图 7-22 到图 7-24 为不同门限情况下的位同步环 ModelSim 仿真波形图。图 7-22 为 gate=0 时的仿真波形，相当于只有当正交积分器输出为 0 时才不进行相位调整，从图中可以看出，位同步环锁定时，位同步信号每连续调整 2 次提前相位或滞后相位，相当于在每个码元变化时刻均出现 2 个采样点的相位抖动。图 7-23 为检测门限设置为 10 的情况，此时每两个码元转换时才出现 1 次相位调整。图 7-24 为检测门限设置为 32 的情况，位同步环锁定后不出现相位抖动，位同步信号已与输入信号实现完全同步。

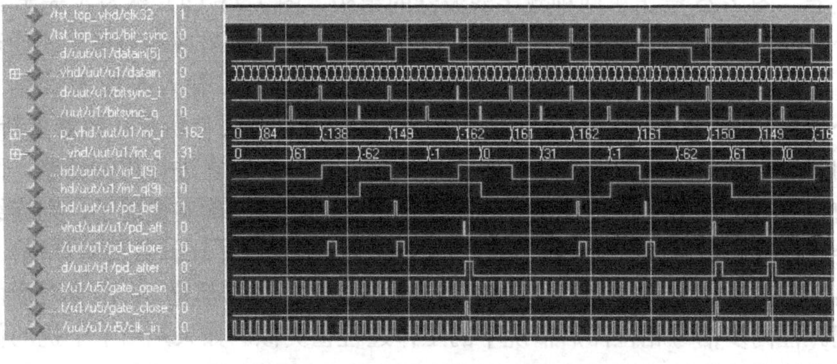

图 7-22　改进积分型位同步环路 ModelSim 仿真波形（gate=0）

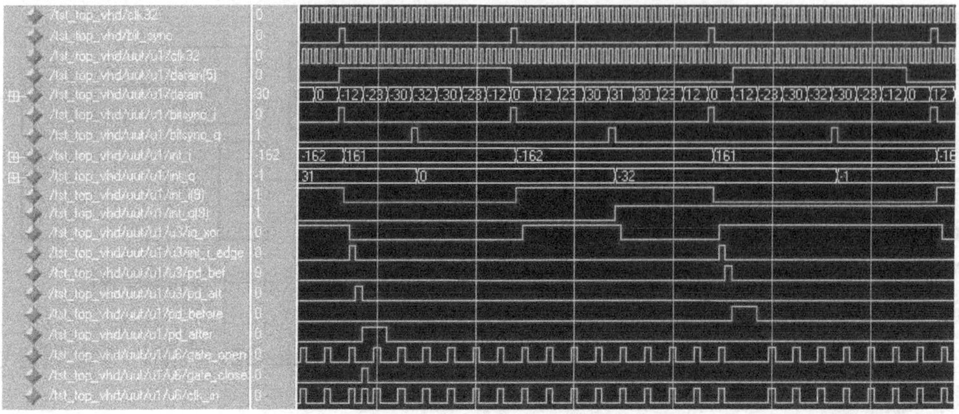

图 7-23　改进积分型位同步环路 ModelSim 仿真波形（gate=10）

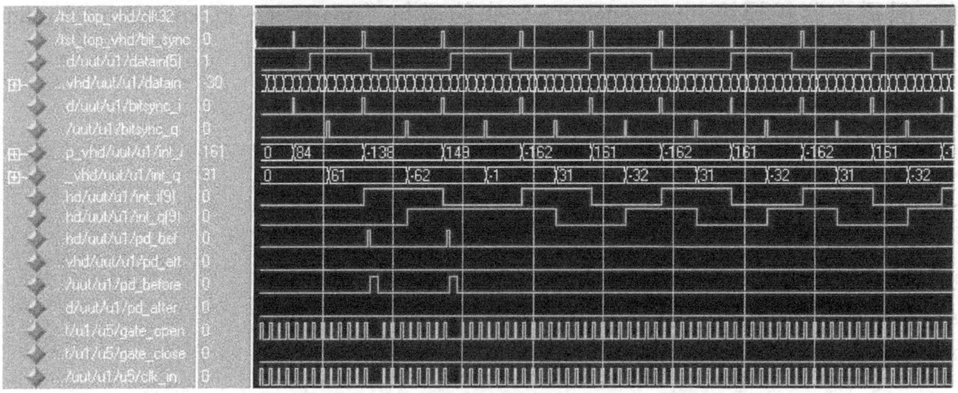

图 7-24　改进积分型位同步环路 ModelSim 仿真波形（gate=32）

7.4.2　数字滤波器法的工作原理

正交积分器输出门限判决方法的工作原理及实现方法十分简单，但并不能很好地适应各种基带信号波形情况，尤其无法准确确定合适的判决门限。门限设置得过低，则起不到降低相位抖动的作用；门限设置得过高，则容易使位同步信号的相差过大。为了更好地克服积分型位同步环的缺点，可以采用接下来介绍的数字信号滤波器方法。

仿照模拟锁相环鉴相器后连接环路滤波器的方法，在数字锁相环的鉴相器后也可以加一个数字滤波器。图 7-25 给出了两种数字滤波器的结构。图 7-25（a）称为 N 先于 M 滤波器，它包括一个计提前信号和一个计滞后信号的 N 计数器，提前信号或滞后信号还通过或门施加于一个 M 计数器（所谓 N 或 M 计数器，就是当计数器置 0 后，输入 N 或 M 个信号，该计数器输出一个信号）。选择 $N<M<2N$，无论哪个计数器计满，都会使所有计数器重新置 0。

当鉴相器送出提前信号或滞后信号时，滤波器并不马上对它进行相位调整，而是分别对输入的提前信号或滞后信号进行计数。如果位同步信号的相位确实提前了，则连续输入的提前信号就会使计提前信号的 N 计数器先计满（已规定 $N<M$，故 M 计数器未计满）。这时，滤波器就输出 1 个提前信号去进行相位调整，同时将 3 个计数器都置 0，准备对后面的输入信号进行处理。位同步信号相位滞后情况下的工作过程也类似。如果是由于干扰的作用，使鉴相器输出零星的提前信号或滞后信号，而且这两种信号随机出现，那么，当 2 个 N 计数器中

的任何一个都未计满时，*M* 计数器就很可能已经计满了，并将 3 个计数器又置 0，因此滤波器没有输出，这样就消除了随机干扰对同步信号相位的调整。图 7-22（b）所示的随机徘徊滤波器具有类似的作用，2*N* 可逆计数器置为 *N*，当鉴相器输出的提前信号与滞后信号的相差不超过 *N* 时，则滤波器无输出。因而，这种滤波器也具有较好的抗干扰性能。

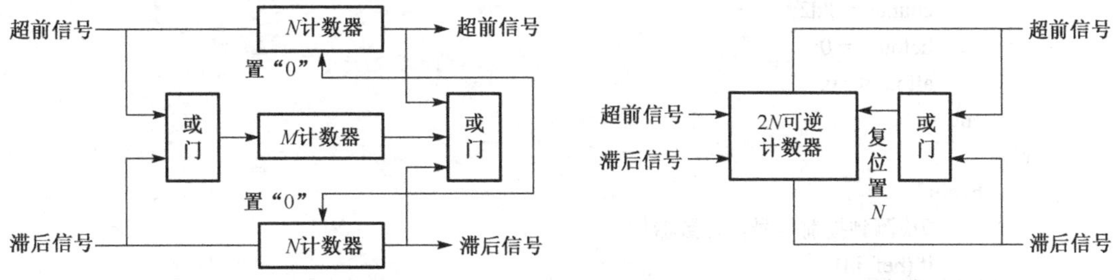

（a）*N*先于*M*滤波器　　（b）随机徘徊滤波器

图 7-25　两种数字滤波器的结构

7.4.3　随机徘徊滤波器的 Verilog HDL 实现

例 7-3　随机徘徊滤波器的 Verilog HDL 实现

采用 Verilog HDL 实现随机徘徊数字滤波器，将该模块嵌入例 7-2 中的积分型位同步环中，并对实现后的环路进行仿真测试。

数字滤波器实际上是一个独立的模块，只要将滤波器添加到例 7-2 中的鉴相模块（phasedetect）与单稳态触发器模块（monostable）之间就可增加积分型位同步环的抗干扰性能。根据前面的讨论可知，数字滤波器主要有两种，本章仅对随机徘徊滤波器的 Verilog HDL 实现方法进行讨论。

根据随机徘徊滤波器的工作原理，只有当 2*N* 可逆计数器计满至 2*N* 或 0 时，才会输出 1 个提前信号或滞后信号。在输出提前信号或滞后信号的同时，将计数器复位至 *N*。当输入的提前信号或滞后信号随机出现时，2*N* 可逆计数器则始终在 *N* 值左右摆动，不会输出提前信号或滞后信号，不对同步信号相位进行调整。由于计数器的范围为 0～2*N*，因此其实有 2*N*+1 种状态，为 2*N*+1 计数器，中间值为 *N*。也可以理解为，当计数器复位至 *N* 后，只有连续检测到 *N* 个提前信号（或滞后信号）时，才会输出一个提前信号（或滞后信号）。图 7-25（b）给出了随机徘徊滤波器的结构，在进行 Verilog HDL 实现时，可以根据前面分析的计数器工作方式，采用 Verilog HDL 直接描述。下面直接给出了该模块的程序清单。

```
//digfilter.v 的程序清单
module digfilter(rst,clk32,bef_in,aft_in,bef_out,aft_out);
    input   st;                        //复位信号，高电平有效
    input   lk32;                      //FPGA 系统时钟：32 MHz
    input   ef_in;                     //鉴相器输出的提前信号
    input   ft_in;                     //鉴相器输出的滞后信号
    output   ef_out;                   //滤波器输出的提前信号
    output   ft_out;                   //滤波器输出的滞后信号
```

```
        reg [2:0] count;
        reg befout,aftout;
        always @(posedge clk32 or posedge rst)
        if (rst)
            begin
                count <= 3'd2;
                befout <= 0;
                aftout <= 0;
            end
        else
            begin
                //检测到提前信号，计数器加 1
                if (bef_in)
                    count <= count + 1;
                //检测到滞后信号，计数器减 1
                elseif (aft_in)
                    count <= count - 1;
                    //当计数器计满到 4 时，滤波器输出提前信号
                    if (count==3'd4)
                        begin
                            befout <= 1'b1;
                            count   <= 3'd2;
                        end
                    //当计数器减小到 0 时，滤波器输出滞后信号
                    elseif (count==3'd0)
                        begin
                            aftout <= 1'b1;
                            count   <= 3'd2;
                        end
                    else
                        begin
                            befout <= 1'b0;
                            aftout <= 1'b0;
                        end
            end

        assign bef_out = befout;
        assign aft_out = aftout;
endmodule
```

程序中采用了 3 位五进制可逆计数器，当检测到提前信号时计数器 count 加 1，当检测到滞后信号时计数器 count 减 1，当 count 计数至 4（或 0）时输出 1 个 clk32 时钟周期的高电平信号作为提前信号（或滞后信号），同时将计数器复位为 2。

7.4.4 随机徘徊滤波器的仿真测试

在例 7-2 的基础上，添加 Verilog HDL 工程文件 digfilter.v，按照例 7-3 编写随机徘徊滤

波器的 Verilog HDL 代码后，将该文件以模块的形式添加到例 7-2 中的 BitSync.vhd 中，其他工程文件不做任何改动，即可完成具有数字滤波器性能的积分型位同步环的设计。文件 BitSync.vhd 的代码修改十分简单，请读者在本书配套资料“Chapter_7\ E7_3\”中查看完整的 FPGA 工程文件。图 7-26 为增加数字滤波器的积分型位同步环顶层文件综合后的 RTL 原理图。

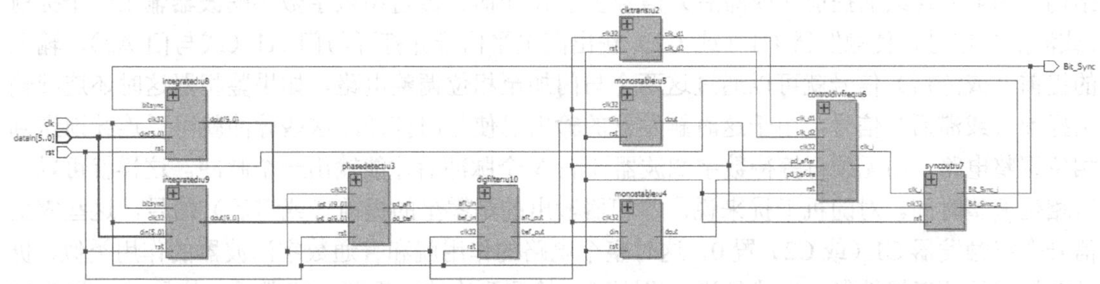

图 7-26　增加数字滤波器的积分型位同步环顶层文件综合后的 RTL 原理图

增加数字滤波器的积分型位同步环的测试信号生成方式以及仿真测试方式，与微分型位同步环完全相同，在此不再赘述。图 7-27 为 ModelSim 的仿真测试波形。从图 7-27 可以看出，鉴相器每次均连续输出 2 个提前信号 bef_in 及滞后信号 aft_in，而经过数字滤波器后的提前信号 Pd_bef 和滞后信号 Pd_aft 的调整频率要明显低些，每 2 个连续的 bef_in 或 aft_in 输出 1 个 Pd_bef 或 Pd_aft，Pd_bef 与 Pd_aft 交替出现，且每 4 个码元周期调整 1 次相位，不仅增加了积分型位同步环的稳定性，还减小了相位抖动频率。

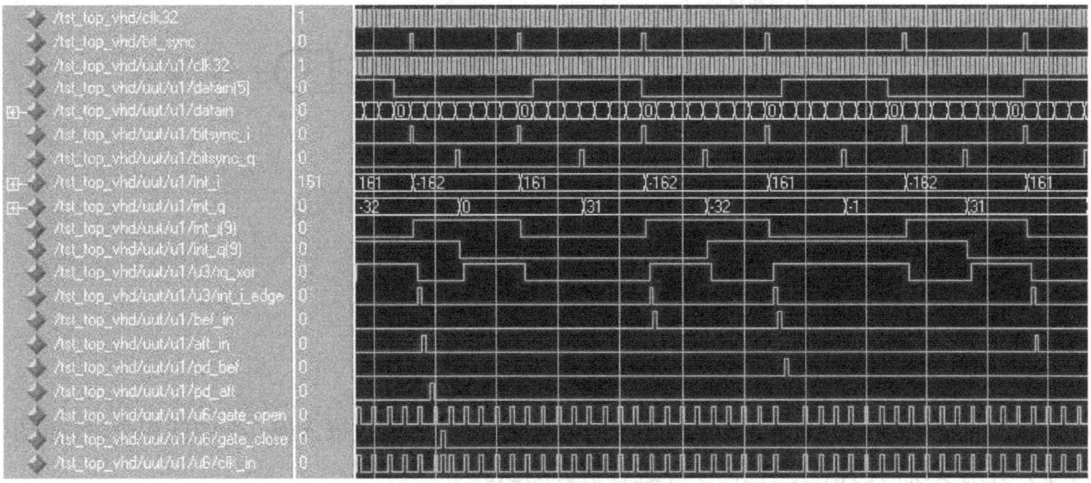

图 7-27　增加数字滤波器的积分型位同步环 ModelSim 仿真波形

7.4.5　改进型数字滤波器的工作原理

从前面的讨论可知，增加数字滤波器后，虽然抗干扰性能得到了改善，却使相位调整速度变慢了。若位同步信号的相位提前较多，则鉴相器需输出 *N* 个提前信号才能使位同步信号的相位调整一次，显然调整时间增加了 N 倍。因此，我们希望找到一种更好的抗干扰滤波方法，一方面可以有效地对零星的随机提前（或滞后）信号进行滤除，另一方面当出现多个连续提前（或滞后）信号时，数字滤波器能够直接连续输出相应的提前（滞后）信号，以减小相位调整时间。

为了克服普通数字滤波器的缺点，图 7-28 给出了一种可缩短相位调整时间数字滤波器的结构。当输入连续的提前（或滞后）信号多于 N 个时，改进型数字数字滤波器输出一个提前（或滞后）信号，使触发器 C1（或 C2）输出高电平信号并打开与门 A1（或与门 A2），输入的提前（或滞后）信号就可以通过这两个与门加至相位调整电路。如果鉴相器这时还连续输出提前（或滞后）信号，由于这时触发器的输出已使与门打开，这些脉冲就可以连续地送到相位调整电路，而无须再等待数字滤波器计满 N 个脉冲后才能输出一个脉冲，这样就可以缩短相位调整时间。对随机干扰来说，鉴相器输出的是零星的提前（或滞后）信号，这些零星信号会将触发器 C1（或 C2）置 0，这时整个电路的作用就和普通数字滤波器的作用类似，仍具有较好的抗干扰性能。也就是说，当刚开始检测到连续的提前（或滞后）信号时，图 7-25 中的数字滤波器起作用；当继续检测到连续的提前（或滞后）信号时，滤波器输入的调整信号直接通过两个与门（A1、A2）输出，整个滤波器起到直通功能。任何时候检测到随机出现零星的提前（或滞后）信号时，由于触发器（C1、C2）的清 0 作用，使两个与门（A1、A2）处于关闭状态，因而实现了对随机干扰的滤除功能。

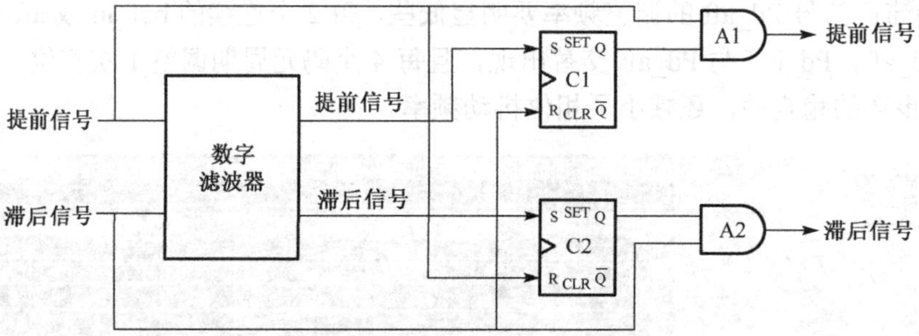

图 7-28　可缩短相位调整时间的数字滤波器的结构

7.4.6　改进型数字滤波器的 Verilog HDL 实现

例 7-4　改进型数字滤波器的 Verilog HDL 实现

本实例采用 Verilog HDL 实现改进型数字滤波器，将该模块嵌入例 7-2 中的积分型位同步环中，并对实现后的积分型位同步环进行仿真测试。

根据前面的讨论可知，改进型数字滤波器仅需在普通数字滤波器的基础上添加少量逻辑电路即可。为了更好地理解改进型数字滤波器的 Verilog HDL 实现方法，我们直接将例 7-3 中编写的 digfilter 作为一个完整的模块嵌入设计中，下面给出了改进型数字滤波器的 Verilog HDL 实现代码及顶层文件综合后的 RTL 原理图（见图 7-29）。

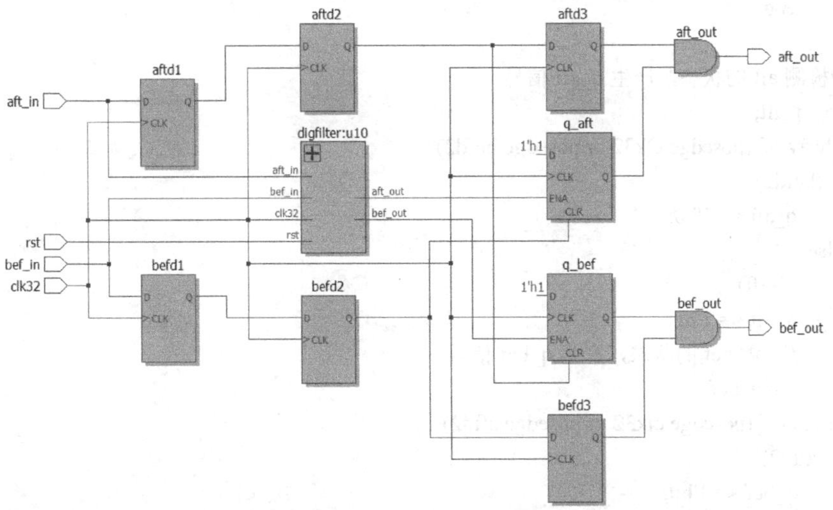

图 7-29　改进型数字滤波器顶层文件综合后的 RTL 原理图

```
//completdigfilter.v 文件的程序清单
module completdigfilter(rst,clk32,bef_in,aft_in,bef_out,aft_out);
    input   rst;                            //复位信号，高电平有效
    input   lk32;                           /FPGA 系统时钟：32 MHz
    input   ef_in;                          //鉴相器输出的提前信号
    input   ft_in;                          //鉴相器输出的滞后信号
    output  ef_out;                         //滤波器输出的提前信号
    output  ft_out;                         //滤波器输出的滞后信号

    //实例化随机徘徊滤波器模块
    wire bef,aft;
    digfilter u10(
        .rst (rst),
        .clk32 (clk32),
        .bef_in (bef_in),
        .aft_in (aft_in),
        .bef_out (bef),
        .aft_out (aft));

    //对输入信号进行延时处理
    reg befd1,befd2,befd3,aftd1,aftd2,aftd3;
    always @(posedge clk32)
        begin
        befd1 <= bef_in;
        befd2 <= befd1;
        befd3 <= befd2;
        aftd1 <= aft_in;
        aftd2 <= aftd1;
        aftd3 <= aftd2;
```

```
            end

        //检测 aft 的状态，产生 q_aft 信号
        reg q_aft;
        always @(posedge clk32 or posedge befd2)
        if (befd2)
            q_aft <= 1'b0;
        else
            if (aft)
            q_aft <= 1'b1;
            //检测 bef 的状态，产生 q_bef 信号
            reg q_bef;
        always @(posedge clk32 or posedge aftd2)
        if (aftd2)
            q_bef <= 1'b0;
        else
            if (bef)
            q_bef <= 1'b1;

        assign bef_out = q_bef & befd3;
        assign aft_out = q_aft & aftd3;
    endmodule
```

从上述程序代码以及顶层文件综合后的 RTL 原理图可以看出，与图 7-24 相比，改进型数字滤波器的输入信号（bef_in 和 aft_in）经过了 3 个 clk32 时钟周期延时后才送入触发器及与门电路。从例 7-2 的 ModelSim 仿真波形可以看出，改进型数字滤波器的输出信号与输入信号相比有 2 个 clk32 时钟周期的延时。同时，触发器输出的信号相对于输入信号也会产生 1 个 clk32 时钟周期延时，因此需要对延时进行补偿。请读者仔细分析图 7-30 所示的仿真波形，切实理解 Verilog HDL 设计时各种信号的时序关系，尤其注意滤波器输入信号与输出信号的时序关系。

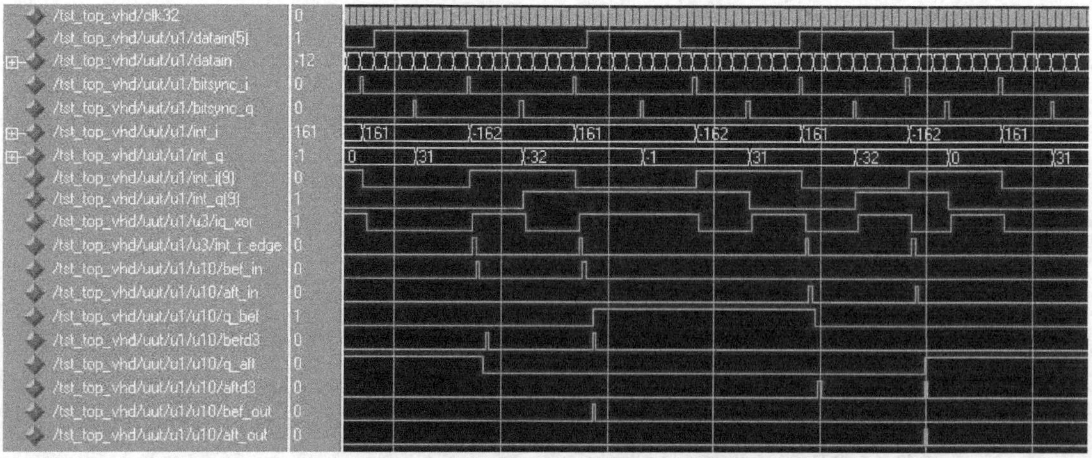

图 7-30　增加改进型数字滤波器后积分型位同步环的 ModelSim 仿真波形图

7.5 微分型位同步环的板载测试

7.5.1 硬件接口电路

本次板载测试的目的在于验证微分型位同步环的工作情况，即验证 7.2 节顶层文件 BitSync.v 是否能够完成对输入信号的位同步功能。读者可以在本书配套资料“Chapter_7\DifBitSync_BoardTst”中查看完整的 FPGA 工程文件。

CRD500 开发板配置有 2 路独立的 DA 通道、1 路 AD 通道、2 个独立的晶振。为了真实地模拟微分型位同步环的工作情况，分别采用 X2（gclk2）产生测试输入信号（频率为 0.5 MHz 的正弦波信号，相当于码元速率为 1 MHz 的方波数据），采用 X1（gclk1）产生位同步接收模块的处理时钟。

采用晶振 X2（gclk2）作为驱动时钟，调用 NCO 核，产生 0.5 MHz 的正弦波信号，经 DA2 通道输出；DA2 通道输出的信号通过 CRD500 开发板上的 P5 跳线端子（引脚 1、2 短接）连接至 AD 通道，送入 FPGA 进行处理；FPGA 接收到 AD 通道的基带信号（0.5 MHz 的正弦波信号）后，采用微分型位同步环进行同步处理，将同步后的位同步信号由 CRD500 开发板的 40 针扩展口（ext9）输出。程序下载到 CRD500 开发板后，通过示波器同时观察 DA2 通道、ext9 口的信号波形，即可验证微分型位同步环的工作情况。板载测试的 FPGA 接口信号定义如表 7-1 所示。

表 7-1　板载测试的 FPGA 接口信号定义表

信号名称	引脚定义	传输方向	功能说明
rst	P14	→FPGA	复位信号，高电平有效
gclk1	M1	→FPGA	50 MHz 的时钟信号，用于接收模块驱动时钟
key1	T10	→FPGA	按键信号，当按键按下时为高电平，此时 AD 通道的输入为全 0 信号；否则为 DA2 通道的信号。
ext9	N3	FPGA→	输出的位同步信号，速率为 1 MHz 的信号
ad_clk	K15	FPGA→	AD 通道的时钟信号，32 MHz
ad_din[7:0]	G15、G16、F15、F16、F14、D15、D16、C14	→FPGA	AD 通道的输入信号，8 bit
da2_clk	D12	FPGA→	DA2 通道的转换信号，50 MHz
da2_out[7:0]	A13、B13、A14、B14、A15、C15、B16、C16	FPGA→	DA2 通道的转换信号，用于模拟 0.5 MHz 的正弦波信号以及码元速率为 1 Mbps 的基带信号

7.5.2 板载测试程序

根据前面的分析可知，板载测试程序需要设计时钟信号产生模块（clk_produce.v）来产生所需的各种时钟信号；设计测试信号生成模块（testdata_produce.v）来产生 0.5 MHz 的正弦波信号。板载测试程序（BoardTst.v）顶层文件综合后的 RTL 原理图如图 7-31 所示。

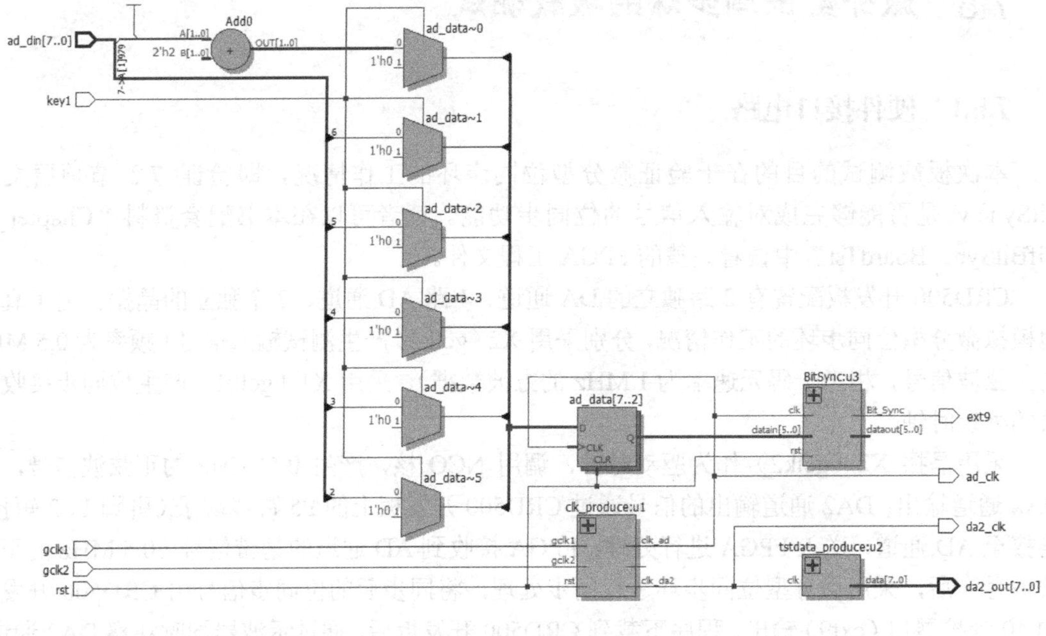

图 7-31　微分型位同步环板载测试程序顶层文件综合后的 RTL 原理图

时钟信号产生模块（u1）包括 1 个时钟管理 IP 核，板载的 X1（gclk1）晶振产生接收端 32 MHz 的系统时钟，系统时钟直接调用 Quartus Ⅱ中的 PLL 核生成即可。测试信号生成模块（u2）主要包括 1 个 NCO 核，由板载的 X2（gclk2）晶振产生 50 MHz 的驱动时钟，调用 NCO 核产生 0.5 MHz 的正弦波信号。时钟信号产生模块（clk_produce.v）和测试信号生成模块（tstdata_produce.v）的程序代码比较简单，读者可在本书配套资料中查看完整的代码。

7.5.3　板载测试验证

设计好板载测试程序并完成 FPGA 实现后，可以将程序下载至 CRD500 开发板进行板载测试。微分型位同步环板载测试的硬件连接如图 7-32 所示。

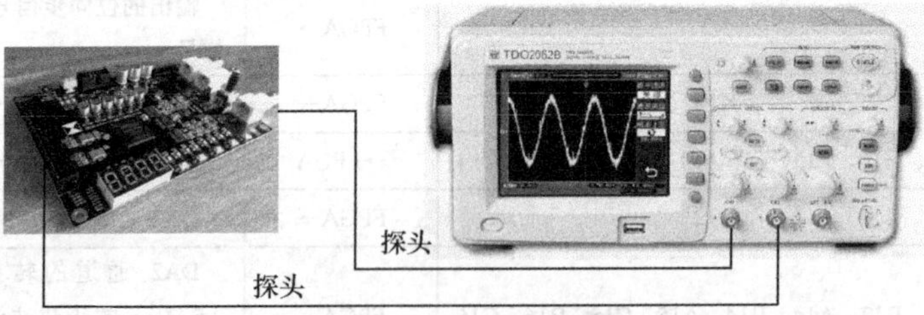

图 7-32　微分型位同步环板载测试硬件连接

板载测试需要采用双通道示波器，示波器通道 1 连接 CRD500 开发板的 DA2 通道，观察发送端产生的测试信号；用示波器通道 2 的探头连接 CRD500 的扩展口 ext9，调整示波器参数，可以看到示波器通道 2 显示频率为 1 MHz 的信号，且两个通道的信号相位保持稳定，如

图 7-33 所示，说明微分型位同步环工作正常。按下 KEY1 按键，示波器通道 2 输出的位同步信号缓慢移动，说明位同步信号没有锁定。

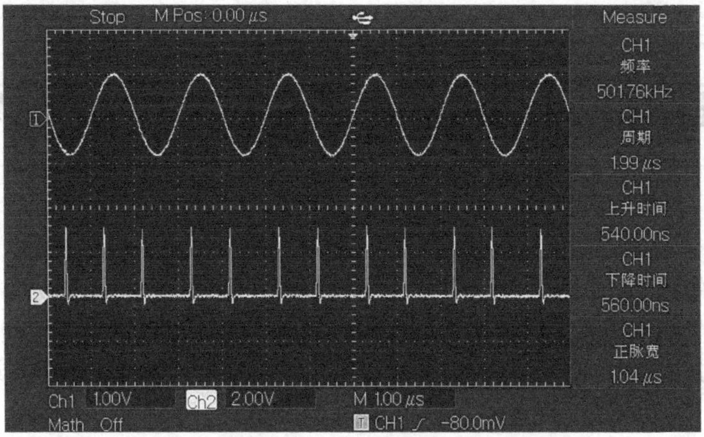

图 7-33　微分型位同步环板载测试信号波形图

7.6　小结

本章首先介绍了位同步的基本概念及两种常用的位同步实现方法。数字锁相法是数字通信中实现位同步时最常用的方法，其基本工作原理与载波同步环类似，均是通过鉴相器提取输入信号与本地位同步信号的相差的，并据此对本地同步信号的相位进行调整。微分型位同步环是最简单的数字锁相环，其他位同步环均是在此基础上进行改进和完善的，目的是增强抗干扰性能及稳定性能。本章以工程实例讲解的方法，对微分型、积分型和改进型位同步环的各个功能部件进行了详细的讨论，尤其是对位同步环各节点的信号波形进行了说明。读者在阅读本章时，需要切实弄清位同步环各节点波形的时序关系。当完全理解位同步环的工作过程及实现方法后，采用 Verilog HDL 代码进行实现就比较容易了。读者可以将本章所讨论的实例以独立模块的形式嵌入前面章节的实例中，完成基带解调后的位同步功能。

插值算法位同步技术的 FPGA 实现

第 7 章讨论了数字锁相法位同步技术，这类方法采用传统锁相环技术，利用反馈控制原理改变采样时钟的频率和相位来实现位同步的调整，其原理比较简单，可靠性较好，但也存在本地时钟频率（相当于系统时钟频率）要求较高等不足。本章讨论应用较为广泛的插值算法位同步技术，其本地时钟频率与数据采样速率相同，且数据采样速率只需达到 4 倍符号速率即可。

8.1 插值算法位同步技术的原理

8.1.1 插值算法的总体结构

插值算法位同步技术不需改变本地时钟就可实现位同步信号的调整。插值算法位同步环的实现框图如图 8-1 所示。

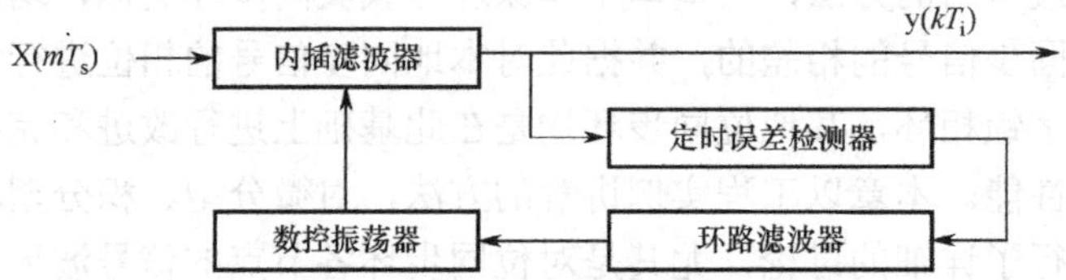

图 8-1 插值算法位同步环的实现框图

图 8-1 中的内插滤波器本质上是一种插值算法，其作用是根据输入信号通过插值获得最佳插值时刻（插值时刻由数控振荡器控制产生）的采样值信号。由于接收端的时钟与发送端时钟不同步，因此接收端的采样值可能不是所需的最佳采样值，但插值算法却可以根据采样值，以及数控振荡器送出的采样时刻信号和误差信号，通过插值算法获取最佳采样值。定时误差检测器用于检测本地时钟采样时刻与最佳采样时刻之间的相位差。检测出的相位差经环路滤波器滤波后，送数控振荡器产生下一个内插时刻。换句话讲，根据采样定理，当采样速率大于或等于两倍信号带宽时，信号可以由采样值恢复出来。为实现正常解调，需要采样值位于码元的“中点”，即判决点和码元转换点。因此，只要知道定时相差，就可以计算出最佳判决点的采样值，从而实现码元同步。

8.1.2 内插滤波器的原理及结构

内插滤波器实现的是数据速率转换功能，其模型如图 8-2 所示。

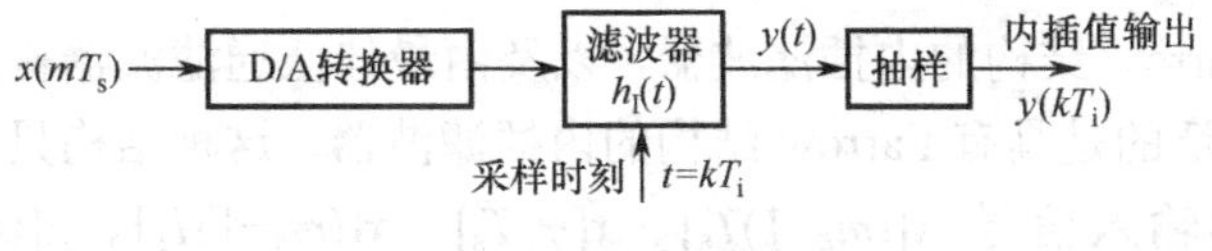

图 8-2　内插滤波器的模型

假定接收端采样时钟周期为 T_s，符号周期为 T。以同相 I 支路信号为例，内插滤波器接收的信号为 $x(mT_s)$，采样速率 $f_s=1/T_s$，通过 D/A 转换器（DAC）及滤波器 $h_I(t)$后，可得到一个连续时间的输出，即：

$$y(t)=\sum_m x(mT_s)h_I(t-mT_s) \tag{8-1}$$

假设在 $t=kT_i$ 时对 $y(t)$进行采样，其中，k 为正整数，T_i 为内插周期，它与符号周期是同步的，即 T/T_i 的比值为一整数。经过采样后的数据为 $y(kT_i)$，则有：

$$y(kT_i)=\sum_m x(mT_s)h_I(kT_i-mT_s) \tag{8-2}$$

尽管在图 8-2 所示的模型中，出现了 D/A 转换器及一个滤波器（模拟的），但若已知输入序列$\{x(m)\}$，内插滤波器的冲激响应 $h_I(t)$以及输入信号的采样时间 T_s，以及输出的采样时间 T_i，那么完全可以在数字域上利用式（8-2）计算出内插点。简单分析一下上述条件，容易知道关键问题是找到输出的采样时刻 T_i 和滤波器冲激响应 $h_I(t)$。

对于式（8-2），m 为输入序列指针，定义滤波器指针为：

$$i=\mathrm{int}[kT_i/T_s]-m \tag{8-3}$$

同样，定义基本指针为：

$$m_k=\mathrm{int}[kT_i/T_s] \tag{8-4}$$

分数间隔为：

$$\mu_k=kT_i/T_s-m_k \tag{8-5}$$

根据上述关系，内插公式可以重新写为：

$$y(kT_i)=y[(m_k+\mu_k)T_s]=\sum_{i=N_1}^{N_2}x[(m_k-i)T_s]h_I[(i+\mu_k)T_s] \tag{8-6}$$

式（8-6）为数字内插滤波器的基本方程。引入参数 m_k、μ_k 是有实际意义的，它们表示 T_s 和 T_i 之间的调整关系，在时间上有如图 8-3 所示的关系。其中，m_k 决定了计算第 k 个内插值 $y(kT_i)$的 $N=N_2-N_1+1$ 个信号采样值，μ_k 指示了内插估值点，并决定用来计算内插值 $y(kT_i)$的 N 个内插滤波器脉冲响应值。一般情况下，由于 T/T_s 是无理数，所以 μ_k 也是个无理数，而且每次内插都是变化的。因此，要达到定时调整的目的，就要设法得到内插滤波器的 m_k 和 μ_k。

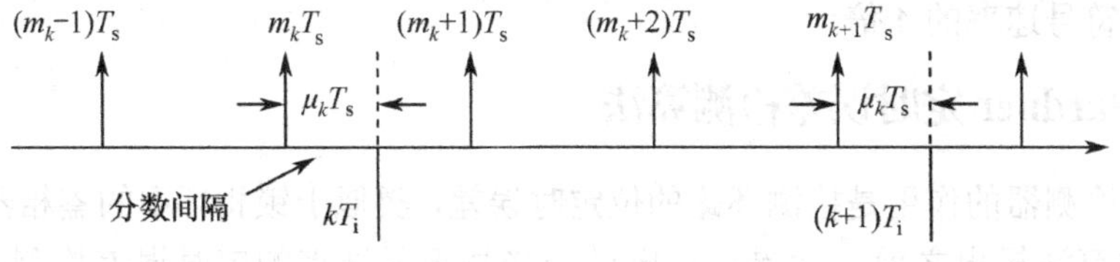

图 8-3　采样点关系图

前面只讲了内插滤波器的原理，从工程实现来讲，重要的是找到可实现的内插滤波器结构及相应的滤波器系数。常用的内插滤波器有简单的线性内插滤波器、拉格朗日（Lagrange）

内插滤波器、具有 Farrow 结构的内插滤波器，以及由最佳低通滤波器构成的性能优良的内插滤波器。使用最为广泛的是具有 Farrow 结构的内插滤波器，这种结构只需要从最接近最佳内插时刻的 4 个连续输入信号 $x[(m_k-1)T_s]$、$x[m_kT_s]$、$x[(m_k+1)T_s]$、$x[(m_k+2)T_s]$ 计算内插值 $y[(m_k+\mu_k)T_s]$。

需要特别注意的是，在 FPGA 实现时，显然不可能采用未来的输入信号（$x[(m_k+1)T_s]$、$x[(m_k+2)T_s]$）来计算当前的内插值 $y[(m_k+\mu_k)T_s]$，只可能使用当前及以前的输入信号来计算内插值。例如，采用 $x[(m_k-3)T_s]$、$x[(m_k-2)T_s]$、$x[(m_k-1)T_s]$、$x[m_kT_s]$来计算一个内插值，这个内插值实际上不再是 $y[(m_k+\mu_k)T_s]$，而是 $y[(m_k-2+\mu_k)T_s]$。

图 8-4 为具有 Farrow 结构的内插滤波器。

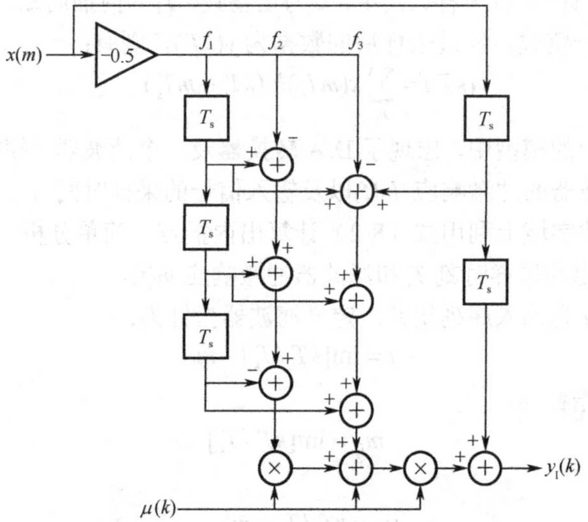

图 8-4 具有 Farrow 结构的内插滤波器

图 8-4 中有三条纵向支路 f_1、f_2、f_3 及横向支路 $y_I(k)$，它们的计算公式分别为：

$$\begin{aligned} f_1 &= 0.5x(m) - 0.5x(m-1) - 0.5x(m-2) + 0.5x(m-3) \\ f_2 &= 1.5x(m-1) - 0.5x(m) - 0.5x(m-2) - 0.5x(m-3) \\ f_3 &= x(m-2) \\ y_I(k) &= f_1H(k) + f_2H(k) + f_3 \end{aligned} \tag{8-7}$$

从上面的分析可知，具有 Farrow 结构的内插滤波器类似于 FIR 滤波器，在 FPGA 中比较容易实现，而且计算一个插值只需要一个符号周期内的 4 个采样点，或者说输入信号的采样速率只需要为符号速率的 4 倍。

8.1.3 Gardner 定时误差检测算法

定时误差检测器的作用是检测环路的位定时误差，类似于锁相环中的鉴相器。在 Gardner 定时误差检测算法提出之前，业界也提出过一些基于采样点的定时误差检测算法。例如，Mueller 提出了一种基于每个符号一个采样点的经典定时恢复算法，这个算法是面向判决的。在基于反馈的定时恢复中，Gardner 提出了定时误差检测器，由于其简单的结构和能够独立于未知载波相位等优点而得到了广泛应用。Gardner 定时误差检测算法通常用于同步的二进制基带信号或者 BPSK、QPSK 信号，通过简单改进也可以应用于 QAM 等多进制基带信号中。Gardner 定时误差检测算法的优点是非面向判决的，定时恢复独立于载波相位。考虑 QPSK 信号的 I 路支和 Q 支路，内插滤波器在每个码元间隔内输出 2 个采样点，且序列对之间的采样点在时间上是一致的。符号以时间间隔 T 同步传输，一个采样点出现在数据的峰值时刻，另一个采样点出现在两个数据峰值的中间时刻。我们用 $y_I(k)$、$y_Q(k)$表示第 k 个码元的选通时刻的采样值，$y_I(k-1/2)$、$y_Q(k-1/2)$表示位于第 k 个和第 k−1 个码元的中间时刻的采样值。那么 Gardner 定时误差检测算法可以表示成：

$$\mu_t(k) = y_I(k-1/2)[y_I(k) - y_I(k-1)] + y_Q(k-1/2)[y_Q(k) - y_Q(k-1)] \tag{8-8}$$

式中，$\mu_t(k)$与载波相位相互独立，我们可以不考虑载波相位，直接进行定时相位的锁定。Gardner 定时误差检测算法可以这样理解：定时误差检测器在 I、Q 两条支路的每个峰值之间的中间点进行采样。如果没有定时误差，那么中间点的值应该为零。如果中间点的值不为零，就可以用该值来表示定时误差的大小。但因为中间点处的斜率可能为正也可能为负，也就是说，仅仅中间点的值还不能够提供足够的信息，还需要两侧的两个峰值来提供关于定时误差的正负方向。在该算法中使用峰值的符号来代替实际的值是可行的，这可以消除大部分的噪声影响。如果所有的信号滤波都是在峰值点之前进行的，则峰值点的符号是对符号的最优判决，该算法就可以转变成面向判决的了，可以有效地提高追踪的能力。但在面向判决的运算中，获得的性能可能会变差。使用峰值点的符号，而不是实际的值，Gardner 定时误差检测算法中就不需要进行实际的乘法运算，对于数字系统来说，虽然会带来一定的性能损失，但却可以减少乘法器的使用。采用峰值点的符号代替实际值后，式（8-8）可变为：

$$\begin{aligned}\mu_t(k) = {} & y_I\left(k-\frac{1}{2}\right)\{\mathrm{sgn}[y_I(k)] - \mathrm{sgn}[y_I(k-1)]\} + \\ & y_Q\left(k-\frac{1}{2}\right)\{\mathrm{sgn}[y_Q(k)] - \mathrm{sgn}[y_Q(k-1)]\}\end{aligned} \tag{8-9}$$

Gardner 定时误差检测算法需要通过 3 个不同的采样点来获取定时误差信息并产生定时误差，在计算误差时会产生一个延时。定时可以在 3 个采样点的范围内进行调整，因此在最后一个采样点上的定时误差不需要与第一个采样点上的定时误差完全相同。

Gardner 定时误差检测算法是基于 QPSK 调制信号推导出来的，QPSK 的 I、Q 支路的信号均是二进制数据。如果输入的是 PSK 信号，则 Q 支路的信号为零，式（8-9）可以进一步简化为：

$$\mu_t(k) = y_I\left(k-\frac{1}{2}\right)\{\mathrm{sgn}[y_I(k)] - \mathrm{sgn}[y_I(k-1)]\} \tag{8-10}$$

如果输入的是 QAM 信号，那么该如何处理呢？与 QPSK 信号的区别是 QAM 信号使用了多进制。比如在 16QAM 信号中，有些情况和 QPSK 信号类似，如果信号从−1 变为 1、1 变为−1、−3 变为 3、3 变为−3 等，则没有定时误差时，中间点的平均值应为零。如果有定时误差，则会产生一个非零值，它的大小与定时误差的大小成正比。在另外一些情况下，当没有定时误差时，中间点的平均值并不是零。例如，信号从 3 变为−1，当没有定时误差时，中间点的平均值是 1 。

根据前面对 Gardner 定时误差检测算法的分析可知，如果将该算法直接运用在 QAM 信号中，定时误差检测的结果在有些采样点上是正确的，在有些采样点上是错误的。对于大量信号，这些错误的平均值是零。因为没有定时误差的情况，中间点（16QAM 的情况）可能是 0、

−1、−1、−2、2，其平均值是零。这些错误会导致定时时钟的抖动，通过滤波器可以减小这些抖动。

我们希望消除 Gardner 定时误差检测算法在 QAM 信号中的错误。例如，信号从 3 变为 1 时，在没有定时误差的情况下中间点是 a=(3−1)/2=1，这其实相当于横坐标向上移 a。对于 QAM 信号来讲，式（8-9）变为：

$$\begin{aligned}\mu_t(k)=&\left[y_I\left(k-\frac{1}{2}\right)-a_I\right]\{\text{sgn}[(y_I(k)]\}-\text{sgn}[y_I(k-1)]+\\&\left[y_Q\left(k-\frac{1}{2}\right)-a_Q\right]\{\text{sgn}[y_Q(k)]-\text{sgn}[y_Q(k-1)]\}\end{aligned} \tag{8-11}$$

式中，

$$\begin{aligned}a_I&=[y_I(k)+y_I(k-1)]/2\\a_Q&=[y_Q(k)+y_Q(k-1)]/2\end{aligned} \tag{8-12}$$

关于 QAM 信号的位定时同步算法，读者可参考作者出版的《数字调制解调技术的 MATLAB 与 FPGA 实现——Altera/Verilog 版》一书，本章仅讨论 QPSK/PSK 信号的插值算法位同步技术。

8.1.4 环路滤波器与数控振荡器

插值算法位同步环中的环路滤波器与锁相环的环路滤波器相同，均采用理想积分滤波器。环路滤波器系数 C_1、C_2 仍然对整个插值算法位同步环的跟踪捕获性能起重要的调节作用，具体计算方法将在后续讲解 MATLAB 仿真时介绍。

图 8-1 中的数控振荡器与锁相环中的 NCO 的功能完全不同，其作用是在溢出时产生时钟，即确定 m_k，同时完成 μ_k 的计算，以便在内插滤波器进行内插时使用。下面简单介绍一下它们的原理。

插值算法位同步环中的数控振荡器（NCO）是一个相位递减器，其差分方程为：

$$\eta(m+1)=[\eta(m)-\omega(m)]\text{mod}1 \tag{8-13}$$

式中，$\eta(m)$是第 m 个工作时钟的 NCO 寄存器的内容，$\omega(m)$为 NCO 的控制字，两者都是正小数。由于 NCO 的工作周期是 T_s，而内插滤波器的周期为 T_i，$\omega(m)$由环路滤波器进行调节，以使 NCO 能在最佳采样时刻溢出。

当插值算法位同步环达到平衡时，$\omega(m)$近似为一个常数，此时平均每隔 1/$\omega(m)$个 T_s，NCO 寄存器就溢出一次，所以 $T_i=T_s/\omega(m)$，即：

$$\omega(\text{m})\approx T_s/T_i \tag{8-14}$$

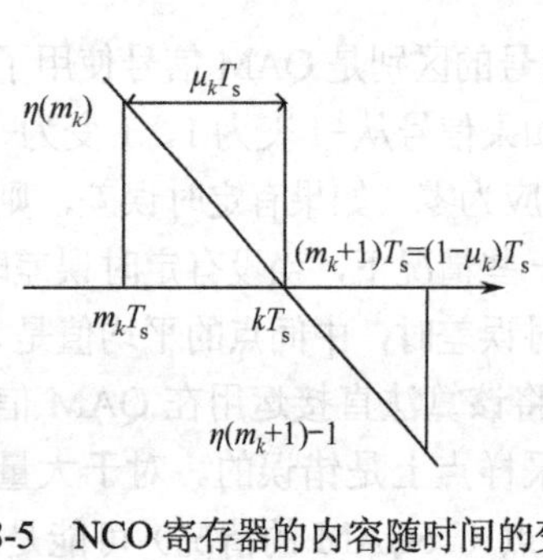

图 8-5 NCO 寄存器的内容随时间的变化

式中，$\omega(m)$表示插值平均频率 1/T_i 和采样频率 1/T_s 之间的估计关系。$\omega(m)$由带噪声的定时误差经过滤波后产生，是个估计值。

NCO 寄存器的内容随时间的变化如图 8-5 所示。

图 8-5 中，m_kT_s 是采样时钟脉冲点，提前第 k 个插值时刻 $kT_i=(m_k+T_s)T_s$。这个插值时刻是曲线的过零点，即 NCO 寄存器溢出时刻。根据图 8-5，利用相似三角形

原理，很容易得到：

$$\frac{\mu_k}{\eta(m_k)}=\frac{1-\mu_k}{1-\eta(m_k+1)} \tag{8-15}$$

从式（8-15）可以解得分数间隔，即：

$$\mu_k=\frac{\eta(m_k)}{\omega(m_k)} \tag{8-16}$$

式（8-16）是一个除法运算，用 FPGA 实现是比较困难的。该如何处理呢？我们需要再次用到工程上的近似处理方法。根据前面分析的具有 Farrow 结构的内插滤波器可知，$\omega(m)\approx0.5$（依据 Gardner 定时误差检测算法，每个符号中需 2 个采样点参与运算，即 $T=2T_{\rm i}$；依据具有 Farrow 结构的内插滤波器原理，每个插值需要 4 个采样点参与运算，即 $T=4T_{\rm s}$）。因此，在 FPGA 工程实现时，可以简单地将式（8-16）变为 $\mu_k=2\eta(m_k)$。

一旦能够正确得到 m_k 和 μ_k，系统就可以据此来计算正确的内插点，再根据内插点计算相应的定时误差，将该误差通过环路滤波器后，即可得到更新后的步长 $\omega(m)$，再将步长送到控制器计算 m_k 和 μ_k。整个系统周而复始地工作，自身不断进行反馈调节，从而得到正确的内插点，最后达到稳定状态。

8.2 插值算法位同步技术的 MATLAB 仿真

8.1 节用较多的篇幅介绍了插值算法位同步技术的原理，这些原理的介绍已经过较大程度的融合精简。如果读者是初次接触插值算法位同步技术，在阅读完前面的原理介绍后，对这种技术的理解十分有限，其中各模块本身的理论分析、概念理解，以及各模块之间复杂的时序逻辑关系，很容易让读者感觉无从下手。查阅资料是科学研究的首要工作，作者在学习这种技术时已记不清楚查阅了多少资料。但当最后理解并实现这种技术后，再回过头来看这些原理介绍，才感觉原来各种资料介绍的内容均大同小异，甚至奇怪为什么当初就理解不了呢。

如何理解插值算法位同步技术的原理呢？我们需要进一步通过 MATLAB 仿真来验证这种技术的正确性，最后通过 FPGA 实现这种技术，再反过来理解这种技术的原理，如此循环反复，最终彻底掌握这种技术，才能得心应手地在各种工程实践中加以运用。

8.2.1 环路滤波器系数的设计

例 8-1：MATLAB 仿真插值算法位同步技术

- 仿真基带信号的位同步；
- 符号速率 $R_{\rm b}$=1 Mbps；
- 成形滤波器的滚降因子 α=0.8；
- 采样速率 $f_{\rm s}=4R_{\rm b}$；
- 仿真分析不同初始定时误差情况下的环路收敛情况。

本书第 4 章讨论锁相环路时，给出了锁相环性能参数的设计步骤和方法，主要是计算满足性能要求的环路滤波器系数 C_1、C_2。设计这两个参数的前提是计算出锁相环增益 K 及固有

振荡角频率 ω_n。

在设计锁相环参数时，锁相环单边噪声带宽 B_L、角频率 ω_n 等各种参数之间是相互制约的。因此，在设计锁相环参数时，也可以以其他条件为出发点来计算环路滤波器系数，例如，单边噪声带宽 B_L 与符号采样周期 T_s 的乘积值。锁相环正常锁定通常要求 B_LT_s<<0.1。

文献[70]对插值算法位同步技术的性能进行了分析，并推导了环路滤波器系数 C_1、C_2 与 B_LT_s 之间的关系。文献[70]中的环路滤波器模型与图 4-4 相比，只是对 C_1 进行了归一化。根据文献[70]及图 4-4，很容易得到系数的计算公式，即：

$$\begin{aligned} C_1 &= 8B_LT_s/3 \\ C_2 &= 32(B_LT_s)^2/9 \end{aligned} \tag{8-17}$$

需要注意的是，在式（8-17）中，插值算法位同步环增益 K=1。后续进行 FPGA 实现时，我们会看到，插值算法位同步环设计过程中需要保证其各模块增益均为 1。

在本实例中，设置 B_LT_s=0.01，则根据式（8-17）可得，C_1=0.0267、C_2=0.00035556。

8.2.2 定时误差检测算法的 MATLAB 仿真程序

前面讲到过，阅读大量关于插值算法位同步技术的资料后，还需要动手编写 MATLAB 程序来进行仿真测试，以进一步理解插值算法位同步技术的实现过程。由于插值算法位同步技术的原理比较难以掌握，因此从头到尾独立编写仿真程序并不是一件容易的事。记得十几年前在学校读研时，讲授电路设计课程的老师说过一句给我留下了深刻印象的话。他讲道，当你打算开始某项电路设计时，首要的工作是从各种渠道查阅所需设计的相关资料，不要以为你的想法有多么奇特，是没有人做过的，其实你所能想到的设计，95%都是很多人已经设计过的。所以，找到那些已经做过类似设计的资料，是每个电子工程师在开始某项设计之初最应该做的事。

现代社会是一个海量信息社会，各种资料以及大量信息都隐藏在信息的海洋中，要找到对自己有用的信息并不是一件容易的事。经过反复搜索及测试，下面是通过互联网找到的一份针对 BPSK 信号的基于 Gardner 定时误差检测算法的 MATLAB 仿真程序。

程序运行后的结果见图 8-6。

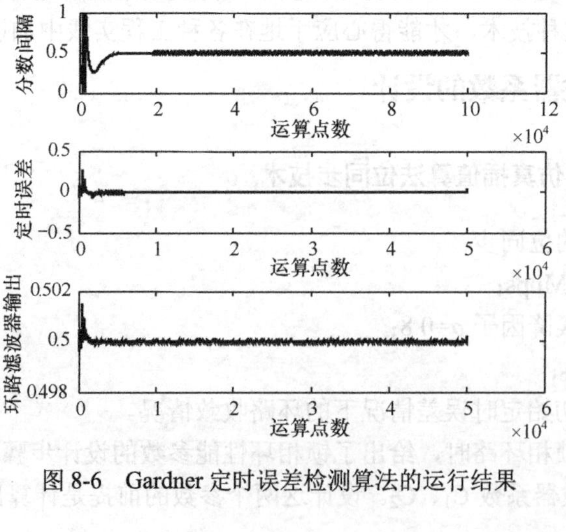

图 8-6　Gardner 定时误差检测算法的运行结果

```
%E8_11_gardner.m 程序
N=50000;                                  %符号数
K=4;                                      %每个符号采样 4 个点
Ns=K*N;                                   %总的采样点
w=[0.5,zeros(1,N-1)];                     %环路滤波器输出寄存器，初值设为 0.5
n=[0.7 zeros(1,Ns-1)];                    %NCO 寄存器，初值设为 0.7
n_temp=[n(1),zeros(1,Ns-1)];
u=[0.6,zeros(1,2*N-1)];                   %NCO 输出的定时分数间隔寄存器，初值设为 0.6
yI=zeros(1,2*N);                          %I 支路内插后的输出信号
yQ=zeros(1,2*N);                          %Q 支路内插后的输出信号
time_error=zeros(1,N);                    %提取的时钟误差寄存器

i=1;                                      %用来表示 Ts 的时间序号，指示 n、n_temp、nco
k=1;                                      %用来表示 Ti 时间序号，指示 u、yI、yQ
ms=1;                                     %用来个放城市 T 的时间序号，指示 a、b 和 w
strobe=zeros(1,Ns);
c1=5.41*10^(-3);    c2=3.82*10^(-6);      %环路滤波器系数

%仿真输入测试的 2PSK 信号
bitstream=(randi(2,N,1)-1);
psk2=pskmod(bitstream,2);
xI=zeros(1,Ns);
xQ=zeros(1,Ns);
xI(1:8:8*N)=real(psk2);                   %8 倍插值
xQ(1:8:8*N)=imag(psk2);

%截断后的根升余弦滚降滤波器
h1=rcosfir(0.8,[-8,8],4,1,'sqrt');
aI1=conv(xI,h1);
bQ1=conv(xQ,h1);
L=length(aI1);

%仿真输入信号
aI=[aI1(22:2:L),0,0];                     %2 倍抽取
bQ=[bQ1(22:2:L),0,0];

ns=length(aI)-2;
while(i<ns)
    n_temp(i+1)=n(i)-w(ms);
    if(n_temp(i+1)>0)
        n(i+1)=n_temp(i+1);
    else
        n(i+1)=mod(n_temp(i+1),1);
        %内插滤波器模块
        FI1=0.5*aI(i+2)-0.5*aI(i+1)-0.5*aI(i)+0.5*aI(i-1);
        FI2=1.5*aI(i+1)-0.5*aI(i+2)-0.5*aI(i)-0.5*aI(i-1);
        FI3=aI(i);
```

```
            yI(k)=(FI1*u(k)+FI2)*u(k)+FI3;
            FQ1=0.5*bQ(i+2)-0.5*bQ(i+1)-0.5*bQ(i)+0.5*bQ(i-1);
            FQ2=1.5*bQ(i+1)-0.5*bQ(i+2)-0.5*bQ(i)-0.5*bQ(i-1);
            FQ3=bQ(i);
            yQ(k)=(FQ1*u(k)+FQ2)*u(k)+FQ3;
            strobe(k)=mod(k,2);
            %时钟误差提取模块，采用的是 Gardner 定时误差检测算法
            if(strobe(k)==0)
                %每个数据符号计算一次时钟误差
                if(k>2)
                    time_error(ms)=yI(k-1)*(yI(k)-yI(k-2))+yQ(k-1)*(yQ(k)-yQ(k-2));
                else
                    time_error(ms)=(yI(k-1)*yI(k)+yQ(k-1)*yQ(k));
                end
                %每个数据符号计算一次环路滤波器输出
                if(ms>1)
                    w(ms+1)=w(ms)+c1*(time_error(ms)-time_error(ms-1))+c2*time_error(ms);
                else
                    w(ms+1)=w(ms)+c1*time_error(ms)+c2*time_error(ms);
                end
                ms=ms+1;
            end
            k=k+1;
            u(k)=n(i)/w(ms);
        end
        i=i+1;
    end

    subplot(311);   plot(u);            xlabel('运算点数');   ylabel('分数间隔');
    subplot(312);   plot(time_error);   xlabel('运算点数');   ylabel('定时误差');
    subplot(313);   plot(w);            xlabel('运算点数');   ylabel('环路滤波器输出');
```

从程序的运行结果看，分数间隔很快就收敛到 0.5 附近，定时误差很快收敛到 0，环路滤波器输出很快就收敛到 0.5 附近。仿真运行结果绘出的收敛曲线很平滑，算法运算正确。

简单分析一下程序中测试输入信号 aI、bQ 的产生过程，首先产生 2PSK 信号，而后对其进行 8 倍插值，为了得到每个符号采样 4 倍的基带信号，随后又对其进行 2 倍采样。

为什么不直接对产生的 2PSK 信号进行 4 倍插值呢？这是很容易想到的问题，因此可以将“aI=[aI1(22:2:L),0,0]; bQ=[bQ1(22:2:L),0,0];”两条语句用下面两条语句替换。

```
aI=rcosflt(real(psk2),1,4,'sqrt',0.8);
bQ=rcosflt(imag(psk2),1,4,'sqrt',0.8);
```

替换语句后再运行程序，得到的仿真图如图 8-7 所示。

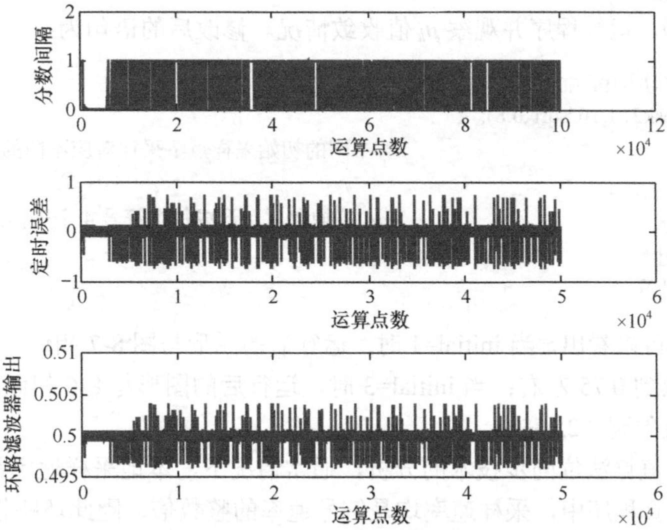

图 8-7　修改信号产生语句后的位同步程序仿真结果

图 8-7 的结果实在很让人感到意外。为什么算法不会收敛呢？

这种仿真结果不禁让人想起关于爱因斯坦与量子力学之间的一段物理趣话。爱因斯坦早期的一些科学研究为量子力学的建立打下了基础，他一生中获得的唯一诺贝尔奖，也是与量子力学有关的光电效应的研究，但他却一辈子不肯接受量子理论，特别是其中的不确定性原理。他始终认为，对粒子运动不确定的理论只是暂时的解释，总有一天会被另一种能够消除所有不确定因素的理论取代。他反对不确定性原理的一句名言就是“上帝不掷骰子”(God does not play dice)。认为粒子运动应该是确定的，不会像掷骰子那样随机（不确定）。后来，霍金针对爱因斯坦“上帝不掷骰子”的名言说：“上帝不只是掷骰子，还把骰子掷到我们看不到的地方!”(God play dice，but the dice are laoded)

回到我们的仿真问题上来，同样的输入信号必定出现同样的结果。科学研究的作用之一就是要合理解释各种实验现象。我们再深入分析一下 Gardner 定时误差检测算法的原理，就可以得出以下几条基本结论：

（1）程序中的 Gardner 定时误差检测算法是正确的。

（2）采样时，对不同的起始点采样，u 值的最后收敛值是不同的，但都在 0～1 之间。

（3）当每个符号采样 4 个点时，程序中编写的代码“aI=rcosflt(real(psk2),1,4,'sqrt',0.5);”，表示对一个符号从起始点到最末点的时间段，每隔 $T/4$ 时间采样一次，4 个采样点时刻依次为 0、$T/4$、$2T/4$、$3T/4$。这样，Gardner 误差检测算法收敛后，当 m_k 为 $2T/4$ 时，$\mu_k=0$，计算出的插值为 $2T/4$ 处的值（眼图张开最大时的值）；当 m_k 为 $T/4$ 时，$\mu_k=1$，计算出的插值仍为 $2T/4$ 处的值（眼图张开最大时的值），因此出现 Gardner 定时误差检测算法收敛后 μ_k 在 0 与 1 之间来回振荡的现象。

经过上面的分析可知，图 8-7 的仿真结果也是正确的，在这种情况下位同步也已经完成了收敛，只是修改后的测试信号对于 Gardner 定时误差检测算法来讲，恰好是一种特殊情况，即有两个性质完全相同的收敛点而已。

为进一步验证对 Gardner 定时误差检测算法的理解是否正确，我们重新设计修改后的两条语句，即先对 2PSK 信号进行 16 倍插值，而后对其进行 1/4 倍采样，并设置不同的初始采样值（initial 的值），运行程序并观察 μ_k 值收敛情况。修改后的语句为：

```
I=rcosflt(real(psk2),1,16,'sqrt',0.8);
Q=rcosflt(imag(psk2),1,16,'sqrt',0.8);
initial=3;                          %不同的初始采样点下采样对应不同的收敛μk值
m=4;
L=length(I);                        %4 倍抽取后，形成每个符号 4 个采样点的输入信号
aI=[I(initial:m:L)];
bQ=[Q(initial:m:L)];
```

程序运行后，可以看出，当 initial=1 时，运行后的图形与图 8-7 相似；当 initial=2 时，运行后 μ_k 稳定地收敛到 0.75 左右；当 initial=3 时，运行后的图形与 8-6 相似；当 initial=4 时，运行后 μ_k 稳定地收敛到 0.25 左右。

根据前面对插值算法位同步技术的分析，通常情况下，本地采样速率都不是符号速率的整数倍。前面的仿真程序中，采样速率均是符号速率的整数倍，因此环路收敛后的 μ_k 是一个稳定的值。如果本地采样速率不是符号速率的整数倍，收敛后的 μ_k 会如何变化呢？应该是一个类似于锯齿波的形状。产生如此形状的原因不再给出，相信读者在理解了插值算法位同步技术的原理后，可以很容易推算出 μ_k 的变化趋势。

再次将产生输入信号的代码修改为：

```
I=rcosflt(real(psk2),1,32,'sqrt',0.8);
Q=rcosflt(imag(psk2),1,32,'sqrt',0.8);
initial=2;                          %不同的初始采样点时，采样对应不同的收敛μk值
m=9;
L=floor(length(I)/m)*m;             %9 倍抽取后，形成每个符号 32/9 个采样点的输入信号
aI=[I(initial:m:L)];
bQ=[Q(initial:m:L)];
```

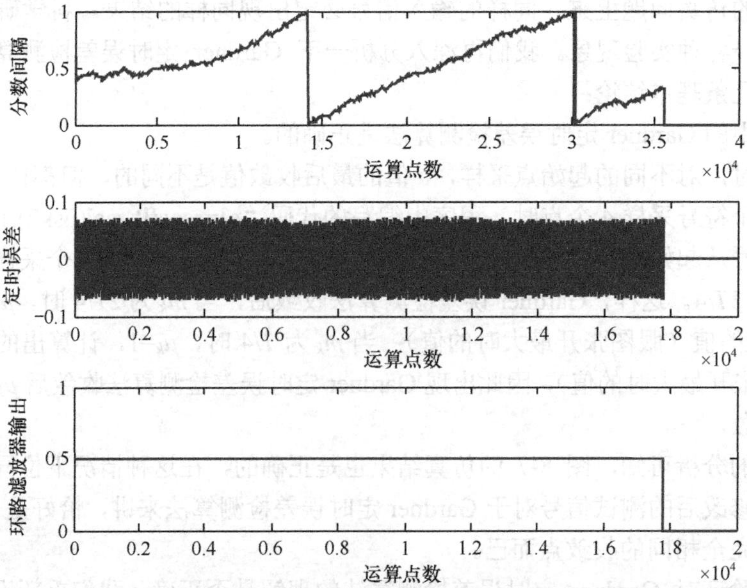

图 8-8　采样速率不是符号速率整数倍时的位同步程序仿真结果

从图 8-8 可以看出，仍然能够很快收敛，只是收敛后的 μ_k 不再稳定在某个具体的值，而是呈现锯齿波的形状，定时误差与图 8-6 相比有较大的增加。

8.2.3 简化后插值算法位同步技术的仿真

从 MATLAB 仿真过程可以看出，位同步环参数设计主要涉及环路滤波器系数，且根据文献[70]的分析，采用一阶环可以在确保性能的前提下降低设计的难度，也会减少 FPGA 实现时所需的硬件资源。因此，本实例采用一阶环，环路滤波器系数 C_1=0.0267。

仿真程序 E8_11_gardner.m 中考虑了同相及正交两条支路的输入信号，在一些基带信号传输过程中，正交支路信号近似为零，因此可只考虑同相支路信号的位定时同步，在 E8_11_gardner.m 的基础上删除正交支路的仿真算法，输入信号为单路信号。

为便于后续 FPGA 程序的仿真测试，我们可以采用速率为符号速率一半的正弦波信号作为输入的基带信号。由于正弦波信号一个周期内包含两位符号数据，因此频率为 $R_b/2$ 的正弦波信号，相当于符号速率为 R_b 的方波数据。为了避免出现图 8-7 所示的特殊采样点情况，在产生正弦波信号时增加 π/3 的相差，采样速率增加了 500 Hz 的频差。

经过前面对 Gardner 定时误差检测算法的仿真分析，结合例 8-1 的要求，我们对 E8_11_gardner.m 稍做修改，完成位同步算法仿真的同时，产生 4 倍符号速率采样的测试信号，量化成 8 bit 的信号后写入外部文件 din.txt 中，作为 FPGA 程序仿真测试信号。下面是完整插值算法位同步技术的仿真程序（E8_12_gardner.m）清单。

```
%E8_12_gardner.m 程序
clear all
N=5000;                                    %符号数
K=4;                                       %每个符号有 4 个采样点
Ns=K*N;                                    %总的采样点数

w=[0.5,zeros(1,N-1)];                      %环路滤波器寄存器输出，初值设为 0.5
n=[0.7 zeros(1,Ns-1)];                     %NCO 寄存器，初值设为 0.9
n_temp=[n(1),zeros(1,Ns-1)];
u=[0.6,zeros(1,2*N-1)];                    %NCO 输出的定时分数间隔寄存器，初值设为 0.6
yI=zeros(1,2*N);                           %I 支路内插后的输出信号
time_error=zeros(1,N);                     %Gardner 抽取的时钟误差寄存器

i=1;                                       %用来表示 Ts 的时间序号，指示 n、n_temp、nco
k=1;                                       %用来表示 Ti 的时间序号，指示 u、yI、yQ
ms=1;                                      %用来表示 T 的时间序号，指示 a、b、w
strobe=zeros(1,Ns);
c1=0.0267;                                 %环路滤波器系数

%%%  仿真输入测试的基带信号                   %%%
fs=4.0005*10^6;                            %采样速率，增加了 100 Hz 的频差
Rb=1*10^6;                                 %符号速率
t=0:(Ns-1);
t=t*(1/fs);
aI=sin(2*pi*Rb/2*t+pi/3);                  %采样速率为 fs、周期为 Rb/2 的正弦波信号
```

```
%Gardner 定时误差检测算法
ns=length(aI)-2;
while(i<ns)
    n_temp(i+1)=n(i)-w(ms);
    if(n_temp(i+1)>0)
        n(i+1)=n_temp(i+1);
    else
        n(i+1)=mod(n_temp(i+1),1);
        %内插滤波器模块
        FI1=0.5*aI(i+2)-0.5*aI(i+1)-0.5*aI(i)+0.5*aI(i-1);
        FI2=1.5*aI(i+1)-0.5*aI(i+2)-0.5*aI(i)-0.5*aI(i-1);
        FI3=aI(i);
        yI(k)=(FI1*u(k)+FI2)*u(k)+FI3;
        strobe(k)=mod(k,2);
        %时钟误差提取模块，采用的是 Gardner 定时误差检测算法
        if(strobe(k)==0)
            %每个数据符号计算一次时钟误差
            if(k>2)
                time_error(ms)=yI(k-1)*(yI(k)-yI(k-2));
            else
                time_error(ms)=yI(k-1)*yI(k);
            end
            %每个数据符号计算一次环路滤波器输出，采用一阶环
            if(ms>1)
                w(ms+1)=w(ms)+c1*(time_error(ms)-time_error(ms-1));
            else
                w(ms+1)=w(ms)+c1*time_error(ms);
            end
            ms=ms+1;
        end
        k=k+1;
        u(k)=n(i)/w(ms);
    end
    i=i+1;
end

figure(1);
subplot(311);plot(u);           xlabel('运算点数');   ylabel('分数间隔');
subplot(312);plot(time_error);  xlabel('运算点数');   ylabel('定时误差');
subplot(313);plot(w);           xlabel('运算点数');   ylabel('环路滤波器输出');

figure(2);
subplot(211);stem(aI(200:300));    xlabel('运算点数');   ylabel('幅值'); title('输入数据');
subplot(212);stem(yI(200:300));    xlabel('运算点数');   ylabel('幅值'); title('滤波输出数据');

%将生成的同相支路信号 aI 以二进制数据格式写入 din.txt 文件
QB=8;
Q_x=round(aI*(2^(QB-1)-1));    %QB 比特量化
```

```
fid=fopen('D:\SyncPrograms\Chapter_8\din.txt','w');
for k=1:length(Q_x)
    B_si=dec2bin(Q_x(k)+(Q_x(k)<0)*2^QB,QB);
    for q=1:QB
        if B_si(q)=='1'
            tb=1;
        else
            tb=0;
        end
        fprintf(fid,'%d',tb);
    end
    fprintf(fid,'\r\n');
end
fprintf(fid,';'); fclose(fid);
```

图 8-9 为程序运行后得到的简化后插值算法位同步环收敛曲线，从图中可知算法很快收敛到预定的值，由于采样速率设置了 100 Hz 的频差，因此分数间隔呈现出锯齿波形状。

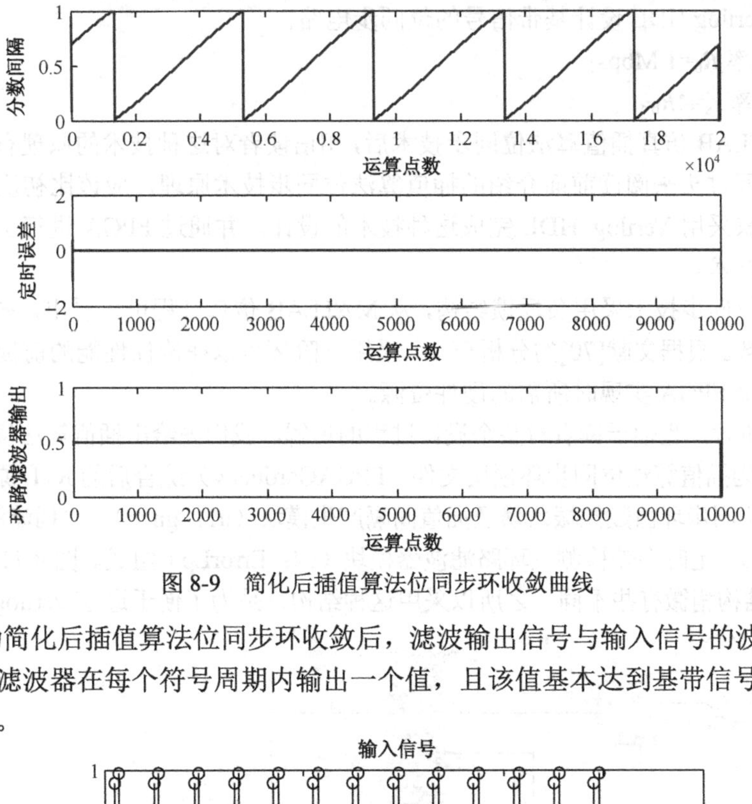

图 8-9　简化后插值算法位同步环收敛曲线

图 8-10 为简化后插值算法位同步环收敛后，滤波输出信号与输入信号的波形对比。从图中可以看出，滤波器在每个符号周期内输出一个值，且该值基本达到基带信号波形眼图张开最大时刻的值。

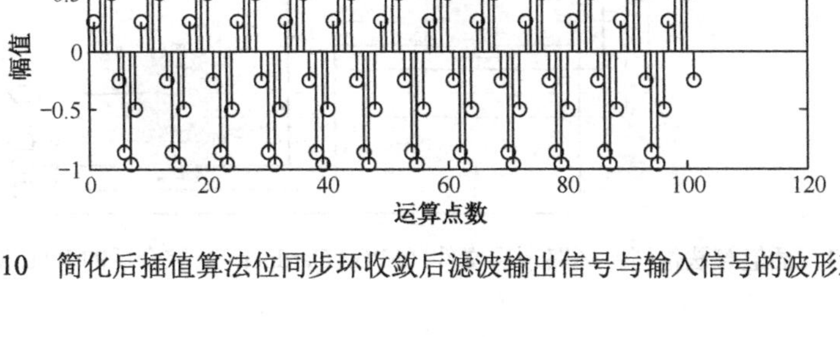

图 8-10　简化后插值算法位同步环收敛后滤波输出信号与输入信号的波形对比

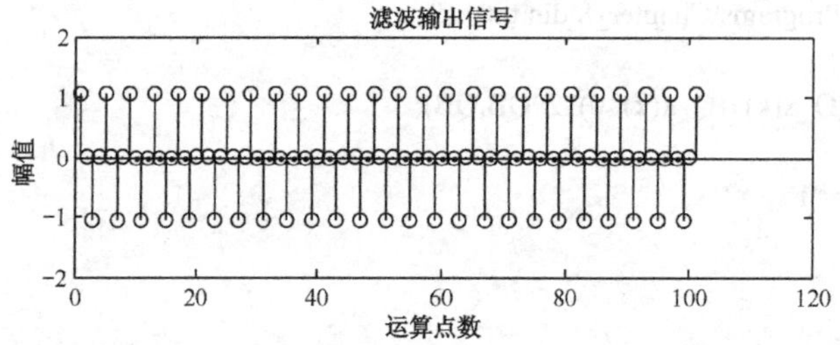

图 8-10　简化后插值算法位同步环收敛后滤波输出信号与输入信号的波形对比（续）

8.3 插值算法位同步技术的 FPGA 实现

8.3.1 顶层模块的 Verilog HDL 设计

例 8-2：FPGA 实现插值算法位同步技术

- 采用 Verilog HDL 设计基带信号的位同步电路；
- 符号速率 R_b=1 Mbps；
- 采样速率 f_s=4R_b。

采用 MATLAB 仿真插值算法位同步技术后，相信读者对这种技术的原理有了更进一步的认识。此时再回过头来阅读前面介绍的插值算法位同步技术原理，应该比初次阅读时有更深的理解。接下来采用 Verilog HDL 完成这种技术的设计，并通过 FPGA 进行工程实现，从而彻底掌握这种技术。

插值算法位同步技术采用负反馈结构，从 MATLAB 仿真过程可以看出，参数设计主要涉及环滤波器系数。根据文献[70]的分析可知，采用一阶环可以在确保性能的前提下降低设计的难度，同时减少 FPGA 实现时所需的硬件资源。

为了便于讲解，也便于读者对整个设计过程的理解，我们先给出插值算法位同步环的顶层结构。图 8-11 为插值算法位同步环顶层文件（FPGAGardner.v）综合后的 RTL 原理图。可以看出，插值算法位同步环由数控振荡器及插值间隔产生模块（u1：gnco）、内插滤波器模块（u2：InterpolateFilter）、定时误差检测及环路滤波器模块（u4：ErrorLp）组成。图 8-11 所示的结构与图 8-1 所示的结构稍微有些不同，之所以采用这种结构，是为了便于进行 Verilog HDL 设计。

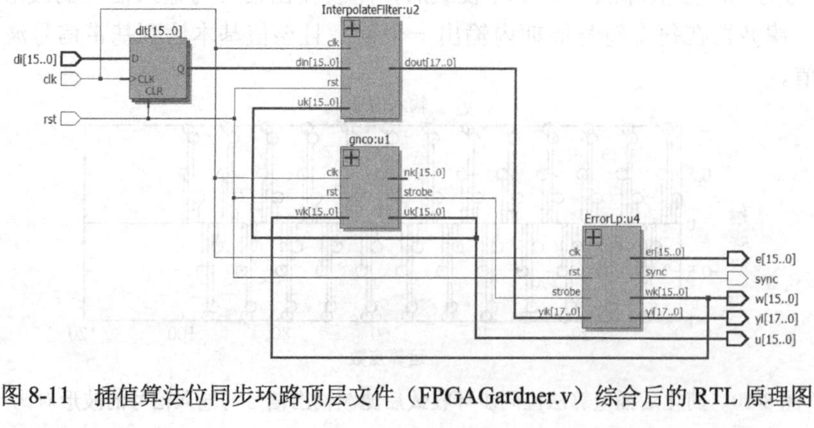

图 8-11　插值算法位同步环路顶层文件（FPGAGardner.v）综合后的 RTL 原理图

下面给出了位同步环路顶层文件（FPGAgardner.v）的程序清单。

```
//FPGAgardner.v 的程序清单
module FpgaGardner (rst,clk,di,yi,sync,u,e,w);
    input   rst;                        //复位信号，高电平有效
    input   clk;                        //时钟信号、信号输入速率、4 倍符号速率，频率为 4 MHz
    input   signed [15:0]   di;         //基带 I 支路信号，频率为 4 MHz
    output signed [17:0]    yi;         //插值 I 支路信号，频率为 1 MHz
    output signed [15:0]    u;          //插值间隔的输出信号
    output signed [15:0]    e;          //定时误差检测器的输出信号
    output signed [15:0]    w;          //环路滤波器输出的定时误差
    output sync;                        //位同步信号，频率为 1 MHz
    //通过寄存器输入信号
    reg signed [15:0] dit;
    always @(posedge clk or posedge rst)
    if (rst)
        begin
            dit <= 16'd0;
        end
    else
        begin
            dit <= di;
        end
    //实例化数控振荡器及插值间隔产生模块
    wire signed [15:0] wk,uk,nk;
    wire strobe;
    gnco u1 (.rst (rst),.clk (clk),.wk (wk),.strobe (strobe),.uk (uk),.nk (nk));

     //实例化内插滤波器模块
    wire signed [17:0] yik;
    InterpolateFilter u2 (.rst (rst),.clk (clk),.din (dit),.uk (uk),.dout (yik));

    //定时误差检测及环路滤波器模块
    ErrorLp u4 (.rst (rst),.clk (clk),.strobe (strobe),.yik (yik),.yi (yi),.sync (sync),.er (e),.wk (wk));

   assign u = uk;
   assign w = wk;
endmodule
```

8.3.2　内插滤波器模块的 Verilog HDL 设计

内插滤波器模块的功能其实就是完成式（8-7）的计算，由于式中的系数只有 0.5、1、1.5 三种，因此可以采用移位的方法实现系数的乘法运算。根据前文对环路滤波器系数的讨论，要求插值算法位同步环各模块的增益均为 1，因此在设计内插滤波器时，也需要考虑计算中

的有效数据位宽。

在进行 Verilog HDL 设计之前，首先设定输入信号（16 bit）的小数位宽为 15，整数位宽均为 1，则输入信号的表示范围为−1～1。根据本书第 3 章的讨论，在进行乘法运算时，如乘数 A 的小数位宽和整数位宽分别为 A_d、A_I，乘数 B 的小数位宽和整数位宽分别为 B_d、B_I，则全精度乘法运算后的小数位宽 $M_d=A_d+B_d$，整数位宽 $M_I=A_I+B_I$。两个二进制数进行加法运算时，小数点位置必须对齐，也就是说小数位宽必须相同。根据乘法运算及加法运算的原则，同时考虑防止运算数据溢出需要扩展整数位宽，理解下面的内插滤波器模块的 Verilog HDL 代码就比较容易了。

```
//InterpolateFilter.v 的程序清单
module InterpolateFilter (rst,clk,din,uk,dout);
    input   rst;                        //复位信号，高电平有效
    input   clk;                        //时钟信号，频率为 4 MHz
    input   signed [15:0]   din;        //I 支路或 Q 支路基带信号，频率为 4 MHz，小数位宽为 15
    input   signed [15:0]   uk;         //插值间隔，小数位宽为 15
    output signed [17:0]    dout; //内插滤波器的输出信号，频率为 4 MHz，范围为-4～4，小数位宽为 15

    //根据计算需要，对信号进行延时处理
    reg   signed [15:0] din_1,din_2,din_3,din_4,din_5,din_6;
    reg   signed [15:0] u_1,u_2;
    wire signed [33:0] f2_u;
    reg   signed [33:0] f2_u_1,f2_u_2;
    always @(posedge clk or posedge rst)
    if (rst)
        begin
            din_1 <= 16'd0;
            din_2 <= 16'd0;
            din_3 <= 16'd0;
            din_4 <= 16'd0;
            din_5 <= 16'd0;
            din_6 <= 16'd0;
            u_1     <= 16'd0;
            u_2     <= 16'd0;
            f2_u_1<= 34'd0;
            f2_u_2<= 34'd0;
        end
    else
        begin
            din_1 <= din;
            din_2 <= din_1;
            din_3 <= din_2;
            din_4 <= din_3;
            din_5 <= din_4;
            din_6 <= din_5;
```

```
            u_1 <= uk;
            u_2 <= u_1;
            f2_u_1 <= f2_u;
            f2_u_2 <= f2_u_1;
        end

    //采用移位的方法实现 1/2 倍乘法：f1=0.5*din-0.5din(m-1)-0.5*din(m-2)+0.5*din(m-3)
    //为了防止数据溢出，f1、f2 的整数位宽设为 3、小数位宽设为 15
    wire signed [17:0] f1,f2;
    assign f1 = (rst)? 18'd0:
     ({{3{din[15]}},din[15:1]}-{{3{din_1[15]}},din_1[15:1]}-{{3{din_2[15]}},din_2[15:1]}
   +{{3{din_3[15]}},din_3[15:1]});


     //f2=1.5*din(m-1)-0.5*din-0.5*din(m-2)-0.5*din(m-3)
     assign f2 = (rst)? 18'd0:
  ({{2{din_1[15]}},din_1}+{{3{din_1[15]}},din_1[15:1]}-{{3{din[15]}},din[15:1]}
  -{{3{din_2[15]}},din_2[15:1]}-{{3{din_3[15]}},din_3[15:1]});

    //f1_u=f1*uk,f1_u 的整数位宽为 4，小数位宽为 30，根据乘法器 IP 核设置的处理延时为 2 个时钟周期
    wire signed [33:0] f1_u;
     mult18_16 u1 (.clock( clk),.dataa (f1),.datab (uk),.result (f1_u));

    //f2_u=f2*uk,f2_u 的整数位宽为 4，小数位宽为 30，根据乘法器 IP 核设置的处理延时为 2 个时钟周期
    mult18_16 u2 (.clock( clk),.dataa (f2),.datab (uk),.result (f2_u));

    //f1_u2=f2*u*u，u_2 为 u 延时 2 个时钟周期后的数据，使 u 与 f1_u 时序上对齐
    //f1_u 只取 15 位小数、3 位整数参与运算，f1_u2 的整数位宽仍为 4，小数位宽仍为 30
    wire signed [33:0] f1_u2;
    mult18_16 u3 (.clock( clk),.dataa (f1_u[32:15]),.datab (u_2),.result (f1_u2));

    //对齐 f2_u、f1_u2、din_2 的小数点位置（小数位宽均取 15）
    //f1_u2 的运算相对于 f2_u 有 2 个时钟周期的延时，相对于 f3(din_2)有 4 个时钟周期的延时，因此
    //加法运算需要进行延时处理，以对齐时序
    wire signed [18:0] dt;
    assign dt = (rst)? 19'd0:(f2_u_2[33:15]+f1_u2[33:15]+{{3{din_6[15]}},din_6});

    //由于 u 值小于 1，综合考虑整个插值算法，整数位宽增加 2 即可防止数据溢出，因此
    //取 3 bit 整数，15 bit 小数，共 18 bit
    //此时增加一级寄存器，是为了增加系统的运算速度
    reg signed [17:0] dtem;
    always @(posedge clk or posedge rst)
    if (rst)
        dtem <= 18'd0;
    else
        dtem <= dt[17:0];
```

```
assign dout =dtem;
endmodule;
```

为了便于读者理解程序中各级运算的时序及数据截取情况，代码中增加了比较详细的注释。读者在阅读程序时，需要把握两点：一是在 Verilog HDL 实现时，为了提高系统的运算速度，需要在各级运算中增加寄存器，增加寄存器会带来运算延时，为了使参与运算的信号在时序上对齐，需要对部分信号进行延时处理；二是考虑乘法运算及加法运算中的小数点位置，乘法运算时不需要对齐小数点位置，加法运算时必须对齐小数点位置。

程序中用到了乘法器 IP 核，设置该 IP 核参数时，需设置成 18 bit×16 bit 有符号数运算，同时设置运算延时为 2 个时钟周期，且实现全精度运算（输出数据位宽为 34）。乘法器 IP 核的使用在前面章节中已有详细讨论，本章不再给出其 IP 核的详细参数。

8.3.3 定时误差检测及环路滤波器模块的 Verilog HDL 设计

为了便于 Verilog HDL 设计，将定时误差检测及环路滤波器模块用一个文件实现。编写 Verilog HDL 实现代码时可以参照 MATLAB 程序文件中的相应设计。程序采用了 Gardner 定时误差检测算法，这个算法本身比较简单，需要注意的是算法运算过程是在 gnco 模块的选通信号 strobe 有效的情况下进行的。在进行环路滤波器运算时，每两个 strobe 信号运算一次，一方面可以输出位同步信号 sync，另一方面可以保证每个符号计算一次滤波后的定时误差。

根据 Verilog HDL 的设计特点，为了便于工程实现，对式（8-8）中的乘法运算进行了近似处理，用信号的符号位代替实际值，从而形成式（8-10）所示的简化符号算法。在简化符号算法中，$\mathrm{sgn}[y_I(k)]$和 $\mathrm{sgn}[y_I(k-1)]$的值取 1（正数情况下）或−1（负数情况下），因此$\{\mathrm{sgn}[y_I(k)]-\mathrm{sgn}[y_I(k-1)]\}$的取值只有 2、0、−2 三种。

文献[70]对一阶环（C_2=0）及二阶环的捕获跟踪性能进行了分析对比，根据分析及仿真结果可知，无论从实现的复杂性还是性能来讲，在接收端符号速率已知的情况下，只需要使用一阶环就可以很好地完成位同步任务。为了进一步简化设计，在进行 Verilog HDL 设计时，取环路滤波器系数 C_2=0，采用一阶环实现。

根据前面的分析可知，当 B_LT_s=0.01 时，可得 C_1=0.0267。为了采用移位的方法来处理小数乘法运算，可取 $C_1\approx 2^{-6}$=0.0156。

与内插滤波器模块的 Verilog HDL 设计类似，进行定时误差检测及环路滤波器模块的 Verilog HDL 设计时，同样要考虑小数点对齐及数据有效位截取问题。下面给出了该模块的程序清单，为了便于读者理解数据有效位截取及时序设计关系，程序中添加了详细的注释。

```
//ErrorLp.v 的程序清单
module ErrorLp (rst,clk,strobe,yik,yi,sync,er,wk);

    input  rst;                         //复位信号，高电平有效
    input  clk;                         //时钟信号，频率为 4 MHz
    input  strobe;                      //gnco 模块的选通信号
    input  signed [17:0]   yik;         //插值滤波后的 I 支路信号，频率为 4 MHz
```

```
output signed [17:0]    yi;          //最佳采样时刻的内插 I 支路信号，频率为 1 MHz
output signed [15:0]    er;          //定时误差信号
output signed [15:0]    wk;          //环路滤波器输出信号
output sync;                         //位同步信号，与最佳采样时刻同步，频率为 1 MHz

reg signed [17:0] yik_0,yqk_0,yik_1,yqk_1,yik_2,yqk_2,yit,yqt,err_1;
wire signed [17:0] err;
reg signed [15:0] w;
reg sk;
always @(posedge clk or posedge rst)
if (rst)
    begin
        yik_0 <= 18'd0;
        yik_1 <= 18'd0;
        yik_2 <= 18'd0;
        yit <= 18'd0;
        sk   <= 1'b0;
        err_1 <= 18'd0;
        //设置环路滤波器输出的初始值为 0.5
        w <= 16'b0100000000000000;
    end
 else
    begin
        //在检测到 gnco 模块送来的选通信号 strobe 时，取有效插值数据进行定时误差检测
        if (strobe)
            begin
                yik_0 <= yik;
                yik_1 <= yik_0;
                yik_2 <= yik_1;
                //设置 sk 信号，其周期为符号周期，作为位同步信号输出
                sk <= !sk;
                //每个符号进行一次环路滤波处理
                if(sk)
                    begin
                        //此时将最佳插值数据输出，获取最佳位同步信号采样值
                        yit <= yik_0;
                        //环路滤波器
                        err_1 <= err;
                        //通过移位运算的方法实现乘以 0.0156 的运算
                        //err 还需要乘以 2 才能得到 er,因此需对 err 左移 5 位以实现乘以 2^(-6)
                        w <= w+{{3{err[17]}},err[17:5]}-{{3{err_1[17]}},err_1[17:5]};
                    end
            end
    end

 assign sync = sk;
```

```
    assign wk = w;
    assign yi = yit;

    ////////////////////////Gardner 定时误差检测器////////////////////////
    wire signed [17:0] Ia2,Qa2,yik1_Ia,yqk1_Qa;
    reg signed [17:0] eri,erq;

    //计算式（8-29），这里没有除以 2
    assign Ia2 = yik_0+yik_2;
    //计算式（8-28）中的乘数，可通过移位的方法实现除以 2 的运算
    assign yik1_Ia = yik_1-{Ia2[17],Ia2[17:1]};

    //计算式（8-28），根据 yik 及 yik_2 的符号位实现乘法运算
    //两个信号的符号位相减只有 3 种结果，即 2、0、-2，这里不进行 2 倍乘法
    always @(*)
    if ((!yik[17]) && yik_2[17])
        eri <= yik1_Ia;
    elseif ((!yik_2[17]) && yik[17])
        eri <= -yik1_Ia;
    else
        eri <= 18'd0;

    assign err = eri;
   //通过移位的方法实现 2 倍的乘法运算
   assign er = (sk)? {err[14:0],1'b0} :16'd0;
   ////////////////////////Gardner 定时误差检测器////////////////////////
endmodule
```

8.3.4 数控振荡器的 Verilog HDL 设计

根据前面对插值算法位同步技术原理的讨论可知，数控振荡器实际上是一个递减计数器，当寄存器（nk）的值小于 0 时，输出一个选通脉冲（strobe），同时对寄存器中的内容进行模 1 处理（实际上是加 1），并对模 1 处理前的数据乘以 2，作为定时误差间隔输出。这里的乘以 2 处理，也是根据数据速率及插值算法的原理所做的工程近似。

与前面几个模块相同，在设计数控振荡器的 Verilog HDL 代码时，除准确理解各信号间的时序之外，还需要精心设计各运算步骤中的有效数据位宽。对整个插值算法位同步环而言，前面已经假定环路滤波器输出定时误差信号 w、插值间隔 u，以及数控振荡器 nk 的小数位宽均为 15，因此在进行模 1 处理时，整数 1 对应的二进制数为 0_1000_0000_0000_0000。

为了便于读者理解数控振荡器的设计过程，程序中添加了较为详细的注释，下面给出了数控振荡器的程序清单。

```
//gnco.v 的程序清单
module gnco (rst,clk,wk,uk,nk,strobe);

    input   rst;                              //复位信号，高电平有效
```

```
    input    clk;                        //时钟信号，频率为 4 MHz
    input    signed [15:0]    wk;        //环路滤波器输出的定时误差信号，小数位宽为 15
    output   signed [15:0]    uk;        //NCO 输出的插值间隔小数，小数位宽为 15
    output   signed [15:0]    nk;        //NCO 寄存器值
    output   strobe;                     //NCO 输出的插值计算选通信号，高电平有效

    reg signed [16:0] nkt;
    reg signed [16:0] ut;
    reg str;
    always @(posedge clk or posedge rst)
    if (rst)
        begin
            //设置 nk、uk 的初值
            nkt <= 17'b00110000000000000;
            str <= 1'b0;
            ut  <= 17'b00100000000000000;
        end
    else
        begin
            if (nkt < {wk[15],wk})
                begin
                    // 负值+1，相当于 mod(1);
                    nkt <= 17'b01000000000000000+nkt-{wk[15],wk};
                    str <= 1'b1;
                    //取出 nkt 减去 wk 之前的值，再乘以 2 作为 u 值输出
                    ut <= nkt;
                end
            else
                begin
                    nkt <= nkt-{wk[15],wk};
                    str <= 1'b0;
                end
        end

    assign nk = nkt[15:0];
    assign uk = {ut[14:0],1'b0};
    assign strobe = str;
endmodule
```

8.3.5　FPGA 实现后的仿真测试

编写完整个工程的 Verilog HDL 代码后还需要对其进行测试，仍然可以采用从外部 TXT 文件读取 E8_12_gardner.m 产生的基带信号的方法，仿真波形如图 8-12 和图 8-13 所示。

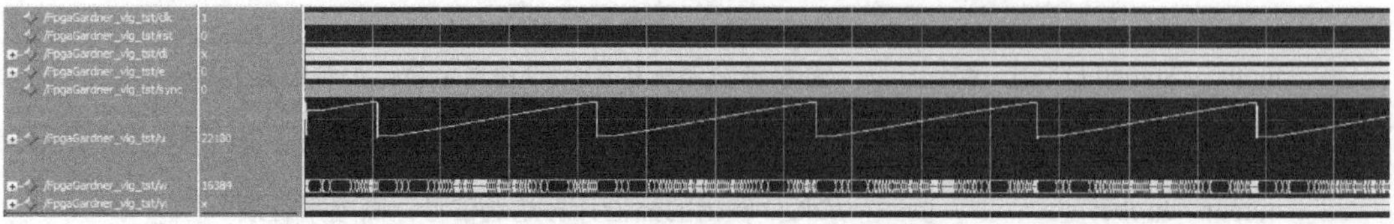

图 8-12　插值算法位同步环 FPGA 实现后的 ModelSim 仿真波形图（分数间隔信号波形）

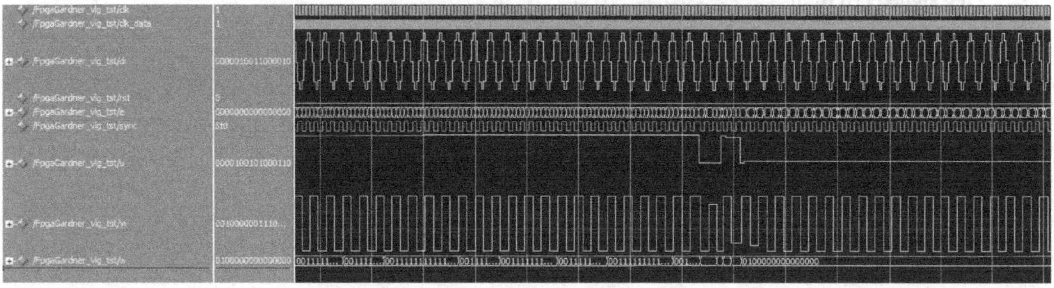

图 8-13　插值算法位同步环 FPGA 实现后的 ModelSim 仿真波形图（滤波输出局部放大）

从图 8-12 可以看出，插值算法位同步环的定时误差波形呈锯齿状，和 MATLAB 仿真波形相同。图 8-13 是 ModelSim 仿真波形的局部放大图。虽然在生成测试信号时，采样速率增加了 100 Hz 的频差，插值算法位同步环仍然能够在每个符号周期内输出一个滤波值，且输出值与基带信号波形眼图张开时刻的最大值相近。当分数间隔信号由最大值（接近 1）突变至最小值（接近 0）时，虽然滤波输出值与基带信号波形眼图张开最大时刻的值相比有所降低，但内插滤波器的输出仍然能够与输入信号保持同步。

8.4　插值算法位同步环的板载测试

8.4.1　硬件接口电路

本次板载测试的目的在于验证插值算法位同步环的工作情况，即验证顶层文件 FPGAGardner.v 程序是否能够从输入信号中提取位同步信号。

CRD500 开发板配置有 2 路独立的 DA 通道、1 路 AD 通道、2 个独立的晶振。为尽量真实地模拟数字通信中的位同步过程，采用晶振 X2（gclk2）作为驱动时钟，产生 0.50005 MHz 的正弦波信号（模拟解调后的基带信号），经 DA2 通道输出。DA2 通道输出的模拟信号通过 CRD500 开发板上的 P5 跳线端子（引脚 1、2 短接）连接至 AD 通道，送入 FPGA 进行处理。AD 通道的驱动时钟由 X1（gclk1）提供，即板载测试中收、发两端的时钟完全独立，同时将提取的位同步信号由 CRD500 开发板的扩展口 ext9 输出。程序下载到 CRD500 开发板后，可以通过示波器同时观察 DA2 通道的输出信号及位同步信号的相位关系，以此来判断插值算法位同步环的工作情况。插值算法位同步环板载测试的 FPGA 接口信号定义如表 8-1 所示。

表 8-1 插值算法位同步环板载测试的 FPGA 接口信号定义表

信号名称	引脚定义	传输方向	功能说明
rst	P14	→FPGA	复位信号，高电平有效
gclk1	M1	→FPGA	接收处理及数据采样的驱动时钟
gclk2	E1	→FPGA	生成测试信号的驱动时钟
key1	T10	→FPGA	按键信号，按下按键时为高电平，此时 AD 通道输入为全 0 信号，否则为 DA2 通道的信号
ext9	N3	FPGA→	扩展口 ext9，提取的位同步信号
ad_clk	K15	FPGA→	AD 通道的时钟信号，4 MHz
ad_din[7:0]	G15、G16、F15、F16、F14、D15、D16、C14	→FPGA	AD 通道的输入信号，8 bit

8.4.2 板载测试程序

根据前面的分析可知，板载测试程序需要设计时钟信号产生模块（clk_produce.v）来产生所需的各种时钟信号；设计测试信号生成模块（testdata_produce.v）来产生 0.50005 MHz 的正弦波信号。插值算法位同步环板载测试程序（BoardTst.v）顶层文件综合后的 RTL 原理图如图 8-14 所示。

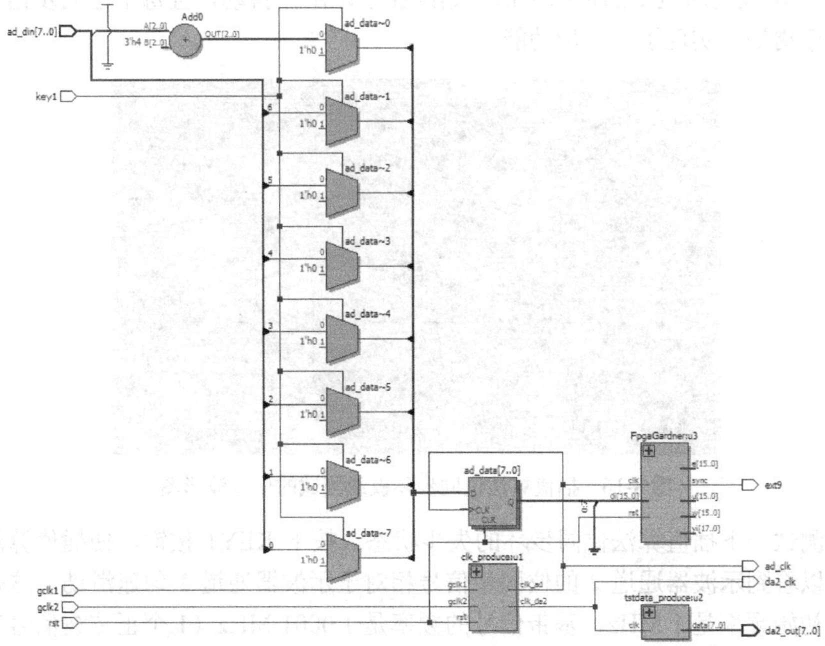

图 8-14 插值算法位同步环板载测试程序顶层文件综合后的 RTL 原理图

时钟信号产生模块（u1）内包括 1 个时钟管理 IP 核，由板载的 X1（gclk1）晶振驱动产生 4 MHz 的接收端处理时钟信号及采样速率信号。DA2 通道的驱动时钟直接由 X2（gclk2）晶振输出，用于产生 0.50005 MHz 的正弦波测试信号。

测试信号产生模块（u2）的功能比较简单，调用 NCO 核即可在 50 MHz 的时钟信号驱动下产生正弦波测试信号，并完成有符号数到无符号数的转换，送至 DA2 通道完成 D/A 转换。

8.4.3 板载测试验证

设计好板载测试程序并完成 FPGA 实现后，可以将程序下载至 CRD500 开发板进行板载测试。插值算法位同步环板载测试的硬件连接如图 8-15 所示。

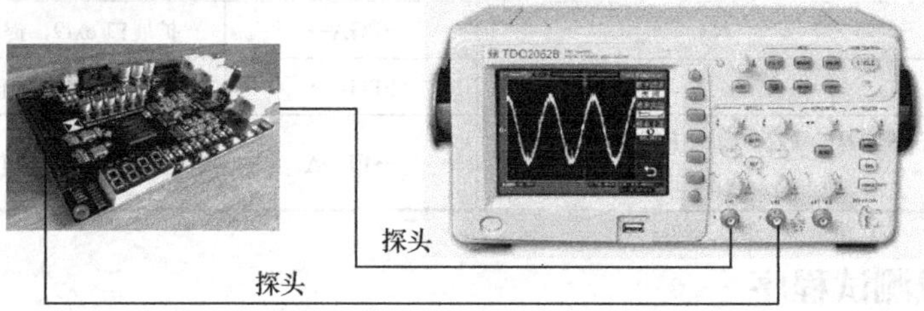

图 8-15 插值算法位同步环板载测试的硬件连接

板载测试需要采用双通道示波器，示波器通道 1 道接 DA2 通道，观察 0.50005 MHz 的正弦波信号；通道 2 由示波器探头连接至 CRD500 的扩展口 ext9，调整示波器参数，可以看到示波器通道 1 显示正弦波信号，示波器通道 2 显示提取出的位同步信号，近似方波信号，如图 8-16 所示。示波器通道 2 的位同步信号始终在小范围内抖动，且每个位同步信号对应正弦波信号的半个周期，实现了位同步功能。

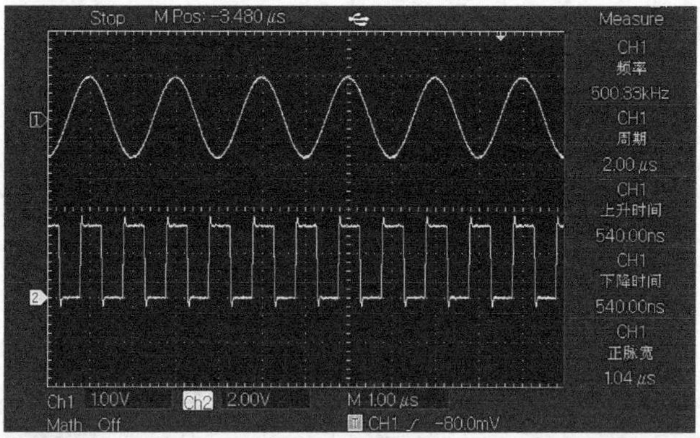

图 8-16 插值算法位同步环板载测试的信号波形图

接下来测试一下插值算法位同步环的失步状态。按下 KEY1 按键，使插值算法位同步环无输入，可以看到示波器通道 2 的位同步信号相对于示波器通道 1 匀速滑动。这是由于本地信号设置的初始频率是 1 MHz，基带信号的频率是 1.0001 MHz（1 个正弦波信号周期内包含 2 个基带信号），两者之间存在频差，由于两者无法同步，因此出现了滑动的现象。

8.5 小结

插值算法位同步技术本身比较难以理解，为了给读者更多的参考，本章还用一定的篇幅详细分析了两种输入信号的仿真结果数据。之所以写这些，是想说明，作为一名工程技术人员，掌握一项技术，首先需要从原理上准确把握该技术的工作原理，能够对各种仿真结果做出合理的解释。掌握的知识越多，积累的工程经验越丰富，学习的速度就越快，对相关领域知识的理解能力就越强，这是一个正反馈不断增强的过程。

第 9 章

帧同步技术的 FPGA 实现

在数字通信中，发送端一般以一定数目的码元组成一个个“字”或“句”，即组成一个个数据帧进行传输，因此帧同步信号的频率很容易由位同步信号经过分频得到。但每个帧的开头和末尾却无法直接由位同步信号获取，因此，帧同步的主要任务就是要获取每个数据帧的起始及结束位置。显然，帧同步是以位同步为前提的，也就是说，需要在位同步的基础上实现帧同步。对于数据传输来讲，需要获取帧同步信号的传输称为同步传输，与之相对应的另一种传输方式称为异步传输。为便于读者全面理解数据传输的概念、作用及实现方法，本章将对这两种数据传输方式进行讨论。

9.1 异步传输与同步传输的概念

在数字通信（包括无线通信及有线通信）中，通信双方要交换数据，就需要高度协同工作。为了正确地解释信号，接收端必须确切地知道数据应当何时被接收和处理，并且正确地对接收到的数据按照发送的方式进行分组，因此同步是至关重要的。通常可以采用同步或异步传输方式对解调出的数据进行同步处理。

9.1.1 异步传输的概念

异步传输（Asynchronous Transmission）是指将数据流分成多个数据小组进行传输，每个数据组可以是 8 bit 的 1 个字符或更长的字符，这个数据组可以称为一个数据帧。发送端可以在任何时刻发送这些数据组，但接收端并不知道它们会在什么时候到达。一个常见的例子是计算机键盘与主机的通信。按下一个字母键、数字键或特殊字符键时，就发送一个 8 bit 的 ASCII 码。键盘可以在任何时刻发送 ASCII 码，这取决于用户的输入速度，内部的硬件必须能够及时接收输入的 ASCII 码。

异步传输存在一个潜在的问题，即接收端并不知道数据会在什么时候到达。在它检测到数据并做出响应之前，第一个数据已经过去了。这就像有人突然从后面走上来跟你说话，而你还没反应过来，就漏掉了最前面的几个词一样。因此，为了解决这个问题，每次异步传输的数据都以一个起始位开头，它通知接收端数据已经到达了，这就给了接收端响应、接收和缓存数据的时间；在传输结束时，发送一个停止位表示该次数据传输的终止。按照惯例，空闲（没有传输数据）的线路实际携带一个代表二进制 1 的信号，异步传输的起始位使信号变成 0，其他位使信号随传输的数据而变化，停止位使信号重新变回 1，该信号一直保持到下一个起始位到达为止。例如，键盘上的数字 1，按照 8 bit 扩展 ASCII 码，将发送 00110001，同时需要在 8 bit 的前面加一个起始位，在后面加一个停止位。

显然，在异步传输的情况下，要在接收端正确地接收数据，必须准确地判断每次传输的起始位及终止位，并根据起始位与终止位来判断数据信息。我们把这种同步方式称为起止式同步，典型的应用就是串口通信方式，这正是本章要讨论的内容之一。

异步传输的实现比较容易（从本章后面的讨论可知，实现异步传输时，接收端甚至不需要获取位同步信号），由于每组数据都加上了同步信号，因此计时的漂移不会产生大的积累，但却会产生较多的开销，降低传输效率。对于上面的例子，每 8 bit 的信息至少要多传输 2 bit 信息（起始位和停止位），总的传输负载增加了 25%。对于数据传输量很小的低速传输设备来说问题不大，但对于那些数据传输量很大的高速传输设备来说，增加的 25%负载就相当严重了。因此，异步传输常用于低速传输设备。

9.1.2 同步传输的概念

与异步传输相比，同步传输（Synchronous Transmission）的数据分组要大得多，它不是独立地发送每个数据的，而是把它们组合起来一起发送的。我们也将这些数据组合称为数据帧（简称帧）。为了实现帧同步，通常有两类方法[2]：一类是在数据流中插入一些特殊码组作为每帧的头、尾标记，接收端根据这些特殊码组的位置就可以实现帧同步；另一类方法不需要增加特殊码组，它类似于载波同步和位同步中的直接法，利用数据帧之间彼此不同的特性来实现自同步。目前工程应用中，多采用前一类方法，这也是本章讨论的重点。

同步传输的一个典型例子是数字复接通信系统[62]。数字复接技术基于时分复用原理，将若干低码元速率数字信号按照一定格式合并成高码元速率的数字信号，然后通过高速信道进行传输。实现此技术的设备称为数字复接器。数字复接可分为按位复接、按字复接和按帧复接三种方式[63]。由于 ASIC 芯片的迅猛发展，可满足按帧复接方式的大缓冲区要求，并且按帧复接方式更有利于原始数据的交换和处理，因此这种复接方式的应用更为普遍。在数字复接通信系统中，发送端的各种低码元速率数字信号合并成高码元速率数字信号后，需要在每组码流中插入一组帧同步码字再发送出去，接收端在解调并实现位同步后根据检测到的帧同步码字来对高码元速率数字信号按相同的格式进行解复接，并还原成原始的各种低码元速率数字信号。

同步传输通常要比异步传输快得多。接收端不必对每个字符的起始位和停止位进行检测操作。一旦检测到帧同步信号，就在接下来的数据到达时接收它们。另外，同步传输的开销也比较少。例如，一个典型的帧可能有 500 B（即 4000 bit）的数据，其中可能只包含 100 bit 的信息开销。这时，增加的信息使传输的比特总数增加了 2.5%，这与异步传输增加 25%的信息开销相比要小得多。随着数据帧中实际数据的增加，信息开销所占的百分比将相应地减少。但是，数据越长，缓存数据所需要的缓冲区也越大，这就限制了一个帧的大小。另外，帧越大，它占据传输媒体的连续时间也越长。在极端情况下，这将导致其他用户等待的时间太长。同步传输可用于有线通信系统，也可用于无线通信系统。

9.1.3 异步传输与同步传输的区别

总结起来，异步传输与同步传输有以下几点不同。

（1）同步传输中发送端和接收端的时钟是统一的，字符与字符间的传输是同步无间隔的；异步传输并不要求发送端和接收端的时钟完全一样，字符与字符间的传输是异步的。

（2）异步传输是面向字符的传输，而同步传输是面向比特的传输。

（3）异步传输的单位是字符（有时也称为帧，但此时的帧比较短），而同步传输的单位是帧（一帧的长度通常远大于一个字符的长度）。

（4）异步传输是通过字符前后的起始位和停止位来实现同步的，而同步传输则是在数据流中插入同步信号来实现同步的。

（5）异步传输对时序的要求较低，同步传输需要以位同步为前提。在同步传输中，有线通信系统往往通过特定的时钟线路协调时序，无线通信系统则需要专门用于提取位同步信号的电路。

（6）异步传输比同步传输的效率低。

（7）异步传输通常仅用于有线通信系统，最典型的应用为 RS-232 串口通信系统；同步传输方式可用于有线通信系统（如网络数据传输），也可用于无线通信系统。

9.2 起止式同步的 FPGA 实现

9.2.1 RS-232 串口通信协议

1．串口通信的概念

串口是计算机上一种非常通用的设备，大多数计算机包含两个 RS-232 串口，RS-232 串口也常用于仪器仪表设备，用来获取远程设备的数据。

为使计算机、电话以及其他通信设备互相通信，目前已经对串行通信建立了相关概念和标准，这些概念和标准涉及传输速率、电特性、信号名称和接口标准等方面。

串口通信的概念非常简单，串口按位（bit）发送和接收字节。尽管按字节进行的串行通信速率较低，但可以在使用一根传输线发送数据的同时使用另一根传输线接收数据。串口通信很简单，而且能够实现远距离通信，通信距离可达 1200 m。串口用于 ASCII 码字符的传输时，通常使用 3 根线：地线、数据发送线、数据接收线。由于串口通信是异步通信，因而能够在一根传输线上发送数据的同时在另一根传输线上接收数据。完整的串口通信还定义了用于握手的接口，但并非必需的。串口通信最重要的参数是波特率、数据位、停止位和奇偶校验位。两个相互进行通信的串口，这些参数必须相互匹配。

（1）波特率。波特率是一个衡量通信速率的参数，它表示每秒传输的比特数。例如，300 波特表示每秒发送 300 bit。当我们提到时钟周期时，就是指波特率参数。例如，如果串口通信协议需要 4800 波特率，那么时钟频率就是 4800 Hz，这意味着串口通信在数据线上的采样速率为 4800 Hz。标准波特率系列为 110、300、600、1200、4800、9600 和 19200 baud。大多数串口的接收波特率和发送波特率可以分别设置，而且可以通过编程来设置。

（2）数据位。数据位是衡量串口通信中每次传输的实际比特数的参数。当计算机发送一个数据包时，实际的数据不一定是 8 位，标准的值有 4 位、5 位、6 位、7 位和 8 位。如何设置取决于传输的信息。例如，标准的 ASCII 码是 0～127（7 位），扩展的 ASCII 码是 0～255（8 位）。如果数据使用简单的文本（标准 ASCII 码），那么每个数据包使用 7 位数据。每个数据包是指一个字节，包括起始位和停止位、数据位和奇偶校验位。

（3）停止位。停止位指单个数据包的最后一位，是单个数据包的结束标志。典型的值为 1 位、1.5 位和 2 位。由于数据是在传输线上定时的，并且每一个设备有各自的时钟，很可能在通信中的两台设备间会出现不同步。因此停止位不仅表示传输的结束，还可为计算机校正时钟同步提供机会。停止位的位数越多，收、发两端时钟同步的容忍程度就越大，但传输效率也越低。

（4）奇偶校验位。奇偶校验位是串口通信中的一种简单检错方式。常用的检错方式有四种：奇校验、偶校验、高电平校验、低电平校验。当然，没有校验位也可以进行正常通信。对于需要奇偶校验的情况，串口会设置校验位（数据位后面的一比特），用一个比特来确保传输的数据有偶数个或者奇数个逻辑 1。例如，如果数据是 011，那么对于偶校验，校验位为 0，保证逻辑 0 的位数是偶数个；如果是奇校验，校验位为 1，这样整个数据就有奇数个（3 个）逻辑 1。高电平校验和低电平校验不检查传输的数据，只是简单地将校验位置设为逻辑 1 或者逻辑 0，这样就使得接收设备能够知道一个比特的状态，有机会判断是否噪声干扰了通信或者收发两端出现了不同步的现象。

2. RS-232-C 标准

RS-232-C 标准（协议）的全称是 EIA-RS-232C 标准，其中，EIA（Electronic Industry Association）代表美国电子工业协会；RS（Rcommeded Standard）代表推荐标准；232 是标识号；C 代表 RS-232 的最新一次修改（1969 年）。在这之前还有 RS-232-B、RS-232-A 版本。

RS-232-C 可用于许多场合，如连接鼠标、打印机或者 Modem，也可以用于连接工业仪器仪表。由于驱动和连线的改进，实际应用中 RS-232-C 的传输距离及速率常常超过标准规定的值，RS-232-C 串口通信的最大传输距离是 50 英尺（1 英尺≈0.3048 m）。

RS-232-C 标准在两个方面做了规定，即信号电平标准和控制信号线的定义。RS-232-C 采用负逻辑来规定逻辑电平，信号电平与 FPGA 中常用的 TTL 电平不兼容。RS-232-C 将−3～−15 V 规定为 1，+3～+15 V 规定为 0。由于 RS-232-C 的电气特性与 TTL 电平（FPGA 的用户 I/O 为 TTL 电平）不兼容，因此需要在 FPGA 与 RS-232-C（如 9 芯 D 形插头）之间增加专门的电平转换电路。常用的方法是采用专用的接口芯片，如德州仪器公司生产的 MAX3232。图 9-1 所示是 FPGA 与 RS-232-C 接口的连接示意图。

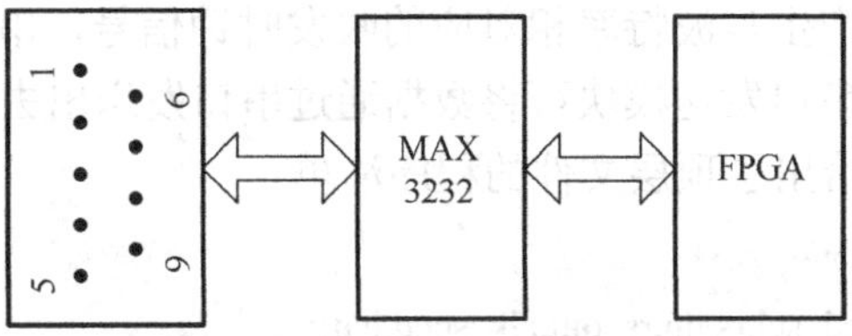

图 9-1　FPGA 与 RS-232-C 接口的连接示意图

最常用的 RS-232-C 串口通信的物理接口有 DB-25 及 DB-9 两种。DB-25 定义了 25 根信号线，DB-9 只使用了 25 根信号线中的 9 根。实际上，对于 RS-232-C 串口通信来讲，只需要

3 根信号线（TXD、RXD、GND）即可完成双向通信任务，其他信号线都用于传输握手信号或指示信号。表 9-1 给出了 DB-9 型连接线的信号定义（从计算机连出接口的截面观察）。

表 9-1　DB-9 型连接线的信号定义

信号种类	信号名称	针脚编号	功　能
数据	TXD	3	串口数据输出（Transmit Data）
	RXD	2	串口数据输入（Receive Data）
握手及指示	RTS	7	发送数据请求（Request to Send）
	CTS	8	清除发送（Clear to Send）
	DSR	6	数据发送就绪（(Data Send Ready)
	DCD	1	数据载波检测（Data Carrier Detect）
	DTR	4	数据终端就绪（Data Terminal Ready）
地线	GND	5	地线
其他	RI	9	铃声指示

9.2.2　顶层模块的 Verilog HDL 实现

例 9-1　采用 Verilog HDL 实现串口通信

本实例采用 FPGA 和 Verilog HDL 实现串口通信的收发功能，即实现计算机串口与 FPGA 之间的串口异步数据传输。要求 FPGA 能通过 RS-232 串口发送数据，并接收计算机发送的数据。数据速率可通过 CRD500 开发板上的 3 位波特率选择开关控制；停止位为 1 位，数据位为 8 位，无校验位；系统时钟频率为 50 MHz；FPGA 将接收到的数据通过 8 位 LED 显示；CRD500 开发板同时将接收到的数据通过串口发送到计算机。

为了简化设计，本实例只使用了串口通信中的三根信号线（发送数据、接收数据、地线），没有使用握手信号。对于 FPGA 实现来讲，输入信号包括复位信号（rst，高电平有效）、50 MHz 时钟信号（clk）、3 位波特率选择信号（speed_sel），以及串口的输入信号（rs_in）；输出信号包括送至串口的信号（rs_out）、显示接收到 8 bit 的数据的指示灯信号（led），以及用于观测的发送时钟信号（clk_send）。

串口通信实例顶层文件综合后的 RTL 原理图如图 9-2 所示。由图 9-2 可以清楚地看出，系统由 1 个时钟模块（u1：clock）、1 个串口发送模块（u2：tra）、1 个串口接收模块（u3：rec）组成。其中时钟模块用于产生与波特率相对应的收发时钟信号，串口接收模块用于接收串口的数据并送至 LED 显示，串口发送模块可将数据通过串口发送出去。顶层模块的 Verilog HDL 代码十分简单，下面直接给出了顶层文件的程序清单。

```
//RS232.v 的程序清单
module RS232 (rst,clk,speed_sel,rs_in,rs_out,clk_send,led);
    input   rst;                    //复位信号，高电平有效
    input   clk;                    //FPGA 系统时钟，50 MHz
    input   [2:0]  speed_sel;       //3 位波特率选择开关
    input   rs_in;                  //接收串口的数据
```

```
    output   rs_out;                        //向串口发送的数据
    output   clk_send;                      //发送数据时钟，用于观测
    output   [7:0] led;                     //显示接收到的数据

    //实例化时钟模块：根据 speed_sel 选择开关，产生所需的收发时钟信号
    wire clk_rec,clk_send;
    clock u1(.rst (rst),.clk (clk),.speed_sel (speed_sel),.clk_rec (clk_rec),.clk_send (clk_send));

    //实例化串口发送模块：将数据通过串口发送出去
    wire dv;
    wire [7:0] rec_data;
    tra u2(.rst (rst),.clk (clk),.clk_send (clk_send),.dv (dv),.rec_data (rec_data),.rs_out (rs_out));

    //实例化串口接收模块：接收串口的数据并存储在 rec_data 中
    rec u3(.rst (rst),.clk (clk),.clk_rec (clk_rec),.rs_in (rs_in),.dv (dv),.rec_data (rec_data));

    assign led = rec_data;
endmodule;
```

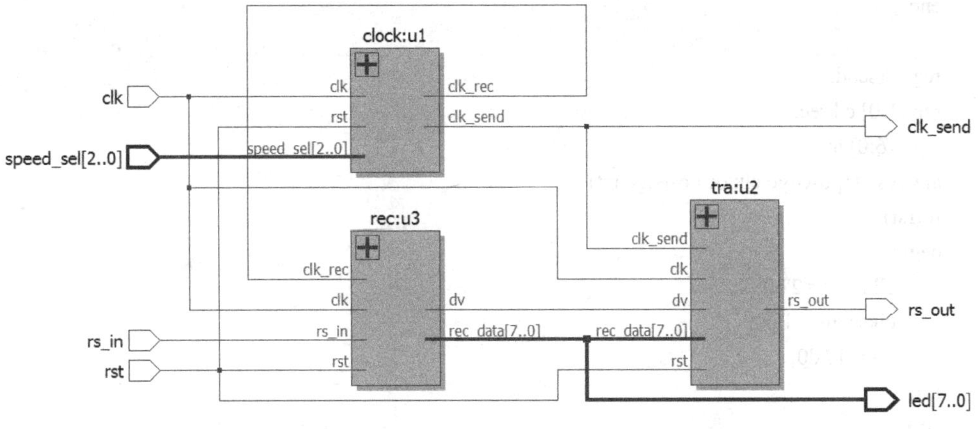

图 9-2　串口通信实例的顶层 RTL 原理图

9.2.3　时钟模块的 Verilog HDL 实现

根据实例要求，需要对串口通信的波特率进行设置。本实例要对 8 种波特率进行设置，因此需要用 3 位波特率选择开关。由于异步传输对时钟频率的要求不是很高，因此可以采用对系统时钟进行分频的方法产生所需的时钟信号。下面先给出时钟模块的 Verilog HDL 程序清单，然后对其进行讨论。

```
//clock.v 的程序清单
module clock (rst,clk,speed_sel,clk_send,clk_rec);
    input    rst;                           //复位信号，高电平有效
    input    clk;                           //FPGA 系统时钟，50 MHz
    input    [2:0] speed_sel;               //3 位波特率选择开关
    output   clk_send;                      //发送数据时钟，与波特率相同
```

```
output   clk_rec;                          //接收数据时钟，为波特率的 2 倍

//根据 3 位波特率选择开关，设置时钟计数器值
reg [16:0] count_i;
reg [2:0] sel;
always @(*)
begin
    sel <= speed_sel;
    case(sel)
        0: count_i <= 17'd651;
        1: count_i <= 17'd1302;
        2: count_i <= 17'd2604;
        3: count_i <= 17'd5208;
        4: count_i <= 17'd10416;
        5: count_i <= 17'd20832;
        6: count_i <= 17'd41664;
        7: count_i <= 17'd124992;
    endcase
end

reg clksend;
reg [1:0] clkrec;
reg [16:0] n;
always @(posedge clk or posedge rst)
if (rst)
begin
    clkrec <= 2'b0;
    clksend<= 1'b0;
    n <= 17'd0;
end
else
    begin
        if (n==count_i) begin
            n <= 17'd0;
            clkrec[0] <= ~clkrec[0];
    end
    else
        n <= n+17'd1;
        //检测到 clkrec 的上升沿则翻转 1 次，clksend 的频率为 clkrec 的 1/2
        clkrec[1] <= clkrec[0];
        if (clkrec[1] && (!clkrec[0]))
        clksend <= ~clksend;
end

//将生成的收发时钟信号送至模块的接口
assign clk_rec    = clkrec[0];
```

```
    assign clk_send = clksend;

endmodule
```

从上面程序中可知，发送时钟的频率与波特率相同，而接收时钟的频率则为波特率的 2 倍。在设计程序时，先产生了 2 倍波特率的接收时钟信号 clkrec，然后通过检测 clkrec 的上升沿再产生与波特率相同的发送时钟信号 clksend。发送时钟的频率与波特率相同，这很容易理解，即发送数据时，按波特率及规定的格式向串口发送数据即可。接收时钟之所以设置成波特率的 2 倍，是为了避免因接收时钟与数据速率之间的偏差，导致接收错误，这是人为增加的抗干扰措施，具体的实现方法将在 9.2.4 节讨论。

9.2.4　串口接收模块的 Verilog HDL 实现

由于本实例不涉及握手信号及校验信号，串口接收模块的 Verilog HDL 实现也比较简单，其基本思路是用接收时钟对串口的输入信号线 rs_in 进行检测，当检测到下降沿时（根据 RS-232-C 串口传输协议，空闲位为 1，起始位为 0）表示接收到有效数据，此时开始接收连续 8 bit 的数据，并存放在接收寄存器 recdata 中，接收完成后通过 rec_data 端口输出，同时设置数据有效信号 dv 为高电平，表明 rec_data 端口的信号可用。

由前面的讨论可知，异步传输对时钟频率的要求不是很高，其原因是每个字符均有用于同步检测的起始位和停止位。换句话说，只要在每个字符（本实例为 8 bit）的传输过程中，不会因为收发时钟的不同步而引起数据传输错误即可。对于串口通信的接收端来讲，下面分析一下采用与波特率相同的时钟来接收数据时，可能会出现数据检测错误的情况。

图 9-3 所示为串口接收数据的时序图。如果采用与波特率相同的时钟来接收数据，则在每个时钟周期内（假设采用时钟信号的上升沿来采样数据）只在数据线 RSin 上进行一次数据采样。由于接收端不知道发送数据的相位和频率（虽然收、发两端约定好了波特率，但两者之间因为晶振的性能差异，而使两者的频率仍然无法完全一致），因此接收端产生的时钟信号与数据的相位及频率存在偏差。当接收端的首次采样时刻（clksend 的上升沿）与数据跳变沿靠近时，所有采样点的时刻均会与数据跳变沿十分接近，由于时钟的相位抖动及频率偏差，很容易产生数据检测错误。

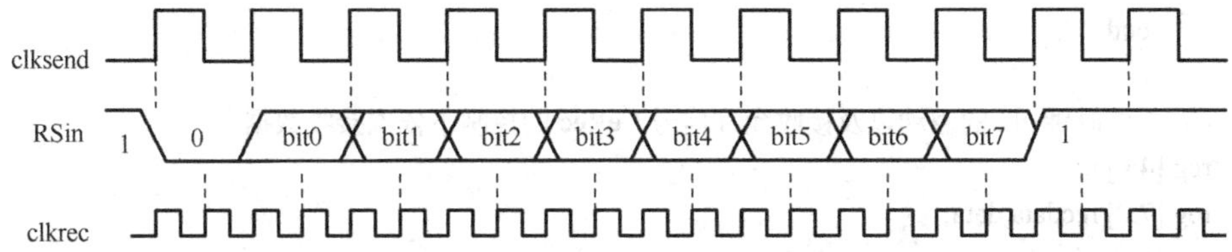

图 9-3　串口接收数据的时序图

如果采用 2 倍（或者更高频率）波特率的时钟对数据进行检测，则首先利用 2 倍频率的时钟 clk_rec 检测数据的起始位（rs_in 的初次下降沿），然后间隔一个 clk_rec 时钟周期对接收数据进行采样。由于 clk_rec 的频率是波特率的 2 倍，因此可以设定数据的采样时刻为检测到 rs_in 跳变沿后的一个 clk_rec 时钟周期处，即每个 rs_in 数据码元的中间位置，更有利于保证检测时刻数据的稳定性。这样，只有收、发两端时钟的频差大于 1/4 个码元周期时才可能出现数据检测错误，从而大大减小数据检测错误的概率，提高接收数据的可靠性。

实现接收数据的功能时，可以直接采用时钟模块产生的接收数据时钟信号 clk_rec 作为时钟信号，在 clk_rec 的驱动下接收数据。但是根据 FPGA 的设计原则，为保持数据时序的一致性，更规范的方法是使所有数据均在同一个系统时钟下同步工作。为此，先用 clk 检测 clk_rec 的上升沿，产生周期为 clk_rec 的接收允许信号 CeRec，然后在 clk 和 CeRec 的共同作用下接收数据。同样，后续的数据发送时钟控制也可以采用类似的方法。

经过上面的分析，相信读者可以比较容易理解下面给出的串口接收模块的程序代码。

```
//rec.v 的程序清单
module rec (rst,clk,clk_rec,rs_in,dv,rec_data);
    input    rst;                    //复位信号，高电平有效
    input    clk;                    //FPGA 系统时钟：50 MHz
    input    clk_rec;                //接收时钟频率，为波特率的 2 倍
    input    rs_in;                  //串口输入的数据
    output   dv;                     //数据有效指示信号，高电平表示数据可用
    output   [7:0]rec_data;          //接收到 8 bit 的数据

    //检测 clk_rec 的上升沿，产生接收允许信号 CeRec
    reg CeRec,ClkRec_d;
    always @(posedge clk or posedge rst)
    if (rst)
        begin
            CeRec <= 1'b0;
            ClkRec_d <= 1'b0;
        end
    else
        begin
            ClkRec_d <= clk_rec;
            if ( (!ClkRec_d) & clk_rec)
                CeRec <= 1'b1;
            else
                CeRec <= 1'b0;
        end

    //在系统时钟 clk 的驱动以及接收允许信号 CeRec 的控制下依次接收数据
    reg [4:0] n;
    reg [7:0] recdata,data;
    reg start,rsin_d,dvt;

    always @(posedge clk or posedge rst)
    if (rst)
        begin
            //复位时设置信号的初始状态
            n <= 5'd0;
            start <= 1'b0;
            rsin_d <= 1'b0;
```

```
                dvt <= 1'b0;
                recdata <= 8'd0;
                data <= 8'd0;
            end
        else
            if(CeRec)   begin
                //产生存储数据有效信号
                if (n==17)
                    dvt <= 1'b1;
                else
                    dvt <= 1'b0;
                //检测输入信号的下降沿状态
                rsin_d <= rs_in;
                if (rsin_d & (!rs_in)) begin
                    start <= 1'b1;
                end
                //初次检测到输入信号中的下降沿状态时开始计数，并屏蔽 16 个时钟周期内的其他动作
                if (start) begin
                    case (n)
                        2: data[0] <= rs_in;
                        4:data[1] <= rs_in;
                        6: data[2] <= rs_in;
                        8: data[3] <= rs_in;
                        10: data[4] <= rs_in;
                        12: data[5] <= rs_in;
                         14: data[6] <= rs_in;
                         16: data[7] <= rs_in;
                    endcase
                    if (n<17)
                        n <= n + 5'd1;
                    else begin
                        //输出接收到的数据，停止计数，并允许接收下一帧数据
                        recdata <= data;
                        n <= 5'd0;
                        start <= 1'b0;
                    end
                end
            end
    assign dv = dvt;
    assign rec_data =recdata;
endmodule
```

9.2.5　串口发送模块的 Verilog HDL 实现

串口发送模块只需要将起始位及停止位加至数据的两端，然后在发送时钟的节拍下逐位向外发送数据即可。根据实例要求，需要将每次接收到的数据都发送出去，因此在设计程序时需要首先检测是否已接收新的数据。根据前面串口接收模块的 Verilog HDL 实现代码，当

完成一帧数据（8 bit 的数据）的接收以后，数据有效信号 dv 变为高电平；当开始接收一帧数据时，dv 变为低电平。因此，可以通过检测 dv 的上升沿来确定向外发送数据的起始时刻。

下面直接给出了串口发送模块的 Verilog HDL 程序清单。

```
//tra.v 的程序清单
module tra (rst,clk,clk_send,dv,rec_data,rs_out);
    input    rst;                        //复位信号，高电平有效
    input    clk;                        //FPGA 系统时钟，50 MHz
    input    clk_send;                   //发送时钟频率，与波特率相同
    input    dv;                         //数据有效指示信号，高电平表示数据可用
    input    [7:0]rec_data;              //接收到 8 bit 的数据
    output   rs_out;                     //先发送低位，再发送高位，8 位数据位，1 位停止位

    //检测接收时钟 clk_send 的上升沿，产生发送允许信号 CeSend
    reg CeSend,ClkSend_d;
    always @(posedge clk or posedge rst)
    if (rst)
        begin
            CeSend <= 1'b0;
            ClkSend_d <= 1'b0;
        end
    else
        begin
            ClkSend_d <= clk_send;
            if ( (!ClkSend_d) & clk_send)
                CeSend <= 1'b1;
            else
                CeSend <= 1'b0;
        end

    //在系统时钟 clk 的驱动以及发送允许信号 CeSend 的控制下，依次发送数据
    reg [3:0] n;
    reg [9:0] tradata;
    reg rsout,dv_d;
    always @(posedge clk or posedge rst)
    if (rst)
        begin
            //复位时设置信号的初始状态
            n <= 4'd0;
            dv_d <= 1'b0;
            rsout <= 1'b1;               //发送空闲位
            tradata <= 10'b1111111111;
        end
    else
        begin
            //检测接收数据有效信号的上升沿状态
            dv_d <= dv;
```

```
                if (dv & (!dv_d)) begin
                    n <= 4'd0;
                    //设置发送数据寄存器
                    tradata <= {1'b1,rec_data,1'b0};
                end
            if(CeSend) begin
                    //检测到数据有效后，加上起始位及停止位向外发送出去
                    if (n<10) begin
                        rsout <= tradata[n];
                        n <= n + 4'd1;
                    end
            end
        end
        assign rs_out = rsout;
endmodule
```

9.2.6 FPGA 实现及仿真测试

1. 测试激励文件的 Verilog HDL 设计

为了讲述方便，我们先讨论串口通信测试信号的产生方法。根据前面章节的讨论，一些简单的测试信号，例如在只需产生时钟信号及复位信号的情况下，可以直接在 TestBench 文件中编写测试代码。如果需要产生较为复杂的测试数据，则可以采用 MATLAB 仿真出测试数据，并将量化后的数据写入外部 TXT 文件中，然后在测试文件中读取该文件的数据产生测试信号；在第 7 章讨论位同步环电路时，采用了将测试数据当成程序中的一个功能模块的方法。

由于要测试串口通信功能，需要在测试激励文件中模拟产生接收到的数据，以及时钟信号和复位信号。TestBench 文件内的 Verilog HDL 语法与工程文件相同（实际上 Test Bench 文件更为丰富一些，包括了一些无法综合成电路的语句，以及诊断提示语句），但不需要关注其具体的电路实现，只需准确地描述电路的功能即可。在仿真测试时测试激励文件的代码并不会进行综合布线，也就是说不会占用任何逻辑资源。为了仿真接收到的串口数据，本实例采用直接在 TestBench 文件内编写 Verilog HDL 代码的方法来产生测试数据，在文件中定义一个计数器，根据计数器的值设置输入信号的状态。

下面直接给出了文件 rs232.vt 的程序清单及串口通信的 ModelSim 仿真波形图(见图 9-4)。

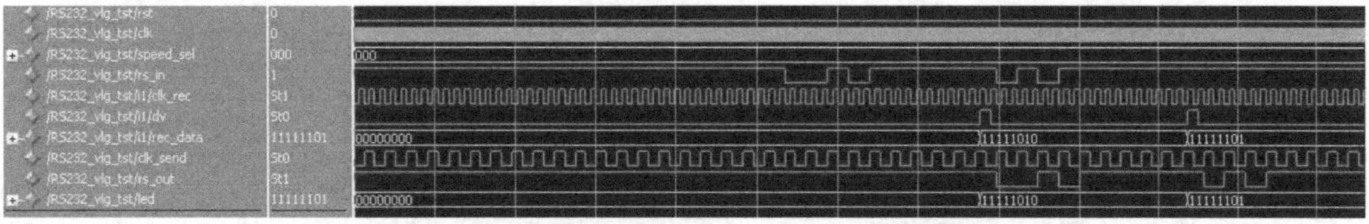

图 9-4　串口通信的 ModelSim 仿真波形图

```
//rs232.vt 的程序代码
`timescale 1 ps/ 1 ps
module RS232_vlg_tst();
```

```
reg clk;
reg rs_in;
reg rst;
reg [2:0] speed_sel;
wire clk_send;
wire [7:0]   led;
wire rs_out;

RS232 i1 ( // port map - connection between master ports and signals/registers
    .clk(clk),.clk_send(clk_send),.led(led),.rs_in(rs_in),.rs_out(rs_out),.rst(rst),.speed_sel(speed_sel));

parameter clk_period=20;                              //设置时钟信号周期（频率）
parameter clk_half_period=clk_period/2;

initial
begin
    //设置时钟信号初值
    clk=1;
    //设置波特率
    speed_sel=3'd0;
    //设置复位信号
    rst=1;
    #400 rst=0;
    //设置仿真时间
    #400 $finish;
end

//产生时钟信号，50 MHz
always
#clk_half_period clk=~clk;

reg [7:0] count;
always @(posedge clk_send or posedge rst)
if (rst)
    begin
        count <= 8'd0;
        rs_in <= 1'b1;
    end
else
    begin
        count <= count + 8'd1;
        if (count == 8'd20)
            rs_in <= 1'b0;
        elseif (count==8'd22)
            rs_in <= 1'b1;
        elseif (count==8'd23)
            rs_in <= 1'b0;
```

```
        elseif (count==8'd24)
            rs_in <= 1'b1;
        elseif (count==8'd30)
            rs_in <= 1'b0;
        elseif (count==8'd31)
            rs_in <= 1'b1;
        elseif (count==8'd32)
            rs_in <= 1'b0;
        elseif (count==8'd33)
            rs_in <= 1'b1;
    end
endmodule
```

2. FPGA 实现及仿真

编写完成整个系统的 Verilog HDL 代码后，就可以进行 FPGA 实现了。在 Quartus II 中完成对串口通信工程的编译后，启动“TimeQuest Timing Analyzer”工具，并对时钟信号 clk 添加时序约束（周期为 20 ns，频率为 50 MHz）。保存时序约束后重新对整个 FPGA 工程进行编译。

完成综合实现后，在工作过程区中会自动显示整个设计所占用的器件资源情况。本实例选用的目标器件是 Altera 公司 Cyclone-IV 系列的 EP4CE15F17C8。Logic Elements（逻辑单元）使用了 104 个，占 1%；Registers（寄存器）使用了 62 个，占 1%；Memory Bits（存储器）使用了 0 bit，占 0%；Embedded Multiplier 9-bit elements（9 bit 嵌入式硬件乘法器）使用了 0 个，占 0%。从“TimeQuest Timing Analyzer”工具中可以查看到系统最高工作频率为 217.34 MHz，可以满足工程实例中要求的 50 MHz。

如果读者有一块带有 RS-232 接口的 FPGA 开发板，可将该程序中的用户引脚按照电路板对应的设计要求设置好后，在计算机上调用串口通信软件，即可以对串口通信进行调试验证。

从图 9-4 可以看出，仿真出的 rs_in 信号为连续的两帧数据（11111010 和 11111101）。第一帧数据对应的 10 bit 的数据（1 位起始位，8 位数据位，1 位停止位）完成后，紧接着产生低电平的起始位，表示第 2 帧数据串口开始传输。也就是说，波形仿真了最大传输速率的情况。串口发送模块的输出信号 rs_out 与接收模块的输入信号 rs_in 之间的数据波形完全相同，仅存在一定的延时。也就是说，串口通信系统可以正确接收数据。在接收完一帧完整的数据后，数据有效指示信号 dv 变为高电平，并在开始接收第二帧数据时变为低电平，同时串口发送信号 rs_out 按照约定的格式将收到的数据逐位发送出去。

9.3 帧同步码组及其检测原理

9.3.1 帧同步码组的选择

在发送端，通常会在数据流中插入一些特殊码组（也称为同步码序列）作为每帧的头尾标志，接收端根据这些特殊码组的位置来实现帧同步。由于每帧的数据长度相同，在发送端每间隔一定的数据长度插入相应的帧头标志（也称为帧同步码组），接收端在检测这个帧同步码组后对位同步信号进行分频，就可以准确地确定每帧数据的起始位置。帧同步码组的插入方法有两种：连贯式插入法和间隔式插入法。连贯式插入法是在每帧的开头集中插入帧同步码组的方法；间隔式插入法将帧同步码组分散插入数据流中，即每隔一定数量的数据码元插入一个帧同步码元。

显然，无论采用连贯式插入法还是采用间隔式插入法，都需要在通信的收、发两端约定好某个固定的帧同步码组。由于帧同步码组是和插入到的数据流中一起传输的，接收端要检测帧同步码组作为帧的起始位置，因此对帧同步码组有特殊的要求[30]。首先，帧同步码组应当尽量与所要传输的数据不同，以免将数据误认为帧同步码组；另一个要求是便于接收端进行正确检测，要求帧同步码组具有尖锐单峰的自相关特性；第三个要求是帧同步码组尽量短，以免占用过多的通信资源。目前常用的帧同步码组主要是广义巴克（Barker）码序列，一些系统也使用具有伪随机特性的 m 序列作为帧同步码组[64]。表 9-2 列出了两种可供选择的帧同步码组，这些码组均是广义的巴克码序列，其中的码字均采用八进制表示。

表 9-2　两种可供选择的帧同步码组（八进制表示）[30]

长　度	序列类型Ⅰ	序列类型Ⅱ	长　度	序列类型Ⅰ	序列类型Ⅱ
7	130	130	21	7351300	7721306
8	270	—	22	17155200	17743312
9	560	—	23	36563200	23153702
10	1560	—	24	76571440	77615233
11	2670	2670	25	174556100	163402511
12	6540	—	26	372323100	—
13	16540	17465	27	765514600	664421074
14	34640	37145	28	1727454600	1551042170
15	73120	76326	29	3657146400	3322104360
16	165620	167026	30	7657146400	7754532171
17	363420	317522	31	—	16307725110
18	746500	764563	32	—	37562164456
19	1746240	1707355	33	—	77047134545
20	3557040	3734264	34	—	177032263125

前面讲到，为了便于对帧同步码组进行检测，需要插入的码组具有尖锐单峰的自相关特性。相关性可以理解为相似的程度，是通过计算一个码组长度内两个序列的乘积（相当于同或运算）累加值来表征的。当两个序列完全相同时，对应码序列的值（序列的每个码元只取 1 或−1 两种值）相乘，再累加，即等于序列的长度 M 。如果两个相同的序列没有完全对齐，此时的相关值较小，则通过计算序列的相关值，就越容易准确判断两个序列是否完全对齐，即准确判断本地码序列是否与接收到的码序列完全同步。

表 9-2 所列出的序列是广义的巴克码序列，这些码序列均是非周期的有限序列，在求它们的自相关函数时，在延时 $j=0$ 的情况（两个序列完全对齐）下，序列中的全部元素都参加

相关运算；在延时 $j \neq 0$ 的情况下，序列中只有部分元素参加相关运算，其表达式为：

$$R(j) = \sum_{i=1}^{M-j} x_i x_{i+j} \tag{9-1}$$

通常把这种非周期序列的自相关函数称为局部自相关函数。图 9-5 是码长为 7 的巴克码序列自相关函数波形。

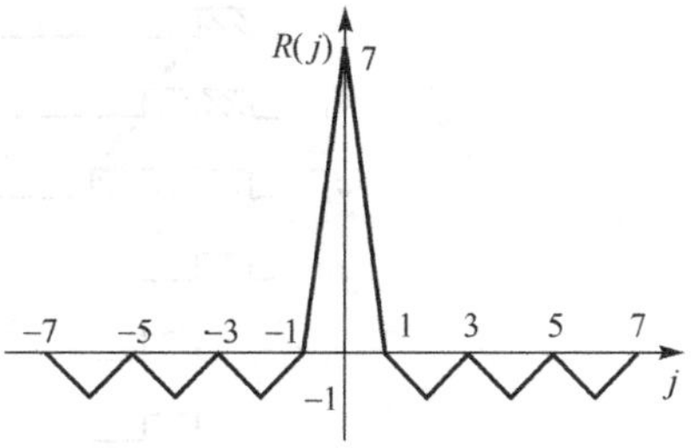

图 9-5　码长为 7 的巴克码序列自相关函数

9.3.2　间隔式插入法的检测原理

所谓间隔式插入法，是指帧同步码组不是集中插入在数据流中，而是将它分散地插入，即每隔一定数量的数据码元插入一个帧同步码元。在这种情况下，接收端要确定帧同步码的位置，必须对接收到的数据流进行搜索检测。一种常用的检测方法为逐码移位法，它是一种串行的检测方法；另一种方法是 RAM 帧码检测法，它是利用 RAM 构成帧码提取电路的一种并行检测方法。本节只介绍逐码移位法的工作原理。

图 9-6（a）所示为利用逐码移位法实现帧同步的原理图。接下来我们结合图 9-6（b）所示的波形来说明帧同步的实现过程。设接收信号（波形 c）中的群同步码位于画斜线码元的位置，后面依次安排各路数据码元（为简明起见，只画有三路数据码元）。如果已实现帧同步，则位同步码（波形 a）经四次分频后所得到的本地帧码的相位应与接收到的信号中帧同步码的相位一致。现在假设开始时（如波形 d 所示），本地帧码的位置与波形 c 接收到的信号中的帧码位置相差 2 bit。为了方便看出逐码移位法的工作过程，我们设帧码为全 1 码，其余的数据码元均与帧码不同，为 0。在第一码元时间，波形 c 与 d 不一致，原理图中的异或门有输出（波形 e），经延时 1 bit 后，将波形 f 加于禁门，扣掉位同步码的第 2 个码元（波形 b 的第 2 个码元位置用叉号表示），分频器的状态在第 2 个码元没有变化，因而分频器本地帧码的输出仍和第 1 个码元相同。这时，它的位置只与接收数据中的帧码位置相差 1 bit（见波形 d）。类似地，在第 2 个码元时刻，波形 c 又和波形 d 进行比较，产生波形 e 和 f，又在第 3 个码元位置扣掉一个位同步码，此时输入数据与本地帧码的位置就完全一致了，从而实现帧同步。同时，也可以提供每帧数据中各路分组数据的定时信号。

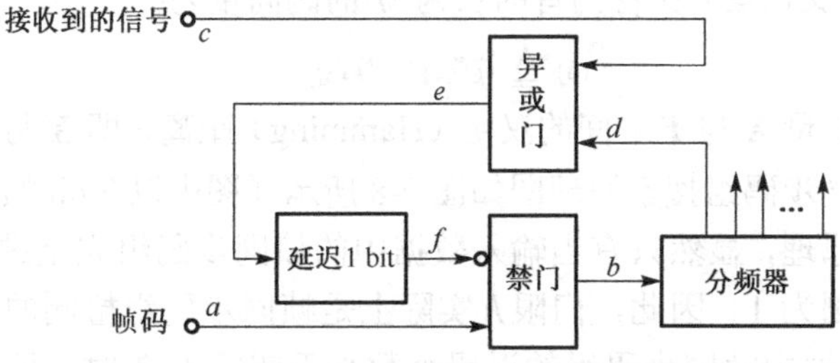

（a）原理图

图 9-6　利用逐码移位法实现帧同步原理图及波形图

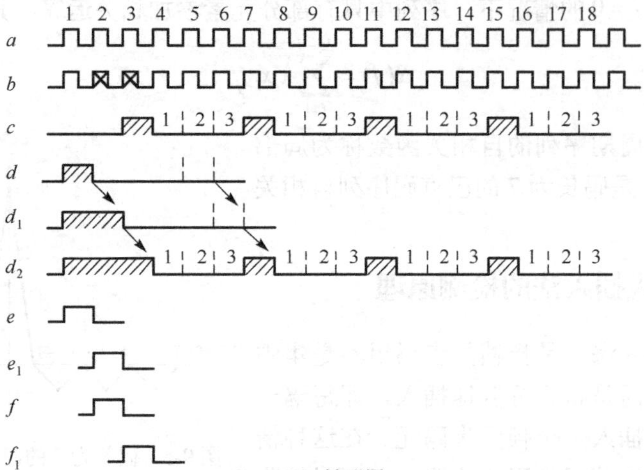

（b）波形图

图 9-6　利用逐码移位法实现帧同步原理图及波形图（续）

9.3.3　连贯式插入法的检测原理

连贯式插入法是指在每组数据的起始位置集中插入一个帧同步码组的方法。在这种方法中，被传输的数据被编成帧，每帧包括多个数据，在帧的起始位置插入一个帧同步码组（也称为帧的标志字），记为U，其长度为M（比特），帧内的数据为D（如$D=1024$）。接收端对接收的数据进行搜索，一旦检测到帧同步码组U，就知道了一帧数据的起始，并据此对帧内的数据进行分组处理，以此建立起同步传输机制。连贯式插入法的数据帧格式如图 9-7 所示。

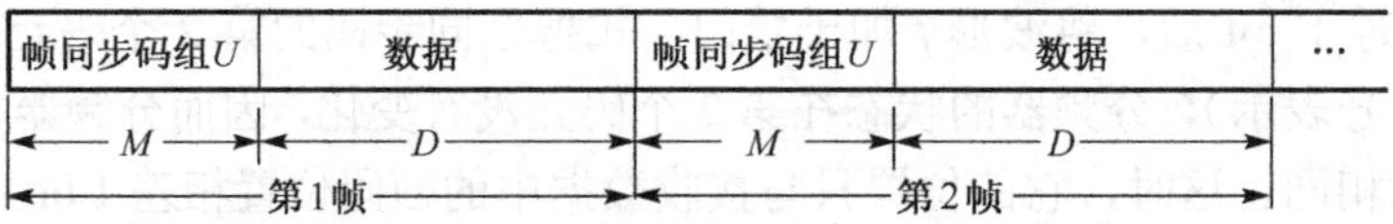

图 9-7　连贯式插入法的数据帧格式

现在考虑如何搜索帧同步码组的问题，也就是如何在接收的数据中检测U的问题。设接收到的数据为$r_1 r_2 \cdots$，定义以第k比特为首的长为M的码向量为：

$$\boldsymbol{R}_{(h)} \triangleq r_k r_{k+1} \cdots r_{k+M-1} \tag{9-2}$$

用$H(\boldsymbol{X},\boldsymbol{Y})$表示码向量$\boldsymbol{X}$与$\boldsymbol{Y}$之间的汉明（Hamming）距离，即$\boldsymbol{X}$与$\boldsymbol{Y}$中对应位不同的位数。连贯式插入法帧同步码组搜索原理图如图 9-8 所示（图中以 7 bit 帧同步码组为例）。

根据图 9-8 所示的原理，显然只有当输入数据中的帧同步码组完全进入寄存器时，异或相加的输出才为 0，否则为 1。因此，门限h实际上是帧同步码组检测的容错度。如果设置$h=2$，则表示当输入数据中帧同步码组的误码个数小于或等于 2 时，即认为检测到了帧同步码组。

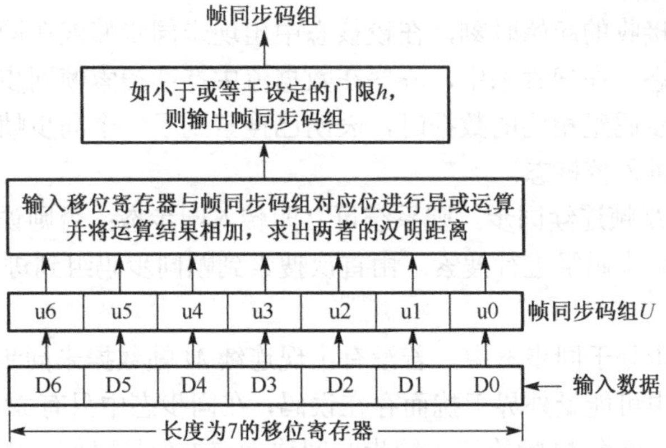

图 9-8　连贯式插入法帧同步码组搜索原理图

显然，在帧同步码组搜索过程中存在假锁的可能性，因为由数据所构成的码向量或者由部分帧同步码组与部分数据构成的长度为 M 的码向量都有可能满足检测条件，而被误认为 U。此外，由于位同步信号的跳周或滑动也会使已建立的正确帧同步失步。为了及时发现假锁或失步，在帧同步锁定以后还需要进行帧同步校核。同时，当完成帧同步的锁定后，还需要对帧同步码组进行检查，以判断是否因接收数据中断或误码率过高出现失锁，从而重新进行帧同步码组的搜索。因此，为了提高帧同步的性能（减小假锁的概率，锁定后尽量增加帧同步的稳定性），帧同步过程需要划分为几个状态，帧同步码组搜索仅仅是帧同步过程中的一个状态[65]。

9.3.4　帧同步过程的几种状态

由于连贯式插入法在帧同步中的应用更为广泛，因此本章后续内容主要对采用这种方法的帧同步进行讨论。文献[30]指出，显著改善帧同步的性能主要有两种方法：一种方法是采用较大的数据帧和较长的帧同步码组，并选择适当的门限 h；另一种方法就是通过增加帧同步的复杂性来达到改善性能的目的。数据帧及帧同步码组的种类及长度主要受限于所要传输的数据及一些系统参数，在工程上通常采用增加帧同步的复杂度来达到改善帧同步性能的目的。

通常，我们将帧同步的过程分为三个状态：搜索态、校核态和同步态，其状态转移图如图 9-9 所示。

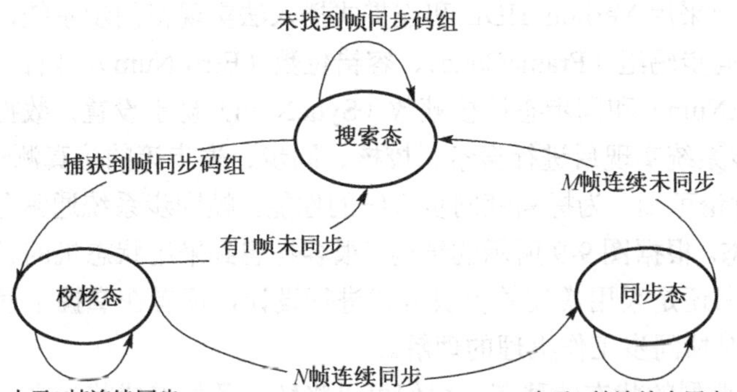

图 9-9　帧同步过程的状态转移图

搜索态：在数据接收的起始时刻，在校核态中出现未同步帧或在同步态中发现多个连续帧未同步时转入搜索态。在搜索态中，程序在数据流中持续搜索帧同步码组，当从接收到的数据流中找到与帧同步码组相同的数据时，表明已搜索到了一个同步帧头，此时输出一个脉冲信号，表示系统可进入校核态。

校核态：若经过 N 帧连续同步，则系统可立即转入同步态；否则说明存在假同步，需要返回搜索态重新对帧同步码组进行搜索。由首次搜索到帧同步码组到进入同步态的 N 帧时间称为后方保护时间。

同步态：当帧同步处于同步态中，若没有出现连续 M 帧数据未同步，则保持在同步态。考虑到接收的数据流中可能受外界干扰而存在误码，在同步态中只有 M 帧连续未同步才看成失步，并返回搜索态，这个 M 帧连续未同步时间称为前方保护时间。由于前方保护时间，在接收过程中即使出现个别帧不同步，系统也不会立即进入失步态，由此可减小因误码而导致失步的概率。

对于帧同步，一般用虚警概率和漏警概率作为评价指标。虚警概率也称为假同步概率，假同步是指由于信道传输的影响，信号发生畸变，造成帧同步检测器检测到的同步位置并非真正的数据帧起始位置，而发出了错误的同步信号。出现这种情况的可能性称为假同步概率，也就是虚警概率。漏警概率也称为漏同步概率，是指帧同步检测器没有检测到帧同步码组，没能及时发出同步信号，出现这种情况的可能性称为漏同步概率，也就是漏警概率。根据帧同步过程的状态，增加帧同步的后方保护时间相当于减小了虚警概率，增加前方保护时间相当于减小了漏警概率。对于具体的同步来讲，帧同步码组长度、帧同步码字、搜索容错位数、校核态的校核容错位数、校核帧数、同步态的帧检查容错位数、检查帧数均可以通过编程设置，以适应不同的需求。

9.4 连贯式插入法帧同步的 FPGA 实现

9.4.1 实例要求及总体模块设计

例 9-2 采用 Verilog HDL 和连贯式插入法实现帧同步系统

在 FPGA 平台上采用 Verilog HDL 和连贯式插入法实现帧同步系统，要求帧同步码组长度（LenCode）、帧同步码组（FrameCode）、容错位数（ErrorNum）、帧长（LenFrame）、校核态校核帧数（CheckNum）和同步态校核帧数（SyncNum）易于设置，数据速率及位时钟频率为 50 MHz。帧同步系统实现后进行搜索、校核、同步、失步等的仿真测试。

由 9.3.4 节的讨论可知，为提高帧同步系统的性能，帧同步系统通常分为三个状态：搜索态、校核态及同步态。根据图 9-9 所示的结构，很容易想到采用状态机的设计方法来实现[64-66]帧同步系统，但本书还是采用常规的模块方式进行设计，读者在掌握了程序的编写思路及方法之后，更有利于对帧同步工作机理的理解。

图 9-9 是一个典型的状态转移图，我们可以将转移条件看成状态之间的信号接口。整个帧同步可以划分为搜索态模块（Search）、校核态模块（Check）及同步态模块（Sync）。除了

上电后进入搜索态，当校核未通过（CheckNum 帧内有一个校核帧未同步）或同步失步（连续 SyncNum 帧未同步）时也需进入搜索态，因此搜索态的启动信号有复位信号（rst）、校核态重搜索信号（Research_check）和同步态重搜索信号（Research_sync）；校核态的启动信号仅来自搜索态（search_over），即只有在搜索到帧同步码组后才能进入校核态，如果校核通过则送出校核完成信号（check_over），校核未通过则发送校核态重搜索信号（Research_check）；同步态的启动信号仅来自校核态校核完成信号（check_over），只有校核通过后才能进入同步态。进入同步态后，持续对帧同步码组进行检测，当检测到失步后（连续 SyncNum 帧未同步）时发送同步态重搜索信号（Research_sync）并重新进入搜索态。

为便于读者从总体上对帧同步的设计有清楚的把握，下面给出了顶层模块的程序清单及顶层文件综合后的 RTL 原理图（如图 9-10 所示）。顶层文件的 Verilog HDL 实现代码并不复杂，用于将各状态模块根据图 9-9 所示的结构进行级联。

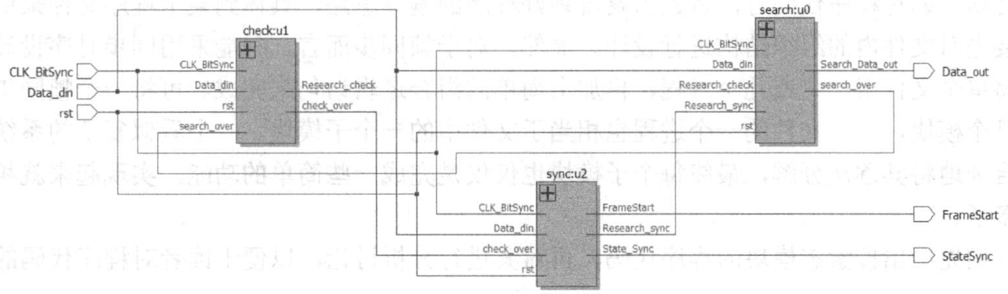

图 9-10　帧同步的顶层文件综合后的 RTL 原理图

```
//FrameSync.v 的程序清单
module FrameSync (rst,CLK_BitSync,Data_din,Data_out,FrameStart,StateSync);
    input    rst;                        //复位信号，高电平有效
    input    CLK_BitSync;                //位同步信号
    input    Data_din;                   //输入数据
    output   Data_out;                   //延时输出的数据，完成相位补偿
    output   FrameStart;                 //帧起始位置，与帧同步码组最后一位对齐
    output   StateSync;                  //同步态指示信号，高电平表示同步

    //实例化搜索态模块
    wire Research_check,Research_sync,search_over;
     search u0(.rst (rst),.CLK_BitSync   (CLK_BitSync),.Research_check(Research_check),
         .Research_sync(Research_sync),.Data_din(Data_din),.Search_Data_out(Data_out),
         .search_over(search_over));

    //实例化校核态模块
    wire check_over;
    check u1(.rst (rst),.CLK_BitSync (CLK_BitSync),.Data_din (Data_din),.search_over (search_over),
         .Research_check (Research_check),.check_over (check_over));

    //实例化同步态模块
```

```
    sync u2(.rst(rst),.CLK_BitSync(CLK_BitSync),.Data_din(Data_din),.check_over(check_over),
        .Research_sync(Research_sync),.State_Sync(StateSync),.FrameStart(FrameStart));

endmodule
```

9.4.2 搜索态模块的 Verilog HDL 实现及仿真

1．搜索态模块的 Verilog HDL 设计

搜索态需要设置的几个参数包括：帧同步码组（FrameCode）、帧同步码组长度（LenCode）和容错位数（ErrorNum）。为便于对程序的维护及修改，程序中采用常量定义的方式对这几个参数进行设置。如果需要对某个参数进行修改，只需修改常量的值即可。当然，读者也可以将这些参数设计成模块的接口，这样就可以通过外部编程对参数进行设置。

在动手编写程序代码时，首先需要规划好程序的编写思路，具体到某个程序文件来讲，则需要先对文件内的组织结构进行设计。显然，对于帧同步而言，只能采用同步时序设计，通常将单个文件用一个或几个进程，再加上简单的组合逻辑语句来完成。可将一个帧同步划分为几个模块，一个文件的一个进程也相当于文件中的一个子模块。一个看似复杂的系统，只要合理地将其逐次分解，最终每个子模块也仅仅是完成一些简单的功能，实现起来就相对简单多了。

我们先给出搜索态模块的程序代码，再对其进行分析讨论，以便于读者对程序代码的理解。

```
//search.v 的程序清单
module search (rst,CLK_BitSync,Data_din,Research_check,Research_sync,Search_Data_out,search_over);
    input   rst;                    //复位信号，高电平有效
    input   CLK_BitSync;            //帧同步信号
    input   Data_din;               //输入数据流
    input   Research_check;         //校核态送来的信号，校核未通过时为高电平
    input   Research_sync;          //同步态送来的信号，未同步时为高电平
    output  Search_Data_out;        //延时输出的数据，完成相位补偿
    output  search_over;            //搜索态同步信号输出，搜索到帧同步码组时为高电平

    //定义帧同步中的部分参数
    parameter ErrorNum = 0;             //搜索态帧同步码组的容错位数
    parameter LenCode = 7;              //帧同步码组长度
    wire [LenCode-1:0] FrameCode = 88;

    //ShiftReg 进程
    //将输入数据送入寄存器 RegDin
    //发送端数据顺序设定为低位在前、高位在后，需要注意寄存器的移位方向
    reg [LenCode-1:0] RegDin;
    integer i;
    always @(posedge CLK_BitSync or posedge rst)
    if (rst)
        RegDin <= 0;
```

```
else
    begin
        RegDin[LenCode-1] <= Data_din;
        for (i=0; i<=(LenCode-2); i=i+1)
        RegDin[LenCode-2-i] <= RegDin[LenCode-1-i];
    end

//CodeSearch 进程
//驱动搜索过程的信号有复位信号 rst、校核状态送来的信号 Research_check，
//以及同步态送来的信号 Research_sync。搜索到帧同步码组时，输出一个高
//电平信号 search_over，并终止搜索过程，等待下一个驱动信号
reg start,searchover;
integer n,j;
always @(posedge CLK_BitSync or posedge rst or posedge Research_check or posedge Research_sync)
//将 rst、Research_check 和 Research_sync 作为异步复位信号，开始搜索过程
if (rst | Research_check | Research_sync)
    begin
        //（将 start 置为 ture）一次帧同步码组的搜索过程
        n = LenCode;
        searchover <= 1'b0;
        start = 1'b1;
    end
else begin
        if (start)
        begin
            //计算寄存器内的数据与帧同步码组的汉明距离
            for (j=0; j<=(LenCode-1); j=j+1)
                begin
                    //对比第一个比特数据时，对计数器进行初始化
                    if (j==0)
                        if (RegDin[0]!=FrameCode[0])
                            n=1;
                        else
                            n=0;
                    elseif (RegDin[j]!=FrameCode[j])
                        n=n+1;
                end
            //如果汉明距离小于容错门限，则表示搜索到了帧同步码组，同时将
            //search_over 信号置为高电平，将 start 置为 false，停止此次搜索过程
            if (n<=ErrorNum)
                begin
                    searchover <= 1'b1;
                    start = 1'b0;
                end
        end
        else
            searchover<=1'b0;
```

```
        end

    //DataDelay 进程
    //搜索到帧同步码组后，产生的 search_over 信号有 2 个周期的延时
    //对输入数据延时 2 个周期，使得 search_over 与帧同步码组的最后一位对齐
    reg datad,dataout;
    always @(posedge CLK_BitSync or posedge rst)
    if (rst)
        begin
            datad <= 1'b0;
            dataout <= 1'b0;
        end
    else
        begin
            datad <= Data_din;
            dataout <= datad;
        end
    assign Search_Data_out = dataout;
    assign search_over = searchover;
endmodule;
```

搜索输入数据流中的帧同步码组时，首先需要将输入数据送入寄存器中，再将寄存器中的数据与帧同步码组比较判决。寄存器模块用一个进程 ShiftReg 来实现，帧同步码组判决及 search_over 的产生由进程 CodeSearch 来完成，两个进程之间的接口信号为寄存器中的数据 RegDin。

ShiftReg 进程完成输入数据流串行进入寄存器 RegDin 的功能。定义 RegDin 的长度时采用帧同步码组长度常量 LenCode，这样，调整帧同步参数时就不需要对程序中的其他代码进行任何修改。ShiftReg 进程采用一个 for 循环语句来实现移位功能。根据语句的执行原理，在一个时钟周期内完成了一次完整的循环，即可完成 LenCode 次移位操作。将当前接收到的数据存入 RegDin（LenCode-1）中，第 LenCode-2 位及第 1 比特依次移动 1 bit，同时将最低位 RegDin[0]移出寄存器。需要注意的是，发送端通常先发送数据的低比特，因此在程序中将当前位存放在了最高位，便于与 FramCode 进行比较判决。ShiftReg 进程没有启动信号，程序上电复位后就开始循环移位处理，因此寄存器 RegDin 中的数据是实时变化的。

搜索进程 Codesearch 完成帧同步码组的比较判决，并产生 search_over 信号。当搜索到帧同步码组后，除非再次检测到启动信号（rst、Research_check、Research_sync），否则不再进行帧同步码组的判决，即不再进行搜索。启动信号作为进程的异步复位信号，用于设置寄存器数据与帧同步码组之间的汉明距离初值（设置为帧同步码组长度，表示与帧同步码组差别最大）；设置 search_over 为低电平，表示没有搜索到帧同步码组；将布尔型变量 start 置为 true，表示可以开始一次帧同步码组的搜索。如果没有搜索到帧同步码组（此时 start 信号为 1），在时钟的驱动下，首先用一个 for 循环计算寄存器与帧同步码组的汉明距离。汉明距离是采用异或相加的方式完成的。在程序的 for 循环中，通过逐位比较，每发现 1 bit 不相同，则计数器加 1，同样完成了异或相加的功能。同时，利用 for 循环，便于将循环次数用帧同步码组长度 LenCode 来代替。计算完汉明距离后，判断其是否大于 ErrorNum，如大于 ErrorNum 则继续

搜索（start 仍为 true），否则输出 search_over，并停止搜索（设置 start 为 false）。

DataDelay 进程用于对输入数据移相处理（延时 2 个 CLK_BitSync 时钟周期），以便使 search_over 与帧同步码组的最后一位对齐。在程序设计时，经常会遇到对数据的延时或移相处理，当然可以仅仅通过分析程序代码来确定具体的延时周期，但更方便快捷的方法是通过仿真来确定。也就是先对程序进行仿真测试，观察信号之间的相位关系，再根据仿真结果对信号的相位进行调整，最终实现所需要的相位关系。

2．搜索态模块的仿真测试

搜索态模块的驱动信号有 5 个：rst、clk_bitsync、research_sync、research_check 和 data_din。其中 rst、clk_bitsync、research_sync 在模块中的作用完全一样，均作为异步复位信号，clk_bitsync 其实是一个时钟信号。测试激励文件的主要作用是产生模块的输入数据流 data_din，产生方法请参见 9.2.6 节，即通过定义一个计数器信号，根据计数器的值设置数据 data_din 的值。本节不再给出搜索态模块的测试激励程序清单，读者可以在本书配套资料“Chapter_9\E9_2_search”下查看完整的 FPGA 工程文件。

程序中的帧同步码组长度 LenCode 设置为 7，帧同步码组 FrameCode 设置为 1011000，图 9-11 和图 9-12 分别为 ErrorNum 为 0 和 1 时的仿真波形图。

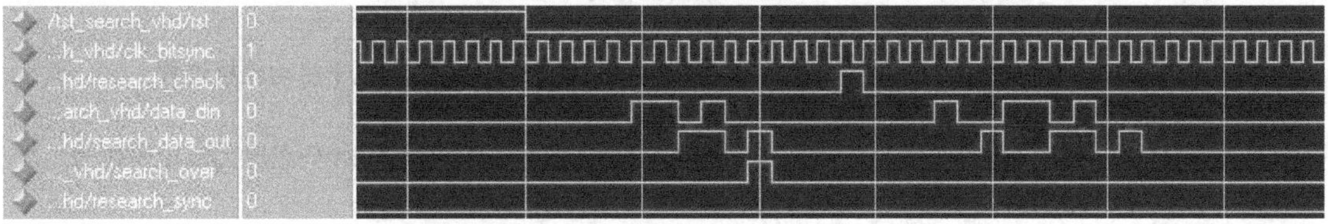

图 9-11　搜索态模块 ModelSim 仿真波形图（ErrorNum=0）

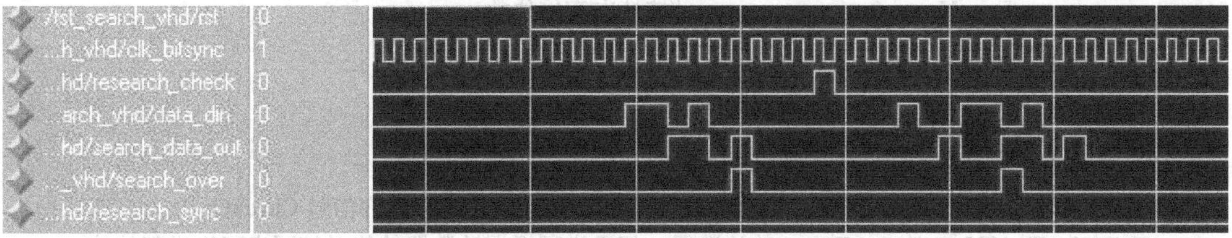

图 9-12　搜索态模块 ModelSim 仿真波形图（ErrorNum=1）

从图 9-11 可以看出，当复位信号 rst 由高变低后，检测到 data_din 上出现 1011000 时，search_over 产生了一个高电平信号，经移相处理后的 search_data_out 信号中的帧同步码组最后一位，与 search_over 的高电平信号对齐。由于发送端发送顺序为低位在前、高位在后，因此 search_over 的高电平信号对应的最高位为 1，依次向左，分别为 01100。此时检测到的数据与帧同步码组完全相同，汉明距离为 0。随后，当 research_check 为高电平时，开始下一次搜索过程，数据中并没有出现与帧同步码组完全相同的数据流，从波形上看，依次出现了 1001000（ErrorNum=1）、1100100（ErrorNum=4）、0110010（ErrorNum=4）、1011001（ErrorNum=1）、0101100（ErrorNum=4），此时容错位数设置为 0，因此并没有输出同步脉冲，需要继续搜索。从图 9-12 可以看出，当 research_check 为高电平，启动另一次搜索过程，在数据流中搜索到 1001000（ErrorNum=1）时，此时容错位数设置为 1，因此输出同步信号 search_over，并停止搜索过程，即使后续数据流中出现了 1011001（ErrorNum=1），仍然不输出同步脉冲。

9.4.3 校核态模块的 Verilog HDL 实现及仿真

1. 校核态模块的 Verilog HDL 设计

与搜索态模块一样，为便于设置系统的参数，校核态将需要修改的参数用常量表示。校核态需要设置的几个参数为：帧同步码组 FrameCode、帧同步码组长度 LenCode、校核态容错位数 ErrorNum、校核态校核帧数 CheckNum 和帧长 LenFrame。

我们先给出校核态模块的程序代码，再对其进行分析讨论。请读者将程序代码及代码后的编写思路对照起来阅读，以加深对校核态模块工作原理及代码的理解。

```
//check.v 文件的程序清单
module check (rst,CLK_BitSync,Data_din,search_over,Research_check,check_over);

    input    rst;                          //复位信号，高电平有效
    input    CLK_BitSync;                  //帧同步信号
    input    Data_din;                     //输入数据
    input    search_over;                  //搜索态模块送来的信号，高电平启动校核过程
    output   Research_check;               //校核未通过，送出高电平信号
    output   check_over;                   //校核态同步信号，搜索到位同步码组时为高电平信号

    parameter LenFrame =16;                //帧长（bit）
    parameter CheckNum =2;                 //校核态校核帧数除以 2
    parameter ErrorNum =0;                 //校核态容错位数
    parameter LenCode   =7;                //帧同步码组长度（bit）
    wire [LenCode-1:0] FrameCode = 88;

    //Check_Ce 进程
    //检测到 search_over 信号后，产生长度为 CheckNum 帧的时钟允许信号 CheckCe
    //产生 CheckNum 次 LenFrame 的计数器，便于进程根据计数器的值对帧同步码组进行校核
    reg startce,CheckCe,CheckCe_D;
    reg [LenCode-1:0] RegDin;
    integer Number,CountCheck;
    always @(posedge CLK_BitSync or posedge rst)
    if (rst)
        begin
            Number<=0;
            CountCheck<=0;
            startce = 1'b0;
            CheckCe <= 1'b0;
            CheckCe_D <= 1'b0;
        end
    else
```

```
        begin
            //CheckCe、CheckCe_D 为相位相差一个时钟周期的校核允许信号
            //产生这两个信号是为了检测 CheckCe 的下降沿，并产生 CheckCe_Falling_Pulse
            CheckCe <= startce;
            CheckCe_D <= CheckCe;
            //检测到 search_over 时开始校核过程
            if (search_over)
            startce =1'b1;
            if (startce)
            //这一层 if 语句控制循环的帧数为 CheckNum
            if (CountCheck<CheckNum)
            //这一层 if 语句控制循环一帧的长度为 LenFrame
            if (Number < (LenFrame-1))
                Number <= Number+1;
            else
                begin
                    CountCheck<=CountCheck+1;
                    Number<=0;
                end
            else
                begin
                    //完成 CheckNum 帧的循环后，设置 start 为 false，停止校核
                    startce= 1'b0;
                    CountCheck<=0;
                    Number<=0;
                end
        end
    //在 CheckCe 信号的下降沿产生一个高电平信号
    wire CheckCe_Falling_Pulse;
    assign CheckCe_Falling_Pulse = (~ CheckCe) & CheckCe_D;
    //Checking 进程
    //以 CheckCe 为时钟允许信号，根据 Check_Ce 进程产生的计数器值 Number 确定帧同步码组的位
    //置，提取数据流中的帧同步码组，计算校核通过的帧数量。如校核通过则使 check_over 输出
    //高电平信号，否则使 research_check 输出高电平信号
    reg checkover,Researchcheck;
    integer FrameError,n,i,j;
    always @(posedge CLK_BitSync or posedge rst)
    if (rst)
        begin
            checkover <= 1'b0;
            Researchcheck <= 1'b0;
            FrameError = CheckNum;
            RegDin <= 0;
        end
    else
        begin
            //Check_Ce 进程产生的信号 CheckCe 为时钟允许信号
```

```
                if (CheckCe) begin
                //根据 Number 定位帧同步码组位置，并将其写入寄存器 RegDin 中
                if ((Number>(LenFrame-2-LenCode)) && (Number<(LenFrame-1)))
                    begin
                        RegDin[LenCode-1]<=Data_din;
                        for (i=0; i<=(LenCode-2); i=i+1)
                        RegDin[LenCode-2-i] <= RegDin[LenCode-1-i];
                    end
                //帧同步码组的下一时钟周期进行该帧的校核，并累计未同步的帧数 FrameError
                elseif (Number==(LenFrame-1))
                    begin
                        //计算提取出的数据与帧同步码组之间的汉明距离
                        for (j=0; j<=(LenCode-1); j=j+1)
                        //对比第一个比特数据时，对计数器进行初始化
                        if (j==0)
                            if (RegDin[0] != FrameCode[0])
                                n=1;
                            else
                                n =0;
                        elseif (RegDin[j] != FrameCode[j])
                            n =n+1;
                            //如果汉明距离大于容错位数，则未同步的帧数加 1
                            if   (n>ErrorNum)
                            FrameError = FrameError+1;
                    end
            end
            //根据未同步的帧数判断校核是否通过
            //如未通过，则 research_check 产生高电平脉冲
            else
                begin
                    if (FrameError>0)
                        begin
                            Researchcheck <=CheckCe_Falling_Pulse;
                            checkover<=1'b0;
                        end
                    else
                        begin
                            //如通过校核，则 check_over 产生高电平信号
                            checkover <=CheckCe_Falling_Pulse;
                            Researchcheck<=1'b0;
                        end
                    //校核结束后帧数计数器置 0
                    FrameError =0;
                end
            end
    assign Research_check = Researchcheck;
```

```
    assign check_over = checkover;
endmodule;
```

校核态需要由搜索态发送启动信号（search_over），检测到启动信号后在设置的校核态校核（CheckNum）内对帧同步码组进行校核，只有当所有校核帧均通过校核时，才发送 check_over 信号至同步态，如未通过校核，则发送 research_check 信号至搜索态。

由校核态模块的程序结构可知，该模块主要由 Check_Ce 进程和 Checking 进程组成。Check_Ce 进程用于检测 search_over 信号，检测到该信号出现高电平后，产生长度为 CheckNum 的时钟允许信号 CheckCe，并通过计数器 Number 来标识每帧中数据的位置，也相当于标识了帧同步码组的位置。产生 CheckCe 及 Number 后，Checking 进程只需在 CheckCe 信号为高电平的范围内对帧同步码组进行校核即可。校核完成后，需要使 check_over 或 research_check 产生一个高电平信号。当然可以通过计数器来产生一个周期的高电平信号，程序中采用了一个更为简单的方法，即通过检测 CheckCe 信号的下降沿产生。具体的方法是，将 CheckCe 信号延时一个时钟周期得到 CheckCe_D，而后在 CheckCe=0 且 CheckCe_D=1 时输出高电平信号，否则为低电平信号。将校核态分成 Check_Ce 进程和 Checking 进程来分别进行实现，则每个进程的功能划分更为简单，编程时也相对容易得多。程序中给出了比较详细的注释，读者在理解程序结构及各进程的功能后，可以很快理解程序的执行过程。如果还不明白校核态的工作原理，则可以先继续阅读接下来讨论的校核态模块仿真测试，再回过头来理解程序就简单多了。

2．校核态模块的仿真测试

校核态模块的驱动信号有 4 个：rst、clk_bitsync、search_over 和 Data_din。其中 rst、clk_bitsync 分别作为异步复位信号和帧同步时钟信号，data_din 为输入数据，三个信号的产生方法均与搜索态模块完全相同。search_over 为搜索态发送的启动信号，根据搜索态模块的信号时序，search_over 的高电平刚好比帧同步码组的最后一位延时 2 个时钟同期。本文不再给出校核态模块的测试激励程序清单，读者可以在本书配套资料“Chapter_9\E9_2_check”中查看完整的 FPGA 工程文件。

程序中的帧同步码组长度 LenCode 设置为 7；帧同步码组 FrameCode 设置为 1011000；帧长 LenFrame 设置为 16；校核态校核帧数 CheckNum 设置为 2。图 9-13 和图 9-14 分别为 ErrorNum 为 0 和 1 时的仿真波形图，这两个图中的输入信号波形完全相同，通过修改程序中的 ErrorNum 值，可以仿真得到不同容错位数的波形图。

从图 9-13 和图 9-14 可以看出，搜索态发送的信号 search_over 的高电平均比当前帧同步码组延时 2 个时钟周期。当每次检测到信号 search_over 的高电平时，校核态时钟允许信号 CheckCe 出现包括 2（CheckNum=2）个数据帧长度的高电平。虽然 CheckCe 并没有包括 2 个完整的数据帧，但包括了两个完整的帧同步码组，本程序只需检测 2 个帧同步码组。同时，计数器 Number 开始以周期为 LenFrame=16 的循环计数。由于信号 search_over 与帧同步码组的时序关系是确定的（由搜索模块程序决定），CheckCe 及 Number 的时序与信号 search_over 的时序关系是确定的，因此，完全可以由 Number 来确定输入数据流中的帧同步码组位置。

从波形上很容易看出，当 search_over 第一次出现高电平时，其后连续 2 个帧同步码组均为 1011000（ErrorNum=0）；当 search_over 第二次出现高电平时，其后第 1 个帧同步码组为

1001000（ErrorNum=1），第 2 个帧同步码组为 1011000（ErrorNum=0）。图 9-13 是 ErrorNum 为 0 时的波形，因此第一次帧校核顺利通过；校核完成后信号 check_over 输出一个高电平，信号 research_check 保持为低电平；第二次校核未通过，校核完成后信号 research_check 输出一个高电平，信号 check_over 保持为低电平；图 9-14 是 ErrorNum 为 1 时的波形，因此两次帧校核均顺利通过；校核完成后信号 check_over 输出一个高电平，research_check 保持为低电平。从图 9-13 和图 9-14 可以看出，校核完成后的同步信号（research_check、check_over）已经延时帧同步码组最后一位 5 个时钟周期。

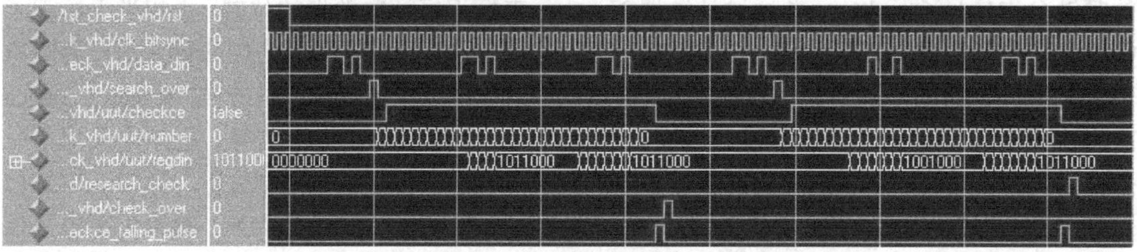

图 9-13　校核态模块 ModelSim 仿真波形图（ErrorNum=0）

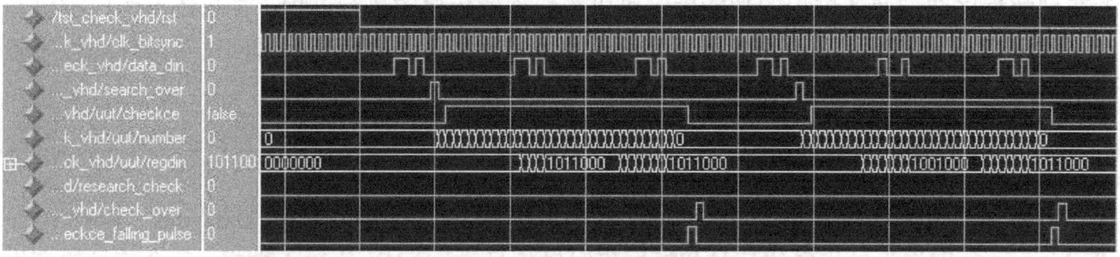

图 9-14　校核态模块 ModelSim 仿真波形图（ErrorNum=1）

9.4.4　同步态模块的 Verilog HDL 实现及仿真

1. 同步态模块的 Verilog HDL 设计

同步态模块需要设置的几个参数为：帧同步码组组 FrameCode、帧同步码组长度 LenCode、同步态容错位数 ErrorNum、同步态校核帧数 SyncNum 和帧长 LenFrame。

我们先给出同步态模块的程序代码，再对其进行分析讨论。请读者将程序代码及后续的编写思路对照起来阅读，以加深对同步态模块工作原理及该模块代码的理解。

```
//sync.v 文件的程序清单
module sync (rst,CLK_BitSync,Data_din,check_over,Research_sync,State_Sync,FrameStart);

    input   rst;                    //复位信号，高电平有效
    input   CLK_BitSync;            //帧同步信号
    input   Data_din;               //输入数据
    input   check_over;             //校核态模块送来的信号，高电平时启动校核过程
    output  Research_sync;          //未同步时为高电平信号
    output  State_Sync;             //同步时为高电平信号
```

```
output    FrameStart;                        //高电平信号与帧同步码组的最后一位对齐

parameter LenFrame =16;                      //帧长（bit）
parameter SyncNum =2;                        //校核态校核帧数，2
parameter ErrorNum =0;                       //校核态容错位数
parameter LenCode    =7;                     //帧同步码组长度（bit）
wire [LenCode-1:0] FrameCode = 88;

//引出模块端口信号
reg FramePosition,StateSync,Researchsync;
assign FrameStart = FramePosition & StateSync;
assign State_Sync = StateSync;
assign Research_sync = Researchsync;

//Counter 进程
//检测到 check_over 信号后，开始周期为 LenFrame 的帧计数器
//计数器为 0 时对齐帧同步码组后的第一位数据
integer Number;
always @(posedge CLK_BitSync or posedge rst)
if (rst)
    begin
        Number<=0;
    end
else
    begin
        //根据仿真结果调整计数器的初值，检测到信号 check_over 时，将计数器置位为 3，
        //使得计数器为 0 时对齐帧同步码组后第一位数据
        if (check_over)
            Number <= 3;
        elseif (Number<(LenFrame-1))
            Number <= Number + 1;
        else
           Number <= 0;
    end
//FrameChecking 进程
//check_over 为同步复位信号，根据 Counter 进程产生的计数器值 Number 确定帧同步码组的位置，
//提取数据流中的帧同步码组进行校核。如校核通过则使 FramePosition 输出一个高电平，否则
//保持低电平。这段代码与校核态模块中的 Checking 进程代码十分相似，请读者对照起来阅读
reg [LenCode-1:0] RegDin;
integer n,i,j;
always @(posedge CLK_BitSync or posedge rst)
if (rst)
    begin
        FramePosition <= 1'b0;
        n = LenCode;
        RegDin <= 0;
    end
```

```
else
    begin
        if (check_over)
            begin
                FramePosition <= 1'b0;
                n = LenCode;
                RegDin <= 0;
            end
        else
            begin
                //根据 Number 定位帧同步码组的位置，并将其写入寄存器 RegDin 中
                if ((Number>(LenFrame-3-LenCode)) && (Number<(LenFrame-2)))
                    begin
                        RegDin[LenCode-1]<=Data_din;
                        for (i=0; i<=(LenCode-2); i=i+1)
                        RegDin[LenCode-2-i] <= RegDin[LenCode-1-i];
                    end
                //帧同步码组的下一时钟周期进行该帧校核，并输出帧同步码组指示信号
                elseif (Number==(LenFrame-2))
                    begin
                        //计算提取出的数据与帧同步码组之间的汉明距离
                        for (j=0; j<=(LenCode-1); j=j+1)
                        //对比第一比特数据时，对计数器进行初始化
                        if (j==0)
                            if (RegDin[0] != FrameCode[0])
                                n=1;
                        else
                                n =0;
                        elseif (RegDin[j] != FrameCode[j])
                                n =n+1;
                        //如果汉明距离大于容错位数，则不输出帧同步码组
                        //否则输出帧同步码组
                        if (n>ErrorNum)
                                FramePosition <= 1'b0;
                        else
                                FramePosition <= 1'b1;
                    end
                else
                    FramePosition <= 1'b0;
            end
    end
// SyncChecking 进程
//check_over 为同步复位信号，根据 Counter 进程产生的计数器值 Number 确定帧同步码组的位置
//提取 FramePosition 信号中的高电平，并送入长度为 SyncNum 的寄存器中，如果
//SyncNum 的值全为 0，则表示有连续 SyncNum 帧数据未同步，输出未同步信号 Research_sync，
//送入搜索态模块重启搜索过程
reg start;
```

```
        reg [SyncNum-1:0] RegSync;
        integer k;
        always @(posedge CLK_BitSync or posedge rst)
        if (rst)
            begin
                RegSync <= 0;
                StateSync <= 1'b0;
                Researchsync <= 1'b0;
                start = 1'b0;
            end
        else
            begin
                //检测到信号 check_over 为高电平时，启动同步过程
                if (check_over)
                    begin
                        RegSync <= -1;                          //寄存器全部置为高电平
                        StateSync <= 1'b1;
                        Researchsync <= 1'b0;
                        start = 1'b1;
                    end
                if (start)
                    begin
                        //根据 Number 确定帧同步码组的位置，并写入寄存器 RegSync 中
                        if (Number==LenFrame-1)
                            begin
                                RegSync[0]<=FramePosition;
                                for (k=0; k<=(SyncNum-2); k=k+1)
                                RegSync[k+1] <= RegSync[k];
                            end
                        elseif (Number==0)
                            //如果 RegSync 中的值为零，则确定失步，终止同步过程
                            if(RegSync==0)
                                begin
                                    StateSync <= 1'b0;
                                    Researchsync <= 1'b1;
                                    start = 1'b0;
                                end
                            else
                                StateSync <= 1'b1;
                    end
                else
                    Researchsync <= 1'b0;
            end
    endmodule;
```

同步态需要由校核态发送的信号 check_over，在检测到该信号后需要持续不断地对帧同步码组进行检测，当检测到连续 SyncNum 帧均不同步时，输出失步脉冲信号 research_sync，

重新进入搜索态，否则始终维持在同步态。为了简化设计，我们将同步态分为三个进程来完成，即计数器（Counter）进程、帧校验（FrameChecking）进程和同步校验（SyncChecking）进程。

Counter 进程用于产生帧内数据位置的计数，当检测到信号 check_over 为高电平时，重新开始以 LenFrame 为周期的循环计数。需要注意的是，为了使计数器为 0 时与帧同步码组后第一位数据对齐，用信号 check_over 作为同步复位信号，在复位时将计数器 Number 置为 3。

FrameChecking 进程用于产生帧起始位置的同步信号，即高电平信号与帧同步码组的最后一位对齐。该进程首先需要对帧同步码组进行校核，如果校核通过，则在帧同步码组位置处产生一个高电平信号 FramePosition；如果校验未通过，则在帧同步码组位置不产生高电平信号，用这种方式来标识每帧数据的同步状态。FrameChecking 进程的代码与校核态模块中的 Checking 进程的代码大部分相似，读者可以对照起来阅读。

SyncChecking 进程通过判断 FramePosition 来判断系统是否处于同步态。显然，经过前面两个进程的处理，同步态的处理变得十分简单，只需判断 FramePosition 是否连续在帧同步码组位置出现低电平信号即可，如连续出现 SyncNum 次低电平信号，则判断为失步，否则继续维持在同步态。程序中采用了寄存器的方法，也就是根据计数器 Number 的值确定 FramePosition 的位置，然后设置长度为 SyncNum 的寄存器，将 FramePosition 的值采样下来并依次送入寄存器 RegSync，再判决 RegSync 的值是否等于 0，如等于 0 则表示失步，否则维持在同步态。

2. 同步态模块的仿真测试

同步态模块的驱动信号有 4 个：rst、clk_bitsync、check_over 和 data_din。驱动信号的产生方法与校核态模块完全相似。需要注意的是，根据校核态模块的信号时序，check_over 的高电平信号刚好比帧同步码组的最后一位延时 5 个时钟周期。

程序中的帧同步码组长度 LenCode 设置为 7；帧同步码组 FrameCode 设置为 1011000；帧长 LenFrame 设置为 16；同步态校核帧数 CheckNum 设置为 2。图 9-15 和图 9-16 分别为 ErrorNum 为 0 和 1 时的仿真波形图，这两个图中的输入信号波形完全相同，通过修改程序中的 ErrorNum 值，可以分别仿真得到不同容错位数的波形图。

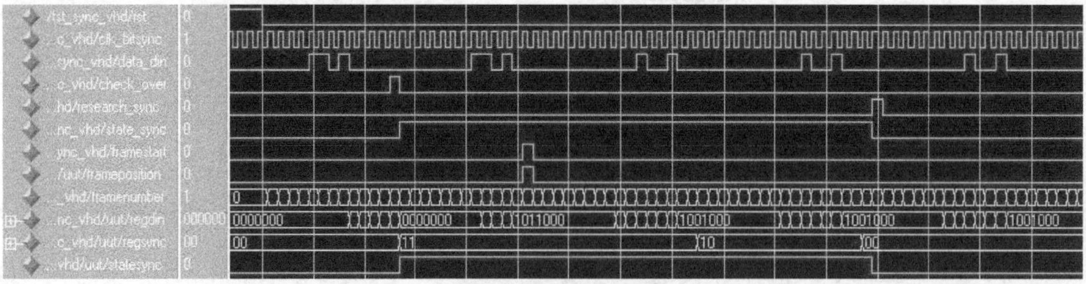

图 9-15　同步态模块 ModelSim 仿真波形图（ErrorNum=0）

从图 9-15 和图 9-16 可以看出，搜索态发送的信号 check_over 的高电平均比当前帧同步码组延时 5 个时钟周期。当检测到信号 check_over 的高电平时，计数器 Number 开始以 LenFrame=16 为周期的循环计数。由于 FrameNumber 的计数初始值为 3，从波形上看，计数器为 0 时与输入数据中的帧同步码组最后一位对齐（图 9-15 和图 9-16 没有显示出 Number 的数值，读者可以在 FPGA 工程文件中放大仿真波形进行查看）。由于信号 check_over 与帧同步码组的时序关系是确定的（由校核态模块程序决定），FrameNumber 的时序与 check_over 的时序关系是确定的，因此，完全可以由 FrameNumber 来确定输入数据流中的帧同步码组位置。

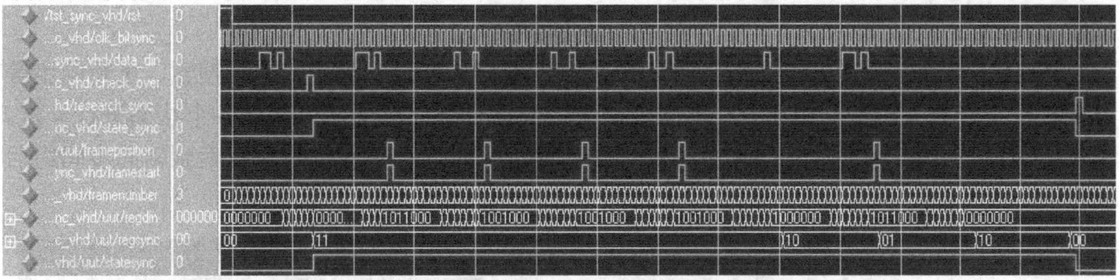

图 9-16　同步态模块 ModelSim 仿真波形图（ErrorNum=1）

从图 9-15 中的波形上可以看出，当信号 check_over 出现高电平时，其后连续的 4 个帧同步码组为 1011000（ErrorNum=0）、1001000（ErrorNum=1）、1001000（ErrorNum=1）、1001000（ErrorNum=1）。由于 ErrorNum=0，因此第 1 个帧同步码组通过校核，输出了同步信号 Framestart，此后出现连续 3 个帧同步码组未通过校核的数据帧。同步状态信号 state_sync 高电平状态继续维持了 2 帧数据的长度，而后停止在同步态，输出失步信号 research_sync，用于启动搜索过程。

从图 9-16 中的波形可以看出，当信号 check_over 出现高电平时，其后连续的 8 个帧同步码组为 1011000（ErrorNum=0）、1001000（ErrorNum=1）、1001000（ErrorNum=1）、1001000（ErrorNum=1）、1000000（ErrorNum=2）、1011000（ErrorNum=0）、0000000（ErrorNum=3）、0000000（ErrorNum=3）。由于此时 ErrorNum=1，因此前 4 个帧同步码组均通过校核，输出了同步信号 framestart，然后出现 1 个帧同步码组未通过校核的数据帧 1000000（ErrorNum=2），紧接着出现 1 个帧同步码组通过校核的数据帧 1011000（ErrorNum=0），由于同步态校核帧数设置为 2，因此继续维持在同步态。后面连续出现 2 个帧同步码组未通过校核的数据帧 0000000（ErrorNum=3）后，停止同步态，输出失步信号 research_sync，用于启动搜索过程。

9.4.5　帧同步的 FPGA 实现及仿真

编写完成整个系统的 Verilog HDL 实现代码之后，就可以进行 FPGA 实现了。在 Quartus II 中完成对帧同步工程的编译后，启动“TimeQuest Timing Analyzer”工具，并对时钟信号 CLK_BitSync 添加时序约束（周期为 20 ns，频率为 50 MHz），保存时序约束结果，重新对整个 FPGA 工程进行编译。

完成综合实现后，在工作过程区中会自动显示整个设计所占用的器件资源情况。本实例选用的目标器件是 Altera 公司 Cyclone-IV 系列的 EP4CE15F17C8。Logic Elements（逻辑单元）使用了 297 个，占 2%；Registers（寄存器）使用了 163 个，占 1%；Memory Bits（存储器）使用了 0 bit，占 0%；Embedded Multiplier 9-bit elements（9 bit 嵌入式硬件乘法器）使用了 0 个，占 0%。从“TimeQuest Timing Analyzer”工具中可以查看到系统最高工作频率为 108.1 MHz。

前面分别对三个模块进行了 Verilog HDL 实现及仿真测试，接下来还需要对整个系统的运行情况进行仿真。测试激励文件的编写方法，以及驱动信号的产生方法与前面三个模块相似，这里不再给出测试激励程序清单，读者可以在本书配套资料“Chapter_9\E9_2”中查看完整的 FPGA 工程文件。

程序中的帧同步码组长度 LenCode 设置为 7；帧同步码组 FrameCode 设置为 1011000；帧长 LenFrame 设置为 16；校核态校核帧数设置为 2；同步态校核帧数设置为 2；各模块容错位数 ErrorNum 均设置为 0。

图 9-17 实际上对帧同步系统的搜索、校核、校核未通过、失步、重新搜索、重新同步等过程进行了较为完整的仿真测试。下面根据图中的标号顺序对同步系统的各个状态进行分析。

① 系统上电，复位信号 rst 由高电平变为低电平时启动搜索过程，搜索到帧同步码组后输出 search_over。

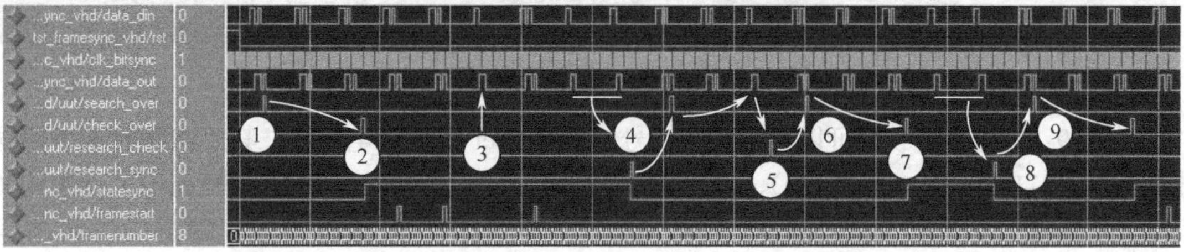

图 9-17　帧同步系统 ModelSim 仿真波形图

② 检测到信号 search_over 后，转入校核态，由于连续通过 2 个数据帧的校核，输出校核通过信号 check_over。

③ 检测到信号 check_over 后，转入同步态，在同步态下检测到 1 个不同步帧（0010000），由于不是连续出现 2 个不同步帧，因此保持同步态。

④ 在同步态下连续检测到 2 个不同步帧（0010000），停止同步状态，输出信号 research_sync，重启搜索过程。

⑤ 重新搜索到帧同步码组后，输出信号 search_over，重启校核过程，但校核过程检测到了一个不同步帧，输出信号 research_check。

⑥ 信号 research_check 再次启动搜索过程，搜索到帧同步码组后输出信号 search_over。

⑦ 信号 search_over 启动校核过程，且通过了校核，输出信号 check_over。

⑧ 信号 check_over 启动同步过程，在同步状态下，连续检测到 2 个未同步数据帧，再次输出信号 research_sync。

⑨ 信号 research_sync 重启搜索过程，搜索完成后输出信号 search_over，启动校核过程，校核通过，输出信号 check_over，重新回到同步态。

9.5 串口通信的板载测试

9.5.1 硬件接口电路

本次板载测试的目的是验证串口通信电路的工作情况，即验证例 9-1 中的 RS232.v 程序是否能够在 CRD500 开发板与 PC 之间建立正确的串口通信。

CRD500 开发板包含了 Silicon Labs CP2102GM 的 USB 芯片，采用 MINI USB 接口，这个 USB 接口既可实现供电功能，又可以实现 USB 转串口的功能，可以用一根 USB 线将它连接到 PC 上的 USB 接口进行串口数据通信。

为便于测试，我们将例 9-1 中顶层文件中的时钟速率设置信号 speed_sel 设置为 1，即波特率为 9600 bps。串口通信电路板载测试的 FPGA 接口信号定义如表 9-3 所示。

表 9-3 串口通信电路板载测试的 FPGA 接口信号定义表

信号名称	管脚定义	传输方向	功能说明
rst	P14	→FPGA	复位信号，高电平有效
clk	M1	→FPGA	系统时钟
rs_in	A11	→FPGA	串口通信信号，RXD
rs_out	A10	FPGA→	串口通信信号，TXD
led[7:0]	T14、R14、T13、R13、T12、R12、T11、R11	FPGA→	LED 指示灯，显示接收到的数据

9.5.2 板载测试验证

实例程序的系统时钟与 CRD500 开发板一致，直接根据表 9-3 设置好接口信号，完成 FPGA 实现后可以将程序下载至 CRD500 开发板进行板载测试。串口通信电路板载测试的硬件连接如图 9-18 所示。

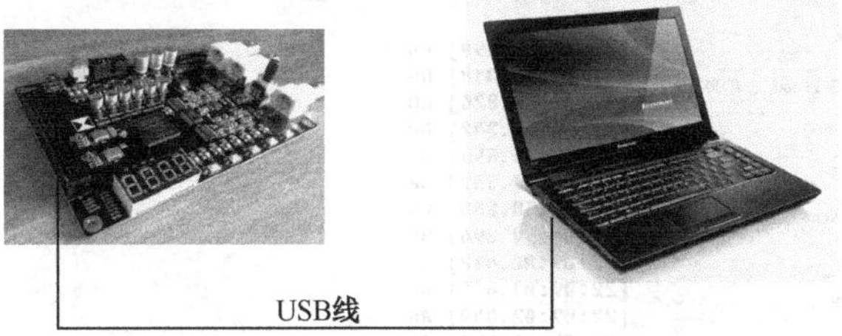

图 9-18 串口通信电路板载测试的硬件连接

由于 CRD500 开发板中的 USB 接口本身兼具供电及串口通信功能，因此测试电路的连接十分简单。为了测试串口通信功能，我们还需在 PC 中安装 USB 转串口芯片（CP2102）的驱动程序，驱动程序的安装文件可以在开发板提供的配套资料中找到，双击 CP210x_VCP_Win_XP_S2K3_Vista_7.exe 开始安装。驱动安装成功后，打开 PC 的设备管理器后找到串口设备 CP210x，为串口分配了 COM3 端口（在不同的 PC 上，分配的端口号可能不相同）。USB 转串口驱动程序安装效果如图 9-19 所示。

安装 USB 转串口驱动程序后，可按图 9-18 所示连接好 USB 线，打开 CRD500 开发板电源，启动串口调试程序（可在开发板配套资料中找到 serial_port_utility_latest.exe），设置端口为 COM3、波特率为 9600（串口 FPGA 程序中默认波特率为 9600）、数据位为 8、检验位为 None、停止位为 1，接收设置勾选“Hex”，勾选“自动换行”“显示时间”，发送设置勾选“Hex”，在发送编辑框内输入要发送的数据（如 AA）后单击“发送”按钮。此时，在 CRD500 开发板中可以观察到 8 位 LED 灯显示接收到了数据，同时串口调试程序的接收区中显示发送及接收到的数据。串口通信电路测试效果如图 9-20 所示。

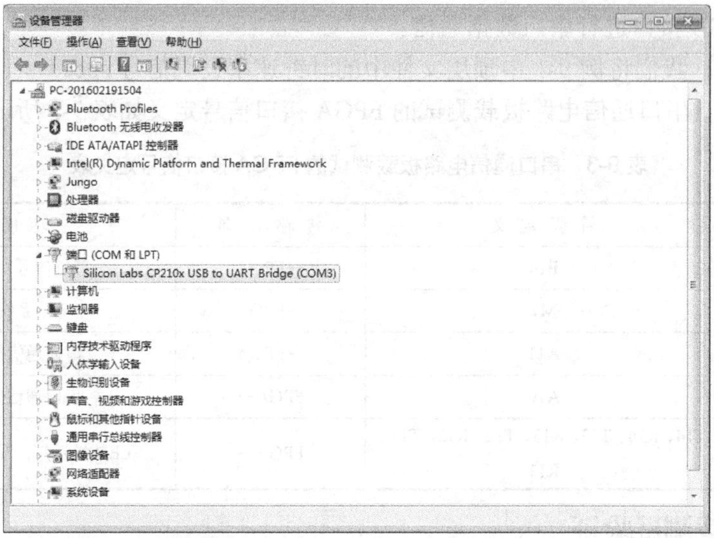

图 9-19　USB 转串口驱动程序安装效果

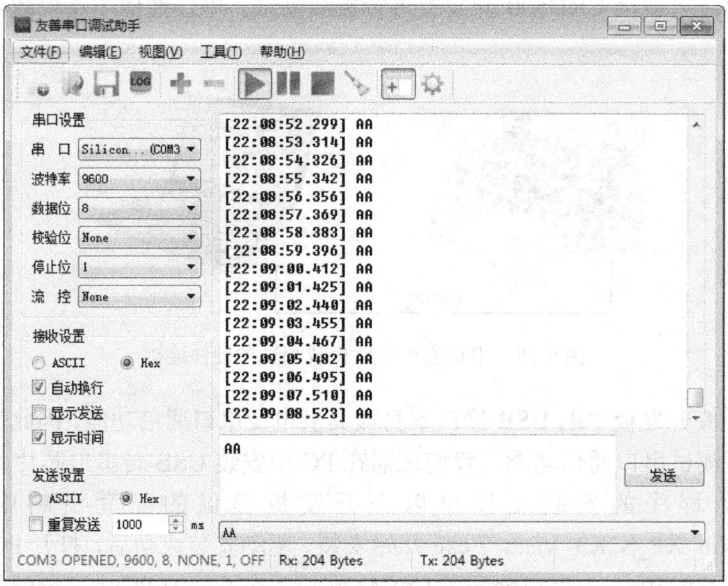

图 9-20　串口通信程序测试效果

9.6 帧同步电路的板载测试

9.6.1 硬件接口电路

本次板载测试的目的是验证帧同步电路的工作情况，即验证顶层文件 FrameSync.v 是否能够从输入数据中提取帧同步码组的功能。

CRD500 开发板配置有一个扩展口，可以设计一个测试数据生成模块，将帧同步码组及数据帧通过扩展口输出，帧同步电路的数据从其相邻的扩展口输入，通过跳线将输入数据和输出数据连接起来。示波器的双通道分别输出数据及帧同步码组，观察两路数据的波形相位关系，即可判决帧同步电路的工作情况。

板载测试的 FPGA 接口信号定义如表 9-4 所示。

表 9-4　板载测试的 FPGA 接口信号定义表

信号名称	管脚定义	传输方向	功能说明
rst	P14	→FPGA	复位信号，高电平有效
gclk1	M1	→FPGA	系统时钟
data_in	N3	→FPGA	数据帧输入，ext9
clk_bitsync	N2	→FPGA	帧同步码组输入，ext12
statesync	R11	FPGA→	同步状态指示信号，同步时点亮，LED0
framestart	L1	FPGA→	帧同步码组起始信号，ext13
data_out	N1	FPGA→	测试模块输出的帧同步码组，ext10
data_clk	L3	FPGA→	测试模块输出的数据，ext11

帧同步电路的输入为帧同步码组及数据，为便于示波器观察，将同步时钟设置为较低频率，如 1.5 kHz，可以通过对 CRD500 开发板的晶振时钟进行分频来得到同步时钟信号。测试数据帧需要满足帧长为 16、帧同步码组为“1011000”的要求，我们可以先设计一个周期为 16 的计数器，根据计数器值设置数据状态，形成具有帧同步码组的循环数据帧。

9.6.2　板载测试程序

根据前面的分析可知，板载测试程序需要设计时钟产生模块（clk_produce.v）来产生所需的各种时钟信号；设计测试数据生成模块（testdata_produce.v）来产生满足要求的数据帧。板载测试程序（BoardTst.v）顶层文件综合后的 RTL 原理图如图 9-21 所示。

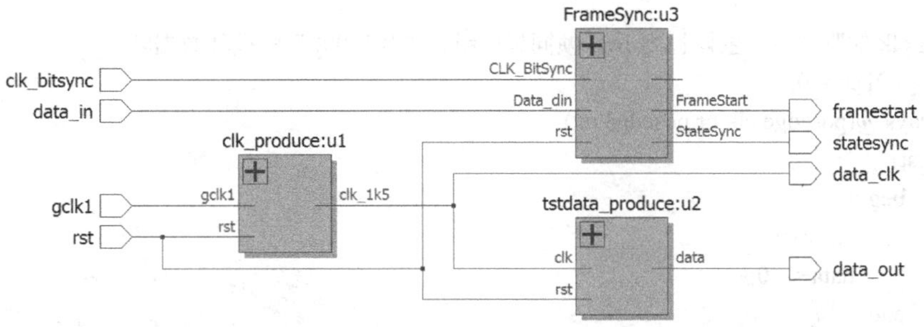

图 9-21　板载测试程序顶层文件综合后的 RTL 原理图

板载测试程序顶层文件代码如下所示。

```
module BoardTst(
    //1 路系统时钟及 1 路复位信号
    input gclk1,
    input rst,
    input clk_bitsync,        //输入的帧同步码组
    input data_in,            //输入的数据
    output statesync,         //输出的同步状态指示信号，高电平时表示同步
    output framestart,        //输出的帧同步码组起始信号
    output data_clk,          //测试模块输出的帧同步码组
    output data_out           //测试模块输出的数据
    );

    wire clk_1k5;

    assign data_clk = clk_1k5;

    clk_produce u1 (.rst(rst), .gclk1(gclk1), .clk_1k5(clk_1k5));

    tstdata_produce u2 (.rst(rst),.clk(clk_1k5), .data(data_out));

    FrameSync u3 (.rst(rst),.CLK_BitSync(clk_bitsync),.Data_din(data_in),.Data_out(),.
                                    FrameStart(framestart),.StateSync(statesync));

endmodule
```

测试数据模块产生帧长为 16、帧同步码组为“1011000”的数据帧。为了简化设计，数据帧中的数据全为 0。程序代码如下所示。

```
module tstdata_produce(
    input rst,                //复位信号，高电平有效
    input clk,                //同步时钟
    output reg data           //数据帧
    );

    //在 clk 的驱动下产生帧长为 16，帧同步码组为“1011000”的循环数据帧
    reg [3:0] cn = 0;
    always @(posedge clk or posedge rst)
    if (rst)
        begin
            cn <= 0;
            data <= 0;
        end
    else
        begin
            cn <= cn + 1;
            case (cn)
                4'd0: data <=0;
```

```
                4'd1: data <=0;
                4'd2: data <=0;
                4'd3: data <=1;
                4'd4: data <=1;
                4'd5: data <=0;
                4'd6: data <=1;
                4'd7: data <=0;
            endcase
        end
endmodule
```

9.6.3　板载测试验证

设计好板载测试程序并完成 FPGA 实现后，可以将程序下载至 CRD500 开发板进行板载测试。板载测试的硬件连接如图 9-22 所示。

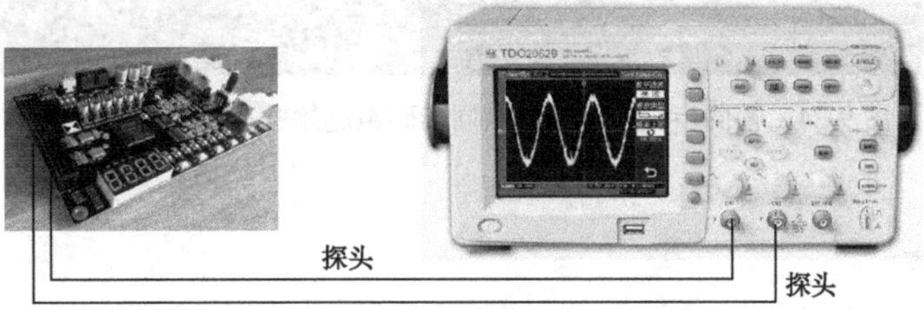

图 9-22　板载测试的硬件连接

分别将扩展口的第 9、10 引脚短接，将扩展口的第 11、12 引脚短接，用双通道示波器分别测试同步时钟及长度为 16 bit 的数据帧，如图 9-23 所示。

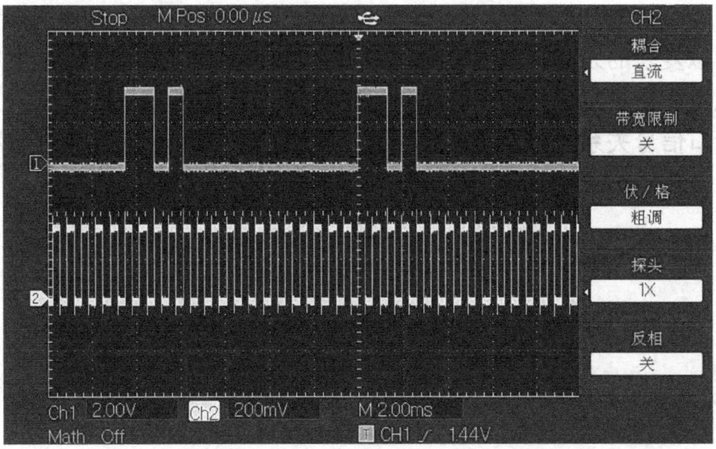

图 9-23　帧同步程序测试的同步时钟及数据波形

从图中可以看出，同步信号与数据波形显示稳定，数据帧的帧长为 16 个同步时钟周期，帧同步码组为“1011000”。同时 CRD500 开发板上的 LED0 灯恒亮，表示电路已处于同步态。

将示波器通道 2 探头连接扩展口的第 13 引脚，测试帧同步码组起始信号波形，如图 9-24 所示。从图中可以看出，数据波形和帧同步码组起始信号波形能够同时稳定显示，且每个帧同步码组对应一个帧同步码组的起始信号。此时，如果去掉连接扩展口第 9、10 引脚的“短路子”，或扩展口第 11、12 引脚的“短路子”，可以观察到帧同步码组起始信号会将消失，且 LED0 灯熄灭，表示没有捕获到帧同步码组。

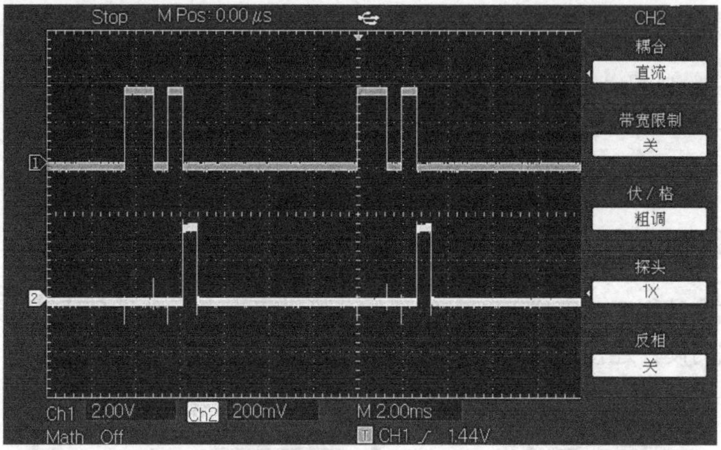

图 9-24　帧同步程序测试的帧同步码组起始脉冲及数据帧波形

9.7 小结

本章首先简单介绍了异步传输和同步传输的概念。起止式同步的传输速率及效率都比较低，典型的应用是串口通信，本章对 RS-232-C 串口传输的收、发两端进行了 FPGA 实现。RS-232-C 串口传输协议定义了较多的握手信号，有兴趣的读者可以在例 9-1 的基础上对串口通信进行完善。本章的重点是帧同步的 FPGA 实现，完整的帧同步可分为搜索态、校核态和同步态。一个看似复杂的系统，只要合理地划分功能模块，在编写程序之前厘清编程思路，最终的代码实现反而会变得比较简单。读者在阅读帧同步的程序代码时，重点是理解并掌握各模块之间的接口信号关系，以及接口信号之间的时序关系，从而深刻理解程序的编写思路和方法，提高对复杂系统的 Verilog HDL 程序编写水平。

参 考 文 献

[1] 季仲梅，杨洪生，王大鸣，等. 通信中的同步技术及应用. 北京：清华大学出版社，2008.

[2] 樊昌信，张甫翊，徐炳祥，等. 通信原理（第 5 版）. 北京：国防工业出版社，2001.

[3] 宋祖顺，宋晓勤，宋平，等. 现代通信原理（第 3 版）. 北京：电子工业出版社，2010.

[4] 杜勇. FPGA/VHDL 设计入门与进阶. 北京：机械工业出版社，2011.

[5] 卢锦川，董静薇. 通信系统中同步技术的研究综述. 广东通信技术，2005(5):61-64,73.

[6] 姚天翔. 无线通信中的数字同步算法研究[D]. 杭州：浙江大学博士学位论文，2006.

[7] 查光明，熊贤祚. 扩频通信. 西安：西安电子科技大学出版社，1997.

[8] 曾兴雯，刘乃安，孙献璞. 扩展频谱通信及其多址技术. 西安：西安电子科技大学出版社，2004.

[9] 屈辉立. 数字同步网系统及其几种常用同步方式比较. 企业技术开发，2006,25(7):21-24.

[10] 倪海峰，赵春明，尤肖虎. DS-CDMA 系统中 PN 码定时跟踪新算法及其实现. 信息安全与保密，2002,(4):31-33.

[11] 张欣. 扩频通信数字基带信号处理算法及其 VLSI 实现. 北京：科学出版社，2004.

[12] John G.Proakis. 数字通信（第 4 版）. 张力军，张宗橙，郑宝玉，等译. 北京：电子工业出版社，2005.

[13] 张厥盛，郑继禹，万心平. 锁相技术. 西安：西安电子科技大学出版社，1998.

[14] 杨小牛，楼才义，徐建良. 软件无线电原理与应用. 北京：电子工业出版社，2001.

[15] 邹鲲，袁俊泉，龚享铱. MATLAB 6.x 信号处理. 北京：清华大学出版社，2002.

[16] 刘波，文忠，曾涯. MATLAB 信号处理. 北京：电子工业出版社，2006.

[17] 杜勇，刘帝英. MATLAB 在 FPGA 设计中的应用. 电子工程师，2007,33(1):9-11.

[18] ANSI/IEEE Std 754. IEEE standard for binary floating-point arithmetic. The Institute of the Electrical and Electronics Engineers, New York, 1985.

[19] 杜勇，韩方剑，韩方景，等. 多输入浮点加法器算法研究. 计算机工程与科学，2006, 28(10):87-88,97.

[20] 王世练. 宽带中频数字接收机的实现及其关键技术的研究[D]. 长沙：国防科技大学博士学位论文，2004.

[21] B Widrow. Statistical theory of quantization. IEEE Transactions on Instrumentation and Measurement. 1996, 45(2):353-361.

[22] Bernard Widrow, István Kollár. Quantization Noise: Roundoff Error in Digital Computation, Signal Processing, Control, and Communications. Cambridge University Press，2008.

[23] Michael D.Ciletti. Verilog HDL 的数字系统应用设计. 张雅绮译. 北京：电子工业出版社，2007.

[24] 李旰，王红胜，张阳，等. 基于 FPGA 的移位减法除法器优化设计与实现. 国防技术基础，2010(8):37-40.

[25] 胡修林，杨志专，张蕴玉. 基于 FPGA 的快速除法算法设计与实现. 自动化技术与应用，2006,(11):27-29.

[26] Altera IP 核数据手册. Integer Arithmetic IP Cores User Guide. 2014.

[27] Altera IP 核数据手册. FIR Compiler User Guide. November, 2009.

[28] 李翰荪. 电路分析基础（第 4 版）. 北京：高等教育出版社，2006.

[29] 杜勇. 数字滤波器的 MATLAB 与 FPGA 实现——Xilinx/VHDL 版. 北京：电子工业出版社，2017.

[30] 郭梯云，刘增基，詹道庸，等. 数据传输（第 2 版）. 北京：人民邮电出版社，1998.

[31] 李素芝，万建伟. 时域离散信号处理. 长沙：国防科技大学出版社，1998.

[32] Altera IP 核用户手册. NCO MegaCore Funciton User Guide. November, 2013.

[33] Y R Shayan, et al. All digital phase-locked loop: concepts, design and applications. IEE Proceedings. 1989,136(1):53-56.

[34] 宗孔德. 多抽样率信号处理. 北京：清华大学出版社，1996.

[35] 王彬. MATLAB 数字信号处理. 北京：机械工业出版社，2010.

[36] Ingle,V.K，Porakis,J.G. 数字信号处理（MATLAB 版）. 刘树棠译. 西安交通大学出版社，2008.

[37] 王诚，吴继华，范丽珍，等. Altera FPGA/CPLD 设计（基础篇）. 北京：人民邮电出版社，2005.

[38] J. P. Costas. Synchronous communication. Proc. IRE，1956,44 (12):1713-1718.

[39] Riter S. An Optimum Phase Reference Detector for Fully Modulated Phase Shift Keyed Signal. IEEE AES-5，1969,4(7).

[40] 张安安，杜勇. 全数字 Costas 环在 FPGA 上的设计与实现. 电子工程师，2006(1):18-20.

[41] 王爱华，汪春霆，夏彩杰. 直扩系统中判决反馈环干扰抑制滤波器的性能研究. 北京理工大学学报，2008,28(3):248-251.

[42] 何伟，韩建，张玲. 一种新的基于 FPGA 实现的判决反馈均衡器结构. 重庆大学学报，2006,29(12):104-106.

[43] 吕鑫宇，姚远程，谭清怡，等. 基于直接提取载波技术的平方环设计. 现代电子技术，2010(1):189-192.

[44] Emmanuel Frantzeskakis, Panos Koudoulas. Phase Domain Maximum Likelihood Carrier Recovery: Framework and Application in Wireless TDMA Systems. URL: http://intracom.gr.

[45] J.D.Volder. The CORDIC computing technique. IRE Trans. Comput.，Sept.1959.

[46] A.M. Despain. Fourier transform computers using CORDIC iterations. IEEE Trans. Comput，May 1984.

[47] M.D. Ercegovac and T.Lang. Implementation of fast angle calculation and rotation using

online Cordic. Proc. ISCAS’ 88,pp. 2703-2706.

[48] J. Walther. A unified algorithm for elementary functions. Joint Comput. Conf. Proc.,Vol.38,1971.

[49] Altera IP 核数据手册. Floating-Point Megafunctions User Guide，June, 2013.

[50] 李琳. 扩频通信系统中的自适应抗窄带干扰技术研究[D]. 长沙：国防科技大学博士学位论文，2004.

[51] Altera IP 核数据手册. FFT MegaCore User Guide，June, 2014.

[52] A. C. 古特庚. 起伏干扰下无线电信号的接收. 北京：科学出版社，1964.

[53] 徐锐. 用 FFT 对 8FSK 信号进行解调方法的比较. 通信技术，2003(2):36-37.

[54] 吴志敏，黄红兵，肖大光. 基于 DFT 的 FSK 数字化解调算法研究. 通信技术，2008,41(4):36-37.

[55] 刘东华，王霞，王元钦. 基于自适应滤波的 PCM/FSK 软件解调方法. 飞行器测控学报，2004，23(3):72-75.

[56] 王楠，古瑞江，于宏毅. 一种新型的 FSK 解调系统设计. 通信技术，2008,41(9):29-31.

[57] Francis D. Natali. AFC Tracking Algorithms. IEEE Transaction on Communications. 1984, COM-32(8).

[58] 叶怀胜，谭南林，苏树强，等. 基于 FPGA 的提取位同步时钟 DPLL 设计. 现代电子技术，2009(23):43-46.

[59] 毕成军，陈利学，孙茂一. 基于 FPGA 的位同步信号提取. 现代电子技术，2006(20):121-123.

[60] 江黎，钟洪声. 一种全数字遥测接收位同步电路设计. 第十一届全国遥感遥测遥控学术研讨会论文集：428-429, 480.

[61] 曲昱，曹辉，段鹏. 基于 FPGA 的帧同步数字复接系统设计. 信息安全与通信保密，2007(3):43-45.

[62] 孙玉. 数字复接技术. 北京：人民邮电出版社，1983.

[63] 陈惠珍，包天珍. 一种基于 FPGA 的帧同步提取方法的研究. 电子技术应用，2003(10):70-72.

[64] 李世超. 基于 FPGA 的集中插入式巴克码帧同步的实现. 数据通信，2010,(6):33-35.

[65] 张华伟，宗瑞良. 基于 FPGA 的 PCM30/32 路系统信号同步数字复接设计. 现代电子技术，2011, 34(13):49-52.

[66] 朱剑平，李文耀. 基于 FPGA 的 PCM 帧同步检测及告警电路的设计. 光通信研究，2008, (2):11-13.

[67] 孙志雄，李太君. 基于 FPGA 的高速数字相关器设计. 微计算机信息，2009,25(17):254-255.

[68] 夏宇闻. Verilog 数字系统设计教程（第 3 版）. 北京：北京航空航天大学出版社，2013.

[69] 付永明，朱江，琚瑛珏. Gardner 定时同步参数设计及性能分析. 通信学报，2012,33(6):191-198.

[70] 杜勇. 锁相环技术原理及 FPGA 实现. 北京：电子工业出版社，2016.
[71] 电子创新网主页. htttp://www.eetrend.com.
[72] 电子顶级开发网主页. htttp://www.eetop.cn.
[73] 电子工程论坛主页. htttp://bbs.eetzone.com.
[74] Altera 公司主页：https://www.intel.cn/content/www/cn/zh/products/programmable.html.